KB092943

www.gbbook.co.kr

# xEV-sEries

## S A

# 전기자동차
## 이론과 실무

하이브리드 자동차와 수소연료전지차, 플러그인 하이브리드 자동차, 전기자동차 여기에 자율주행 자동차까지, 차례로 등장하는 차세대 자동차를 보면서 많은 사람은 100년이 넘는 자동차 시장에 시대적 전환기를 맞고 있다고 생각될 것입니다.

모든 과학기술이 그렇듯이 자동차를 둘러싼 신기술에 대한 도전도 끊임없이 계속되고, 그를 통해 새로운 친환경 자동차들이 계속해서 탄생하기 때문입니다.

여기에 전 세계적인 기후 위기에 심각성을 절감한 선진국은 앞다투어 탄소제로 도전을 선언하고, 자동차 메이커들은 친환경 자동차 개발 및 생산에 앞장서고 있습니다. 물론 개발도상국까지도 상황 대처에 동조하고 나서면서 선진국과의 협력을 통해 적응하려고 힘쓰고 있습니다.

친환경자동차의 핵심 기술은 고성능/고전압 축전지, 연료전지, 전기기계, 전력전자, 시스템 전자제어 등에 관한 기술입니다. 이런 핵심 기술은 제4차 산업혁명과 더불어 국가의 미래 먹거리로 성장하고 있습니다. 따라서 핵심 인재 양성을 통해 산업현장의 인력 수요에 대한 기여는 국가적 당위성이라 할 수 있습니다.

이와 같은 관점에서 새로운 친환경자동차의 시스템 원리와 메커니즘에 대한 기본적인 이해가 이 책을 통해 조금 더 깊어지기를 바라면서 이 책을 집필하였습니다. 일선 교육기관에서는 내연기관 중심의 교육과정을 탈피하여 xEV 신기술로의 전환·가속화되기를 바랍니다.

2024. 1

지은이

**chapter 01 ▶ 전기자동차 개요**

1. 전기자동차의 필요성 ———————————————————————— 11
   (1) 대기 오염 방지 ————————————————————— 11
   (2) 지구온난화 방지 ———————————————————— 12
   (3) 화석연료의 고갈 ———————————————————— 14

2. 전기 자동차 시장의 수요와 전망 ———————————————— 15
   (1) 각국 자동차 연비 규제 강화 ——————————————— 16
   (2) 주요 국가 친환경 자동차 보급 목표 설정 ————————— 16
   (3) 주요 국가별 보조금 지급 ————————————————— 19
   (4) 전기자동차의 경제성 —————————————————— 21
   (5) 충전인프라 보급현황 —————————————————— 21

3. 친환경자동차의 종류 ———————————————————————— 22
   (1) 하이브리드 자동차(HEV ; Hybrid Electric Vehicle) ———————— 22
   (2) 플러그인 하이브리드 자동차(Plug-in-Hybrid Electric Vehicle) ——— 22
   (3) 전기 자동차(EV ; Electric Vehicle) ————————————————— 23
   (4) 수소 연료전지 자동차(FCEV ; Fuel Cell Electric Vehicle) ————— 23

**chapter 02 ▶ 기초 전기·전자**

1. 기초 전기·전자 ——————————————————————————— 25
   (1) 전기 ————————————————————————————— 25
   (2) 전기회로 ——————————————————————————— 30
   (3) 자기 ————————————————————————————— 37
   (4) 전류가 만드는 자계 —————————————————————— 38
   (5) 전자력 ———————————————————————————— 39
   (6) 전자 ————————————————————————————— 42
   (7) 컴퓨터 ———————————————————————————— 50
   (8) 교류 ————————————————————————————— 53

2. 전기 용어 및 회로분석 기술 ————————————————————— 56
   (1) 전기 기호 및 심볼 —————————————————————— 56
   (2) 자동차 회로 내 기호 ————————————————————— 58

    (3) 자동차 회로도 보는법 ---- 60

    (4) 자동차 전기회로 고장진단법 ---- 62

  **3. 자동차 통신 기초** ──── 66

    (1) 통신(Communication) ---- 66

    (2) 다중 통신(MUX) ---- 68

    (3) CAN(Controller Area Network) 통신 ---- 71

    (4) 고속 CAN 라인의 저항 ---- 73

    (5) 실차 통신 회로 ---- 75

**chapter 03 ▶ 고전압 안전관리**

**1. 개인 안전용구 착용 및 절연공구 사용법** ──── 81

  (1) 안전용구 ---- 81

  (2) 절연공구 ---- 82

  (3) 고전압 안전 ---- 83

**2. 전기자동차 시스템 주의사항** ──── 88

  (1) 고전압 시스템 작업전 주의사항 ---- 88

  (2) 개인 보호 장비(PPE) 점검 ---- 88

  (3) 고전압 시스템 참고사항 ---- 89

  (4) 파워 케이블 작업 시 주의사항 ---- 89

  (5) 전기자동차 장기 방치 시 주의사항 ---- 89

  (6) 전기자동차 냉매 회수/충전 시 주의사항 ---- 90

  (7) 고전압 배터리 보관방법 ---- 90

  (8) 사고 차량 작업 및 취급 주의사항 ---- 90

**3. 고전압계 부품** ──── 94

  (1) 고전압계 부품 ---- 94

  (2) 고전압계 세부 내역 ---- 94

**4. 비상 긴급 조치 및 안전사고 대응 방법** ──── 97

  (1) 고전압 배터리 취급 시 주의사항 ---- 97

  (2) 고전압 배터리 시스템 화재 발생 시 주의사항 ---- 97

  (3) 고전압 배터리 가스 및 전해질 유출 시 주의사항 ---- 98

  (4) 사고 차량 취급 시 주의사항 ---- 98

  (5) 사고 차량 작업 시 준비사항 ---- 98

  (6) 고전압 배터리 시스템 폐기 방전 절차 ---- 99

**5. 작업장 안전관리 및 작업 규칙** ──── 100

chapter
# 04 ▸ xEV의 구성부품 구조 및 기능

## 1. 구동모터의 구조 및 기능 ———————————————— 101
(1) 모터 개요 ———————————————————————— 101
(2) xEV용 모터 기본 구조 ——————————————————— 109
(3) EV 모터 어셈블리 ————————————————————— 121

## 2. 고전압 배터리 구조 및 BMS 기능 ——————————— 123
(1) 납산 배터리 ——————————————————————— 123
(2) 리튬이온 배터리 ————————————————————— 124
(3) 고전압 배터리 팩 어셈블리 ————————————————— 125
(4) EV 고전압 배터리 시스템 —————————————————— 130
(5) 고전압 배터리 어셈블리 —————————————————— 135
(6) BMS(Battery Management System) ————————————— 137

## 3. 인버터 및 컨버터 기능 및 제어원리 ———————————— 140
(1) 인버터 개요 ——————————————————————— 140
(2) H 브리지 ———————————————————————— 141
(3) 초핑 제어 ———————————————————————— 143
(4) 컨버터 ————————————————————————— 144
(5) 전력제어장치(EPCU) ———————————————————— 144
(6) 차량제어유닛(VCU) ———————————————————— 148

## 4. 고전압 충전 시스템 ————————————————————— 149
(1) 차량 탑재형 완속충전기(OBC) ———————————————— 150
(2) 충전 컨트롤 모듈(CCM) —————————————————— 151
(3) 급속 충전 ———————————————————————— 152
(4) 고전압 정션 박스 ————————————————————— 153

## 5. 통합형 전동 브레이크 시스템(IEB) —————————————— 154
(1) IEB 개요 ———————————————————————— 154
(2) 시스템 구성도 —————————————————————— 155

## 6. 전동식 에어컨 컴프레서 작동원리 및 구성 ——————————— 156
(1) 전동식 에어컨 컴프레서 작동원리 —————————————— 156
(2) 전동식 에어컨 구성 ———————————————————— 157

# EV 차량 분해 실무 정비작업(현대 아이오닉5 NE)

1. 현대자동차 아이오닉5 EV(NE) 작동 개요 ──────── 159
   (1) 작동 및 부품구성 ─────────────────────────── 159
   (2) 부품 제원 ──────────────────────────────── 163

2. 현대자동차 아이오닉5 EV(NE) 실차 분해조립 작업 ──────── 164
   (1) 고전압 차단 절차 ──────────────────────────── 164
   (2) 고전압 배터리 팩 어셈블리 탈거작업 ───────────────── 171
   (3) 고전압 배터리 팩 어셈블리 분해작업 ───────────────── 183
   (4) 고전압 배터리 팩 모듈 분해 작업 ────────────────── 191
   (5) 프런트 고전압 정션 박스 ─────────────────────── 195
   (6) 리어 고전압 정션 박스, 멀티인버터, 리어 모터 어셈블리 분해 작업 - 200
   (7) 통합 충전 유닛(ICCU) 탈거 작업 ────────────────── 209
   (8) 차량 충전 관리 시스템(VCMS) ─────────────────── 213
   (9) 충전포트 및 케이블 탈거 작업 ────────────────── 214
   (10) 차량 제어 시스템 및 DC 12V 보조배터리 ───────────── 217
   (11) 전륜모터 및 감속기 시스템 ────────────────── 219
   (12) 냉각 시스템 ────────────────────────── 223
   (13) 냉난방 공조장치 ───────────────────────── 235
   (14) 현대 아이오닉5 NE EV 2022년식 전기 회로도 ──────── 253
   (15) 현대 아이오닉5 NE EV 2022년식 구성부품 위치도 ─────── 278
   (16) 현대 아이오닉5 NE EV 2022년식 식별번호 ──────── 302

3. 현대자동차 아이오닉5 EV(NE) 주요 부품 계측 ─────── 304
   (1) 고전압 배터리 ─────────────────────────── 304
   (2) BMU ────────────────────────────── 309
   (3) 파워 릴레이 어셈블리(PRA) ────────────────── 312
   (4) 메인퓨즈 ──────────────────────────── 318
   (5) 통합 충전 컨트롤 유닛 (ICCU : OBC+LDC) ──────────── 319
   (6) 급속 충전 릴레이(QRA+, -) 어셈블리 ──────────── 320
   (7) 프런트 모터 ────────────────────────── 321
   (8) 리어 모터 ─────────────────────────── 324
   (9) 자기진단, 강제구동, 부가기능 데이터 ──────────── 328

## chapter 06 ► EV 차량 분해 실무 정비작업(현대 코나OS EV)

### 1. 현대자동차 코나 EV(OS) 작동 개요 —————————————— 355
(1) 작동 개요정비 ———————————————————————— 355
(2) 부품 구성 ———————————————————————————— 356
(3) 구성품 작동 ———————————————————————————— 357
(4) 부품 제원 ———————————————————————————— 357

### 2. 현대자동차 코나 EV (OS) 실차 분해조립 작업 —————————— 358
(1) 고전압 차단 절차 ——————————————————————— 358
(2) 고전압 배터리 팩 어셈블리 탈거작업 ——————————————— 363
(3) 고전압 배터리 팩 어셈블리 분해작업 ——————————————— 368
(4) 고전압 배터리 모듈 분해 작업 ————————————————— 380
(5) 고전압 배터리 모듈 어셈블리 밸런싱 작업 ————————————— 385
(6) 고전압 분배 시스템 ——————————————————————— 386
(7) 완속충전기(OBC : On Board Charger) 탈거작업 ————————— 387
(8) 충전포트 탈거작업 ——————————————————————— 391
(9) 전력제어장치(EPCU) 탈거작업 ————————————————— 392
(10) 냉각수 주입 및 공기빼기 작업 ————————————————— 395
(11) 냉난방 공조장치 ——————————————————————— 400
(12) 현대 코나 OS EV 2021년식 전기 회로도 ————————————— 418
(13) 현대 코나 OS EV 2021년식 구성부품 위치도 ————————————— 428
(14) 현대 코나 OS EV 식별번호 ——————————————————— 445

## chapter 07 ► xEV제조사별 고전압 안전작업 참고자료

### 1. xEV 고전압 안전작업 유의사항 —————————————————— 447

### 2. xEV 고전압 차단작업 일반 절차 —————————————————— 447

### 3 xEV 저전압 및 고전압 관련 부품 위치 ————————————————— 449
• 현대자동차 xEV 고전압 안전 작업 ————————————————— 451
• 기아자동차 xEV 고전압 안전 작업 ————————————————— 467
• 쌍용자동차 xEV 고전압 안전 작업 ————————————————— 478
• 르노코리아 xEV 고전압 안전 작업 ————————————————— 479
• 쉐보레 xEV 고전압 안전 작업 ——————————————————— 481

- 토요타 xEV 고전압 안전 작업 ------------------------------------ 485
- 닛산 xEV 고전압 안전 작업 -------------------------------------- 487
- 재규어 xEV 고전압 안전 작업 ------------------------------------ 488
- 볼보 xC40 Recharge xEV 고전압 안전 작업 ---------------------- 489
- 푸조 e2008 xEV 고전압 안전 작업 ------------------------------- 490
- 아우디 xEV 고전압 안전 작업 ------------------------------------ 492
- BMW xEV 고전압 안전 작업 -------------------------------------- 494
- 포르쉐 xEV 고전압 안전 작업 ------------------------------------ 496
- 메르세데스-벤츠 xEV 고전압 안전 작업 ------------------------ 504
- 에디슨모터스 xEV 고전압 안전 작업 ---------------------------- 508

# 01 전기자동차 개요

## 1 전기자동차의 필요성

### (1) 대기 오염 방지[1]

자동차의 연료로 사용되는 휘발유, 경유, LPG, LNG 등 석유계 연료의 연소과정에서 발생하는 불완전 연소로 인하여 유해물질을 다량 포함된 배기가스가 배출된다.

일반적으로 가솔린 엔진에서 배출되는 배기가스의 성분은 질소(70%), 이산화탄소(18%), 수증기(8.2%), 유해 물질(1%) 등으로 이루어진다. 그중에서 유해물질의 대부분은 일산화탄소($CO$)와 탄화수소($HC$) 그리고 질소산화물($NOx$)이며, 디젤 엔진의 경우에는 매연, 입자상물질($PM$) 등이 추가되어 발생된다.

차종에 따른 배기가스의 평균 조성은 아래와 같다.

#### ① 일산화탄소(Carbon-monoxide, CO)

CO는 불완전 연소에서 발생하며 무색, 무취, 무미의 가스로 감지하기 어렵고 인체 흡입 시 혈액 중의 헤모글로빈($Hb$)과 결합력이 산소의 300배 이상 커서 혈액의 산소 운반 작용을 방해하여 저산소증을 일으키고 인지 및 사고능력 감퇴, 반사작용 저하, 졸음, 협심증 등을 유발하며, CO가 0.3%(체적비) 이상 함유된 공기를 30분 이상 호흡하면 목숨도 잃을 수 있다.

#### ② 탄화수소 (Hydrocarbon, HC)

HC는 엔진의 온도가 낮을 때 발생하는 실화나 급가속과 급감속시에 발생하는 미연소가스 그리고 밸브 오버랩 시에 발생하는 미연소가스의 누출 등이 원인이며, 호흡기 계통과 눈을 심하게 자극하고, 암을 유발하거나 악취의 원인이 되기도 한다.

---

1) 이진구 외 1인, 전기자동차 매뉴얼 이론 및 실무, 2021, 골든벨

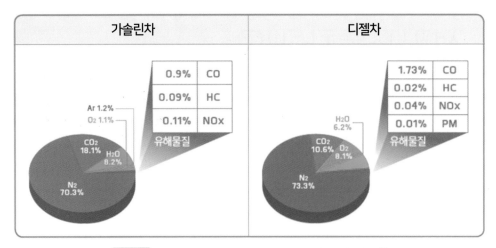

**그림1** 유종별 자동차 배기가스 평균조성(무게 기준)[2]

③ **질소산화물** (Nitrogen−oxides, NOx)

NOx는 일산화질소(NO)와 이산화질소($NO_2$)를 통칭하여 질소산화물이라고 하며, NO가 공기와 서서히 반응하여 $NO_2$로 산화한다. 특히 $NO_2$는 호흡 시 폐질환을 유발하고 폐에 수종이나 염증을 유발할 수도 있으며, 눈에 자극을 주는 물질이다. NOx는 이외에도 오존의 생성, 광화학 스모그 발생, 수목의 고사에 영향을 미치는 것으로 알려져 있다.

④ **입자상 고형물질** (Particulate Matters, PM)

입자상 고형물질은 경유가 연소할 때 많이 발생하며, 크기가 미세하여 75% 이상이 1㎛ 이하로서 0.1~0.25㎛이 대부분이다. 탄소입자가 주성분이나 용해성유기물(SOF)도 다량 포함되어 있어 호흡기에 흡입되어 점막 염증 등 다양한 호흡기 질환을 유발하고 폐암의 원인이라는 연구보고도 있으며, 특히 초미립 입자상 물질이 건강에 악영향을 미치는 것으로 밝혀져 있다.

## (2) 지구온난화 방지[3]

### 1) 이산화탄소($CO_2$) 규제 강화

지구 온난화는 대기를 구성하는 여러 기체들 가운데 온실효과를 일으키는 기체 즉, 온실가스에 발생되며, 화석연료의 연소과정에서 배출되는 이산화탄소($CO_2$), 메탄($CH_4$), 아산화질소($N_2O$), 수소불화탄소(HFCs), 과불화탄소(PFCs), 육불화황($SF_6$) 등이 있다.

---

2) 환경부, 무공해차 통합누리집, www.ev.or.kr
3) 이진구 외 1인, 전기자동차 매뉴얼 이론 및 실무, 2021, 골든벨

지구 온난화에 가장 큰 영향을 끼치는 이산화탄소는 휘발유와 경유 같은 연료의 연소과정에서 배출되며, 이산화탄소의 증가는 지구 온난화의 주된 원인으로 세계적인 기상 변화를 초래하고 현재 지구에 가장 큰 위험을 초래하고 있다. 그래서 1992년 6월 세계기후변화 협약 이후 $CO_2$ 규제가 본격화 되고 EU에서도 2008년 자동차 배출물로 규제하는 등 세계의 주요 국가들은 기후 변화에 대응하기 위하여 자동차 배기가스를 더욱 엄격하게 기준을 강화하고 $CO_2$가스로 인한 지구 온난화의 가속화에 따른 지구 환경 파괴를 방지하기 위한 배출가스 규제를 강화하고 있다.

## 2) 이산화탄소 감소 방안

이산화탄소의 배출량은 북미, 중국, 러시아, 일본, 인도 등이 전 세계 발생량의 50% 이상을 차지하고 있다. 이러한 이산화탄소는 그 자체를 연소시키거나 후처리기술로 저감할 수 있는 방안은 제시되지 않고 있기 때문에 연료소비를 줄이고 $CO_2$ 생성량을 줄이는 것이 가장 현실적인 대책으로 생각된다. 그래서 자동차 평균 온실가스 연비 제도는 개별 제작사에서 해당 년도에 판매되는 자동차의 온실가스 배출량과 연비 실적의 평균치를 정부가 제시한 기준에 맞춰 관리해야 한다. [그림2]는 국가별 자동차 온실가스 배출량 및 차기기준(복합모드 환산치)을 나타낸 것이다.

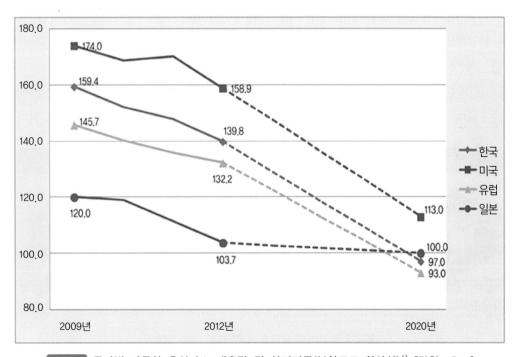

**그림2** 국가별 자동차 온실가스 배출량 및 차기기준(복합모드 환산치)[4] [단위:g/km]

이 제도는 미국, 유럽연합(EU), 일본, 중국 등 주요 자동차 생산국가에서 시행하고 있으며 한국은 친환경·저탄소차 기술개발 촉진을 위해 2020년까지 온실가스 97g/km, 연비 24.3km/ℓ의 선진국 수준으로 강화하고 자동차 제작사는 온실가스 또는 연비 기준 중 하나를 선택하여 준수해야 하며, 기준을 달성하지 못하는 경우 과징금이 부과된다. 유럽에서는 $CO_2$ 규제가 가장 강력하며, 2015년에는 130g/km 그리고 2020년에는 95g/km까지 배출량을 강화한다. 이러한 배출가스 규제는 산업화에 따른 환경오염과 온난화 현상을 줄일 수 있는 대체에너지를 개발과 자동차의 연비, $CO_2$ 발생량 규제 및 자동차 제작사의 친환경 자동차 생산 실적 등은 미래 자동차 산업에 직접적인 영향을 주고 있다.

## (3) 화석연료의 고갈

현대의 인간생활은 대부분 화석연료 즉 석탄 석유 천연가스 등에 의존하여 풍요로운 생활을 할 수 있었다. 그러나 이러한 화석연료는 다른 자원과 달리 사용하면 할수록 언젠가는 대량소비로 인하여 고갈될 수밖에 없는 자원이며, 특히 석유는 분포가 편중되어 있기 때문에 석유를 둘러싼 국제정치의 불안과 수급에 따라 가격의 불안정의 문제가 발생되고 있다.

또한 석유 사용은 이산화탄소($CO_2$)와 같은 오염물질을 배출하여 지구환경 특히 지구 온난화 등 환경을 파괴하는 주범으로 주목을 받고 있으면서 국제적인 환경문제를 야기시키고 있다. 이러한 화석연료의 고갈에 대비하기 위한 최선의 방식은 절약하는 것과 자동차를 포함한 모든 산업체의 연소장치 성능을 고효율·저연비 시스템으로 개선시키며, 대체연료를 개발하여야 할 것이다.

향후 전기차 사용량이 증가하면 내연기관차로 인해 발생되는 대기오염물질, 온실가스 등 배출량이 감소되며 전기차 1대 보급으로 연간 $CO_2$ 2톤을 감축하는 효과가 있을 것으로 본다.

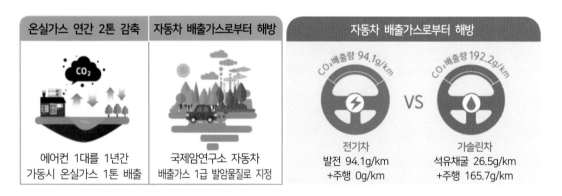

**그림3** 전기차 보급을 통한 $CO_2$ 감축 효과[5]

---

4) 조철, 미국자동차연비규제 완화 논의와 시사점, KAMA Web Journal 2018, VOL.350

## 2 전기 자동차 시장의 수요와 전망

미래의 자동차 산업 패러다임이 과거의 가솔린이나 디젤 엔진에서 하이브리드 자동차, 플러그인 하이브리드 자동차를 거쳐 전기 자동차와 수소 연료전지 자동차로 변화할 것으로 전망이 된다. 자동차 생산 주요 국가들은 강화되는 자동차 연비 규정과 $CO_2$ 배출량의 허용기준을 준수하기 위하여 친환경 자동차 생산을 장려하고 전기 자동차 및 수소 연료전지 자동차 개발에 총력을 기울이고 있다. 현재 친환경 자동차의 기술 경쟁력은 배터리, 모터 및 제어를 위한 핵심부품에 집약되어 있으며, 국가 간의 산업 경쟁력 확보를 위해서는 부품·소재 기업의 육성이 절실히 요구되고 있다.

전기 자동차는 환경규제 대응과 전기 자동차의 기술 개발로 2030년이면 전 세계 자동차 10대중 1대는 전기차가 될 것이라고 전망하고 있다. 각국의 내연기관차 퇴출 움직임과 글로벌 자동차 업계의 전기차 패권 다툼 등이 복합적으로 맞물려 전기차 시장의 급성장을 이끌고 있다는 분석이 제기된다.

국제에너지기구(IEA)는 '2021 글로벌 전기차 전망 보고서'를 통해 2030년까지 글로벌 시장에서 보급되는 전기차가 최대 2억 3,000만 대에 이를 수 있다고 내다봤다. 현실화할 경우 현재 글로벌 자동차 시장에서 3%에 불과한 전기차 점유율은 12%로 급등한다. 우선 전 세계 국가들이 환경오염을 줄이기 위해 전기차 보급에 적극 나서고 있고 내연차 판매를 금지하는 계획을 내놓았다. 대표적인 국가는 노르웨이다. 노르웨이는 2025년부터 화석연료를 사용하는 승용차의 판매를 전면 금지한다고 발표했다. 전기차의 최대 시장인 중국도 2035년 일반 내연기관 차량 생산을 중단하겠다는 로드맵을, 일본 역시 2030년대 중반까지 휘발유차를 시장에서 퇴출하겠다는 계획을 내놓았다.

(단위 : 만대)
자료 : IEA, 2030년은 전망치

**그림4** IEA, 2021 글로벌 전기차 전망 보고서

---

5) 환경부, 무공해차 통합누리집, www.ev.or.kr

## (1) 각국 자동차 연비 규제 강화

친환경 자동차의 성장 요인으로는 각국의 자동차 연비 규제강화를 들 수 있으며, 2015년부터 매년 5%씩 강화시키고 있다. 한국은 2016년부터 소형 상용자동차 온실가스를 관리하게 되지만, 미국과 유럽은 이미 3.5톤 미만 소형 상용자동차를 관리하고 있다.

- **미국** : 3.5톤 미만 10톤 초과 화물자동차 관리 중(2020년 : 168g/km)
- **유럽** : 3.5톤 이하 물품운반용 차량 관리 확대(2020년 : 147g/km)

**표1** 국가별 차기 온실가스 달성을 위한 연평균 저감율

| 미국 | 유럽 | 중국 | 한국 | 일본 |
|------|------|------|------|------|
| 4.2% | 3.8% | 5.5% | 4.5% | 0.5% |

주요 국가별로 기업평균 연비 규제가 강화되며, 매년 4~5%씩 강화되는 추세를 만족시키지 못할 경우 자동차 판매량에 비례하여 벌금을 부과하는 제도를 도입하고 있다.

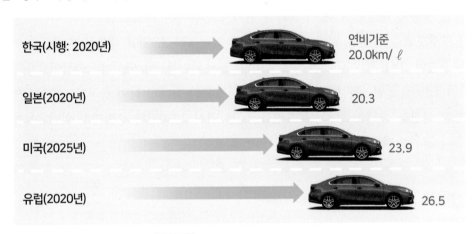

한국(시행: 2020년) → 연비기준 20.0km/ℓ

일본(2020년) → 20.3

미국(2025년) → 23.9

유럽(2020년) → 26.5

**그림5** 국가별 연비규제 기준

## (2) 주요 국가 친환경 자동차 보급 목표 설정

주요 국가는 기후변화에 대응하는 온실가스 감축 정책의 일환으로 친환경 자동차의 보급 누적대수를 설정하여 친환경 자동차의 시장을 확대하고 있으며 아울러, 우리나라 정부는 차기기준은 강화하되, 다양한 유연성 수단과 혜택 부여를 통해 업계 입장의 제도 수용성을 감안하여 온실가스 배출량 50g/km 이하 차량은 1.5대, 무배출 차량(ZEV; Zero Emission Vehicle)은 2대의 판매량을 인정함으로서 저탄소 자동차 보급이 확대될 수 있는 여건을 조성한다.

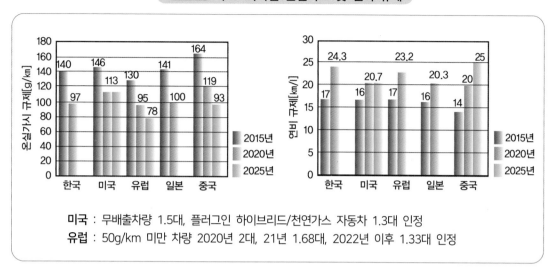

表2  주요 국가별 온실가스 및 연비 규제

미국 : 무배출차량 1.5대, 플러그인 하이브리드/천연가스 자동차 1.3대 인정
유럽 : 50g/km 미만 차량 2020년 2대, 21년 1.68대, 2022년 이후 1.33대 인정

또한 수동변속기 자동차는 자동변속기 자동차 대비 온실가스 배출량이 20~30% 적은 반면, 연비는 우수한 특성이 있어 수동변속기 자동차 1대 판매 시 1.3대의 판매량을 인정하며, 경자동차 보급을 활성화하고 국내 자동차 판매 구조를 중대형 자동차 위주에서 경소형 자동차로 전환하기 위하여 경자동차 1대 판매 시 1.2대의 판매량을 인정한다.

우리나라의 2030 국가 온실가스 감축목표(NDC) 상향안('21.10.18)에 따르면, 2030년 전체 차량 약 2,700만대 중 전기차 362만대, 수소차 88만대, 하이브리드 400만대로 구성되는 것을 목표로 한다. 이는 직전 목표치인 2030년 300만대(제4차 친환경차 기본계획, '21.02)보다 62만대 확대된 수치이다.[6]

표3  무공해차 국내 보급 목표

| 구분 | 2020년 | 2021년 | 2025년 | 2030년 |
|---|---|---|---|---|
| 전기차 | 13.8만대 | 23.9만대 | 113만대 | 362만대 |
| 수소차 | 1.1만대 | 2.6만대 | 20만대 | 88만대 |

[출처 : 한국판 뉴딜 2.0, 2030 국가 온실가스 감축목표 상향안]

---

6) 한국전력거래소, 전기차 및 충전기 보급·이용 현황분석, 2021

표 4  제4차 친환경차 기본계획에서 발표한 전기차 보급 확대 계획

| 세부 내용 | 시행시기 |
| --- | --- |
| 국가 · 지자체 · 공공기관 등 공공부문의 전기·수소차 의무구매비율 단계적 상향<br>('21년 80% → '23년 100%) | '21~ |
| 렌트카 등 대규모 수요자 친환경차 구매 확대를 위해 「친환경차 구매목표제」 도입 추진 | '21 |
| 민간기업이 보유·임차차량을 100% 전기차·수소차로 전환할 것을 공개 선언할 경우, 구매보조금, 충전인프라 설치 지원을 하는 K–EV100 추진 | '30 |
| 전기택시 보조금 상향 및 전기트럭 지원물량 확대 | '21 |
| 전기·수소택시 부제대상에서 제외, 버스운수사업면허 우대, 친환경화물차 전환 지원 등 현행 인센티브를 최소 '25년까지 유지 | ~ '25 |
| 자동차제작(수입)사가 달성해야하는 자동차 온실가스 기준을 단계적 상향<br>('21년 97g/km → '25년 89g/km → '30년 70g/km) | '21~ |
| 수송부문 온실가스 저감 의무를 자동차판매자(제조사·수입사)에게도 부과하는 「저공해차 보급목표제」 를 단계적으로 강화 | '21~ |

표 5  주요 국가별 친환경자동차 판매 예정량

| 국가 | 중국 | 미국 | 유럽 | 한국 | 일본 |
| --- | --- | --- | --- | --- | --- |
| 대수 | 313만대 | 427만대 | 410만대 | 100만대 | 226만대 |
| 전체량대비 | 14% | 27% | 29% | | 57% |
| 하이브리드자동차 | 215만대<br>(9%) | 247만대<br>(18%) | 247만대<br>(18%) | | 142만대<br>(36%) |
| 플러그인 하이브리드 자동차 | 42만대<br>(2%) | 78만대<br>(6%) | 78만대<br>(6%) | | 54만대<br>(13%) |
| 전기자동차 | 56만대<br>(2%) | 85만대<br>(6%) | 85만대<br>(6%) | | 30만대<br>(7%) |

　　미국의 캘리포니아 주를 포함하여 10개 주에서 2018년 4.5% 의무판매를 시작으로 매년 2.5%씩 증가하는 정책을 시행하고 있으며, 중국과 유럽 일부 국가에서도 이 제도를 도입하고 있다.

## (3) 주요 국가별 보조금 지급

국내외 전기 자동차 보급이 확대됨에 따라 보조금 축소, 규제 확대, 폐배터리 재활용 등 정책의 변화가 전기 자동차 시장의 주요 이슈가 되고 있다. 보조금 지급이 중국 50%, 한국 25%, 미국은 세금 공제 혜택 등을 축소하고 있으며, 중국의 신에너지 자동차 의무생산 제도와 한국의 저공해 자동차 보급 목표제를 도입하여 규제를 강화하는 한편 폐배터리를 무상으로 회수하고 성능 측정 및 재활용 이력관리를 시행하고 있으나 한국은 아직 폐배터리의 관리 규정이 없는 상태이다.

**표 6   주요 국가별 보조금 지급 현황**

| 주요국 | 보조금 지급 기준 강화 | 비고 |
|---|---|---|
| 미국 | 배터리 용량에 따라 차등지급(2018년)<br>제조사별 세금 공제 혜택 축소(20만대 이상 판매 시) | |
| 영국 | 전기 승용자동차 축소(£3,500), 전기 택시(£8,000)<br>밴(£7,000) 유지 | |
| 프랑스 | 20g/km 이하 | |
| 중국 | 2018년 대비 2019년에 50%감소 후 2021년 이후 보조금 폐지 | 신에너지 자동차 대상 |
| 일본 | 1회 충전 주행거리×보조단가×보조율 | |
| 한국 | 전기 승용자동차 최대 900만원으로 25% 축소(초소형 420만원),<br>전기 승합자동차는 균등 지급에서 차등 지급(중형 6,000만원, 차등), (대형 10,000만원, 차등) | 전기 화물자동차<br>1,100만원 |

국내에서는 무공해차 보급 확대 방침에 따라 지자체별 차이는 있으나 아래의 사항을 충족하는 전기자동차에 대하여 지원을 하고 있다. 구매자는 차량구매대금과 보조금의 차액을 자동차 제조·수입사에 납부하고, 자동차 제조·수입사는 지방자치단체(국비보조금+지방비보조금)로부터 보조금을 수령하게 되어 있다.

- 「자동차관리법」, 「대기환경보전법」, 「소음·진동관리법」 등 관계법령에 따라 자동차와 관련된 각종 인증을 모두 완료한 차량
- 「전기자동차 보급대상 평가에 관한 규정」에 따른 전기차의 평가항목 및 기준에 적합한 차량

표 7　국내 무공해차 국고 보조금

2022년 12월 기준

| 구　　　　분 | 국고 보조금[7] |
|---|---|
| 승용 및 초소형 전기자동차 | 최소 254만원 ~ 최대 700만원 |
| 전기화물차 | 최소 600만원 ~ 최대 1,840만원 |
| 전기승합차 | 최소 2,539만원 ~ 최대 7,000만원 |
| 전기이륜차 | 최소 85만원 ~ 최대 300만원 |
| 전기굴착기 | 최소 800만원 ~ 최대 2,000만원 |
| 수소승용 | 2,250만원 |
| 수소승합 | 15,000만원 |
| 수소화물(대형) | 25,000만원 |
| 수소승합(대형) | 15,000 ~ 20,000만원 |

표 8　국내 무공해차 지자체 보조금

2022년 12월 기준

| 시도 | 지자체 보조금[8] | |
|---|---|---|
| 서울특별시 | 200 | 1,000 |
| 부산광역시 | 350 | 1,200 |
| 대구광역시 | 400 | 1,000 |
| 인천광역시 | 360 | 1,000 |
| 광주광역시 | 400 | 1,000 |
| 대전광역시 | 500 | 1,000 |
| 울산광역시 | 350 | 1,150 |
| 세종특별자치시 | 200 | 1,000 |
| 경기도 | 300~500 | 1,000~1,750 |
| 강원도 | 440 | 1,300 |
| 충청북도 | 700 | 1,100 |
| 충청남도 | 700~800 | 1,000~1,300 |
| 전라북도 | 800 | 1,400 |
| 전라남도 | 620~950 | 1,200~1,500 |
| 경상북도 | 600~1,100 | 1,000 |
| 경상남도 | 600~800 | 1,060 |
| 제주특별자치도 | 400 | - |

---

7) 환경부, 무공해차 통합누리집, www.ev.or.kr

## (4) 전기자동차의 경제성[9]

**표 9** 내연기관의 유류비 대비 경제성

| 구분 | 휘발유차<br>(아반떼1.6) | 경유차<br>(아반떼1.6) | 전기차(아이오닉) | | |
|---|---|---|---|---|---|
| | | | 완 속<br>(개인용) | 급 속 | |
| | | | | 인하 전<br>('16년) | 인하 후<br>('21년) |
| 연비 | 13.1km/L | 17.7km/L | 6.3km/kWh | 6.3km/kWh | 6.3km/kWh |
| 연료비 | 1,499.65원/L | 1,292.58원/L | 200원/kWh | 313.1원/kWh | 292.9원/kWh |
| 100km당<br>연료비 | 11,448원 | 7,302원 | 3,175원 | 4,970원 | 4,650원 |
| 연간 연료비* | 157만원 | 100만원 | 44만원 | 68만원 | 63.8만원 |

※ 유류비는 '17.1.6 전국 평균가격 적용
※ 연간 13,724km 주행 기준('14, 교통안전공단 승용차 평균주행거리 적용)

## (5) 충전인프라 보급현황[10]

국내 전기차 충전기는 전기차 보급 확대에 발맞춰 '21.12월 기준 누적 급속 충전기 1.2만기, 완속 충전기 5.9만기가 보급되었다. 이는 합계 기준 '16년의 30배 이상으로 크게 증가한 수치이다. 운영기관별로는 민간 충전사업자가 60,690기, 공공 충전사업자가 16,025개로 민간 사업자의 비중이 높다.

**표 10** 국내 전기차 충전기 보급현황(누적)

| | 2016년 | 2017년 | 2018년 | 2019년 | 2020년 | 2021.6월 | 2022.8월 |
|---|---|---|---|---|---|---|---|
| 급 속 | 919 | 3,343 | 5,213 | 7,396 | 9,805 | 12,789 | 17,550 |
| 완 속 | 1,095 | 10,333 | 22,139 | 37,396 | 54,383 | 59,316 | 115,107 |
| 합 계 | 2,014 | 13,676 | 27,352 | 44,792 | 64,188 | 72,105 | 132,657 |

※ 출처 : BIG3 산업별중점추진과제, 2021, 제4차 친환경차기본계획

2022년 5월 21일 기준으로 국내 공공, 민간 전기충전소[11])는 경기도가 27,234개, 서울특별시 19,700개, 대구광역시 6,947개, 경상북도 6,636개, 경상남도 6,289개, 부산광역시 5,884개 등으로 전국적으로 총 110,809개의 충전소가 설치 운영중에 있어 증가폭이 매우 높다.

8) 환경부, 무공해차 통합누리집, www.ev.or.kr
9) 환경부, 무공해차 통합누리집, www.ev.or.kr
10) 한국전력거래소, 전기차 및 충전기 보급·이용 현황분석, 2021
11) 환경부, 무공해차 통합누리집, www.ev.or.kr

친환경 자동차는 화석연료 대신 바이오디젤, 바이오에탄올 등을 사용하는 대체연료 자동차와 수소탱크를 통해 산소와 수소를 반응시켜 전기를 생성해 움직이는 수소 연료전지 자동차(FCV)가 있으며, 일반 디젤보다 배출가스를 현저하게 줄이면서 2~30% 효율이 높은 초고효율 디젤을 사용하는 클린디젤 자동차 등이 있다. 또한 환경친화적인 천연가스를 이용하는 천연가스 자동차(CNG)와 태양전지판을 사용하는 태양광 자동차도 친환경 자동차로 정의할 수 있으나 클린디젤이나 CNG, 바이오디젤, 바이오 연료 등의 경우도 배기가스를 배출시키기 때문에 궁극적인 친환경 자동차는 전기 자동차나 수소 연료전지 자동차라고 할 수 있다.

## (1) 하이브리드 자동차 (HEV ; Hybrid Electric Vehicle)

엔진의 여유 구동력을 이용하여 배터리를 충전할 수 있으며, 내연기관과 전기 모터를 최적으로 조합 제어하여 자동차를 운행함으로서 기존의 내연기관 자동차에 비하여 고연비, 고효율의 자동차로서 유해 배출가스를 감소시킬 수 있는 친환경 자동차이다.

## (2) 플러그인 하이브리드 자동차 (Plug-in-Hybrid Electric Vehicle)

고전압 배터리에 충전된 전기에너지로 100km 내외의 거리를 주행이 가능하며, 가정용 또는 외부의 고전압 전원으로 배터리를 충전하여 사용할 수 있는 하이브리드 자동차이다.

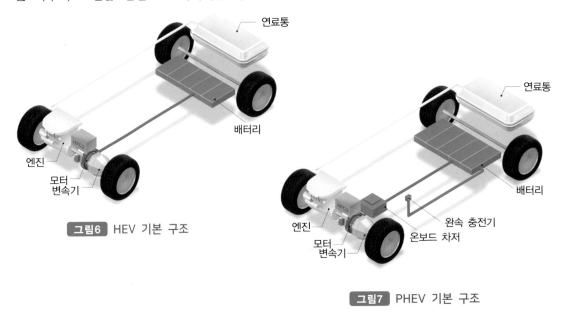

**그림6** HEV 기본 구조

**그림7** PHEV 기본 구조

---

12) 이진구 외 1인, 전기자동차 매뉴얼 이론 및 실무, 2021, 골든벨

## (3) 전기 자동차 (EV ; Electric Vehicle)

전기 자동차는 자동차의 구동 에너지를 내연기관이 아닌 전기 에너지로부터 얻는 자동차를 말하며, 외부의 전원을 이용하여 고전압 배터리에 충전된 배터리 전원으로 전기 모터를 구동하고 또한 자동차의 제동 토크를 이용하여 회생제동이 가능함으로써 유해 배출가스와 환경오염이 없는 친환경 자동차이다.

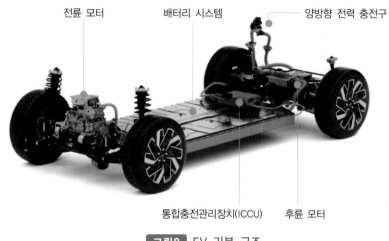

전륜 모터    배터리 시스템    양방향 전력 충전구

통합충전관리장치(ICCU)    후륜 모터

그림8  EV 기본 구조

## (4) 수소 연료전지 자동차 (FCEV ; Fuel Cell Electric Vehicle)

수소 연료전지 자동차는 수소($H_2$)와 산소($O_2$)의 화학반응을 통하여 전기, 물, 열이 생성되며 이 과정에서 발생되는 전기적 에너지를 저장하여 전원으로 사용하는 자동차를 말한다.

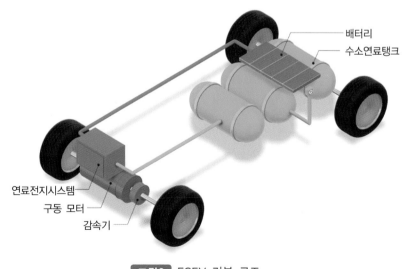

배터리
수소연료탱크

연료전지시스템
구동 모터
감속기

그림9  FCEV 기본 구조

수소 연료전지 자동차는 공기 블로워에서 공급되는 공기와 수소 탱크에 의해 공급되는 수소 연료를 이용하여 전기를 생산한다.

수소 연료전지에서 생성된 전기는 인버터를 통하여 모터로 공급되며, 이 과정에서 수소 연료전지 자동차가 유일하게 배출하는 가스는 수증기뿐이다. 그러므로 연료전지는 스택에서 수소를 산소와 반응시켜 전기를 생산하여 고전압 배터리에 자체 저장하며, 이와 같은 전기 에너지로 모터를 구동하여 주행하는 친환경 자동차이다.

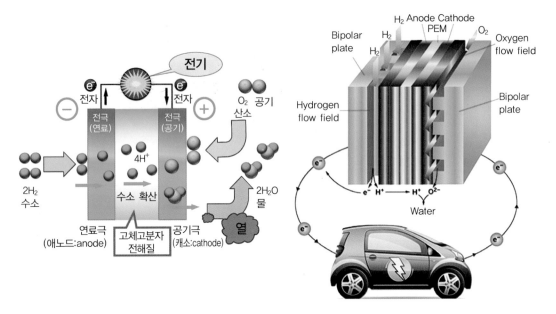

**그림10** 수소 연료전지 자동차

연료전지(Fuel Cell)의 셀은 수소와 산소의 전기 화학반응을 이용하여 화학에너지를 전기에너지로 변환시키는 장치로 납산 배터리의 최소 단위와 같으며, 연료 전지 셀 속에는 두 개의 백금으로 도금된 전극과 하나의 고체 전해질의 이온 교환막이 있으며, (-)극 쪽에 수소를 흐르게 하고 (+)극 쪽에 공기를 통하게 하면 (-)극 쪽의 수소가 백금의 촉매작용에 의하여 전자를 방출한다. 방출된 전자가 전선을 통해서 (+)극 쪽으로 이동함에 따라 (+)에서 (-)방향으로 전기가 흐른다. 전자를 방출한 수소는 성질이 변하면서 (+)를 띤 수소이온이 되며, 이온 교환막을 빠져나가 (+)극 쪽, 즉 공기 쪽으로 이동한다.

따라서 전자의 이동으로 전류를 생산하고 외부에서 공급된 산소(공기)와 화합하면서 생성 물질은 순수한 물이 되어 배출된다.

# 02 기초 전기·전자

## 1 기초 전기·전자

### (1) 전기

　모든 물질은 원자(atoms)로 이루어져 있다. 원자는 원소(element)의 성질을 유지하고 있는 원소의 가장 작은 입자이다. 지금까지 알려진 110개 원소의 각각은 모두 다른 원소의 원자와 다른 원자를 갖는다. 모든 원자는 원자핵과 전자(electrons)로 구성되어 있고, 원자핵은 **양성자**(protons)와 **중성자**(neutrons)로 이루어진다.

　고전적인 보어(Bohr)의 모델에 따르면, 원자는 궤도전자(orbiting electrons)로 둘러싸인 중앙의 **핵**(nucleus)으로 구성되어 있다. 이 핵은 양(+)의 전하를 가지는 입자인 양성자(protons)와 전하를 갖지 않는 입자인 중성자(neutrons)로 구성된다. 음(-)의 전하를 갖는 기본입자를 **전자**(electrons)라고 한다. 전자는 핵주위에서 궤도를 그리며 돈다.

　전자 궤도를 형성하고 있는 전자 중에서 가장 바깥쪽 궤도를 회전하고 있는 전자를 **가전자**라 부르며, 이 가전자는 원자핵으로부터 구속력이 약하기 때문에 궤도에서 쉽게 이탈할 수 있으므로 이와 같은 전자를 **자유전자**(free electron)라고 한다.

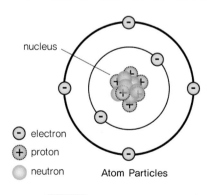

**그림1** 원자의 2차원 구조[13]

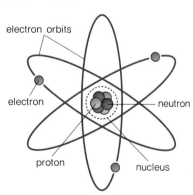

**그림2** 원자의 3차원 구조[14]

## 1) 전류

도선을 통하여 전자가 이동하는 것을 전류라 한다.

| 구분 | 기호 | 단위 |
|---|---|---|
| 전류 | I 또는 i | A : ampere |

① 전류의 크기는 도체의 단면에서 임의의 한 점을 매초 이동하는 전하의 양으로 나타낸다.

- 1A : 도체 단면에 임의의 한 점을 매초 1쿨롱(C)의 전하가 이동할 때의 전류를 말한다. $1C = 6.25 \times 10^{18}$개의 전자나 양성자 등이 지닌 전하량

$$I = \frac{Q}{t}$$

② **전류의 3대 작용**
- 발열 작용 : 예열 플러그, 전열기, 시거라이터, 디프로스터, 전구
- 자기 작용 : 솔레노이드, 전동기, 발전기
- 화학 작용 : 축전지, 전기 도금

## 2) 전압

도체에 전류를 흐르게 하는 전기적인 압력을 전압이라 한다.

| 구분 | 기호 | 단위 |
|---|---|---|
| 전압 | V 또는 E | V : Volt |

① **기전력** : 전하를 이동시켜 끊임없이 발생되는 전기적인 압력이라 하며, 기전력을 발생시켜 전류원(電流源)이 되는 것을 전원(電源)이라 한다.
② **1V란** : 1Ω의 도체에 1A의 전류를 흐르게 할 수 있는 전기적인 압력을 말한다.
③ 전압차가 클수록 전류가 많이 흐른다.

## 3) 저항

물질 속을 전류가 흐를 때 그 전류의 흐름을 방해하는 것을 저항이라 한다.

| 구분 | 기호 | 단위 |
|---|---|---|
| 저항 | R 또는 r | Ω : ohm |

---

13) 출처 Buzz;e.com   https://www.sciencefacts.net/atom-2.html
14) 출처 sciencefacts.net   https://www.sciencefacts.net/atom-2.html

- **1Ω이란** : 도체에 1A의 전류를 흐르게 할 때 1V의 전압을 필요로 하는 도체의 저항을 말한다.
- **도체의 형상과 재질에 의한 저항**
  - 도체의 저항은 그 길이에 비례하고 단면적에는 반비례한다.
  - 도체의 길이가 길면 저항이 증가한다.
  - 도체의 단면적이 크면 저항이 감소한다.
  - 물질의 고유저항 [$\rho$, resistivity] : 길이 1m, 단면적 1m²인 도체 두면간의 저항값을 비교하여 나타낸 비저항을 고유 저항이라 한다. 고유저항의 역수는 도전율(conductivity)이라 한다.

$$R = \rho \times \frac{l}{A}$$

$R$ : 물체의 저항($\Omega$)  $\rho$ : 물체의 고유 저항($\Omega\,cm$)
$l$ : 길이(cm)  $A$ : 단면적(cm)

- **고유저항($\rho$)에 따른 분류**
  - 도  체 : $10^{-4} \sim 10^{-6}$ ohm cm
  - 반도체 : $10^{-2} \sim 10^{-4}$ ohm cm
  - 절연체 : $10^{10}$ ohm cm 이상

**표1  물체의 종류에 따른 고유저항**

| 물체의 종류 | 고유저항($\mu\Omega\,cm$) | 물체의 종류 | 고유저항($\mu\Omega\,cm$) |
|---|---|---|---|
| 은 | 1.62 | 강 | 20.60 |
| 구리 | 1.69 | 납 | 22.00 |
| 금 | 2.40 | 주철 | 57~114 |
| 알루미늄 | 2.62 | 니크롬 | 100 |
| 황동 | 5.70 | 니켈-크롬 | 100~110 |
| 텅스텐 | 5.48 | 탄소 | 3.5 |
| 아연 | 6.10 | 게르마늄 | 4.6 |
| 니켈 | 6.90 | 실리콘 | 2.5 |
| 순철 | 10.00 | 수은 | 95.80 |
| 백금 | 10.50 | 고무 | $2.0 \times 10^8$ |

## ① 저항과 온도와의 관계

- 보통의 일반 금속은 온도가 상승하면 저항이 증가하지만 반대로 반도체 및 절연체 등은 감소한다.

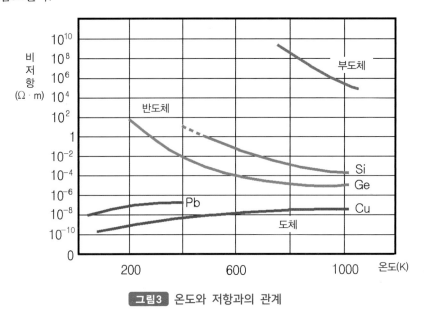

**그림3** 온도와 저항과의 관계

- 온도가 1℃ 상승하였을 때 변화하는 저항값의 비율을 온도계수에 따른 저항변화라고 한다.

$$R_{t1} = R_{t0}\{1 + \alpha_{t0}(t_1 - t_0)\}$$

$\alpha_{t0}$ : $t_0$에서 저항의 온도계수(TCR, Temperature Coefficient of Resistivity)

$t_0$ : 초기온도,  $t_1$ : 나중온도

## ② 저항의 종류

- **절연 저항** : 절연체의 저항을 절연 저항이라 하며, 절연저항은 절연체를 사이에 두고 전압을 가하면 절연체의 절연 정도에 따라 매우 작은 양이기는 하지만 전류가 누설되는데 이때의 저항을 절연저항이라고 부르며, 이때 흐르는 전류를 누설전류라 한다. 절연저항의 단위는 메가 옴(MΩ)이다.

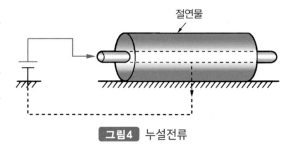

**그림4** 누설전류

- 접촉 저항 : 접촉면에서 발생되는 저항을 말한다. [그림5][15] 참조

  접촉저항은 접촉면에서 발생되는 저항을 말하며 헐겁게 접촉되거나 녹, 페인트 등을 떼어 내지 않고 전선을 연결하면 그 접촉면 사이에서 저항이 생겨 전류 흐름을 방해하는 저항을 접촉저항이라 한다.

  접촉저항을 감소시키는 방법은 다음과 같다.

  - 접촉 면적과 압력을 크게 한다.
  - 접촉 부분에 납땜을 하거나 단자에 도금을 한다.
  - 단자를 설치할 때 와셔를 이용한다.
  - 전기 접점을 닦아 낸다.

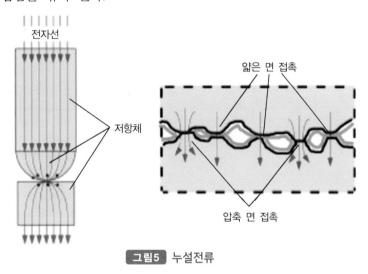

**그림5** 누설전류

### ③ 저항 사용 목적

- 부품에 흐르는 전류를 감소시키기 위해서 사용한다.
- 변동되는 전압이나 전류를 얻기 위해서 사용한다.
- 회로에서 부품에 알맞은 전압으로 강하시키기 위해서 사용한다.
- 저항은 전기 회로에서 전압 강하를 위하여 사용한다.

### ④ 저항의 연결법

**가. 직렬 접속**

- 전압을 이용할 때 결선한다.
- 합성 저항의 값은 각 저항의 합과 같다.

---

15) 출처 : Gary Kardys, The Importance of Electrical Contacts and Contact Resistance, 2018
https://electronics360.globalspec.com/article/11182/the-importance-of-electrical-contacts-and-contact-resistance

- 동일 전압의 축전지를 직렬 연결하면 전압은 개수 배가 되고 용량은 1개 때와 같다.

$$R = R_1 + R_2 + R_3 + \cdots\cdots + R_n$$

### 나. 병렬 접속

- 전류를 이용할 때 결선한다.
- 합성 저항은 각 저항의 역수의 합의 역수와 같다.
- 동일 전압의 축전지를 병렬 접속하면 전압은 1개 때와 같고 용량은 개수 배가 된다.

$$\frac{1}{R} = \frac{1}{R_1} + \frac{1}{R_2} + \frac{1}{R_3} + \cdots\cdots + \frac{1}{R_n}$$

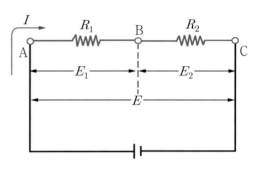

**그림6** 저항의 직렬접속

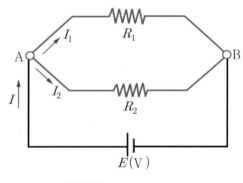

**그림7** 저항의 병렬접속

## (2) 전기회로

### 1) 옴의 법칙 (Ohm's Law)

전기회로에 흐르는 전압, 전류 및 저항은 서로 일정한 관계가 있으며, 1827년 독일의 물리학자 옴(Ohm)에 의해 도체를 흐르는 전류(I)는 도체에 가해진 전압(E)에 비례하고, 그 도체의 저항(R)에 반비례한다고 정리하였으며, 이를 옴의 법칙이라 한다.

$$I = \frac{E}{R}$$

I : 도체에 흐르는 전류 [A]   E : 도체에 가해진 전압 [V]
R : 도체의 저항 [Ω]

### 2) 전압 강하

ⓐ 전류가 도체에 흐를 때 도체의 저항이나 회로 접속부의 접촉 저항 등에 의해 소비되는 전압을 말한다.

ⓑ 전압 강하는 직렬 접속 시에 많이 발생된다.

ⓒ 전압 강하는 축전지 단자, 스위치, 배선, 접속부 등에서 발생된다.

ⓓ 각 전장품의 성능을 유지하기 위해 배선의 길이와 굵기가 알맞은 것을 사용하여야 한다.

## 3) 저항의 접속에 따른 전압과 전류의 배분

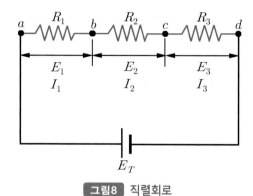

**그림8** 직렬회로

$I = \dfrac{E}{R}$에서 $I = $일정, $E \propto R$

$$I_T = I_1 = I_2 = I_3$$
$$E_T = E_1 + E_2 + E_3$$
$$R_T = R_1 + R_2 + R_3$$

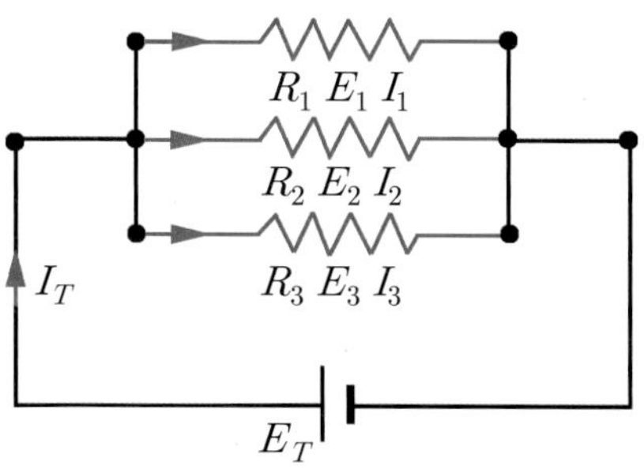

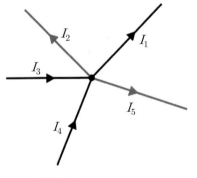

**그림9** 병렬회로

$I = \dfrac{E}{R}$에서 $E = $일정, $I \propto \dfrac{1}{R}$

$$E_T = E_1 = E_2 = E_3 \quad I_T = I_1 + I_2 + I_3$$

$$\frac{1}{R_T} = \frac{1}{R_1} + \frac{1}{R_2} + \frac{1}{R_3}$$

## 4) 키르히호프 법칙

- 옴의 법칙을 발전시킨 법칙이다.
- 복잡한 회로에서 전류의 분포, 합성 전력, 저항 등을 다룰 때 이용한다.

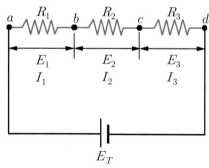

**그림10** 한 점에서 전류 입출입
키르히호프 제1법칙

**그림11** 한 회로에서 전압강하
키르히호프 제2법칙

① **키르히호프 제1법칙 (KCL: Kirchhoff's Current Law)**

- 전하의 보존 법칙이다.
- 복잡한 회로에서 한 점에 유입한 전류는 다른 통로로 유출된다.
- 회로 내의 한 점으로 흘러 들어간 전류의 총합은 유출된 전류의 총합과 같다는 법칙이다.

$$I_{in} = I_{out} \qquad I_1 + I_2 + I_5 = I_3 + I_4 \qquad \sum_k I_k = 0$$

② **키르히호프 제 2법칙 (KVL: Kirchhoff's Voltage Law)**

- 에너지 보존 법칙이다.
- 임의의 한 폐회로에서 한 방향으로 흐르는 전압 강하의 총합은 발생한 기전력의 총합과 같다.
- 기전력의 총합 = 전압 강하의 총합이다.

$$E_T = E_1 + E_2 + E_3 \qquad \sum_j V_{source,j} = \sum_k V_{device,k}$$

## 5) 전지의 접속

① **내부저항**

- 전지는 제조과정에서 아무리 잘 만들어도 불순물 등이 포함되어 무시할 수 없는 내부저항을 가지고 있다.

$$I = \frac{E}{R+r}$$

- 일반적으로 전지의 내부저항(r)은 외부저항(R)에 비해 대단히 적은 값이어서 특별한 언급이 없는 경우 회로에서 무시할 수 있지만, 제조사에서 제시한 규정의 내부저항값 범위를 벗어날 경우 전지 성능에 영향을 미친다.(보통 1.5배 이상시 불량)
- 전지의 내부저항을 측정하고자 할 때는 내부저항 측정용 전용 계측기를 이용해야 한다. 일반 멀티테스터의 저항 측정 기능을 이용하여 전지의 내부저항을 직접 측정할 경우 테스터 파손 등 전기적 위험성이 있으므로 금한다.
- 리튬이온배터리 온도 특성
리튬이온배터리는 고온에서 충·방전 시 내부저항의 증가로 인해 열화가 빠르게 진행된다. 배터리 내부 저항이 증가함에 따라 충·방전 시 소모되는 전력이 증가하며, 배터리의 수명을 단축시키는 요인이 된다.[16]

• 리튬이온배터리의 온도에 따른 내부 저항은 비례관계이다.

| 배터리온도(℃) | 내부저항(mΩ) | 손실전력(W) 1C−rate 기준 |
|:---:|:---:|:---:|
| 50 | 208 | 122 |
| 20 | 152 | 98 |
| 0 | 117 | 84 |
| −10 | 93 | 73 |
| −20 | 41 | 37 |

표2 리튬이온 배터리의 내부저항과 손실전력 [17]

## ② 전지의 접속

전지 1개로는 기전력이 부족하거나 용량이 작아서 높은 전압이나 전류를 얻기 어려운 경우가 많다. 이에 큰 전압이나 큰 전류를 얻기 위한 목적으로 다수의 전지를 직렬이나 병렬로 접속하여 전원으로 사용한다.

• 직렬접속

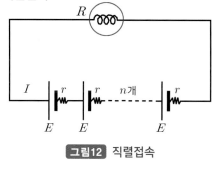

그림12 직렬접속

$n$ : 직렬

$I = \dfrac{nE}{R + nr}$ 전지 개수

$r$ : 전지 내부저항

• 병렬접속

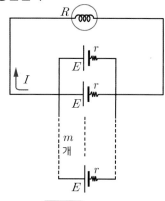

그림13 병렬접속

$I = \dfrac{mE}{mR + r}$

$m$ : 병렬 전지 개수

$r$ : 전지 내부저항

---

16) Schmidt, Alexander P., et al. "Model-based distinction and quantification of capacity loss and rate capability fade in Li-ion batteries,"Journal of Power Sources, pp. 7634-7638, 2010.

17) 엄태호 외 5인, 리튬이온 배터리의 온도에 따른 내부저항 분석, 한국조명전기설비학회, 2016.5

## 6) 전력

### ① 전력의 표시

- 전기가 하는 일의 크기를 말한다.
- 단위 : 와트,
- 기호 : w, kW

- $P = EI = I^2 R = \dfrac{E^2}{R}$

### ② 와트(W)와 마력

- 마력은 기계적인 힘을 나타낸 것.
- $1\mathrm{ps} = 75\,\mathrm{kg_f m/s} = 0.7355\,\mathrm{kW} = 632.3\,\mathrm{kcal/h}$
- $1\mathrm{hp} = 76\,\mathrm{kg_f m/s} = 0.7457\,\mathrm{kW} = 641.6\,\mathrm{kcal/h}$

**HP** : 영 Horse Power   **PS** : 독 Pferde stärke   **CV** : 불 Cheval vapeur

## 7) 전력량(Wh)

- 전력이 어떤 시간 동안에 한 일의 총량을 전력량이라 한다.
- 전력량은 전력과 사용 시간에 비례한다.
- 전력량은 전력에 사용한 시간을 곱한 것으로 나타낸다.
- $W = P\,t = EI\,t = I^2 R\,t$

## 8) 줄의 법칙 (Joule' Law)

① 이 법칙은 저항에 의하여 발생되는 열량은 전류의 2승과 저항을 곱한 것에 비례한다. 즉, 저항 R(Ω)의 도체에 전류 I(A)가 흐를 때 1초마다 소비되는 에너지 I2R(W)은 모두 열이 된다. 이때의 열을 줄 열이라 한다.

② $H ≒ 0.24P \qquad t = 0.24\,EI \qquad t = 0.24\,I^2 R\,t$ (cal)

> **참고**   1 Nm = 1 J
> 1cal = 4.186 J
> 1 W = 1 J/s

③ **퓨즈**(Fuse)

퓨즈는 단락(Short)으로 인하여 전선이 타거나 과대 전류가 부하로 흐르지 않도록 하는 안전장치이며, 퓨즈의 접속이 불량하면 전류의 흐름이 저하되고 끊어진다. 퓨즈는 회로에 직렬로 연결되며, 재료는 납과 주석 또는 아연과 주석의 합금을 사용한다.

④ **전선의 허용 전류 및 규격**

허용 전류는 전선에 전류가 흐르면 전류의 2승에 비례하는 주울 열이 발생되어 절연 피복을 변질 및 소손하여 화재발생 원인이 되므로 전선에는 안전한 전류 상태로 사용할 수 있는 한도의 전류를 말한다.

전선은 전기회로에 가장 보편적으로 사용되는 전도성 물질이다. 전선은 직경의 크기에 따라 다양하며, AWG(American Wire Gauge)크기라 불리는 표준 게이지 번호에 따라 정리되어 있다. 게이지 번호가 증가함에 따라 전선의 직경은 감소한다.

**표3** AWG(American Wire Gauge) size

| AWG 번호 | 직경 (㎜) | 단면적 (㎟) | 저항 (Ω/m) | 허용 전류 (A) | AWG 번호 | 직경 (㎜) | 단면적 (㎟) | 저항 (Ω/m) | 허용 전류 (A) |
|---|---|---|---|---|---|---|---|---|---|
| 4/0=0000 | 11.7 | 107(100) | 0.000161 | 280~298 | 19 | 0.912 | 0.653 | 0.0264 | 5.5 |
| 3/0=000 | 10.4 | 85 | 0.000203 | 240~257 | 20 | 0.812 | 0.518 | 0.0333 | 4.5 |
| 2/0=00 | 9.26 | 67.4(60.0) | 0.000256 | 223 | 21 | 0.723 | 0.41 | 0.042 | 3.8 |
| 1/0=0 | 8.25 | 53.5 | 0.000323 | 175~190 | 22 | 0.644 | 0.326 | 0.053 | 3 |
| 1 | 7.35 | 42.4(38.0) | 0.000407 | 165 | 23 | 0.573 | 0.258 | 0.0668 | 2.2 |
| 2 | 6.54 | 33.6 | 0.000513 | 130~139 | 24 | 0.511 | 0.205 | 0.0842 | 0.588 |
| 3 | 5.83 | 26.7(22.0) | 0.000647 | 125 | 25 | 0.455 | 0.162 | 0.106 | 0.477 |
| 4 | 5.19 | 21.1 | 0.000815 | 98~107 | 26 | 0.405 | 0.129 | 0.134 | 0.378 |
| 5 | 4.62 | 16.8(14.0) | 0.00103 | 94 | 27 | 0.361 | 0.102 | 0.169 | 0.288 |
| 6 | 4.11 | 13.3 | 0.0013 | 72~81 | 28 | 0.321 | 0.081 | 0.213 | 0.25 |
| 7 | 3.66 | 10.5 | 0.00163 | 70 | 29 | 0.286 | 0.0642 | 0.268 | 0.212 |
| 8 | 3.26 | 8.36(8.0) | 0.00206 | 55~62 | 30 | 0.255 | 0.0509 | 0.339 | 0.147 |
| 9 | 2.91 | 6.63 | 0.0026 | 55 | 31 | 0.227 | 0.0404 | 0.427 | 0.12 |
| 10 | 2.59 | 5.26(5.5) | 0.00328 | 40~48 | 32 | 0.202 | 0.032 | 0.538 | 0.093 |
| 11 | 2.3 | 4.17 | 0.00413 | 38 | 33 | 0.18 | 0.0254 | 0.679 | 0.075 |
| 12 | 2.05 | 3.31(3.5) | 0.00521 | 28~35 | 34 | 0.16 | 0.0201 | 0.856 | 0.06 |
| 13 | 1.83 | 2.62 | 0.00657 | 28 | 35 | 0.143 | 0.016 | 1.08 | 0.045 |
| 14 | 1.63 | 2.08(2.0) | 0.00829 | 18~27 | 36 | 0.127 | 0.0127 | 1.36 | 0.04 |
| 15 | 1.45 | 1.65 | 0.0104 | 19 | 37 | 0.113 | 0.01 | 1.72 | 0.028 |
| 16 | 1.29 | 1.31 | 0.0132 | 12~19 | 38 | 0.101 | 0.00797 | 2.16 | 0.024 |
| 17 | 1.15 | 1.04 | 0.0166 | 16 | 39 | 0.0897 | 0.00632 | 2.73 | 0.019 |
| 18 | 1.02 | 0.823 | 0.021 | 7~16 | 40 | 0.0799 | 0.00501 | 3.44 | 0.015 |

⑤ **전기회로 정비 시 주의사항**

- 전기회로 배선 작업 시 진동, 간섭 등에 주의하여 배선을 정리한다.
- 차량에 외부 전기장치를 장착시 전원부분에 반드시 퓨즈를 설치한다.
- 배선 연결 회로에서 접촉이 불량하면 열이 발생하므로 주의한다.

⑥ **암전류 측정**

- 점화스위치를 OFF한 상태에서 점검한다.
- 전류계는 축전지와 직렬로 접속하여 측정한다.
- 암 전류 규정 값은 약 20~40mA이다.
- 암 전류가 과다하면 축전지와 발전기의 손상을 가져온다.

## 9) 축전기 (condenser)

① 정전 유도 작용을 이용하여 전하를 저장하는 역할을 한다.

② **정전 용량** : 2장의 금속판에 단위 전압을 가하였을 때 저장되는 전하의 크기를 말한다. 크기는 페럿(Farad)이다.

③ **1패럿(F)** : 1V의 전압을 가하였을 때 1쿨롱의 전하를 저장하는 축전기의 용량을 말한다.

④ **정전 용량의 특성**

- 금속판 사이 절연체의 절연도에 정비례한다.
- 가해지는 전압에 정비례한다.
- 상대하는 금속판의 면적에 정비례한다.
- 상대하는 금속판 사이의 거리에는 반비례한다.

| 구 분 | 기 호 | 단 위 |
|:---:|:---:|:---:|
| 전 압 | V 또는 E | V : Volt |
| 정전용량 | C | F : Farad |
| 전하량 | Q | C : Coulomb |

⑤ $Q = CE$    Q : 전하량(C), C : 정전용량(F), E : 전압(V)

- 직렬 접속 시    $\dfrac{1}{C} = \dfrac{1}{C_1} + \dfrac{1}{C_2} + \cdots\cdots\cdots + \dfrac{1}{C_n}$

- 병렬 접속 시    $C = C_1 + C_2 + \cdots\cdots\cdots + C_n$

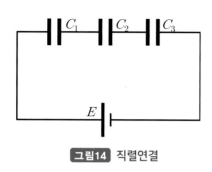

**그림14** 직렬연결

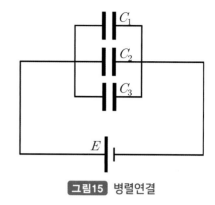

**그림15** 병렬연결

$Q = CE$에서 $Q$ = 일정, $E \propto \dfrac{1}{C}$

$Q_T = Q_1 = Q_2 = Q_3$

$E_T = E_1 + E_2 + E_3$

$\dfrac{1}{C_T} = \dfrac{1}{C_1} + \dfrac{1}{C_2} + \dfrac{1}{C_3}$

$Q = CE$에서 $E$ = 일정, $Q \propto C$

$E_T = E_1 = E_2 = E_3$

$Q_T = Q_1 + Q_2 + Q_3$

$C_T = C_1 + C_2 + C_3$

## (3) 자기

### 1) 쿨롱의 법칙

- 전기력과 자기력에 관한 법칙이다.
- 2개의 대전체 또는 자극 사이에 작용하는 힘은 거리의 2승에 반비례하고 대전체 또는 자극이 가지고 있는 전하량의 곱에는 비례한다.
- 2개의 대전체 또는 자극의 거리가 가까우면 자극의 세기는 강해지고 거리가 멀면 자극의 세기는 약해진다.

$$F = K_e \frac{q_1 \times q_2}{r^2}$$

$F$ : 전기력(N), $K_e = 8.99 \times 10^9$

$q_1,\ q_2$ : 전하량(C), $r$ : 거리(m)

$$F = K_m \frac{M_1 \times M_2}{r^2}$$

$F$ : 자기력(N), $K_m = 6.33 \times 10^4$

$M_1,\ M_2$ : 자속(Wb), $r$ : 거리(m)

### 2) 자기 유도

- 자계 내에 자성체를 넣으면 새로운 자석이 되는 현상을 말한다.
- 철편에 자석을 접근시키면 자극에 흡인되는 현상(자화 현상).
- 솔레노이드 코일에 전류를 흐르게 하면 철심이 자석으로 변화되는 현상.

## (4) 전류가 만드는 자계

### 1) 앙페르의 오른나사 법칙

- 전류에 의해 발생하는 자기장에 관한 설명이다.
- 전류가 도선에 흐를 때 발생하는 자기장의 방향에 대한 것으로 오른손 엄지손가락 방향이 전류의 방향이고 이때 검지 손가락이 감싸는 방향이 자기장의 방향이 된다.

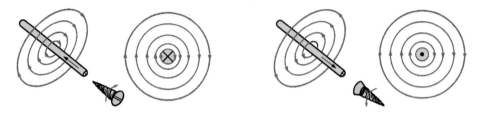

그림16 앙페르의 오른나사 법칙

- **평행한 두 도선 사이에 발생하는 힘**
  두 도선의 전류 흐름 방향이 동일시 인력작용, 전류 흐름 방향이 다를시 척력작용

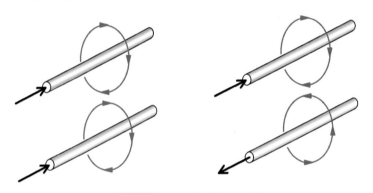

그림17 두 도선 사이의 자계

- **원형 도선에서 발생하는 자기장**

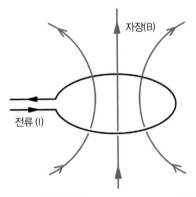

그림18 원형 도선에서의 자계

- 솔레노이드에서 발생하는 자기장

  원형도선을 계속 감은 것을 솔레노이드(solenoid)라 한다. 오른손으로 전류 흐름 방향으로 감아쥐고 이때 엄지손가락이 가리키는 방향이 N극이 된다.

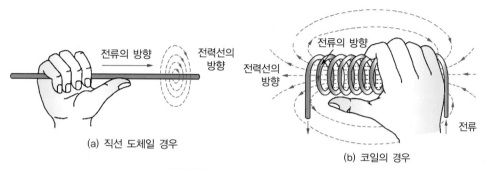

(a) 직선 도체일 경우

(b) 코일의 경우

**그림19** 솔레노이드에서의 자계

### 2) 페러데이의 법칙

- 자기장에 의해 발생하는 전기에 관한 설명으로 자기장이 변화하게 되면 전기가 발생하는데 이때 발생된 전기를 "유도기전력"이라고 한다.
- 유도기전력의 세기는 코일의 감은 수(N), 자석의 세기($\phi$)에 비례하고, 자기장이 변화하는 시간(t)과는 반비례한다.

$$E = N \times \frac{d\Phi}{dt}$$

### 3) 렌츠의 법칙

- 페러데이의 법칙은 기전력의 세기에 관한 것이라면, 렌츠의 법칙은 기전력의 방향에 관한 것이다.
- 유도기전력은 자속의 움직임을 방해하는 방향으로 생성된다.

$$E = -N \times \frac{d\Phi}{dt}$$

## (5) 전자력

- 자계와 전류 사이에서 작용하는 힘을 전자력이라 한다.
- 자계 내에 도체를 놓고 전류를 흐르게 하면 도체에는 전류와 자계에 의해서 전자력이 작용한다.

- 전자력 크기는 자계의 방향과 전류의 방향이 직각이 될 때 가장 크다.
- 전자력은 자계의 세기, 도체의 길이, 도체에 흐르는 전류의 양에 비례하여 증가한다.

## 1) 플레밍의 왼손법칙

- 왼손 엄지(전자력), 인지(자력선방향), 중지(전류 방향)를 서로 직각이 되게 하면 도체에는 엄지손가락 방향으로 전자력이 작용한다.
- 전동기, 전류계, 전압계의 원리이다.

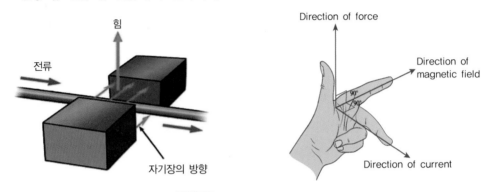

그림20 플레밍의 왼손 법칙

### ① 직류 전동기의 접속방식

- 직권 전동기 : 계자 코일과 전기자 코일이 직렬로 접속(기동 전동기)
- 분권 전동기 : 계자 코일과 전기자 코일이 병렬로 접속(환풍기 모터, 자동차에서 냉각 장치의 전동팬)
- 복권 전동기 : 계자 코일과 전기자 코일이 직병렬로 접속

## 2) 플레밍의 오른손 법칙

- 오른손 엄지(운동방향), 인지(자력선방향), 중지(기전력)를 서로 직각이 되게 하면 중지 손가락 방향으로 유도 기전력이 발생한다.

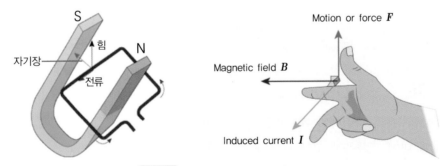

그림21 플레밍의 오른손 법칙

## 3) 전자 유도 작용

### ① 유도 기전력의 크기(페러데이의 법칙)

- 단위 시간에 잘라내는 자력선의 수에 비례한다.
- 상대 운동의 속도가 빠를수록 유도 기전력이 크다.

$$E = \frac{\Phi - \Phi'}{t}$$

$E$ : 유도 기전력
$\Phi$ : 최초 교차하고 있는 자력선의 수
$\Phi'$ : 변화된 자력선의 수
$t$ : 자력선이 변화될 때의 소요시간

- 도체가 N권의 코일이라면

$$E = N \times \frac{\Phi - \Phi'}{t} = N \times \frac{d\Phi}{dt}$$

### ② 렌츠의 법칙 : 도체에 영향하는 자력선을 변화시켰을 때 유도기전력은 코일내의 자속의 변화를 방해하는 방향으로 생긴다.

$$E = -N \times \frac{\Phi - \Phi'}{t} = -N \times \frac{d\Phi}{dt}$$

## 4) 자기 유도 작용

- 하나의 코일에 흐르는 전류를 변화시키면 변화를 방해하는 방향으로 기전력이 발생되는 현상.
- 자기 유도 작용은 코일의 권수가 많을수록 커진다.
- 자기 유도 작용은 코일 내에 철심이 들어 있으면 더욱 커진다.
- 유도 기전력의 크기는 전류의 변화 속도에 비례한다.

$$E = -L \times \frac{di}{dt}$$

## 5) 상호 유도 작용

- 2개의 코일에서 한쪽 코일에 흐르는 전류를 변화시키면 다른 코일에 기전력이 발생되는 현상.

- 직류 전기 회로에 자력선의 변화가 생겼을 때 그 변화를 방해하려고 다른 전기회로에 기전력이 발생되는 현상.
- 상호유도작용에 의한 기전력의 크기는 1차 코일의 전류변화속도에 비례한다.
- 상호유도작용은 코일의 권수, 형상, 자로의 투자율, 상호 위치에 따라 변화된다.
- 작용정도를 상호인덕턴스(M)로 나타내고 단위는 헨리(H)를 사용한다.

$$E = -M \times \frac{di}{dt}$$

## 6) 변압기에서 권선비에 따른 전압비 (자동차용 점화코일에서 응용)

$$\frac{E_2(2차코일\ 상호유도기전력)}{E_1(1차코일\ 자기유도기전력)} = \frac{N_2(2차코일\ 권선수)}{N_1(1차코일\ 권선수)}$$

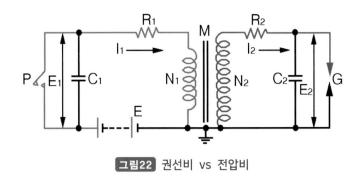

**그림22** 권선비 vs 전압비

## (6) 전자

## 1) 반도체

### ① 도체, 반도체, 절연체

- 도체 : 자유전자가 많기 때문에 전기를 잘 흐르게 하는 성질을 가짐
- 반도체 : 고유 저항이 $10^{-2} \sim 10^{-4} \Omega \cdot cm$ 정도로 도체와 절연체의 중간 성질
- 절연체 : 자유전자가 거의 없기 때문에 전기가 잘 흐르지 않음

### ② 반도체

- 진성 반도체 : 게르마늄(Ge)과 실리콘(Si) 등 결정이 같은 수의 정공(hole)과 전자가 있는 반도체
  ⓐ 불순물 반도체

- P(Positive)형 반도체 : 실리콘의 결정(4가)에 3가의 원소[알루미늄(Al), 인듐(In)]를 혼합한 것으로 정공(홀) 과잉 상태인 반도체를 말한다.
- N(Negative)형 반도체 : 실리콘의 결정(4가)에 5가의 원소[비소(As), 안티몬(Sb), 인 (P)]를 혼합한 것으로 전자 과잉 상태인 반도체를 말한다.

ⓑ 반도체의 특성
- 실리콘, 게르마늄, 셀렌 등의 물체를 반도체라 한다.
- 온도가 상승하면 저항이 감소되는 부온도 계수의 물질을 말한다.
- 빛을 받으면 고유저항이 변화하는 광전 효과가 있다.
- 자력을 받으면 도전도가 변하는 홀(Hall) 효과가 있다.
- 미소량의 다른 원자가 혼합되면 저항이 크게 변화된다.

표 4  반도체의 장점 및 단점

| 반도체의 장점 | 반도체의 단점 |
|---|---|
| ◦ 내부 전력 손실이 매우 적다.<br>◦ 매우 소형이고, 가볍다.<br>◦ 예열 시간을 요하지 않고 곧 작동한다.<br>◦ 기계적으로 강하고, 수명이 길다. | ◦ 온도가 상승하면 그 특성이 매우 나빠진다.(게르마늄 은 85℃, 실리콘은 150℃이상 되면 파손되기 쉽다.)<br>◦ 역내압(역방향으로 전압을 가했을 때의 허용 한계)이 매우 낮다.<br>◦ 정격값 이상 되면 파괴되기 쉽다. |

③ 서미스터(thermistor)
- 니켈, 구리, 망간, 아연, 마그네슘 등의 금속 산화물을 적당히 혼합하여 1,000℃ 이상 에서 소결시켜 제작한 것으로 온도 변화에 대하여 저항값이 크게 변화되는 반도체의 성질을 이용하는 소자.
- 정특성 서미스터 : 온도가 상승하면 저항값이 상승하는 소자.
- 부특성 서미스터 : 온도가 상승하면 저항값이 감소되는 소자.
- 수온 센서, 흡기 온도 센서 등 온도 감지용으로 사용된다.
- 온도관련 센서 및 액추에이터 소자에는 서모스탯, 서미스터, 바이메탈 등이 있다.
- 일반적으로 서미스터라고 함은 부특성 서미스터를 의미하며, 용도는 전자 회로의 온 도 보상용, 수온 센서, 흡기 온도 센서 등에서 사용된다.

④ **다이오드**

**가. 정류 다이오드**

- P형 반도체와 N형 반도체를 마주 대고 접합한 것
  이며, PN 접선(PN junction)이라고도 하며, 정류
  작용 및 역류 방지작용을 하며 다이오드의 특성은
  다음과 같다.
- 한쪽 방향에 대해서는 전류를 흐르게 하고 반대방
  향에 대해서는 전류의 흐름을 저지하는 정류 작용
  을 한다. (교류 전기를 직류 전기로 변환시키는 정

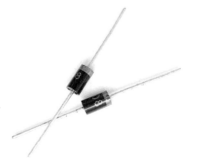

**그림23** 다이오드 외관

류용으로도 사용된다. 순방향 접속에서만 전류가 흐르는 특성을 지니고 있으며, 자동
차에서는 교류발전기 등에 사용한다.)

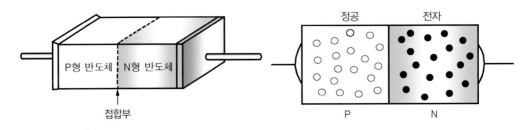

**그림24** 다이오드의 구조

- 한쪽방향의 흐름에서는 낮은 저항으로 되어 전류를 흐르게 하지만, 역방향으로는 높은
  저항이 되어 전류 흐름을 저지하는 성질이 있다.
- 순방향 바이어스의 정격 전류를 얻기 위한 전압은 1.0~1.25V정도이지만, 역방향 바이
  어스는 그 전압을 어떤 값까지 점차 상승시키더라도 적은 전류밖에는 흐르지 못한다.
- 전류가 공급되는 단자는 애노드(A), 전류가 유출되는 단자를 캐소드(K)라 한다.

(a) 다이오드     (b) 제너 다이오드     (c) 발광 다이오드     (d) 포토 다이오드

**그림25** 각종 다이오드 기호

- 다이오드 정류 회로

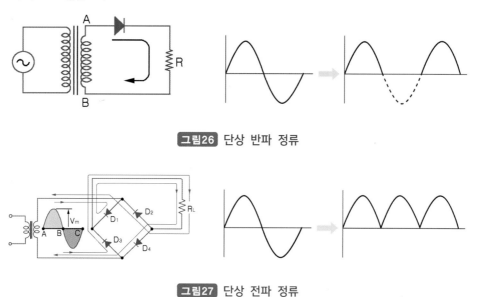

**그림26** 단상 반파 정류

**그림27** 단상 전파 정류

## 나. 제너 다이오드

전압이 어떤 값에 이르면 역방향으로 전류가 흐르는 정전압용 다이오드이다.

- 실리콘 다이오드의 일종이며, 어떤 전압하에서 역방향으로 전류가 통할 수 있도록 제작한 것이다.
- 역방향 전압이 점차 감소하여 제너전압 이하가 되면 역방향 전류가 흐르지 못한다.
- 어떤 값에 도달하면 전류의 흐름이 급격히 커진다. 이 급격히 커진 전류가 흐르기 시작할 때를 강복 전압(브레이크 다운전압)이라 한다.
- 자동차용 교류발전기의 전압조정기 전압 검출이나 정전압 회로에서 사용한다.

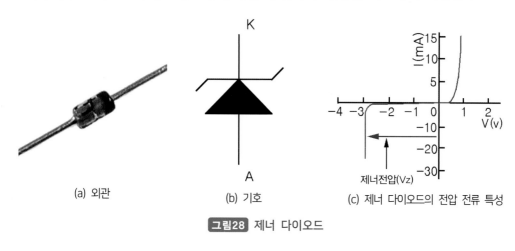

(a) 외관        (b) 기호        (c) 제너 다이오드의 전압 전류 특성

**그림28** 제너 다이오드

### 다. 포토 다이오드(photo diode)

접합면에 빛을 가하면 역방향으로 전류가 흐르는 다이오드이다.

- PN형을 접합한 게르마늄(Ge)판에 입사광선이 없을 경우에는 N형에 정전압이 가해져 있으므로 역방향 바이어스로 되어 전류가 흐르지 않는다.
- 입사광선을 접합부에 쪼이면 빛에 의해 전자가 궤도를 이탈하여 자유전자가 되어 역방향으로 전류가 흐르게 된다.
- 입사광선이 강할수록 자유전자 수도 증가하여 더욱 많은 전류가 흐른다. 용도는 배전기 내의 크랭크 각 센서와 TDC센서에서 사용한다.

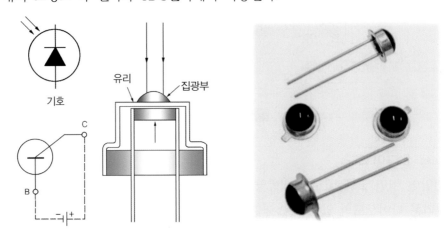

그림29 포토 다이오드

### 라. 발광 다이오드(LED ; Light Emission Diode)

순방향으로 전류가 흐르면 빛을 발생시키는 다이오드이다.

- PN 접합면에 순방향 전압을 걸어 전류를 공급하면 캐리어가 가지고 있는 에너지의 일부가 빛으로 되어 외부에 방사하는 다이오드이다.
- 가시광선으로부터 적외선까지 다양한 빛을 발생한다.

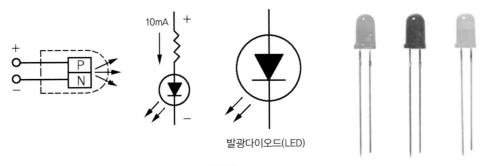

그림30 발광다이오드

- 발광할 때는 순방향으로 10mA 정도의 전류가 필요하며, PN형 접합면에 순방향 바이어스를 가하여 전류를 흐르게 하면 캐리어(carrier)가 지니고 있는 에너지 일부가 빛으로 변화하여 외부로 방사시킨다.
- 자동차에서는 각종 파일럿램프, 배전기의 크랭크 각 센서와 TDC센서, 차고 센서, 조향핸들 각속도 센서 등에서 사용한다.

④ **트랜지스터(TR)**

스위칭 작용, 증폭작용 및 발진작용이 있다.

**가. PNP형 트랜지스터**

- N형 반도체를 중심으로 양쪽에 P형 반도체를 접합시킨 트랜지스터이다.
- 이미터(E), 베이스(B), 컬렉터(C)의 3개 단자로 구성되어 있다.
- 베이스에 흐르는 전류를 단속하여 이미터 전류를 단속한다.
- 트랜지스터의 전류는 이미터에서 베이스로, 이미터에서 컬렉터로 흐른다.

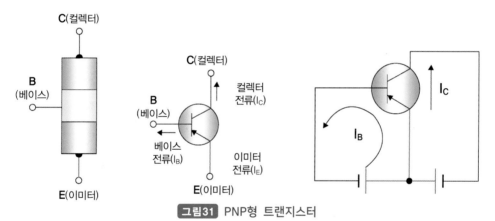

**그림31** PNP형 트랜지스터

**나. NPN형 트랜지스터**

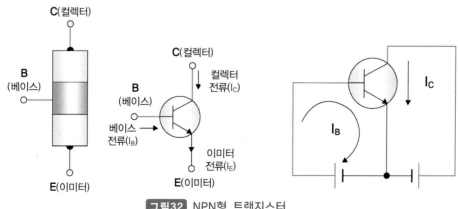

**그림32** NPN형 트랜지스터

- P형 반도체를 중심으로 양쪽에 N형 반도체를 접합시킨 트랜지스터이다.
- 이미터(E), 베이스(B), 컬렉터(C)의 3개 단자로 구성되어 있다.
- 베이스에 흐르는 전류를 단속하여 컬렉터 전류를 단속한다.
- 트랜지스터의 전류는 컬렉터에서 이미터로, 베이스에서 이미터로 흐른다.

### 다. 트랜지스터의 작용

#### ㉮ 증폭 작용

- 적은 베이스 전류로 큰 컬렉터 전류를 제어하는 작용을 증폭 작용이라 한다.
- 전류의 제어 비율을 증폭율이라 한다.

$$증폭률 = \frac{컬렉터\,전류(I_c)}{베이스\,전류(I_b)}$$

- 증폭율 100 : 베이스 전류가 1mA 흐르면 컬렉터 전류는 100mA로 흐를 수 있다.
- 트랜지스터의 실제 증폭율은 약 98정도이다.

#### ㉯ 스위칭 작용

- 베이스에 전류가 흐르면 컬렉터도 전류가 흐른다.
- 베이스에 흐르는 전류를 차단하면 컬렉터도 전류가 흐르지 않는다.
- 베이스 전류를 ON, OFF시켜 컬렉터에 흐르는 전류를 단속하는 작용을 말한다.

표 5  트랜지스터의 장점 및 단점

| 장점 | 단점 |
| --- | --- |
| - 내부에서 전력 손실이 적다.<br>- 내부에서 전압 강하가 매우 적다.<br>- 기계적으로 강하고 수명이 길다.<br>- 진동에 잘 견디는 내진성이 크다.<br>- 예열하지 않고 곧 작동된다.<br>- 극히 소형이고 가볍다. | - 역내압이 낮기 때문에 과대 전류 및 전압에 파손되기 쉽다.<br>- 온도 특성이 나쁘다.(접합부 온도 : Ge은 85℃, Si는 150℃이상일 때 파괴된다)<br>- 정격값 이상으로 사용하면 파손되기 쉽다. |

### ⑤ 포토 트랜지스터

- 외부로부터 빛을 받으면 전류를 흐를 수 있게 하는 감광 소자이다.
- 빛에 의해 컬렉터 전류가 제어되며, 광량(光量) 측정, 광 스위치 소자로 사용된다.
- PN접합부에 빛을 쪼이면 빛 에너지에 의해 발생한 전자와 정공이 외부로 흐른다.
- 입사광선에 의해 전자와 정공이 발생하면 역전류가 증가하고, 입사광선에 대응하는 출력 전류가 얻어지는데 이를 광전류라 한다.

- PN접합의 2극 소자형과 NPN의 3극 소자형이 있으며, 빛이 베이스 전류 대용으로 사용되므로 전극이 없고 빛을 받아서 컬렉터 전류를 조절한다.
- **포토 트랜지스터의 특징** : 광출력 전류가 매우 크고, 내구성과 신호성능이 풍부하며, 소형이고, 취급이 쉽다.

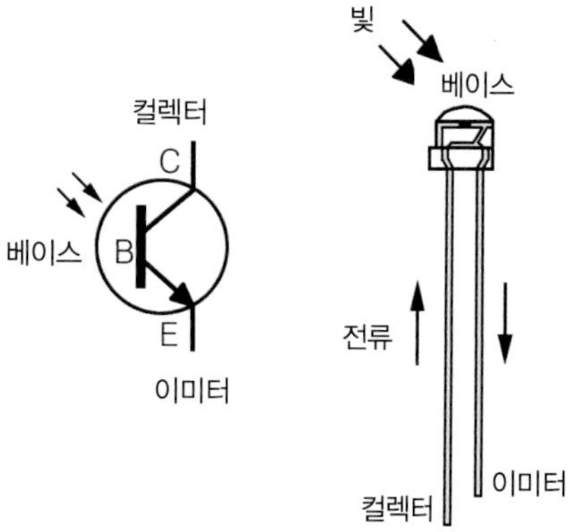

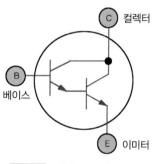

**그림33** 포토 트랜지스터

⑥ **다링톤 트랜지스터(Darlington TR)**

- 2개의 트랜지스터를 하나로 결합하여 전류 증폭도가 높다.
- 높은 컬렉터 전류를 얻기 위하여 2개의 트랜지스터를 1개의 반도체 결정에 집적하고 이를 1개의 하우징에 밀봉한 것이다. 특징은 1개의 트랜지스터로 2개분의 증폭 효과를 발휘할 수 있으므로 매우 적은 베이스 전류로 큰 전류를 조절할 수 있다.

**그림34** 다링톤 트랜지스터

⑦ **사이리스터(thyrister)**

- SCR(silicon control rectifier)이라고도 하며, PNPN 또는 NPNP 접합으로 4층 구조로 된 제어 정류기이며, 스위칭 작용을 한다.
- 단방향 3단자를 사용한다. 즉 (+)쪽을 애노드(Anode), ( - )쪽을 캐소드(Cathode), 제어 단자를 게이트(Gate)라 부른다.
- 애노드에서 캐소드로의 전류가 순방향 바이어스이며, 캐소드에서 애노드로 전류가 흐르는 방향을 역방향이라 한다.

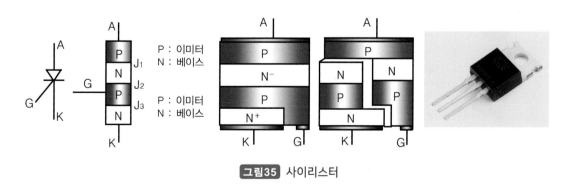

**그림35** 사이리스터

- 순방향 바이어스는 전류가 흐르지 못하는 상태이며, 이 상태에서 게이트에 (+)를, 캐소드에는 (−)를 연결하면 애노드와 캐소드가 순간적으로 통전되어 스위치와 같은 작용을 하며, 이후에는 게이트 전류를 제거하여도 계속 통전상태가 되며 애노드의 전압을 차단하여야만 전류흐름이 해제된다.

## 2) 반도체의 효과

① **피에조(piezo) 효과** : 힘을 받으면 기전력이 발생하는 반도체의 효과를 말한다.

② **펠티어(peltier) 효과** : 직류전원을 공급해 주면 한쪽 면에서는 냉각이 되고 다른 면은 가열되는 열전 반도체 소자이다.

③ **홀(hall) 효과** : 2개의 영구 자석 사이에 도체를 직각으로 설치하고 도체에 전류를 공급하면 도체의 한 면에는 전자가 과잉되고 다른 면에는 전자가 부족하게 되어 도체 양면을 가로질러 전압이 발생되는 현상을 말한다. 즉 자기를 받으면 통전 성능이 변화하는 효과를 말한다.

④ **지백(zee back) 효과** : 열을 받으면 전기 저항값이 변화하는 효과를 말한다.

## (7) 컴퓨터

## 1) 컴퓨터의 기능

EV 제어시 차량제어유닛(VDC)[18]은 센서로부터의 정보입력, 출력신호의 결정, 액추에이터의 작동 등 3가지 기본기능을 수행한다.

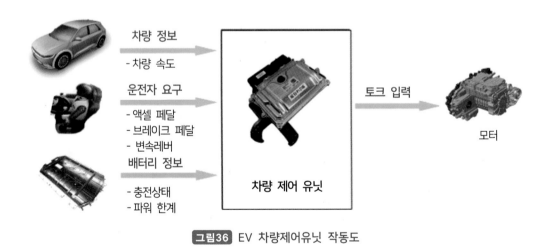

**그림36** EV 차량제어유닛 작동도

---

18) 현대자동차, https://gsw.hyundai.com/ 아이오닉5(NE EV) 2022년식 EV 160KW 정비지침서

## 2) 컴퓨터의 논리회로

### ① 기본 회로

#### ⓐ AND 회로(논리적 회로)
- 2개의 스위치 A, B를 직렬로 접속한 회로이다.
- 입력 A와 B가 모두 1이면 출력 Q는 1이 된다.

| 논리적 회로 | | 입력 | | 출력 |
|---|---|---|---|---|
| | | A | B | Q |
| | | 0 | 0 | 0 |
| | | 0 | 1 | 0 |
| | | 1 | 0 | 0 |
| | | 1 | 1 | 1 |

#### ⓑ OR 회로(논리화 회로)
- 2개의 A, B스위치를 병렬로 접속한 회로이다.
- 입력 A와 B가 모두 0이면 출력 Q는 0이 된다.
- 입력 A가 1이고, 입력 B가 0이면 출력 Q도 1이 된다.

| 논리화 회로 | | 입력 | | 출력 |
|---|---|---|---|---|
| | | A | B | Q |
| | | 0 | 0 | 0 |
| | | 0 | 1 | 1 |
| | | 1 | 0 | 1 |
| | | 1 | 1 | 1 |

#### ⓒ NOT 회로(부정 회로)
- 입력 스위치와 출력이 병렬로 접속된 회로이다.
- 입력 A가 1이면 출력 Q는 0이 되며, 입력 A가 0이면 출력 Q는 1이 된다.

| 부정 회로 | | 입력 | 출력 |
|---|---|---|---|
| | | A | Q |
| | | 0 | 1 |
| | | 1 | 0 |

② **복합 회로**

ⓐ NAND 회로(부정 논리적 회로)

| 부정 논리적 회로 | 입력 | | 출력 |
|---|---|---|---|
| | A | B | Q |
| | 0 | 0 | 1 |
| | 0 | 1 | 1 |
| | 1 | 0 | 1 |
| | 1 | 1 | 0 |

ⓑ NOR 회로(부정 논리화 회로)

| 부정 논리화 회로 | 입력 | | 출력 |
|---|---|---|---|
| | A | B | Q |
| | 0 | 0 | 1 |
| | 0 | 1 | 0 |
| | 1 | 0 | 0 |
| | 1 | 1 | 0 |

## 3) 컴퓨터의 구조

① **CPU**(Central Precession Unit ; 중앙 처리장치) : CPU는 데이터의 산술연산이나 논리연산을 처리하는 연산부분, 기억을 일시 저장해 놓는 장소인 일시 기억부분, 프로그램 명령, 해독 등을 하는 제어부분 등으로 구성되어 있다.

② **ROM**(Read Only Memory ; 영구 기억장치) : 읽어내기 전문의 메모리이며 한번 기억시키면 내용을 변경시킬 수 없다. 또 전원이 차단되어도 기억이 소멸되지 않으므로 프로그램 또는 고정 데이터의 저장에 사용된다.

③ **RAM**(Random Access Memory ; 일시 기억장치) : 임의의 기억 저장 장치에 기억되어 있는 데이터를 읽던가 기억시킬 수 있다. 그러나 전원이 차단되면 기억된 데이터가 소멸되므로 처리 도중에 나타나는 일시적인 데이터의 기억 저장에 사용된다.

④ **I/O**(In Put/Out Put ; 입·출력 장치) : I/O는 입력과 출력을 조절하는 장치이며 입출

력 포트라고도 한다. 입·출력 포트는 외부 센서들의 신호를 입력하고 중앙처리장치 (CPU)의 명령으로 액추에이터로 출력시킨다.

**그림37** EV제어용 ECU

**그림38** EV용 BMS (현대자동차 아이오닉 5 NE)

## (8) 교류

시간에 따라 크기와 방향이 주기적으로 변하는 전류로써 보통 AC(Alternating Current)로 표시한다. 발전소로부터 공급되는 전류로 크기와 방향이 주기적으로 바뀌는 전류로서 교번전류라고도 하며, 파형이 주기적이어서 평균값이 0이 되므로 실효값을 사용한다. 대표적인 교류는 사인파형이며 직사각형파, 삼각파, 사다리꼴파, 계단파, 펄스파 등의 변형파가 있다.

① **순시값($v$)** : 순간 순간 변하는 교류의 임의 시간에 있어서의 값

$$v = V_m \sin \omega t$$

② **최대값(Vm)** : 순시값 중에서 가장 큰 값

③ **피크-피크값($V_{p-p}$)** : 파형의 양의 최대값과 음의 최대값 사이의 값

④ **평균값**(vavg) : 전압파형의 평균값, 전압파형의 넓이를 시간으로 나눈값

$V_{avg} = \dfrac{1}{T}\displaystyle\int_0^T V(t)dt$ 그러나 정현파 교류에서는 한 주기가 동안 양의 넓이 값과 음의

넓이 값이 같기 때문에 적분값은 결국 0이 된다. 따라서 정현파의 평균은 반주기의 평균을 가지고 나타낸다.

$$V_{avg} = \dfrac{2}{T}\int_0^{\frac{T}{2}} V(t)dt = \dfrac{2}{T}\int_0^{\frac{T}{2}} V_m \sin(\omega t)dt = \dfrac{2}{\pi}V_m = 0.637\,V_m$$

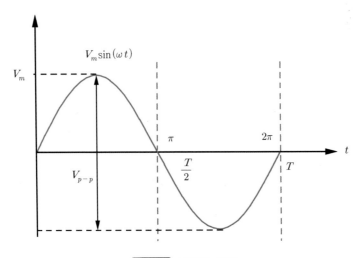

그림39 정현파 교류

⑤ **정현파 교류 실효값**(RMS : Root Mean Square)

교류 평균값의 한계 때문에 교류에서는 실효값으로 표현한다. 최대전압(Vm)의 크기는 실효값(VRMS)×$\sqrt{2}$ 이다.

[예] AC 220V)

$$V_{RMS} = \sqrt{\dfrac{1}{T}\int_0^T V^2(t)dt} = \sqrt{\dfrac{1}{2\pi}\int_0^{2\pi} V_m^2 \sin^2(\omega t)dt}$$

$$= \sqrt{\dfrac{V_m^2}{2\pi}\int_0^{2\pi}\dfrac{1-\cos(2\omega t)}{2}dt}$$

$$= \sqrt{\dfrac{V_m^2}{2\pi}\left[\dfrac{t}{2} - \dfrac{\sin(2\omega t)}{4\omega}\right]_0^{2\pi}} = \dfrac{V_m}{\sqrt{2}} = 0.707\,V_m$$

$$I_{RMS} = \sqrt{\frac{1}{T} \int_0^T I^2(t)dt} = \sqrt{\frac{1}{2\pi} \int_0^{2\pi} I_m^2 \sin^2(\omega t)dt}$$

$$= \sqrt{\frac{I_m^2}{2\pi} \int_0^{2\pi} \frac{1 - \cos(2\omega t)}{2}dt}$$

$$= \sqrt{\frac{I_m^2}{2\pi} \left[\frac{t}{2} - \frac{\sin(2\omega t)}{4\omega}\right]_0^{2\pi}} = \frac{I_m}{\sqrt{2}} = 0.707 I_m$$

$$P_{avg} = \frac{(V_{RMS})^2}{R} = V_{RMS} \, I_{RMS}$$

⑥ **교류 주파수** : 우리나라 가정용 교류는 220V 60Hz이다.

$$T = \frac{1}{f}$$

⑦ **교류회로(RLC회로)**

- **리액턴스(Ω)** : 교류회로에서 교류전류가 흐를 때 그 전류의 흐름을 방해하는 저항의 정도를 말한다. 임피던스의 허수부를 말하며 단위는 옴(Ω)을 사용한다. 도체 내부에서 전류가 한 방향으로 일정하게 흐르면 저항은 생기지만 리액턴스는 생기지 않는데, 교류전류가 도체 내에 흐르면 저항뿐만 아니라 리액턴스도 생기게 된다.
  리액턴스는 접속된 전압과 흐르는 전류의 위상이 서로 다르게 나타나며 교류회로에서 전류의 흐름을 막는 요소는 저항, 인덕턴스, 커패시턴스이다. 인덕턴스에 의한 것을 **유도성 리액턴스**라고 하고, 커패시턴스에 의한 것을 **용량성 리액턴스**라고 한다.

표6   **교류회로 종류에 따른 리액턴스**

| 회로종류 | | | |
|---|---|---|---|
| 리액턴스 | R | 유도성 리액턴스 $X_L = 2\pi f \, L$ | 용량성 리액턴스 $X_C = \dfrac{1}{2\pi f \, C}$ |

- **임피던스(Z)** : 교류회로에서의 여러 가지 저항 성분들의 합성치(Ω)이다.

$$Z = \sqrt{R^2 + (X_L - X_C)^2}$$

R은 시간에 따라 변하지 않는 저항값이고 $X_L$ 과 $X_C$ 는 시간에 따라 변화하는 저항값을 의미한다.

- **공진주파수** : 인덕터와 커패시터의 위상이 서로 반대이기 때문에, 교류 전원의 주파수를 잘 조절하면 회로에 흐르는 저항이 가장 작아지게 만들 수 있다. 즉, 유도 리액턴스와 용량 리액턴스 크기를 같게 하여 서로 상쇄시키면 된다. 이때의 주파수를 공진주파수(고유주파수)라 하며, 이 경우 유도 리액턴스와 용량 리액턴스가 서로 상쇄돼므로, 회로의 전류는 오직 저항에 의한 효과만 있다. 교류는 주파수에 따라 유도 리액턴스와 용량 리액턴스가 달라지므로 전류값 또한 주파수에 따라서 달라진다. 즉, RLC회로를 이용하여 원하는 주파수의 전류만 골라낼 수 있다. 이 방법은 라디오 및 무선통신 회로에 널리 사용된다.

$$X_L = X_C \qquad 2\pi f L = \frac{1}{2\pi f C} \qquad f = \frac{1}{2\pi \sqrt{LC}}$$

## 2 전기용어 및 회로분석 기술

### (1) 전기 기호 및 심볼

| 기호 및 심볼 | 내용 | 기호 및 심볼 | 내용 |
|---|---|---|---|
| | 단일 셀 배터리 | | 저항 |
| | 멀티 셀 배터리 | | 가변저항 |
| | AC 전압원 | | 포텐시오미터 |
| | 접지 | | 도선 접속 |
| | 섀시 접지 | | 도선 교차 |
| | 방전기 | 애노드(A) 캐소드(K) | 다이오드 |
| | 퓨즈 | 애노드(A) 캐소드(K) | 제너 다이오드 |
| | 커패시터 | 애노드(A) 캐소드(K) | 터널 다이오드 |
| | 커패시터(극성) | 애노드(A) 캐소드(K) | 쇼트키 다이오드 |
| | 가변 커패시터 | 애노드(A) 캐소드(K) | 발광 다이오드 |
| | 인덕터(에어코어) | 애노드(A) 캐소드(K) | 바리캡 다이오드 |

| 기호 및 심볼 | 내용 | 기호 및 심볼 | 내용 |
|---|---|---|---|
| | 인덕터(마그네틱코어) | | 릴레이 |
| | 모스펫 | | 전구 |
| | P채널 JFET | | 전구 |
| | N채널 JFET | | 전류계 |
| | PNP TR | | 전압계 |
| | NPN TR | | 주파수계 |
| | PNP 달링턴 TR | | 온도계 |
| | NPN 달링턴 TR | | 마이크 |
| | 버저 | | 수정 발진기 |
| | 스위치 | | 저항계 |
| | 스위치 | | 전력계 |
| | 스위치 | | 전력량계 |
| | 자기 복귀형 스위치(NO) | | 검류계 |
| | 자기 복귀형 스위치(NC) | | 유량계 |
| | 자기 복귀형 스위치 (혼합형) | | 라우드 스피커 |
| | 릴레이 | | 연산 증폭기 |

## (2) 자동차 회로 내 기호[19]

| 기호 및 심볼 | 내용 | 기호 및 심볼 | 내용 |
|---|---|---|---|
| | 실선으로 표시된 구성부품은 전체 해당 구성품 의미 | B | 물결무늬 선은 끊어져 있지만 이전 또는 다음 페이지에 연결되어 계속됨 |
| | 점선으로 표시된 구성부품은 해당되는 필요부분만 표시된 것을 의미 | Y/R | 노랑바탕의 적색 줄무늬 선(2가지색 이상으로 피복된 선) |
| | 커넥터가 구성부품에 직접 연결 | 좌측 페이지에서 A / A 우측 페이지로 | 전류 흐름이 내부에 같은 문자를 갖는 같은 페이지 혹은 다른 페이지의 화살표로 연결됨. 화살표 방향이 전류 흐름 방향임. |
| | 구성부품에 커넥터가 리드 선으로 연결 | | |
| | 구성부품 자체의 스크루 단자를 의미 | R 회로도 이름 | 다른 회로와 공유하는 부분임을 표시함. 화살표가 지시하는 회로에서 와이어가 다시 나타남. |
| | 부품의 하우징이 직접 차량의 금속부위에 붙여짐을 의미 | 자동 G 수동 변속기 변속기 G G | 선택사양 혹은 다른 차종에 대한 와이어의 흐름을 표시(해당 사양에 기준한 회로를 판별토록 지시함) |
| 정지등 스위치 P.12 C.10-2 | 구성부품의 명칭 상단부에는 해당 구성부품의 명칭을 나타냄. 구성부품 위치도의 사진번호와 커넥터는 정보 페이지를 나타냄 | L L | 조인트는 선에 점을 찍어서 나타내며 차량에서의 실제적인 위치와 연결은 변화할 수 있음. |
| | 회로가 서로 접속되어 있음 | G06 | 차량의 금속부분에 접속되는 와이어의 끝선을 나타냄. |
| | 회로가 서로 접속되어 있지 않음 | G06 | 와이어에 전파차단 보호막이 둘러싸였음을 나타냄. 항상 접지 상태에 있음.(주로 엔진 및 T/M을 컨트롤 하는 센서측에 사용됨) |

19) 현대자동차, https://gsw.hyundai.com/ 아이오닉5 NE 2022년식 EV 160KW 전장회로도

| 기호 및 심볼 | 내용 | 기호 및 심볼 | 내용 |
|---|---|---|---|
| 10 **M05-2** 수 커넥터 / 암 커넥터 | 구성부품위치 색인표 상에서 참조용으로 각 커넥터의 명칭을 나타냄 | B C E NPN | NPN TR |
| R Y/L 3 1 **E35** R Y/L | 점선은 각각의 두 개의 와이어가 동일한 커넥터(E35)상에서 접속됨을 의미 | B C E PNP | PNP TR |
| 상시전원 엔진 룸 퓨즈 & 릴레이 박스 이그니션 30A | 전원 공급 상태 명칭 용량 | | 커넥터 내부에서 와이어가 조인트 되는 커넥터임 |
| ON 전원 실내 퓨즈 & 릴레이 박스 경음기 퓨즈 10A | 전원이 이그니션 "ON"상태에서 공급됨을 의미 다른 퓨즈와 연결됨을 의미 퓨즈용량 | | 스위치(1개 접점) |
| | 파워 커넥터로 배터리 상시 전원 제어 | | 히터 |
| | 더블 필라멘트 | | 센서 |
| | 싱글 필라멘트 | | 샌더 |
| | 다이오드 | | 인젝터 |
| | 다이오드 | | 솔레노이드 |
| | 발광다이오드 | M | 모터 |
| | 제너다이오드 | | 배터리 |
| | | | 콘덴서 |

| 기호 및 심볼 | 내용 | 기호 및 심볼 | 내용 |
|---|---|---|---|
| | 스피커 | | 코일 비통전시 스위치 상태를 나타냄. 코일 통전시 스위치 접속됨 |
| | 스위치(2개 접점), 연결된 점선으로 스위치는 동시 작동되며 가는 점선은 스위치 사이의 기계적 관계를 나타냄 | | 혼, 경음기, 부저, 사이렌 |
| | | | 다이오드 내장 릴레이 |
| | 코일을 통한 전류의 흐름이 있을 때 스위치 접속됨 (NC) | | 저항 내장 릴레이 |

## (3) 자동차 회로도 보는법[20]

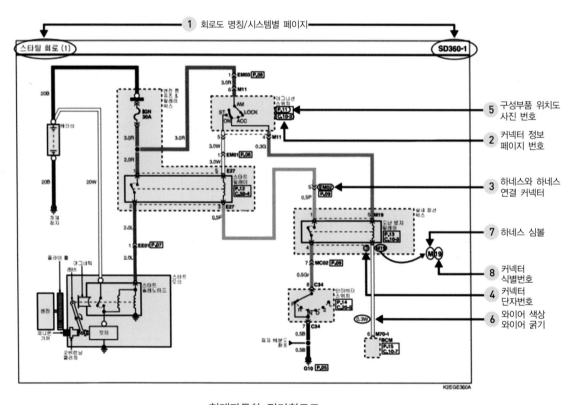

현대자동차 전기회로도

---

20) 현대자동차, https://gsw.hyundai.com/ 아이오닉 2020년식 G 1.6GDI HEV 전장회로도

## ① 커넥터 단자번호 부여

| 암 커넥터(하니스측) | 숫 커넥터(부품측) | 비고 |
|---|---|---|
| 록킹 포인트<br>하우징 핀 | 록킹 포인트<br>핀 하우징 | 암수 커넥터 구별은 하우징 형상이 아닌 단자 형상에 의해서만 이루어진다. |
| 3 2 1<br>6 5 4 | 1 2 3<br>4 5 6 | |
| 3 2 1<br>6 5 4 ← | → 1 2 3<br>4 5 6 | 암 커넥터의 단자 번호는 오른쪽 위에서 밑으로,<br>수 커넥터의 단자 번호는 왼쪽 위에서 오른쪽 밑으로 번호를 부여한다. |

## ② 와이어 색상 지정 약어

회로도상의 와이어 색상을 식별하는데 사용되는 약어

| 기호 | 와이어 색상 | 기호 | 와이어 색상 |
|---|---|---|---|
| B | Black | O | Orange |
| Br | Brown | P | Pink |
| G | Green | R | Red |
| Gr | Gray | W | White |
| L | Blue | Y | Yellow |
| Lg | Light Green | Ll | Light Blue |
| 0.3 Y/B | 단면적 $0.3mm^2$에 노랑 바탕색에 검정색 줄무늬 선(2가지) | | |

1.25B

GM01

1.25 : 단면적($1.25mm^2$)
　B : 배선색(검정)
GM01 : 접지 포인트

### ③ 하니스 심볼

각 하니스를 하니스 명칭, 장착위치에 의해 분류하여 식별 심볼을 부여한다.

| 심볼 | 와이어 색상 | 위치 |
|---|---|---|
| C | 컨트롤, 배압 조절밸브, 저압 EGR 밸브 하니스 | 엔진룸 |
| D | 도어 하니스 | 도어 |
| E | 프런트, 배터리, 프런트 엔드 모듈, 프런트 범퍼 하니스 | 엔진룸, 차량 앞 |
| F | 플로어, EPB 익스텐션 하니스 | 플로어, 콘솔 |
| M | 메인 하니스 | 실내, 크래시 패드 |
| R | 루프, 테일게이트, 리어 범퍼 하니스 | 루프, 차량 뒤 |
| S | 시트 하니스 | 실내 |

## (4) 자동차 전기회로 고장진단법[21]

### 1) 5단계 고장 진단법

#### ① 1단계 : 고객 불만 사항 검토

정확한 점검을 위해 문제되는 회로의 구성부품을 작동시킨 후 문제를 검토하고, 그 현상을 기록한다. 확실한 원인 파악 전에는 분해나 테스트를 실시하지 말아야 한다.

#### ② 2단계 : 회로도의 판독 및 분석

회로도에서 고장회로를 찾아 시스템 구성부품에의 전류 흐름을 파악하여 작업 방법을 결정한다. 작업방법을 인식하지 못할 경우에는 회로작동 참고서를 읽는다. 또한 조장 회로를 공유하는 다른 회로를 점검한다. 예를 들어 같은 퓨즈, 접지, 스위치 등을 공유하는 회로의 명칭을 각 회로도에서 참조한다. 1단계에서 점검하지 않았던 공유되는 회로를 작동시켜 본다. 공유회로의 작동이 정상이면 고장회로 자체의 문제이고, 몇 개의 회로가 동시에 문제가 있으면 퓨즈나 접지상의 문제일 것이다.

#### ③ 3단계 : 회로 및 구성 부품 검사

회로 테스트를 실시하여 2단계의 고장진단을 점검한다. 효율적인 고장진단은 논리적이고 단순한 과정으로 실시되어야 한다. 고장진단 힌트 또는 시스템 고장 진단표를 이용하여 확실한 원인 파악을 한다. 가장 큰 원인으로 파악된 부분부터 테스트를 실시하며, 테스트가 쉬운 부분에서부터 시작한다.

---

21) 현대자동차, https://gsw.hyundai.com/ 아이오닉5 NE 2022년식 EV 160KW 전장회로도

④ **4단계 : 고장수리**

고장이 발견되면 필요한 수리를 실시한다.

⑤ **5단계 : 회로 작업 확인**

수리 후 확인을 위해 다시 한번 더 점검을 실시한다. 만약 문제가 퓨즈가 끊어지는 것이었다면, 그 퓨즈를 공유하는 모든 회로의 테스트를 실시한다.

## 2) 고장 진단 설비

### ① 전압계 및 테스트 램프

테스트 램프로 개략적인 전압을 점검한다. 테스트 램프는 한쌍의 리드선으로 접속된 12V 벌브로 구성되어 있다. 한쪽 선을 접지 후 전압이 반드시 나타나야 하는 회로를 따라 여러 위치에 테스트 램프를 연결시켜 벌브가 계속해서 점등되면 테스트 지점에 전압이 흐르는 것이다.

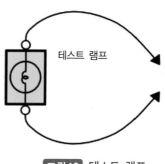

**그림40** 테스트 램프

| 주의사항 |

회로는 컴퓨터 제어 인젝션과 함께 사용하는 ECM과 같은 반도체가 포함된 모듈(유닛)을 갖는다. 이러한 회로의 전압은 10MΩ이나 그 이상의 임피던스를 갖는 디지털 볼트미터로 테스트해야 한다. 안전 상태의 모듈이 포함된 회로는 테스트 램프 사용 시 내부 회로가 손상될 수 있으므로 테스트 램프를 절대 사용하지 말아야 한다.

테스트 램프와 동일한 요령으로 전압계를 사용할 수 있으며, 전압의 유, 무만 판독하는 테스트 램프와는 달리 전압계에서는 전압의 세기까지 표시한다.

### ② 자체 전원 테스트 램프 및 저항기

통전 여부 점검을 위해 벌브, 배터리, 2개의 리드선으로 구성되는 자체 전원 테스트 램프나 저항기를 사용한다. 두 개의 리드선이 모두 접속되면 램프는 계속 점등된다. 그 위치점을 점검하기 전에 우선 배터리(-) 케이블이나 작업 중인 해당 회로의 퓨즈를 탈거한다.

저항기는 자체 전원 테스트 램프 위치에서 사용할 수 있으며, 회로의 두 지점간의 저항을 나타낸다. 반도체가

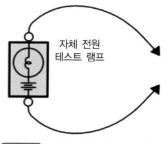

**그림41** 자체 전원 테스트 램프

포함된 유닛 회로는 10MΩ이나 임피던스가 큰 용량의 디지털 멀티미터만으로 사용해야

한다. 디지털 멀티미터로 저항 측정 시에는 배터리의 (−)단자는 분리해야 한다. 그렇지 않을 경우 부정확한 수치가 나타날 수 있다. 유닛의 측정치에 영향을 줄 경우에는 수치를 한번 측정한 후 리드를 반대로 갖다 대고 다시 한 번 측정한다. 측정치가 다르면 유닛이 영향을 미치는 것이다.

### ③ 퓨즈 포함된 점프 와이어

열려진 회로를 점검할 때에는 점프 와이어를 사용한다. 점프 와이어는 테스트 리드 세트에 인 라인(IN-LINE) 퓨즈 홀더가 연결되어 있다. 점프 와이어는 스몰 클램프 커넥터와 함께 대부분의 커넥터에 손상을 주지 않고 사용 가능하다.

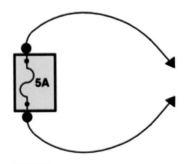

**그림42** 퓨즈 포함된 테스트 회로

## 3) 고장진단 테스트

### ① 전압 테스트

커넥터의 전압 측정 시에는 커넥터를 분리시키지 않고 탐침을 커넥터 뒤쪽에 꽂아 점검한다. 커넥터의 접속 표면 사이의 오염, 부식으로 전기적 문제가 발생될 수 있으므로 항시 커넥터의 양면을 점검해야 한다.

- 테스트 램프나 전압계의 한쪽 리드선을 접지시킨다. 전압계 사용 시는 접지시키는 쪽에 반드시 전압계의 (−) 리드선을 연결해야 한다.

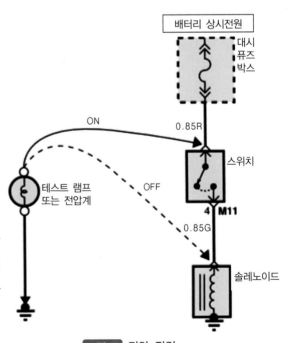

**그림43** 전압 점검

- 테스트 램프나 전압계의 다른 한쪽 리드선은 선택한 테스트 위치(커넥터나 단자)에 연결한다.
- 테스트 램프가 켜진다면 전압이 있다는 것을 의미한다.
- 전압계 사용 시는 수치를 읽는다. 규정치보다 1V 이상 낮은 경우는 고장이다.

## ② 통전 테스트

- 배터리(—) 단자를 분리한다.
- 자체 전원 테스트 램프나 저항기의 한쪽 리드선을 테스트하고자 하는 회로의 한쪽 끝에 연결한다. 저항기 사용 시에는 리드선 2개를 함께 잡은 다음 저항이 0Ω이 되도록 저항기를 조정한다.
- 다른 한족 리드선은 테스트 하고자 하는 회로의 다른 한쪽 끝에 연결한다.
- 자체 전원 테스트 램프가 켜지면 통전상태이다. 저항기 사용 시에는 저항이 0Ω 또는 값이 작을 때 양호한 통전상태를 나타낸 것이다.

## ③ 접지 단락 테스트

- 배터리 (—)단자를 분리한다.
- 자체 전원 테스트 램프나 저항기의 한쪽 리드선을 구성품 한쪽의 퓨즈 단자에 연결한다.
- 다른 한쪽 리드선을 접지시킨다.
- 퓨즈 박스에서 근접해 있는 하니스부터 순차적으로 점검해 나간다. 자체 전원 테스트 램프나 저항기를 약 15cm 간격을 두고 순차적으로 점검해 나간다.
- 자체 전원 테스트 램프가 열화되거나 저항이 기록되면 그 위치점 주위 와이어링의 접지가 단락된 것이다.

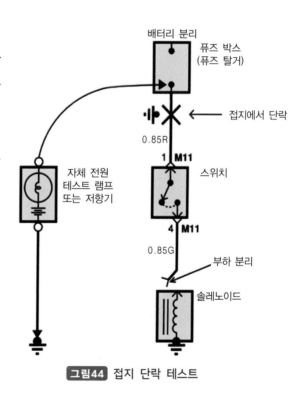

**그림44** 접지 단락 테스트

## 3 자동차 통신 기초

## (1) 통신(Communication)

### 1) 통신이란

통신은 인류의 발생과 함께 시작되었으며, 인간이 사회를 형성하고 생활해 나가기 위해서는 개인 대 개인, 사회 대 사회 사이의 의사소통은 절대적인 필수요건이다. 만일 그 상대가 근접해 있을 때에는 몸짓이나 언어로 의사가 통하지만 양자의 거리가 멀어짐에 따라 말이나 몸짓으로 통할 수 없게 되기 때문에 타인을 통하거나 빛·연기·소리 등을 통하여 의사를 전하였다.

통신이란, 말 그대로 어떠한 정보를 전달하는 것이라고 할 수 있으며, 일상생활에서 통신이란 단어를 많이 사용하고 통신을 할 수 있는 도구를 많이 사용한다. 예를 들면 집이나 사무실에서 사용하는 전화기, 휴대폰, 인터넷 등이 있다.

### 2) 자동차에 통신을 사용하게 된 이유

자동차의 기술이 발달하면서 성능 및 안전에 대한 소비자들의 요구는 안전하고 편안한 차량을 요구하고, 이에 대응하기 위해 자동차는 많은 ECU와 편의 장치가 적용되며, 그에 따른 배선 및 부품들이 갈수록 많이 장착되고 있는 반면에 그에 따른 고장도 많이 나고 있다. 특히 전장품들이 상당수 추가 되면 배선도 같이 추가되어야 되고 그러면 고장이 일어날 수 있는 부위도 그만큼 많아진다는 것이다. 이러한 문제를 조금이나마 줄이기 위해서 각각의 ECU에 통신을 적용하여 정보를 서로 공유하는 것이 주된 이유이다.

### 3) 자동차에 통신 적용 시 장점

- **배선의 경량화** : 제어를 하는 ECU들의 통신으로 배선이 줄어든다.
- **전기장치의 설치장소 확보 용이** : 전장품의 가장 가까운 ECU에서 전장품을 제어한다.
- **시스템의 신뢰성 향상** : 배선이 줄어들면서 그만큼 사용하는 커넥터 수의 감소 및 접속점이 감소하여 고장률이 낮고 정확한 정보를 송수신할 수 있다.
- **진단 장비를 이용한 자동차 정비** : 통신 단자를 이용하여 각 ECU의 자기진단 및 센서 출력값을 진단 장비를 이용하여 알 수 있어 정비성이 향상된다.

### 4) 배선 유무에 따른 통신의 구분

- **유선 통신** : 유선 통신이란 송·수신 양자가 전선로로 연결되고, 전선에 의하여 신호가 전달되는 전기 통신을 총칭한다. 대표적인 것은 전신·전화인데, 하나의 송신에 대하여 다수의 수신을 원칙으로 하는 무선통신과는 달리 1 : 1의 통신이 원칙인 것이 유선 통

신방식이다. 우리가 사용하는 대부분의 통신방식이 여기에 해당되며, 전화기, 팩스, 인터넷, 자동차 ECU 통신 등이 해당된다.
- **무선 통신** : 무선 통신은 정보를 전달하는 방식이 통신선이 없이 주파수를 이용하는 것을 말하며 무전기, 휴대폰, 자동차 리모컨 등이 해당된다.

## 5) 정보 공유

정보를 공유한다는 것은 각 ECU들이 자기에게 필요한 정보(DATA)를 받고 다른 ECU들이 필요로 하는 정보를 제공함으로써 알아야 할 DATA를 유선을 통해 서로에게 보내주는 것이다. 우리가 사용하는 인터넷과 같이 어떠한 정보를 찾아가기 위해 우리는 컴퓨터에 검색 프로그램을 실행하고 검색 창에 원하는 단어나 문구를 쓰면 컴퓨터는 인터넷에 연결된 모든 컴퓨터에서 검색창에 쓰여 진 단어나 문구와 유사한 내용을 사용자에게 알려준다. 자동차에 장착된 ECU들은 서로의 정보를 네트워크에 공유하고 자기에게 필요한 데이터를 받아서 이용한다.

## 6) 네트워크 및 프로토콜

네트워크라는 단어를 살펴보면 Net+Work이다. Net는 본래 뜻이 '그물'이고 Work는 '작업'이므로 그대로 직역한다면 '그물 일'이 될 것이다. 네트워크는 정확히 말하면 'Computer Networking'으로서 컴퓨터를 이용한 '그물작업'이 될 것이다.

즉 네트워크는 컴퓨터들이 어떤 연결을 통해 컴퓨터의 자원을 공유하는 것을 네트워크라 할 수 있으며 이와 같은 통신을 위해 ECU 상호간에 정해둔 통신 규칙을 통신 프로토콜(Protocol)이라 한다.

## 7) 자동차 전기장치에 적용된 통신의 분류

**표 7  통신의 분류**

| 구분 | 데이터 전송방식 | | | 전송 형식 | | 전송 방향 | | |
|------|------|------|------|------|------|------|------|------|
|      | 직렬 | 병렬 | 직병렬 | 동기 | 비동기 | 단방향 | 반이중 | 양방향 |
| MUX |  |  | ○ |  | ○ | ○ |  | ○ |
| CAN |  | ○ |  | ○ | ○ |  |  | ○ |
| LAN |  | ○ |  | ○ | ○ | ○ |  | ○ |
| LIN | ○ |  |  |  | ○ | ○ |  |  |
| 참고 | PWM 시리얼 |  |  |  | BUS 통신 |  |  |  |

## (2) 다중 통신(MUX)

MUX 통신은 multiplex의 약자이며, 자동차에 적용된 MUX 통신은 단방향과 양방향 통신 모두가 적용이 되었다.

### 1) 직렬 통신과 병렬 통신

데이터를 전송하는 방법에는 여러 개의 Data bit를 동시에 전송하는 병렬 통신과 한 번에 한 bit식 전송하는 직렬 통신으로 나눌 수 있다.

표8 통신의 구분

| 구분 | 직렬 통신 | 병렬 통신 |
|---|---|---|
| 기능 | 한 개의 data 전송용 라인이 존재하며, 한 번에 한 bit씩 전송되는 방식 | 여러 개의 data 전송 라인이 존재하며, 다수의 bit가 한 번에 전송이 되는 방식 |
| 장점 | 구현하기 쉽고 가격이 싸며, 거리의 제약이 병렬 통신보다 적다. | 전송 속도가 직렬 통신에 비해 빠르며 컴퓨터와 주변장치 사이의 data 전송에 효과적 |
| 단점 | 전송 속도가 느리다. | 거리가 멀어지면 전송 설로의 비용이 증가한다. |
| 사용 예 | PWM, 시리얼 통신 | MUX 통신, CAN통신, LAN 통신 |

#### ① 직렬 통신

컴퓨터와 컴퓨터 또는 컴퓨터와 주변장치 사이에 비트 흐름(bit stream)을 전송하는 데 사용되는 통신을 직렬 통신이라 한다. 통신 용어로 직렬은 순차적으로 데이터를 송, 수신한다는 의미이다.

일반적으로 데이터를 주고받는 통신은 직렬 통신이 많이 사용된다. 예를 들면, 데이터를 1bit씩 분해해서 1조(2개의 선)의 전선으로 직렬로 보내고 받는다.

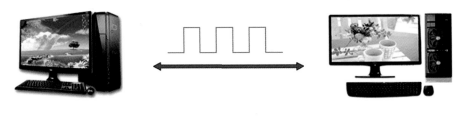

그림45 직렬통신

## ② 병렬 통신

병렬 통신은 보내고자 하는 신호(또는 문자)를 몇 개의 회로로 나누어서 동시에 전송하게 되므로 자료 전송 시 신속을 기할 수 있으나 회선 및 단말기 등의 설치비용은 직렬 통신에 비해서 많이 소요 된다.

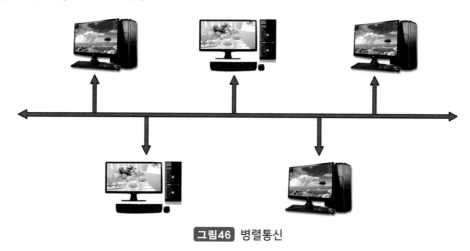

**그림46** 병렬통신

## 2) 단방향과 양방향 통신

통신방식에는 통신선 상에 전송되는 data가 어느 방향으로 전송이 되고 있는가에 따라서 아래와 같이 구분할 수 있다.

**표9** 단방향과 양방향 통신

| 분류 | 내 용 | 사용 예 |
|------|-------|---------|
| 단방향 통신 | 정보의 흐름이 한 방향으로 일정하게 전달되는 통신방식 | 라디오, 텔레비전 |
| 반이중 통신 | 정보의 흐름을 교환함으로써 양방향 통신을 할 수는 있지만 동시에는 양방향 통신을 할 수 없다. | 워키토키(무전기) |
| 시리얼 통신 | 1선으로 단방향과 양방향 모두 통신할 수 있다 | 자동차 자기진단 단자 |
| 양방향 통신 | 정보의 흐름이 동시에 양방향으로 전달되는 통신방식이다 | 전화기 |

### ① 단방향 통신(LAN ; Local Area Network)

운전석 도어 모듈과 BCM은 서로 양방향 통신을 하면서 서로에게 자기의 정보를 출력하고 실행한다. 그러나 동승석 도어 모듈과는 단방향으로 통신을 하며, 동승석 도어 모듈은 운전석 도어 모듈의 DATA만 수신할 뿐 자기의 정보를 출력하지는 않는다.

### ② LIN 통신(Local Interconnect Network)

LIN 통신이란 근거리에 있는 컴퓨터들끼리 연결시키는 통신망이며, 단방향 통신의 한 종류이다.

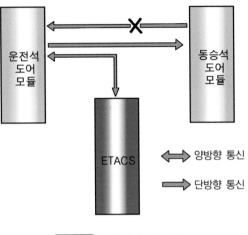

그림47 단방향 통신의 예

### ③ 양방향 통신(CAN, Controller Area Network)

양방향 통신은 ECU들이 서로의 정보를 주고받는 통신 방법으로 2선을 이용하는 통신이며 CAN 통신은 ECU들 간의 디지털 신호를 제공하기 위해 1988년 Bosch와 Intel에서 개발된 차량용 통신 시스템이다. CAN은 열악한 환경이나 고온, 충격이나 진동 노이즈가 많은 환경에서도 잘 견디기 때문에 차량에 적용이 되고 있다. 또한 다중 채널식 통신법이기 때문에 Unit간의 배선을 대폭 줄일 수 있다.

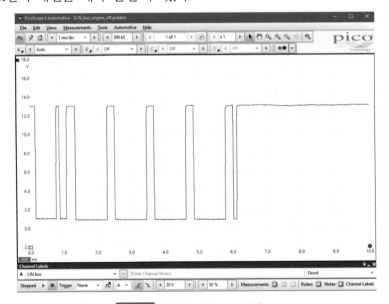

그림48 차량에서의 LIN 신호

## (3) CAN(Controller Area Network) 통신

CAN BUS 라인은 전압 레벨이 낮은 Low 라인과 높은 High 라인으로 구성되어 전압 레벨의 변화 신호로 데이터를 송신한다. 또한 CAN 통신은 통신 속도에 따라 High speed CAN과 Low speed CAN으로 구분한다.

### 1) High speed CAN

High speed CAN은 CAN-H와 CAN-L 두 배선 모두 2.5V의 기준 전압이 걸려 있는 상태를 열성(로직 1)이라 하며, 데이터 전송 시에는 하이 라인은 3.5V로 상승하고 로우 라인은 1.5V로 하강하여 두 선간의 전압 차이가 2V이상 발생했을 때를 우성(로직0)이라 한다. 고속 캔 통신은 데이터를 전송하는 속도(약 125Kbit ~ 1 Mbit)가 매우 빠르고 정확하다.

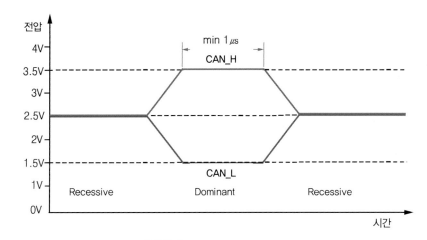

**그림49** 고속 CAN 신호

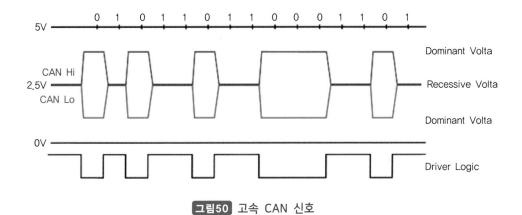

**그림50** 고속 CAN 신호

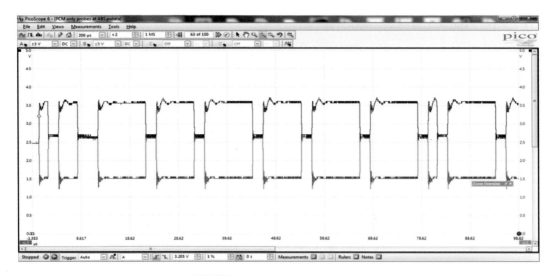

**그림51** 차량에서의 고속 CAN 신호

## 2) Low speed CAN

저속 캔 통신의 BUS line A는 0V(ECU내부 차동 증폭기 1.75V)의 전압이 걸려 있는 열성 (로직 1) 상황에서 데이터가 전송되는 우성(로직 0)이 되면 약 3.5V(ECU 내부 차동 증폭기 4V)의 전압으로 상승하고 CAN BUS line B는 5V(ECU 내부 차동 증폭기 3.25V)의 전압이 걸려 있는 열성 상황에서 데이터가 전송되는 우성이 되면 약 1.5V(ECU 내부 차동 증폭기 1V)의 전압으로 하강한다. 이와 같이 CAN BUS A 및 B 라인은 X축의 같은 시점에서 전압이 변화한다.

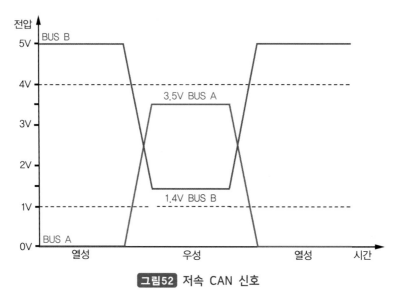

**그림52** 저속 CAN 신호

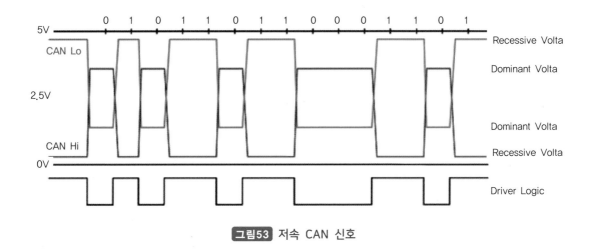

**그림53** 저속 CAN 신호

## (4) 고속 CAN 라인의 저항

고속 CAN 통신 라인에서 전송되는 "1" 또는 "0"의 신호는 통신 라인의 끝단에서 전송량과 전압 신호가 변조되는 경우가 발생할 수 있으므로 신호전압의 안정화를 위하여 캔 라인의 끝단에 설치하는 저항을 종단(터미네이션) 저항이라고 한다. 그림과 같이 ECU1과 ECU2 및 ECU3을 통신 라인에 병렬로 연결되어 있으며, 캔통신 라인 끝부분인 종단에 120Ω의 종단 저항이 설치되어 있다.

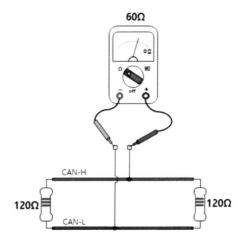

**그림54** 실차에서 종단 저항 측정

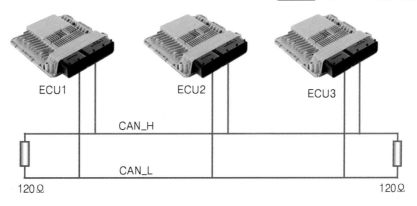

**그림55** 종단 저항

임피던스(Z) : 교류회로에서의 여러 가지 저항 성분들의 합성치(Ω)를 말한다.

$$Z = \sqrt{R^2 + (X_L - X_C)^2}$$

R은 시간에 따라 변하지 않는 저항값이고 XL과 XC는 시간에 따라 변화하는 저항값을 의미한다. 전송기기는 설계기준에 따라 다양한 임피던스를 가지고 있다. 끝단이 절단된 채로 되어 있는 통신 케이블에 높은 주파수의 신호가 흐르게 되면 절단면에서 반사된 신호와 원래의 신호가 섞여 신호를 제대로 읽어낼 수 없게 된다.

초고주파 통신신호는 이러한 임피던스를 지날 때 반사현상이 일어난다. 반사현상은 곧 신호의 약화와 노이즈를 발생시키게 된다. 따라서 양 끝단에 저항을 연결해서 선로 전체가 일정한 전류를 순환시켜 반사현상을 줄이고 노이즈에 강하도록 통신 선로를 구축한다.

[표] 반사율

| | |
|---|---|
| $반사율(\Gamma_L) = \dfrac{Z_L - Z_O}{Z_L + Z_O}$ | • 단락으로 $Z_L = 0$ 이면 반사율 -1 : 반사전압파는 위상반전되어 반사<br>• 정합으로 $Z_L = Z_O$이면 반사율 0 : 반사전압파는 없음<br>• 단선으로 $Z_L = \infty$ 이면 반사율 1 : 반사전압파는 위상일치되어 반사 |

반사현상을 막기 위해서는 반사율($\Gamma_L$, 반사계수)을 줄여야 하는데, 반사율이 0이 되기 위해선 $Z_L$(부하 임피던스) $= Z_o$(특성 임피던스)가 되어야 하는데, $Z_L = Z_O$가 되는 임피던스를 정합 임피던스라고 하며 정합 임피던스를 만드는 과정을 임피던스 매칭이라고 한다. 하지만 이러한 정합 임피던스를 아무 곳에 배치할 수는 없다. 왜냐하면 선로 중간중간에 임피던스를 설치하게 되면 전체적으로 저항값이 작아지고 결과적으로 신호레벨이 작아지기 때문이다.

따라서 맨 끝에 위치하게 되며 종단(終端)저항이라고 불려지게 되었다. 즉 종단저항은 선로의 양 끝에 임피던스를 매칭하는 것이며, 종단저항을 이용하면 임피던스 반사현상을 피할 수 있다.

임피던스 정합 시 첫째 최대전력을 전달할 수 있다. 전송선로에서의 전력손실이 최소화되며, 이는 곧 신호원에서 제공된 모든 전력이 부하로 전달될 수 있게 된다.

둘째로 최대 전력 취급 능력이 확대되어 결과적으로 전력 운용 능력이 극대화된다.

셋째로 노이즈 제거효과가 있다. RS485 등 차동입력을 이용한 전자기기에서도 작은 입력에도 작동이 원활하다.

## (5) 실차 통신 회로

※현대자동차, https://gsw.hyundai.com/ 아이오닉5 NE 160kW, 2022년식 전장회로도

### ① C-CAN

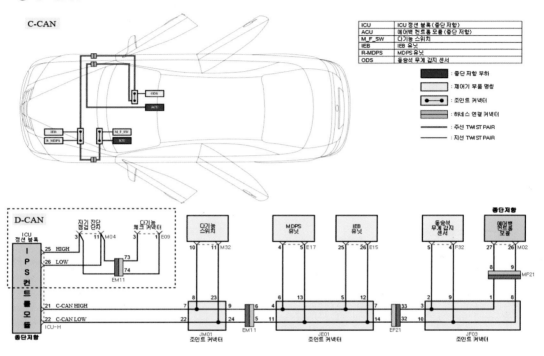

| ICU | ICU 정션 블록 (종단 저항) |
|---|---|
| ACU | 에어백 컨트롤 모듈 (종단 저항) |
| M_F_SW | 다기능 스위치 |
| IEB | IEB 유닛 |
| R-MDPS | MDPS 유닛 |
| ODS | 동승석 무게 감지 센서 |

### ② P-CAN

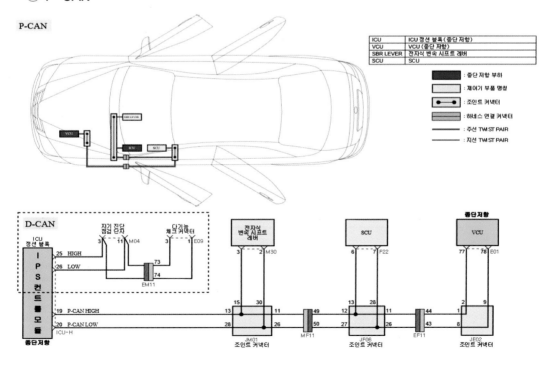

| ICU | ICU 정션 블록 (종단저항) |
|---|---|
| VCU | VCU (종단 저항) |
| SBR LEVER | 전자식 변속 시프트 레버 |
| SCU | SCU |

## ③ B-CAN

B-CAN

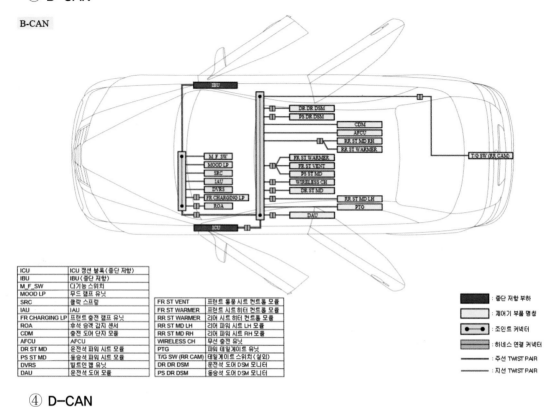

| ICU | ICU 정션 블록 (종단 저항) |
| IBU | IBU (종단 저항) |
| M_F_SW | 다기능 스위치 |
| MOOD LP | 무드 램프 유닛 |
| SRC | 클락 스프링 |
| IAU | IAU |
| FR CHARGING LP | 프런트 충전 램프 유닛 |
| ROA | 후석 승객 감지 센서 |
| CDM | 충전 도어 단자 모듈 |
| AFCU | AFCU |
| DR ST MD | 운전석 파워 시트 모듈 |
| PS ST MD | 동승석 파워 시트 모듈 |
| DVRS | 빌트인 캠 유닛 |
| DAU | 운전석 도어 모듈 |

| FR ST VENT | 프런트 통풍 시트 컨트롤 모듈 |
| FR ST WARMER | 프런트 시트 히터 컨트롤 모듈 |
| RR ST WARMER | 리어 시트 히터 컨트롤 모듈 |
| RR ST MD LH | 리어 파워 시트 LH 모듈 |
| RR ST MD RH | 리어 파워 시트 RH 모듈 |
| WIRELESS CH | 무선 충전 모듈 |
| PTG | 파워 테일게이트 유닛 |
| T/G SW (RR CAM) | 테일게이트 스위치 (실외) |
| DR DR DSM | 운전석 도어 DSM 모니터 |
| PS DR DSM | 동승석 도어 DSM 모니터 |

| ▇ | : 종단 저항 부하 |
| ▢ | : 제어기 부품 명칭 |
| ●—● | : 조인트 커넥터 |
| ▨ | : 하네스 연결 커넥터 |
| —— | : 주선 TWIST PAIR |
| —— | : 지선 TWIST PAIR |

## ④ D-CAN

C-CAN

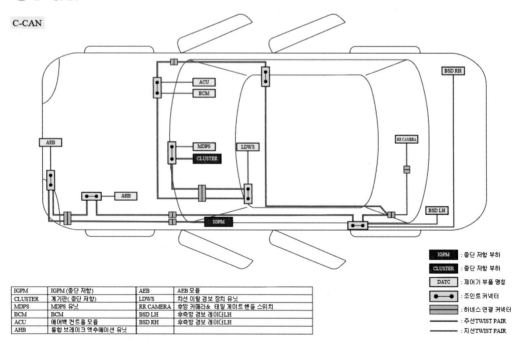

| IGPM | IGPM (종단 저항) | AEB | AEB 모듈 |
| CLUSTER | 계기판 (종단 저항) | LDWS | 차선 이탈 경보 장치 유닛 |
| MDPS | MDPS 유닛 | RR CAMERA | 후방 카메라 & 테일게이트핸들 스위치 |
| BCM | BCM | BSD LH | 후측방 경보 레이더LH |
| ACU | 에어백 컨트롤 모듈 | BSD RH | 후측방 경보 레이더LH |
| AHB | 통합 브레이크 액추에이션 유닛 | | |

| IGPM | : 종단 저항 부하 |
| CLUSTER | : 종단 저항 부하 |
| DATC | : 제어기 부품 명칭 |
| ●—● | : 조인트 커넥터 |
| ▨ | : 하네스 연결 커넥터 |
| —— | : 주선 TWIST PAIR |
| —— | : 지선 TWIST PAIR |

## ⑤ G-CAN

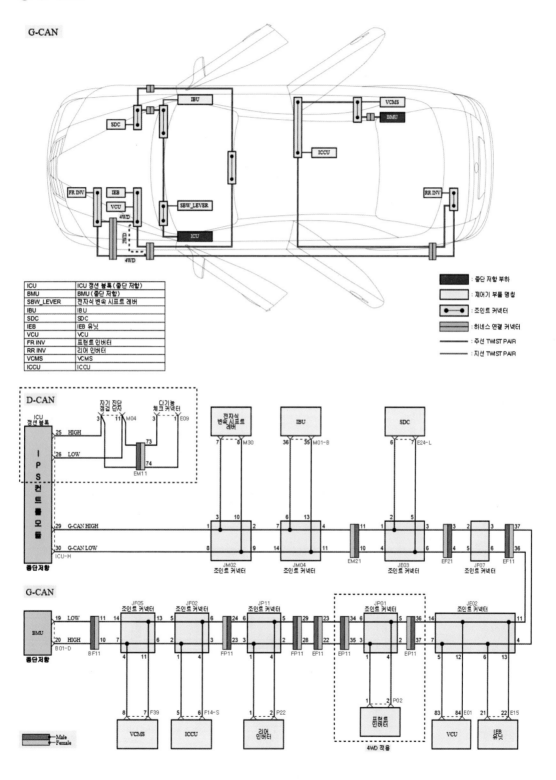

## ⑥ E-CAN

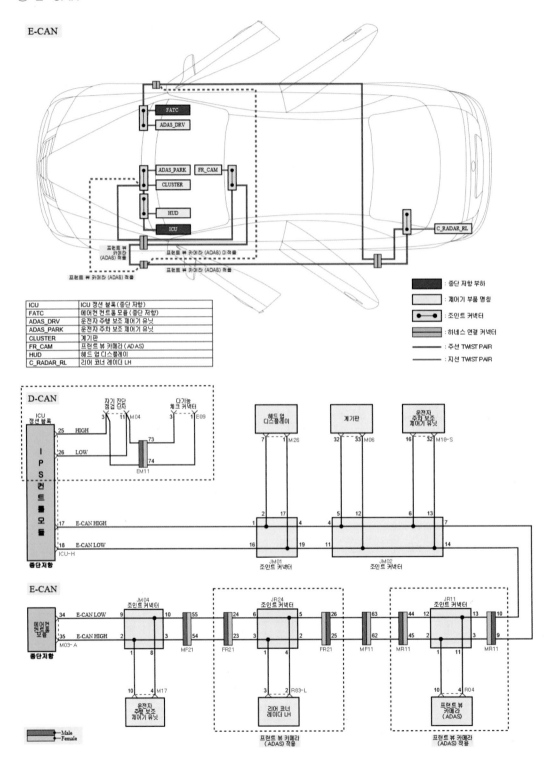

| | |
|---|---|
| ICU | ICU 정션 블록(종단 저항) |
| FATC | 에어컨 컨트롤 모듈(종단 저항) |
| ADAS_DRV | 운전자 주행 보조 제어기 유닛 |
| ADAS_PARK | 운전자 주차 보조 제어기 유닛 |
| CLUSTER | 계기판 |
| FR_CAM | 프런트 뷰 카메라 (ADAS) |
| HUD | 헤드 업 디스플레이 |
| C_RADAR_RL | 리어 코너 레이더 LH |

## ⑦ M-CAN

M-CAN

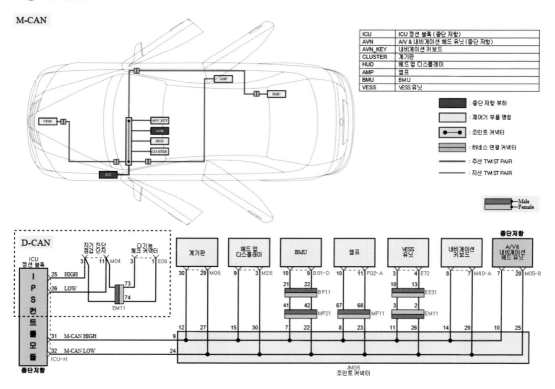

| ICU | ICU 정션 블록 (종단 저항) |
| AVN | A/V & 내비게이션 헤드 유닛 (종단 저항) |
| AVN_KEY | 내비게이션 키보드 |
| CLUSTER | 계기판 |
| HUD | 헤드 업 디스플레이 |
| AMP | 앰프 |
| BMU | BMU |
| VESS | VESS 유닛 |

## ⑧ A-CAN

A-CAN

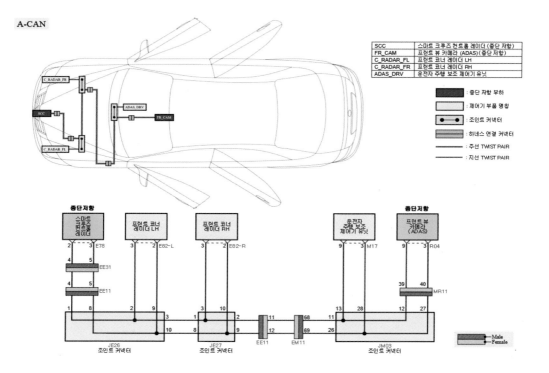

| SCC | 스마트 크루즈 컨트롤 레이더 (종단 저항) |
| FR_CAM | 프런트 뷰 카메라 (ADAS) (종단 저항) |
| C_RADAR_FL | 프런트 코너 레이더 LH |
| C_RADAR_FR | 프런트 코너 레이더 RH |
| ADAS_DRV | 운전자 주행 보조 제어기 유닛 |

## ⑨ L-CAN

### L-CAN (ADAS)

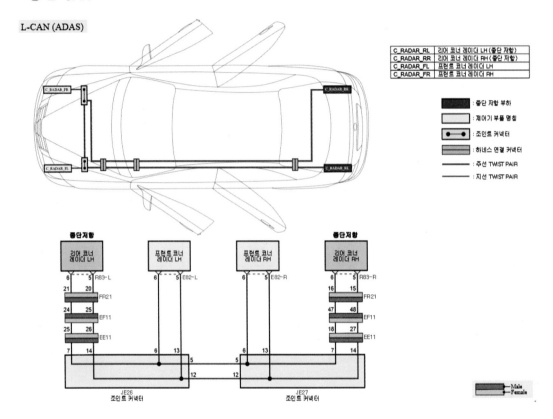

| C_RADAR_RL | 리어 코너 레이더 LH (종단 저항) |
|---|---|
| C_RADAR_RR | 리어 코너 레이더 RH (종단 저항) |
| C_RADAR_FL | 프런트 코너 레이더 LH |
| C_RADAR_FR | 프런트 코너 레이더 RH |

■ : 종단 저항 부하
□ : 제어기 부품 명칭
●━● : 조인트 커넥터
▨ : 하네스 연결 커넥터
── : 주선 TWIST PAIR
── : 지선 TWIST PAIR

# 03 고전압 안전관리

## 1 개인 안전용구 착용 및 절연공구 사용법

### (1) 안전용구

| 명 칭 | 형 상 | 용 도 |
|---|---|---|
| 절연 장갑 |  | 고전압 부품 점검 및 관련 작업 시 착용<br>[절연성능 : 1000V / 300A 이상] |
| 절연화 |  |  |
| 절연복 |  | 고전압 부품 점검 및 관련 작업 시 착용 |
| 절연 안전모 |  |  |
| 보호 안경 |  | 아래의 경우에 착용<br>◦ 스파크가 발생할 수 있는 고전압 배터리<br>  단자나 와이어링을 탈장착 또는 점검 |
| 안면 보호대 |  | ◦ 고전압 배터리 팩 어셈블리 작업 |

| 명 칭 | 형 상 | 용 도 |
|---|---|---|
| 절연 매트 | | 탈거한 고전압 부품에 의한 감전사고 예방을 위해 절연 매트 위에 정리하여 보관 |
| 절연 덮개 | | 보호 장비 미착용자의 안전사고 예방을 위해 고전압 부품을 절연 덮개로 차단 |

## (2) 절연공구

- 절연공구란 일반 공구와 달리 절연성 소재, 즉 전기 또는 열을 통하지 않게 하는 소재로 덮인 공구이다.
- 작업자가 전기가 흐르는 상태에서 작업 시, 신체 감전을 방지하고 안전을 지켜주는 역할을 한다.
- **절연공구 핵심 포인트 2가지**
- 절연 소재로 덮여 있어 누전과 통전을 방지해야 한다.
- 전수 검사의 관리하에 IEC 60900국제표준에 적합한 제품이어야 한다.

> 참고 │ IEC 60900은 전기, 전자 등의 분야에서 각국의 규격을 정비 및 통합하는 국제기관이 정한 국제 규격임

| | | |
|---|---|---|
| 소켓핸들 | 소켓렌치 | 드라이버 |
| 니퍼 | 가위 | 플라이어 |
| 펀치 | 렌치 | 몽키렌치 |
| 스패너 | 공구세트 | 절단용 공구 |

그림1 │ 절연공구(https://kr.misumi-ec.com)

- **절연공구 및 절연보호구의 유지 관리 방법**
- 절연공구는 사용할수록 기능이 저하되는 소모성 상품이므로 때에 맞는 점검이 필요하다.
- 사용전 절연부분의 내외면을 눈으로 검사하여 잔금이나 균열, 파손 등은 없는지 점검이 필요하다.
- 직사광선이 닿지 않고, 수분이나 유분이 적은 장소에 보관해야 한다.

## (3) 고전압 안전

전기사업법 시행규칙 제2조(정의)에 의한 저압, 고압, 특고압의 정의는 다음과 같다.
- 저압 : 교류의 경우 1,000V 이하, 직류의 경우 1,500V 이하인 전압
- 고압 : 교류의 경우 1,000V 초과 7,000V 이하, 직류의 경우 1,500V 초과 7,000V 이하인 전압
- 특고압 : 7,000V를 초과하는 전압

## 1) 인체에 흐르는 전류에 대한 반응[22]

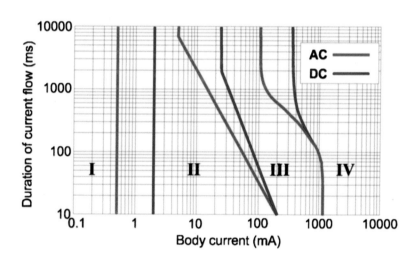

**그림2** Characteristic curve of body current vs. duration of flow, IEC/TR 60479-5

Ⅰ. 무증상
Ⅱ. 약간의 고통이 있지만 위험성은 없음
Ⅲ. 인체의 장애가 예상되지 않지만 계속되면 발작적인 근육수축이나 호흡곤란
Ⅳ. 심실세동과 같은 심장마비, 호흡곤란, 심각한 화상

22) Venkata Anand Prabhala, Bhanu Prashant Baddipadiga, Poria Fajri, Mehdi Ferdowsi "An Overview of Direct Current Distribution System Architectures & Benefits", Energies, Vol.11, No.02463, pp8, 2018

## 2) 전기 감전 위험[23]

### ① 인체의 전기적 특성

감전에 의한 인체의 반응 및 사망의 한계는 그 속성상 인체실험이 어렵고, 또 어떠한 실험결과가 나와도 그것은 검증이 어렵다는 점과 인간의 다양성, 재해 당시의 상황변수 등의 이유로 획일적으로 정하기는 어렵지만, 인체의 감전 시 그 위험도는 통전전류 크기, 통전시간, 통전경로, 전원종류 의해 결정된다.

인체에 대한 감전의 영향은 크게 두 가지로 나눌 수 있는데, 첫째는 전기신호가 신경과 근육을 자극해서 정상적인 기능을 저해하며, 호흡정지 또는 심실 세동을 일으키는 현상이며, 둘째는 전기에너지가 생체조직의 파괴, 손상 등의 구조적 손상을 일으키는 것이다.

#### ⓐ 통전전류에 의한 영향

- 최소 감지전류 : 교류(상용주파수 60Hz)에서 이 값은 2mA이하로서 이 정도의 전류로서는 위험이 없다.

- 고통 한계전류 : 전류의 흐름에 따른 고통을 참을 수 있는 한계 전류로서 교류(상용주파수 60Hz) 에서 성인남자의 경우 대략 7~8mA이다.

- 이탈 전류와 교착 전류(마비 한계전류) :통전전류가 증가하면 통전경로의 근육 경련이 심해지고 신경이 마비되어 운동이 자유롭지 않게 되는 한계의 전류를 교착 전류, 운동의 자유를 잃지 않는 최대 한도의 전류를 이탈 전류라 하는데 교류 (상용주파수 60Hz)에서 이 값은 대개 10~15mA이다.

- 심실 세동 전류 : 심장의 맥동에 영향을 주어 혈액 순환이 곤란하게 되고 끝내는 심장 기능을 잃게 되는 현상을 일반적으로 심실 세동이라 하며, 심실 세동을 일으킬 때 그대로 방치하면 수분 이내에 사망하게 되므로 즉시 인공호흡을 실시하여야 한다.

#### ⓑ 통전경로의 영향

- 인체 감전시의 영향은 전류의 경로에 따라 그 위험성이 달라지며, 전류가 심장 또는 그 주위를 통하게 되면, 심장에 영향을 주어 더욱 위험하게 된다. 즉, 인체에 전류가 통과하게 되면, 심실세동이 일어날 수 있는 것은 물론이고, 통전경로에 따라서는 그보다 낮은 전류에서도 심실세동의 위험성이 있으며 이에 대한 것을 심장전류계수로 나타내면 다음과 같다.

---

23) 한국전력공사 https://home.kepco.co.kr/

| 표1 | 통전경로별 심장전류계수 |
|---|---|
| **통전경로** | **심장전류계수** |
| 왼손-가슴 ① | 1.5 |
| 오른손-가슴 | 1.3 |
| 왼손-한발 또는 양발 | 1.0 |
| 양손 – 양발 ② | 1.0 위의 표에서 숫자가 클수록 위험도가 높아진다.<br>예를 들면<br>① '왼손과 가슴'간에 53mA의 전류가 통전 될 때와<br>② '양손과 양발' 사이에 80mA의 전류가 흐를 때 위험도가 서로 동일하다. |

ⓒ 접촉전압의 허용한계

- 인체를 통과하는 전류와 인체 저항의 곱이 인체에 가해지는 전압이며, 이것을 접촉전압이라고 한다. 감전의 위험성은 이 접촉전압의 크기와 감전 시간과의 곱에 비례한다. 위험한 장소에서의 안전전압의 한계로 일본의 경우 [전압전로 지락보호지침]에서는 접촉상태에 따라 아래와 같이 구분한다.

| 표 2 | 접촉상태에 따른 안전전압 한계(일본) | |
|---|---|---|
| **종별** | **통전경로** | **허용접촉전압** |
| 제1종 | • 인체의 대부분이 수중에 있는 상태 | 2.5V 이하 |
| 제2종 | • 인체가 현저하게 젖어있는 상태<br>• 금속성의 전기 기계기구나 구조물에 인체의 일부가 상시 접촉되어 있는 상태 | 25V 이하 |
| 제3종 | • 건조한 통상의 인체상태로서, 접촉전압이 가해지더라도 위험성이 낮은 상태 | 50V 이하 |
| 제4종 | • 건조한 통상의 인체상태로서, 접촉전압이 가해지더라도 위험성이 낮은 상태<br>• 접촉전압이 가해질 우려가 없는 경우 | 제한 없음 |

ⓓ 저압의 위험성

- 심실 세동을 야기하는 전류가 통전시간 1sec라는 전제에서 80(mA) ~ 3(A)의 범위라는 것은 사람의 접촉 저항을 1,000Ω으로 하였을 경우 다음과 같다.
- 접촉전압 80V의 경우 80mA        접촉전압 150V의 경우 150mA
  접촉전압 4,000V의 경우 4,000mA = 4A
- 위의 표와 같이 저압기기의 누전상태에 사람이 접촉하였을 경우에는 바로 심실 세동을 일으키는 범위 내에 들게 된다. 그런데 6,000V의 고압선의 경우에는 심실 세동 범위 밖이 되며, 이 건에 관한 한 고압선보다 저압선의 감전이 위험성이 크게 된다. 따라서 저압선쯤이야 하고 얕보는 것은 매우 위험하다.

ⓔ 전기기계·기구에 대한 감전 재해 방지대책

- **보호 절연** : 누전이 발생된 기기를 사람이 접촉하더라도 인체전류의 통전경로를 절연 시킴으로써 인체통과 전류를 안전한계 이하로 낮추는 방법이다.
- **안전 전압 이하의 기기 사용** : 누전이 발생하더라도 안전 전압 이하이므로 감전사고를 유발시키지 않는다.

  ※ 안전전압은 전기장치의 설치조건 및 인체의 접촉면적 등에 영향을 받는다.

ⓕ **보호접지(또는 기기접지)** : 발생되는 위험한 전압을 감소시키기 위한 방법으로 평상시 충전되지 않는 도전성부분(금속제 외함 등)을 접지 극에 연결 하는 것으로 이때의 접 지저항은 가능한 작은 것이 좋으며 접지저항과 해당기기의 과전류 차단 값의 곱이 안 전전압 이내 이면 안전하다고 판정할 수 있다.

ⓖ **전원의 자동차단** : 누전의 발생 시 가능한 짧은 시간에 사고회로의 전원을 차단하는 방 법으로 습기가 있는 장소 등에서는 반드시 누전차단기 등을 설치하도록 하고 있다.

## 3) 감전에 의한 인체상해

감전에 의한 사망의 대부분은 감전사고 발생 직후에 사망하는 것인데, 이는 충전 부에 손 이 접촉되어 흐르는 전류가 심장을 관통하여 생기는 경우가 많으며 사인의 대부분은 심실 세 동에 의한 것이다. 감전이 되었을 경우 심장의 근육은 경련을 일으키며 펌프작용을 정상적으 로 하지 못하게 되어 혈액순환이 정지되므로 호흡도 멈추게 되어 사망하게 된다. 심장과 호 흡작용은 서로 밀접한 관계가 있으므로 감전에 따른 의식 불명 시는 즉시 응급처치를 하여야 하며, 구급법으로서는 심장마사지와 인공호흡법 등이 있다.

## 4) 감전사고의 응급조치

감전쇼크에 의하여 호흡이 정지되었을 경우 혈액중의 산소함유량이 약 1분 이내에 감소하 기 시작하여 산소결핍현상이 나타나기 시작한다. 그러므로 단시간 내에 인공호흡 등 응 급조치를 실시할 경우 그림에 서 알 수 있는 것과 같이 감 전재해자의 95% 이상을 소생 시킬 수 있다.

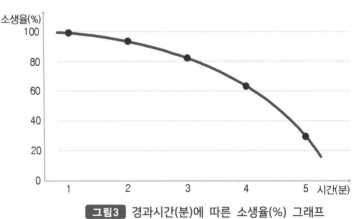

**그림3** 경과시간(분)에 따른 소생율(%) 그래프

### ① 구강 대 구강법(입 맞추기 법)

1. 피해자의 입으로부터 오물, 이물질 등을 제거하고 평평한 바닥에 반듯하게 눕힌다.
2. 왼손의 엄지손가락으로 입을 열고 오른손 엄지손가락과 집게손가락으로 코를 쥐고 피해자의 입에 처치자의 입을 밀착시켜서 숨을 불어넣는다.
3. 사정에 따라 손수건을 사용하되 종이수건의 사용은 금한다.
4. 처음 4회는 신속하고 강하게 불어넣어 폐가 완전히 수축되지 않도록 한다.
5. 사고자의 흉부가 팽창된 것을 확인하고 입을 뗀다.
6. 정상적인 호흡간격인 5초 간격으로(1분에 12~15회) 위와 같은 동작을 반복한다.

이 구강 대 구강 법으로 처치 시 주의사항은 다음과 같다. 구강 대 구강법은 모든 사람이 행할 수 있으므로 환자를 발견하면 그곳에서 곧바로 실시해야 한다. 우선 인공호흡을 실시하고 다른 사람은 구급차나 의사를 부른다. 추락 등에 의해 출혈이 심한 경우 지혈을 한 후 인공호흡을 실시한다. 구급차가 도착할 때까지 환자가 소생하지 않을 때는 구급차로 후송하면서 계속 인공호흡을 실시해야 한다.

### ② 심장 마사지(인공호흡과 동시에 실시)

1. 피해자를 딱딱하고 평평한 바닥에 눕힌다.
2. 한 손의 엄지손가락을 갈비뼈의 하단에서 3수지 위 부분에 놓고 다른 손을 그 위에 겹쳐 놓는다.
3. 처치자의 체중을 이용하여 엄지손가락이 4cm정도 들어가도록 강하게 누른 후 힘을 빼되 가슴에서 손을 떼지 말아야 한다.
4. 심장마사지 15회 정도와 인공호흡 2회를 교대로 연속적으로 실시한다.
5. 심장 마사지와 인공호흡을 2명이 분담하여 5 : 1의 비율로 실시한다.

### ③ 전기화상 사고의 응급 조치

1. 불이 붙은 곳은 물, 소화용 담요 등을 이용하여 소화하거나 급한 경우에는 피해자를 굴리면서 소화한다.
2. 상처에 달라붙지 않은 의복은 모두 벗긴다.
3. 화상부위를 세균 감염으로부터 보호하기 위하여 화상용 붕대를 감는다.
4. 화상을 사지에만 입었을 경우 통증이 줄어들도록 약 10분간 화상 부위를 물 에 담그거나 물을 뿌릴 수도 있다.
5. 상처 부위에 파우더, 향유, 기름 등을 발라서는 안 된다.
6. 진정, 진통제는 의사의 처방에 의하지 않고는 사용하지 말아야 한다.
7. 의식을 잃은 환자에게는 물이나 차를 조금씩 먹이되 알코올은 삼가해야 하며 구토증 환자에게는 물, 차 등의 취식을 금해야 한다.
8. 피해자를 담요 등으로 감싸되 상처 부위가 닿지 않도록 한다.

## 2 전기자동차 시스템 주의사항[24]

### (1) 고전압 시스템 작업전 주의사항

전기 자동차는 고전압 배터리를 포함하고 있어서 시스템이나 차량을 잘못 건드릴 경우 심각한 누전이나 감전 등의 사고로 이어질 수 있다. 그러므로 고전압 시스템 작업 전에는 반드시 아래 사항을 준수하도록 한다.

- 고전압 시스템을 점검하거나 정비하기 전에는 반드시 고전압 차단 절차를 수행해야 한다.
- 분리한 안전 플러그는 타인에 의해 실수로 장착되는 것을 방지하기 위해 반드시 작업 담당자가 보관하도록 한다.
- 금속성 물질(시계, 반지, 기타 금속성 제품 등)은 고전압 단락을 유발하여 심각한 신체 상해를 입을 수 있고, 차량이 손상될 수 있으므로 작업 전에 반드시 몸에서 제거한다.
- 고전압 시스템 관련 작업 전에는 안전 사고 예방을 위해 개인 보호 장비를 착용하도록 한다.
- 보호 장비를 착용한 작업 담당자 이외에는 고전압 부품과 관련된 부분을 절대 만지지 못하도록 한다. 이를 방지하기 위해 작업과 연관되지 않는 고전압 시스템은 절연 덮개로 덮어놓는다.
- 고전압 시스템 관련 작업 시, 절연 공구를 사용한다.
- 탈거한 고전압 부품은 누전을 예방하기 위해 절연 매트에 정리하여 보관하도록 한다.
- 고전압 단자 간 전압이 0V 이하임을 확인한다.
- 고전압 시스템 작업 시 체결 토크를 준수한다.
- 고전압 케이블을 분리 할 경우, 분리 직후 절연 테이프 등을 이용하여 절연 조치한다.
- 고전압 케이블 및 버스 바 또는 고전압 배터리 관련 부품 분해 작업 시 ( + ), ( - ) 단자 간 접촉이 발생하지 않도록 한다.

### (2) 개인 보호 장비(PPE) 점검

- 절연화, 절연복, 절연 안전모, 안전 보호대등도 찢어졌거나 파손되었는지 확인한다.
- 절연 장갑 찢어졌거나 파손되었는지 확인한다.
- 절연 장갑의 물기를 완전히 제거한 후 착용한다.
  - 절연 장갑을 아래와 같이 접는다.
  - 공기 배출을 방지하기 위해 3~4번 더 접는다.

---

24) 현대자동차, https://gsw.hyundai.com/ 아이오닉5 NE 2022년식 70kW+160kW 정비기침서

- 찢어지거나 손상된 곳이 있는지 확인한다.

**그림4** 절연장갑 점검

## (3) 고전압 시스템 참고사항

- 모든 고전압 시스템 와이어링과 커넥터는 오렌지색으로 구분되어 있다.
- 고전압 시스템 부품에는 "고전압 경고" 라벨이 부착되어 있다.
- 고전압 시스템 부품 : 배터리 시스템 어셈블리(BSA), 모터 어셈블리, 인버터 어셈블리, 고전압 정선 블록, 파워 케이블 등

## (4) 파워 케이블 작업 시 주의사항

- 고전압 단자를 다시 체결할 경우, 체결 직후 절연 조치한다. (절연 테이프 이용)
- 고전압 단자 체결용 스크류는 규정 토크로 체결한다.
- 파워 케이블 및 부스바 체결 또는 분해 작업 시 (+), (-) 단자 간 접촉이 발생하지 않도록 주의한다.

## (5) 전기자동차 장기 방치 시 주의사항

- 시동 스위치를 OFF 한 후, 의도치 않은 시동 방지를 위해 스마트 키를 차량으로부터 2m이상 떨어진 위치에 보관하도록 한다. (암전류 등으로 인한 고전압 배터리 심방전 방지)
- 고전압 배터리 SOC(State Of Charge, 배터리 충전률)가 30% 이하일 경우, 장기 방치를 금한다.
- 차량을 장기 방치할 경우, 고전압 배터리 SOC의 상태가 0으로 되는 것을 방지하기 위해 3개월에 한 번 보통 충전으로 만충전하여 보관한다.
- 보조 배터리 방전 여부 점검 및 교체 시, 고전압 배터리 SOC 초기화에 따른 문제점을 점검한다.

## (6) 전기자동차 냉매 회수/충전 시 주의사항

- 고전압을 사용하는 전기 자동차의 전동식 컴프레서는 절연성능이 높은 POE 오일을 사용한다.
- 냉매 회수/충전 시 일반 차량의 PAG 오일이 혼입되지 않도록 전기 자동차 정비를 위한 별도 전용 장비(냉매 회수/충전기)를 사용한다.
- 반드시 전동식 컴프레서 전용의 냉매 회수/충전기를 이용하여 지정된 냉매(R-134a)와 냉동유(POE)를 주입한다. 일반 차량의 냉동유(PAG)가 혼입될 경우 컴프레서 손상 및 안전사고가 발생할 수 있다.

## (7) 고전압 배터리 보관방법

### 1) 취급 및 보관

① 배터리는 27℃ 이하의 건조하고 습하지 않은 장소에 직사광선을 피해 보관하여야 한다.
② 배터리는 산성용액의 유출을 막기 위해 밀봉되어 있으나 배터리 취급 시 벽면 통풍구를 통한 용액유출이 있을 수 있으므로 45도 이상 기울이는 행위는 금한다. 배터리를 항상 바르게 세워서 보관하시고 배터리 윗면에 용액이나 다른 물체를 적재하면 안된다.
③ 배터리에 케이블을 연결할 때 망치와 같은 공구를 사용하는 것은 매우 위험하다.

### 2) 차량에 장착된 배터리

① 장시간 차량을 보관할 경우, 자연 방전을 방지하기 위해 정션박스의 배터리 퓨즈를 반드시 탈거해 놓아야 한다.
② 또한, 배터리 퓨즈를 장착한 상태로 차량보관을 하였다면 1개월 안에 배터리 충전을 위한 차량 구동을 하여야 한다.
③ 배터리 퓨즈를 제거한 상태이더라도 최소 3개월 안에 배터리 충전을 위한 차량 구동을 하여야 한다.

## (8) 사고 차량 작업 및 취급 주의사항

### 1) 사고 차량 작업 시 준비사항

- 개인 보호 장비(PPE)
- 붕소액(Boric Acid Powder or Solution)
- 이산화탄소 소화기 또는 그외 별도의 소화기
- 전해질용 수건

- 비닐 테이프(터미널 절연용)
- 메가옴 테스터(고전압 절연저항 확인용)

## 2) 사고 차량 취급 시 주의사항

- 개인 보호 장비(PPE)를 착용한다.
- 절연 피복이 벗겨진 파워 케이블은 절대 접촉하지 않는다.
- 차량 화재 시, 불을 끌 수 있다면 이산화탄소 소화기를 사용한다. 단, 그렇지 못할 경우 물이나 다른 소화기를 사용하도록 한다. (이산화탄소 소화기를 사용할 때에는 질식이 발생하지 않도록 유의한다.)
- 차량이 절반 이상 침수 상태인 경우, 고전압 관련 부품에 절대 접근하지 않는다. 불가피한 경우라도 차량을 안전한 곳으로 완전히 이동시킨 후 조치한다.
- 가스는 수소 및 알칼리성 증기이므로, 실내일 경우는 즉시 환기를 실시하고 안전한 장소로 대피한다.
- 누출된 액체가 피부에 접촉 시, 즉각 붕소액으로 중화시키고, 흐르는 물 또는 소금물로 환부를 세척한다.
- 고전압 차단이 필요할 경우, "고전압 차단 절차"를 수행한다.

## 3) 사고 유형별 조치 사항

- 외관 점검 후 일반 고장수리 또는 사고차량 수리 해당 여부를 판단한다.
- 일반적인 고장수리 시 DTC 코드 별 수리절차를 준수하여 고장수리를 진행한다.
- 사고로 인한 차량수리 시 아래와 같이 사고유형을 판단하여 차량수리를 진행한다.

① 전기적 사고
- 과충전/과방전 : 배터리 과전압(P0DE7)/저전압(P0DE6) 코드 표출
  (DTC 진단가이드 참조)
- 단락 : 고전압 퓨즈 단선관련 진단(P1B77, P1B25) 코드 표출
  (DTC 진단가이드 참조)

② 화재 사고

| 구분 | 점검 절차 | 점검 결과 | 조치사항 |
|---|---|---|---|
| 고전압 배터리 탑재부위 외 화재 | 1. 외관 점검<br>(변형, 부식, 와이어링 피복 상태, 냄새, 커넥터) | 고전압 배터리 손상 | 고전압 배터리 탈거 후 절연 처리 및 포장 |
| | 2. 고전압 차단 후, 고전압 배터리 절연 저항 측정 | 고전압 배터리 절연 파괴 | |
| | 3. 고전압 배터리 메인 퓨즈 단선 유무 점검 | 메인 퓨즈 단선 | 메인 퓨즈 교환 |
| | 4. 고전압 배터리 메인 릴레이 융착 유무 점검 | 메인 릴레이 융착 | 파워 릴레이 어셈블리 (PRA) 교환 |
| | 5. 기타 부품 고장 확인 | 기타 부품 고장 | 기타 부품 교환 |
| | 6. 배터리 매니지먼트 유닛 (BMU)의 DTC 코드 확인 | DTC 발생 | DTC 진단 가이드 수리 절차 수행 |
| 고전압 배터리 탑재부위 화재 | 1. 외관 점검<br>(변형, 부식, 와이어링 피복 상태, 냄새, 커넥터) | 고접압 배터리 손상 | 고전압 배터리 탈거 후 절연 처리 및 포장 |
| | 2. 고전압 배터리 외관 손상 유무 점검 | 고전압 배터리 외관 손상(열흔, 그을음 등) | 고전압 배터리 탈거 후 배터리 폐기 절차 수행 |
| | 3. 고전압 차단 후, 고전압 배터리 절연 저항 측정 | 고전압 배터리 절연 파괴 | 고전압 배터리 탈거 후 절연 처리 및 포장 |
| | 4. 고전압 배터리 메인 퓨즈 단선 유무 점검 | 메인 퓨즈 단선 | 메인 퓨즈 교환 |
| | 5. 고전압 배터리 메인 릴레이 융착 유무 점검 | 메인 릴레이 융착 | 파워 릴레이 어셈블리 (PRA) 교환 |
| | 6. 기타 부품 고장 확인 | 기타 부품 고장 | 기타 부품 교환 |
| | 7. 배터리 매니지먼트 유닛 (BMU)의 DTC 코드 확인 | DTC 발생 | DTC 진단 가이드 수리 절차 수행 |

③ 충돌 사고

- 차량 손상으로 고전압 배터리 탑재 부위로 접근 불가 시 고전압 시스템이 손상되지 않도록 차량 외부를 변형 및 절단하여 점검 및 수리 절차를 수행한다.
- DTC 미발생 및 배터리 외관이 정상이면 고전압 배터리를 교체하지 않는다(단, 차량 폐차 수준으로 파손 시, 필요에 따라 고전압 배터리 폐기 절차를 수행한다).

| 구분 | 점검 절차 | 점검결과 | 조치사항 |
|---|---|---|---|
| 고전압 배터리 탑재부위 외 침수 | 1. 외관 점검(변형, 부식, 와이어링 피복 상태, 냄새, 커넥터) | 고전압 배터리 손상 | 고전압 배터리 탈거 후 절연 처리 및 포장 |
| | 2. 고전압 차단 후, 고전압 배터리 절연 저항 측정 | 고전압 배터리 절연 파괴 | |
| | 3. 고전압 배터리 메인 퓨즈 단선 유무 점검 | 메인 퓨즈 단선 | 메인 퓨즈 교환 |
| | 4. 고전압 배터리 메인 릴레이 융착 유무 점검 | 메인 릴레이 융착 | 파워 릴레이 어셈블리(PRA) 교환 |
| | 5. 기타 부품 고장 확인 | 기타 부품 고장 | 기타 부품 교환 |
| | 6. 배터리 매니지먼트 유닛(BMU)의 DTC 코드 확인 | DTC 발생 | DTC 진단 가이드 수리 절차 수행 |
| 고전압 배터리 탑재부위 침수 | 1. 외관 점검(변형, 부식, 와이어링 피복 상태, 냄새, 커넥터) | 점검결과와 무관하게 조치사항 수행 | 고전압 배터리 탈거 후 절연처리/절연포장 |
| | 2. 고전압 배터리 외관 손상 유무 점검 | | |
| | 3. 고전압 차단 후, 고전압 배터리 절연 저항 측정 | | |
| | 4. 고전압 배터리 메인 퓨즈 단선 유무 점검 | | |
| | 5. 고전압 배터리 메인 릴레이 융착 유무 점검 | | |
| | 6. 기타 부품 고장 확인 | | |
| | 7. 배터리 매니지먼트 유닛(BMU)의 DTC 코드 확인 | | |

④ **침수 사고**

• 차량이 절반 이상 침수 상태인 경우, 서비스 인터록 커넥터 등 고전압 관련 부품에 절대 접근하지 않는다. 불가피한 경우라도 차량을 안전한 곳으로 완전히 이동시킨 후 조치한다.

| 구분 | 점검 절차 | 점검 결과 | 조치사항 |
|---|---|---|---|
| 고전압 배터리 탑재부위 외 화재 | 1. 외관 점검(변형, 부식, 와이어링 피복 상태, 냄새, 커넥터) | 고전압 배터리 손상 | 고전압 배터리 탈거 후 절연 처리 및 포장 |
| | 2. 고전압 차단 후, 고전압 배터리 절연 저항 측정 | 고전압 배터리 절연 파괴 | |
| | 3. 고전압 배터리 메인 퓨즈 단선 유무 점검 | 메인 퓨즈 단선 | 메인 퓨즈 교환 |
| | 4. 고전압 배터리 메인 릴레이 융착 유무 점검 | 메인 릴레이 융착 | 파워 릴레이 어셈블리(PRA) 교환 |
| | 5. 기타 부품 고장 확인 | 기타 부품 고장 | 기타 부품 교환 |
| | 6. 배터리 매니지먼트 유닛(BMU)의 DTC 코드 확인 | DTC 발생 | DTC 진단 가이드 수리 절차 수행 |

## (1) 고전압계 부품[25]

- 고전압 배터리, 파워 릴레이 어셈블리, 구동모터, 파워 케이블, 일렉트로닉 파워 컨트롤 유닛(EPCU), BMS ECU, 인버터(MCU), 저전압 직류 변환 장치(LDC), OBC, 메인 릴레이, 프리차지 릴레이, 프리차지 레지스터, 배터리 전류 센서, 메인 퓨즈, 배터리 온도 센서, 부스바, 전동식 컴프레서 등

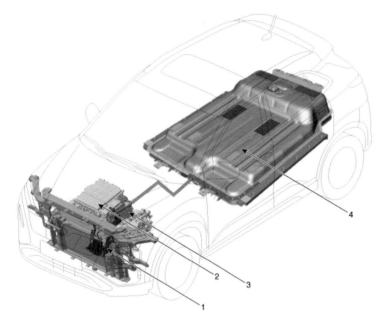

1. 급속/완속 충전포트
2. 차량 탑재형 충전기(OBC)
3. 고전압 정션 박스
4. 고전압 배터리

## (2) 고전압계 세부 내역[26]

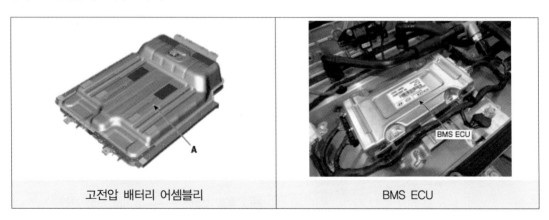

| 고전압 배터리 어셈블리 | BMS ECU |

---

25) 현대자동차, https://gsw.hyundai.com/ 코나 OS EV 150kw 2021년식
26) 현대자동차, https://gsw.hyundai.com/ 코나 OS EV 150kw 2021년식

셀 모니터링 유닛(CMS)

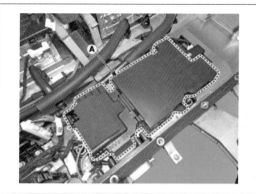

파워 릴레이 어셈블리(PRA)
•메인 릴레이(+), 메인릴레이(−)
•프리차지 릴레이,
•프리차지 레지스터
•배터리 전류 센서

배터리 온도 센서

서비스 플러그

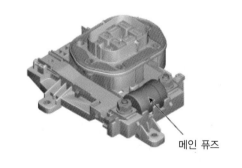

메인 퓨즈

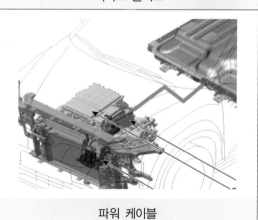

파워 케이블

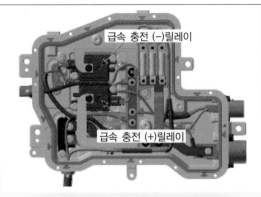

급속 충전 (−)릴레이

급속 충전 (+)릴레이

급속 충전 릴레이

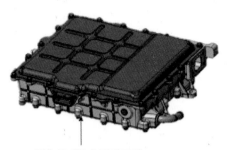

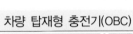

차량 탑재형 충전기(OBC)

차량 탑재형 충전기(OBC)

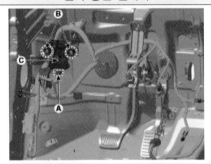

충전컨트롤 모듈(CCM)

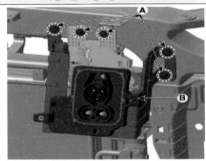

급속 충전 포트

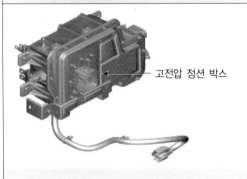

고전압 정션 박스

고전압 정션박스

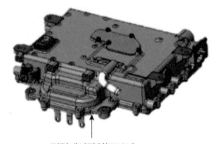

전력제어장치(EPCU)

일렉트로닉 파워 컨트롤 유닛(EPCU)
• 저전압 직류 변환 장치(LDC)   • 인버터
• 차량제어유닛(VCU)

U
V
W

구동모터

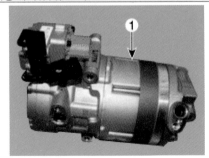

전동식 에어컨 컴프레서

## 4 비상 긴급 조치 및 안전사고 대응 방법

### (1) 고전압 배터리 취급 시 주의사항

- 고전압 배터리는 반드시 평행을 유지한 상태로 운반한다. 그렇지 않을 경우 배터리의 성능이 저하되거나 수명이 단축될 수 있다.
- 고전압 배터리는 고온 장시간 노출 시 성능 저하가 발생할 수 있으므로 페인트 열처리 작업은 반드시 70℃/30분 또는 80℃/20분을 초과하지 말아야 한다.

### (2) 고전압 배터리 시스템 화재 발생 시 주의사항[27]

- 화재 진압 시, ABC 소화기 사용을 권장한다. (물 사용 가능)
- 차량 화재 시에는 $CO_2$ 소화기(전기화재 대응) 또는 소방수를 대량으로 방류하는 방식 [테슬라 모델3의 경우 배터리화재를 완전 진압하고 냉각시키는데 약 3,000갤런 (11,356리터) 필요]으로 소방을 하며, 만약 화재의 원인이 고전압 부분이라고 판단할 경우 배터리의 냉각조치를 겸하고 소방수 대량 방류를 통해 소화를 진행한다.
- 화재로 물을 소화 할 경우, 전기 화재 전용 분말 소화기 또는 다량의 물(가능한 경우) 을 사용해야 한다.
- 실내에서 화재가 발생한 경우, 수소 가스 방출을 위하여 환기를 실시한다.
- 화재 시 전기배선의 절연피복이 불타는 등의 이유로 회로가 단락되어 고전압이 차단되는 시스템이 내장되어 있으나, 화재부위나 퓨즈상황에 따라 고전압이 차단되지 않는 경우도 있으므로, 화재진압 이후에도 주의를 기울여야 한다.
- 연소 또는 과열 배터리가 유독성 증기를 방출하는데, 이 증기는 황산($H_2SO_4$), 탄소산화물, 니켈, 알루미늄, 리튬, 구리 및 코발트를 포함하고 있다.
- 리튬 이온 배터리의 화재가 진압된 것처럼 보이더라도, 화재가 재발하거나 지연될 수 있다.

---

27) 환경부, 전기차 배터리 안전 회수 및 해체, 보관 매뉴얼

### (3) 고전압 배터리 가스 및 전해질 유출 시 주의사항

- 스타트 버튼을 OFF 한 후, 의도치 않은 시동을 방지하기 위해 스마트 키를 차량으로 부터 2m 이상 떨어진 위치에 보관하도록 한다.
- 가스는 수소 및 알칼리성 증기이므로, 실내일 경우는 즉시 환기를 실시하고 안전한 장소로 대피한다.
- 누출된 액체가 피부에 접촉 시, 즉각 붕소액으로 중화시키고, 흐르는 물 또는 소금물로 환부를 세척한다.
- 누출된 증기나 액체가 눈에 접촉 시, 즉시 흐르는 물에 세척한 후 의사의 진료를 받는다.
- 고온에 의한 가스 누출일 경우, 고전압 배터리가 상온으로 완전히 냉각될 때까지 사용을 금한다.

### (4) 사고 차량 취급 시 주의사항

- 절연 장갑(또는 고무 장갑), 보호 안경, 절연복 및 절연화를 착용한다.
- 절연 피복이 벗겨진 파워 케이블(Bare Cable)은 절대 접촉하지 않는다. (「파워 케이블 작업 시 주의 사항」 참조)
- 차량 화재 시, ABC 소화기로 진압하며, 절대 물을 사용하지 않는다(다량의 물을 사용하는 것은 무방하나, 소량일 경우 화재를 악화시킬 수 있다).
- 차량이 절반 이상 침수 상태인 경우, 안전 스위치 등 고전압 관련 부품에 절대 접근하지 않는다. 불가피한 경우라도 차량을 안전한 곳으로 완전히 이동시킨 후 조치한다.
- 가스는 수소 및 알칼리성 증기이므로, 실내일 경우는 즉시 환기를 실시하고 안전한 장소로 대피한다.
- 누출된 액체가 피부에 접촉 시, 즉각 붕소액으로 중화시키고, 흐르는 물 또는 소금물로 환부를 세척한다.
- 고전압 차단이 필요할 경우, 「고전압 차단 절차」를 참조하여 작업한다.

### (5) 사고 차량 작업 시 준비사항

- 절연 장갑(또는 고무 장갑), 보호 안경, 절연복 및 절연화
- 붕소액(Boric Acid Power or Solution)
- ABC 소화기                전해질용 수건
- 비닐 테이프(터미널 절연용)
- 메가옴 테스터(고전압 확인용)

## (6) 고전압 배터리 시스템 폐기 방전 절차[28)]

① 고전압 배터리는 감전 및 기타사고의 위험이 있으므로 고품 고전압 배터리에서 아래와 같은 이상 징후가 감지되면 서비스 센터에서 염수침전(소금물에 담금) 방식으로 고품 고전압 배터리를 즉시 방전한다.

- 화재의 흔적이 있거나 연기가 발생하는 경우
- 고전압 배터리의 전압이 비정상적으로 높은 경우 (일반형 : 411.6 V, 도심형 : 378 V 이상)
- 고전압 배터리의 온도가 비정상적으로 지속 상승하는 경우
- 전해액 누설이 의심되는 이상 냄새(화학약품, 아크릴 냄새와 유사)가 발생할 경우

② **염수 침전 방전 방법**

- 고전압 배터리 전체를 잠수시킬 수 있는 플라스틱 용기에 물을 준비한다.
- 크레인 잭을 이용하여 고전압 배터리 시스템 어셈블리를 물에 담근다.
- 소금물의 농도가 약 2% 정도가 되도록 소금을 부어 소금물을 만든다. 예를 들어 물의 양이 10리터인 경우 소금의 양은 200g을 넣어준다.
- 고전압 배터리 시스템 어셈블리 또는 배터리 모듈 어셈블리를 그림과 같이 소금물에 담근다.
- 약 3일 이상 방치한 후 고전압 배터리를 용기에서 꺼내어 건조한다.
- 염수 침전 방전 완료 후 배터리 팩 전압은 일반형 98V, 도심형 90V 이하여야 한다.
- 고전압 배터리 탈거 불가능할 경우, 고전압 배터리가 잠길 때까지 차량 전체를 침수한다.

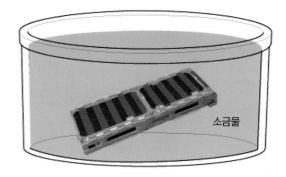

**그림5** 현대자동차 코나 OS EV 2021년식 고전압배터리 염수 침전법

- 고전압 배터리 탈거 및 차량 침수 불가능할 경우, 차량 전체를 방수포 씌워 보관한다. (방수포는 고전압 배터리 내 물 유입 방지 가능한 사이즈/재질일 것)

---

28) 현대자동차, https://gsw.hyundai.com/ 코나 OS EV 150kw 2021년식

- 고전압계 부품 작업 시, 아래와 같이 '**고전압 위험 차량**' 표시를 하여 타인에게 고전압 위험을 주지시킨다.
- 이 페이지를 복사해서 고전압 작업중인 차량의 지붕위에 접어서 올려놓는다.

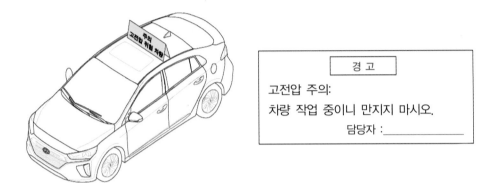

| 경 고 |
| :---: |
| 고전압 주의:<br>차량 작업 중이니 만지지 마시오.<br>담당자 :_____ |

**그림6** 전기자동차 정비작업 시 위험 표식

- xEV 전용 작업장을 구축하여 작업 시 허가자 외 출입제한 조치 가능해야 한다.

**그림7** EV전용 작업장 구축

- 소방설비, 알람설비, 응급설비 등과 같은 안전설비를 갖추어야 한다.
- 작업장은 건조하고, 통풍이 잘되어야 한다.
- 작업차량에서 정전기 또는 누전 발생으로 인한 사고예방을 위한 접지설비가 돼있어야 한다.

# 04 xEV의 구성부품 구조 및 기능

## 1 구동모터의 구조 및 기능

### (1) 모터 개요

#### 1) 모터의 회전운동

모터는 자석의 흡인력과 반발력을 이용하여 회전 운동을 한다.

막대자석의 중심부에 구멍을 뚫고 축을 통과시켜 방위 자석처럼 전체가 회전할 수 있도록 한다. 이것을 「**회전자**(rotor)」라고 부른다. 로터의 S극에 손에 들고 있는 자석의 S극을 가까이 대면 반발력이 작용하여 회전자석은 축을 중심으로 회전하고, 반회전해서 N극이 손에 들고 있는 자석의 S극에 가까워지면 흡인력이 작용하여 정지한다.

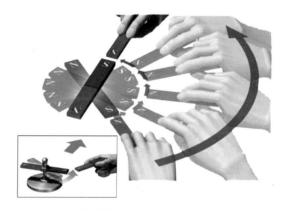

**그림1** 모터의 회전 원리

다음으로 로터의 S극의 움직임을 쫓아, 손에 들고 있는 자석의 S극을 가까이 댄 상태로 있으면, 로터는 계속 돌아간다. 이것이 실제적인 모터의 원리이고. 실제 모터에서는 손에 들고 있는 자석 대신에 「**고정자**(stator)」를 사용한다. 모터에 사용하는 자석은 여러 가지 조합이 있지만, 일반적으로는 어느 쪽이든 영구자석, 반대쪽에 전자석을 사용하여 전자석에 흐르는 전류의 방향을 바꾸는 것으로 극성을 변경해서 로터와 스테이터 간의 끌어당기는 힘과 미는 힘을 적절하게 유지하여 회전을 유지시킨다.

## 2) 모터의 특징

모터는 전력을 이용하여 회전축의 토크를 만드는 기구이며, 크게는 사용 전원에 따라 직류와 교류 모터로 구분하고 각각의 구조에 따라 세분화 한다.

**그림2** EV용 모터의 종류

## 3) 전원의 구분에 따른 모터의 분류

### ① 직류(DC) 모터

- 조절된 직류 공급량을 회전자(로터)에 공급하여 회전력을 얻는 모터이며, 고정자(stator: 모터 케이스에 붙어 있는 부분)의 계자(스테이터)는 고정되어 있고 회전자(rotor: 회전축)의 자계는 회전하는 방식으로서 브러시가 있는 DC모터 또는 브러시가 없는 BLDC(Brush Less Direct Current) 모터가 있다.
- 더불어 회전자에 공급하는 전류는 직류이므로 회전 자계를 만들기 위하여 브러시(brush)를 사용하거나 또는 BLDC 컨트롤러를 이용하여 BLDC 모터를 구동한다.

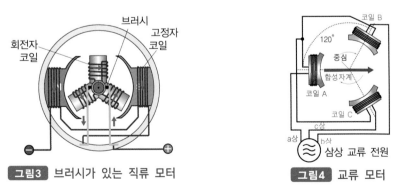

**그림3** 브러시가 있는 직류 모터      **그림4** 교류 모터

표 1　직류모터의 장점과 단점

| 장점 | – 직류 모터는 배터리를 전원으로 간단하게 동력을 발생시키며, 기구가 간단하여 저렴하다.<br>– 크기가 작아서 소형 가전제품 등 이용 범위가 다양하다. |
|---|---|
| 단점 | – 전기의 흐름을 바꾸기 위해 브러시라고 하는 접점이 필요하다.<br>– 장기간 사용으로 브러시가 마모되면 교환을 해야 한다.<br>– 브러시와 같은 접점이 있기 때문에 고속 회전용으로는 사용할 수 없다. |

표 2　직류모터의 구조 및 원리

| 종류 | ◦ 자여자 방식(전기자와 계자 권선의 결합방식에 따라 구분) :직권모터, 분권모터, 복권모터<br>◦ 타여자 방식:전기자 권선과 계자 권선이 분리되어 있어, 여자전류를 별도 독립전원으로부터 공급<br>◦ 영구자석형 모터:계자자속이 고정된 타려자 방식 | ◦ 직권: 가변속, 고시동 토크 (시동모터)<br>◦ 분권: 정속도, 정토크, 정출력의 부하<br>◦ 복권: 정속도, 고시동 토크 |
|---|---|---|
| 구조 | ◦ 브러시 : 전기자에 전류를 흘리도록 정류자와 접촉하는 접점<br>◦ 정류자 : 전기자 권선에 일정한 방향의 전류가 통전토록 하는 기구<br>◦ 전기자 : 권선(Coil)이 감겨진 회전자<br>◦ 계자 : 자계(磁界)를 발생시키는 전자석(또는 영구자석) | |
| 구동원리 | 정류자에 의해 전기자 권선에 의한 자기력과 계자 자속이 항상 직교하는 기자력과 자속에 의하여 회전 토크를 발생 | |
| 토크 | $F = B \times i \times l \,[N]$,<br>$T = k \times \Phi \times I_a \,[Nm]$<br>토크 제어 방법 : 전기자 전류제어, 계자 자속제어 | |
| 장점 | ◦ 소용량부터 대용량까지 폭넓은 제품 스펙트럼 (수십 W ~ 수십 kW)<br>◦ 직류 전원 직결 사용 가능(ON/OFF 구동)<br>◦ 가변전압(또는 DC Chopper) 연결 시 제어 용이 | 차량 적용 예:<br>EQUUS – DC 모터 적용 |
| 단점 | ◦ 고속 및 대용량 응용에의 난점(정류자의 기계적 한계)<br>◦ 내구성의 한계(정류자 및 브러시의 마모 및 주기적 보수 필요) | 친환경 차량용 구동 모터로서 부적합 |

② **교류(AC) 모터**

- 교류 모터는 가정용 가전제품 등에서와 같이 많이 사용되고 있으며, 교류는 시간의 경과에 따라 주기적으로 전기의 크기와 방향이 (+)와 (—)가 번갈아 교차한다.
- 모터에 인가하는 교류 전기의 크기, 방향 및 주파수를 변화시키면서 제어하는 모터이며, 계자(고정자)의 자계가 회전하는 형식과 회전자의 자계가 회전하는 형식이 있다.

- 계자의 회전 자계와 회전자의 회전 자계의 동기 여부에 따라 동기형식과 비동기식 모터로 나누어지며, 고정자 권선에 교류를 인가하면 고정자에 회전하는 자계가 생성된다.
- **교류 모터의 특성** : 교류는 주기적으로 전기의 방향이 (+)와 (−)가 변환되기 때문에 직류 모터에서 필요했던 브러시가 필요 없으며, 더욱이 전기의 방향이 바뀔 때 전기의 크기도 변화하므로 같은 극성의 자장은 서로 반발력에 강약을 주어서 회전력을 얻을 수 있으며, 이것이 유도 모터 모터의 특징이다.

### 4) 동작 원리에 따른 교류모터의 분류

① **유도형 모터**(비동기 모터, Asynchronous motor) : 교류 전동기에서 가장 많이 사용하는 모터이며, 계자(고정자)가 만드는 회전 자계에 의해 전기 전도체의 회전자에 유도 전류가 발생하면서 회전 토크가 발생하여 회전력을 발생시키는 모터이다.

회전 자계 내에 원통형 도체를 부착한 회전자를 배치하면 패러데이 법칙에 의하여 원통형 도체에 전기장이 유도가 되어 전류가 흐르면서 이 전류는 다시 자기장을 만든다. 더불어 회전자에 유도된 자기장은 계자의 회전하는 자기장을 따라 가는 힘이 발생되므로 회전자는 이 힘에 의해서 회전한다. 만약, 회전자의 회전속도가 고정자의 회전 자계의 회전속도와 같게 되면 계자와 회전자 둘 간의 상대속도는 0이 된다. 즉, 상대적으로 변화하지 않는 자기장에 놓인다. 패러데이 법칙에 의하여 변화하지 않는 자기장에서는 전기장이 생성되지 않으므로 결국 회전자의 회전력은 발생하지 않는다. 결국, 비동기 모터는 회전 자계와 동기가 맞지 않을 때에 힘이 발생하며, 전자기 유도(induction)의 원리를 이용한 모터 또는 유도 전동기(induction motor)라고도 하며, 유도 전동기는 사용 전원에 따라 3상 및 단상 유도 전동기로 나뉜다. 유도 모터는 회전자에 자계의 변화가 없으면 전자력이 발생하지 않으며, 모터는 회전자계의 회전속도(동기속도)보다 회전자의 회전속도가 약간 지연되면서 회전한다.

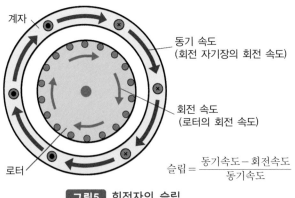

계자
동기 속도
(회전 자기장의 회전 속도)
회전 속도
(로터의 회전 속도)
로터

$$슬립 = \frac{동기속도 - 회전속도}{동기속도}$$

**그림5** 회전자의 슬립

이와 같은 회전자의 회전 속도 지연을 유도 모터의 슬립이라고 하며, 로터의 슬립은 0.3 정도에서 최대 토크가 발생되는 모터가 많다. 유도 모터는 교류 전원에 연결하는 것만으로도 시동이 가능하지만 슬립이 많고 토크가 작지만, 그러나 인버터로 주파수와 슬립각을 제어하여 시동시 토크를 크게 할 수 있으며 시동 이후에는 회전수 제어가 자유롭다.

- 3상 유도 전동기 : 3상 유도 전동기는 회전자의 구조에 따라 농형과 권선형으로 나뉘는데 예전에 농경사회에서 사용하던 바구니 모양이란 뜻의 농형(squirrel cage rotor)이라한다.

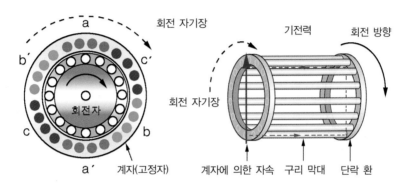

**그림6** 농형 3상 유도전동기

- 단상 유도 전동기 : 아래 그림과 같이 외부의 영구자석을 회전시키면 내부의 도체 원통은 전자 유도 작용으로 영구 자석의 회전방향과 같은 방향으로 회전하는 현상을 이용하는 것이다. 좌측 그림의 영구자석 대신에 코일을 감고 교류 전원을 인가하면 자기장이 형성되면서 농형의 회전자가 회전하는 원리이며, 일정 방향으로 기동 회전력을 주는 장치가 있다.

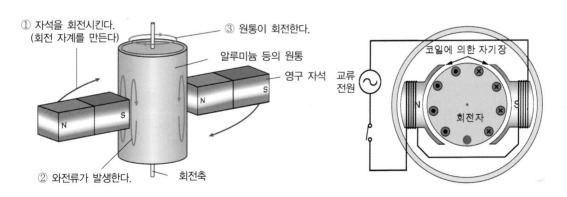

**그림7** 단상 유도전동기

구조는 고정자는 주로 프레임에 0.35mm의 얇은 규소강판을 성층한 것이며, 회전자는 적층된 철심에 동, 알루미늄 막대를 끼우고 양단에 단락 링으로 단락하여 샤프트에 고정 하였으며, 외부 프레임, 냉각 날개, 공기 입·출구, 축 및 단자 박스 등으로 구성되어 있 다. 그림에서 고정자 권선에 단상 전류를 흘리면 교번 자계가 발생하여 회전자 권선에 회전력이 발생한다. 그러나 단상유도전동기의 회전자가 정지하고 있을 경우에는 회전력 을 발생하지 않으므로 코일 또는 보조 권선에 컨덴서를 접속하여 회전자의 기동장치 역 할을 한다.

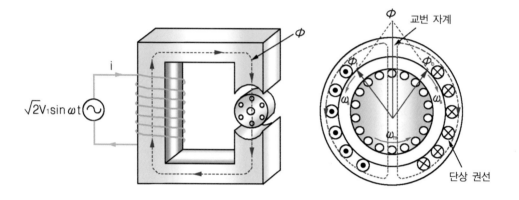

**그림8** 단상 유도 전동기 원리

② **동기형 모터**(Synchronous motor) : 동기 모터의 회 전자는 자성체이고 자성체를 만드는 방법은 영구자 석을 이용하는 방법과 회전자에 코일을 감아서 직류 를 흘리는 방법을 쓸 수도 있다. 회전자의 자계와 계 자의 자력으로부터 회전력을 얻어내는 방식이며, 주 변에서 흔히 보이는 대부분의 동기 모터들은 영구자 석을 사용한다. 동기 모터는 직류 모터의 회전자와 고정자가 뒤바뀐 구조와 같다. 동기형 모터는 직류 모터에서 사용하는 브러시가 필요 없기 때문에 이를

**그림9** 동기형 모터

브러시 없는 직류 모터(BLDC: Brushless DC motor)라고도 하며, 회전자에 고정된 자 계는 고정자의 회전 자계를 따라 갈려는 힘이 발생한다. 즉, 회전 자계의 회전과 동기 를 맞추어 회전자가 회전하게 되므로 동기 모터라고 부른다.

표 3   교류모터의 구조 및 원리

| 구분 | 유도 모터(IM) | 동기 모터(SM) |
|------|------------|------------|
| 동작원리 | 회전 자계와 영구자석 간의 상호 작용에 의하여 전자기력 발생 | 1. 고정자(1차측)의 회전 자계에 의하여 회전자 (2차측)에 유도 전류 발생<br>2. 회전 자계와 유도 전류가 상호 작용하여 전자기력 발생, "변압기의 원리" |
| 특징 | 출력밀도 高<br>재료비 高<br>중소용량 유리(~20kW) | 내구성 高<br>신뢰도 高<br>광역 정출력<br>대용량 유리(50~수백kW) |
| 구조 | 농형 로터 | 권선형은 회전하는 코일에 전력을 공급하기 위해 슬립링과 브러시가 필요하다. |
| 자계 | 회전자계와 회전자 속도차 존재 → Slip(미끄러짐)의 발생 | 회전 자계와 회전자 속도 동기 |

## 5) 삼상 교류 모터

3상의 교류를 사용하는 3상 동기모터는 전기 자동차 및 하이브리드 자동차의 구동에 적합하며 교류 동기 모터(Synchronous motor)의 한 종류이다.

### ① 3상 교류

120도 위상차의 3개 단상 교류를 조합하여 3상 교류 동기 모터를 구동하기 위한 전원이다. 가장 대중적인 예가 우리나라에서 산업용 전원으로 사용되는 3상 380V 전원으로 공작기계 등의 모터를 효율적으로 구동하는 것이 주된 목적이다.

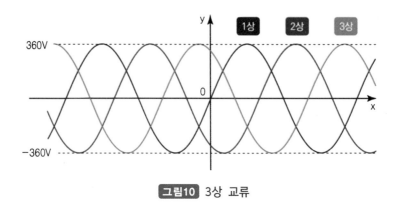

**그림10** 3상 교류

### ② 3상 교류 동기모터의 원리

로터와 스테이터가 2극씩인 경우 로터가 어느 방향으로 회전할지는 알 수 없게 된다. 기동하는 순간의 로터와 스테이터의 위치에 따라 흡인력과 반발력의 어느 쪽이 작용하는가에 따라 회전 방향이 성립되기 때문에 모터는 일반적으로 3개의 전자석과 2개의 영구자석을 사용하여 구성한다.

**그림11** 3상 교류 동기 모터

위 그림은 스테이터에 전자석을 사용하는 패턴으로 정지 상태에서 로터의 극성이 어떤 위치에 있더라도 스테이터 측의 극성을 변경시키는 순서에 따른 방향으로 회전한다. 교류 모터의 경우 120도의 위상차가 있는 「3상 교류」의 전류를 각 스테이터에 1상씩 흐르도록 하면 로터가 120도마다 흡인력과 반발력의 관계를 바꾸면서 계속 회전하게 된다.

교류란 「교번 전류」의 약어로, 영어로는 Alternating Current, 줄여서 AC라고 불리며, 주기적으로 크기와 방향이 변화하는 전류이다. 직류(Direct Current)는 전류의 크기와 방향이 항상 일정하고 플러스에서 마이너스로 흐르는데 비하여 교류는 주파수에 따라서 전류의 방향이 바뀐다. 1초 간에 50회의 위상을 변환하면 50Hz, 60회이면 60Hz의 교류이다. 교류 모터는 이 위상의 변환을 이용하여 전자

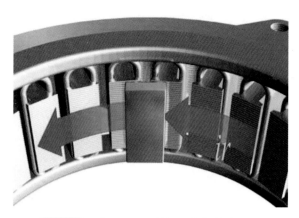

**그림12** 3상 교류 동기형 모터의 회전 구조

석의 자극을 바꾸는 것으로 [그림1]에서 설명한 「손에 든 자석을 회전시키는」것과 같은 효과를 얻는다. 교류 동기 모터의 실제적인 최소 구성 단위인 「3극의 전자석」에 맞추어 3상이라고 하며, 각 상의 위상을 120도로 배치한다. 그러면 스테이터 측에 배치한 3개의 전자석은 [그림10]과 같이 극성을 변화시키므로 로터의 영구 자석이 그것에 반응하여 반발력과 흡인력이 발생되어 한 방향으로 계속 회전하는 것이다.

이때 로터의 회전수는 교류 주파수에 동기화되며, 주파수가 일정하다면 로터도 그에 따른 회전수를 유지하여 계속 회전한다. 반대로 로터의 회전수를 변화하고 싶다면 주파수 변환장치를 통하여 주파수를 변화시키면 된다. 주행 중 완전정지상태에서 최고회전까지 회전수 변화가 심한 xEV 구동용으로는 이와 같은 동기 모터의 특성이 요구된다.

## (2) xEV용 모터 기본 구조

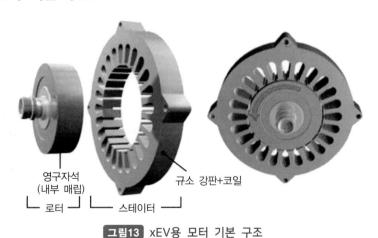

영구자석
(내부 매립)

규소 강판+코일

└ 로터 ┘ └ 스테이터 ┘

**그림13** xEV용 모터 기본 구조

로터와 스테이터 모두 철이 쉽게 자화(磁化)되도록 처리함으로써 전기 에너지와 자기 에너지의 변환 효율을 높인 얇은 「규소 강판」을 적층한 구조가 일반적이다. 스테이터는 코일에 전류가 흐르는 동안만 강하게 자화하여 극성을 변화시키는 특성 때문에 규소 강판을 이용하고, 로터는 내부에 매립되어 있는 영구 자석의 자력을 효율적으로 전달하기 위해서 규소 강판을 이용하고 있다. 강판 1장당 두께는 0.5mm 이하가 주류이며, 얇게 만들수록 고속 회전형 모터에 적합한 특성이 된다.

## 1) 로터와 스테이터의 조합

**표4** 회전식 모터의 기본 조합

| | | 로 터 | | |
| --- | --- | --- | --- | --- |
| | | 영구자석 | 전자석 | 자성체 |
| 스테이터 | 영구자석 | × | ○ | ○ |
| | 전자석 | ◎ | ○ | ○ |
| | 자성체 | × | × | × |

회전식 모터는 「자석」, 「전자석」, 「자성체」 중 두 가지를 조합시키는 것이 기본이며, 자성체 이외에는 로터나 스테이터 어느 것이든 사용이 가능하지만, 교류 동기 모터에서는 일반적으로 스테이터를 전자석, 로터를 영구 자석으로 구성한다. 일반적으로는 스테이터를 외측에 로터를 내측에 배치하지만 모터의 종류에 따라서는 아우터 로터 형식도 존재한다. 이러한 조합은 용도와 목적에 따라 선택된다.

## 2) 모터의 구조

- 전기 모터는 전류의 자기 작용을 이용하여 전기 에너지를 운동 에너지로 변환하며, 직선적인 힘을 발생하는 리니어 모터와 토크를 발생하는 로터리 모터(회전형 모터)가 있다. 또한 모터는 엔진의 경우와 마찬가지로 토크와 회전수를 곱하여 출력을 나타낸다.
- 모터는 코일, 철심 등의 계자(스테이터)와 전기자(로터)로 구성되며, 조합에 따라 다음과 같이 분류한다.

### ① 이너 로터형 모터

일반적으로 많이 사용하는 구조이며 케이스에 스테이터(계자)가 배치되고 그 내부에 로터(회전축과 전기자)가 배치되어 있다.

커넥터
고정자
회전자
하우징

**그림14** 이너 로터형 모터

## ② 아우터 로터형 모터

회전자가 바깥 둘레에 배치되어야 유리한 구동용 휠에 적용하며 회전자(케이스)에 자성의 로터를 배치하고 내부에 회전자계를 형성하는 스테이터(계자)가 배치되어 있으며 인휠(In Wheel) 모터라고도 한다.

**그림15** 아우터 로터형 모터

## 3) xEV용 동기 모터와 유도 모터

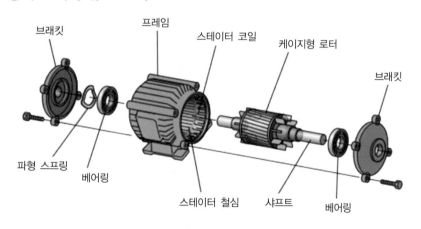

**그림16** 교류 모터

기본적인 교류 모터는 자계의 이동에 의해서 발생되는 「와전류」를 이용하여 회전하는 「유도 모터」이다. 영구 자석이 필요 없고 도선을 사용하여 전자석을 만들 수 있으므로 대형화 및 고출력화 하기 쉽고 비용이 싸다. 엘리베이터용 모터나 철도 차량용 모터 등에 이용되고 있지만 단순한 제어로 일정 회전형이다.

외측 고정자(스테이터)에서 발생하는 고정자의 회전자기장(RMF: Rotation Magnet Field) 속도보다 내측 회전자(로터)에서 유도된 회전필드(회전자 기계속도)가 항상 지연되므로 슬립이 발생된다. 유도모터는 이러한 슬립현상으로 인하여 시동 시에 회전력이 좋지 않으며, 순항속도로 장거리 운전시, 전류를 생성하기 위해 3~4%의 에너지 손실이 발생하는 단점이 있다. 그러나 동기형 모터는 내측 회전자(로터)가 보통 영구자석으로 되어 있어 외측 고정자(스테이터)의 고정자필드와 내측 회전자(로터)의 회전필드가 동기화되어 슬립이 없다. 동기 속도는 다음과 같이 구한다.

$$N = \frac{120f}{P}$$

N : 동기속도(RPM)

f : 주파수(Hz)

P : 극의 수(단상 당)

따라서 xEV와 같이 속도 변화가 심한 주행 구동용으로는 주파수와 동기화된 회전을 얻을 수 있는 동기형 모터가 주로 사용된다. 그러나, 동기모터는 필연적으로 발생하는 역기전력으로 고속 주행일 때 효율이 떨어지는 단점을 가지고 있다.

표 5   **자동차 제작사별 사용 모터**   [29]

| (H)EV | Sales | Type | Motor Type |
|---|---|---|---|
| Nissan LEAF | 30200 | EV | PM [22] |
| Chevrolet Volt | 18805 | HEV | PM [23] |
| Tesla Model S * | 17300 | EV | IM [24] |
| Toyota Prius PHV | 13264 | HEV | PM [25] |
| Ford Fusion Energi | 11550 | HEV | PM [26] |
| Ford C-Max Energi | 8433 | HEV | PM [26] |
| BMW i3 ** | 6092 | EV/HEV | PM [24] |
| smart ED | 2594 | EV | PM [22] |
| Ford Focus Electric | 1964 | EV | PM [25] |
| Fiat 500e * | 1793 | EV | IM [22] |
| Cadillac ELR | 1310 | HEV | PM [23] |
| Toyota RAV4 EV | 1184 | EV | IM [24] |
| Chevrolet Spark EV | 1145 | EV | PM [27] |
| Total | 119710 | | |
| Worldwide | 320713 | | |

Sales Numbers according to [28], * Estimated number, ** starting from May 2014.

(※ PM : Permanent Magnetic Synchronous Motors, IM:Induction Motors)

## 4) AC 동기 모터와 DC 브러시리스 모터

① EV의 구동용으로 사용되는 대표적인 모터는 「영구자석 교류 매입식 3상 AC동기형」이다. 메이커나 차종에 따라서는 「DC 브러시리스」라고 표기하고 있는 경우도 있지만 실

---

29) Elwart et al., "Current Developments and Challenges in the Recycling of Key Components of (Hybrid) Electric vehicles", Recycling, 2015.

제로 이들은 같은 것이다. 모터 전체구조로 볼 때 3상 교류 전력을 사용하므로 AC 동기모터로 볼 수 있다. 배터리로부터 모터까지의 시스템 전체로 볼 때 직접적인 전원은 DC이지만 일반적으로 DC 모터의 극성 변환에 사용하는 브러시가 존재하지 않으므로 DC 브러시리스 모터의 호칭을 사용하고 있다.

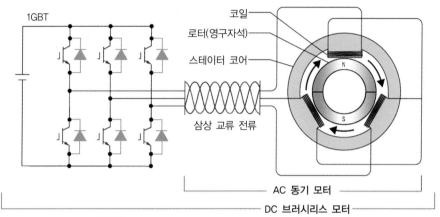

**그림17** AC 동기 모터와 DC 브러시리스 모터

## ② SPM형 회전자와 IPM형 회전자[30]

영구 자석형 동기 모터의 회전자(로터)에는 자석의 배치 방법에 따라서 표면 자석형 회전자와 매립 자석형 회전자가 있으며, 표면 자석형을 SPM(Surface Permanent Magnet)형 회전자라고도 한다. 계자(스테이터)와 자석의 거리가 가깝기 때문에 자력을 유효하게 활용할 수 있고 토크가 크지만 고속회전 시에 원심력으로 자석이 벗겨져 떨어지거나 비산될 가능성이 있다. 매립 자석형은 IPM(Interior Permanent Magnet)형 회전자라고도 하며, 고속회전 시의 위험성이 없지만 자력이 약하고 토크가 작다.

(a) SPM형 회전자    (b) IPM형 회전자

**그림18** SPM형 회전자와 IPM형 회전자

---

30) 골든벨, 전기자동차 매뉴얼 이론 & 실무 p.51

표6 모터의 특징 비교

| 구분 | BLDC | SPM | IPM |
|------|------|-----|-----|
| 구조 | | | |
| 전류파형 | | | |
| 장단점 | 저소음, 고효율<br>제작 공정 특이<br>온도 특성 불리<br>고출력 밀도화 | BLDC 대비 저효율<br>Low Cost<br>간단 구조<br>진동, 소음(토크리플) | BLDC 대비 저효율<br>Low Cost<br>간단 구조, 내구성 |
| 토크발생<br>특징 | SPM ; Magnetic<br>IPM ; Magnetic + Reluctance | Reluctance 차이에 의한<br>회전 동작 | Slip |

### ③ IPM형 복합 회전자

전기 자동차 및 하이브리드 자동차의 구동용 모터로 사용되며, 구조가 간단하고 강력한 희토류 자석에 의해 큰 토크가 발생되는 영구 자석형 동기 모터이다. 회전자(로터)는 IPM형 회전자를 채택하여 사용하는 경우가 늘어나고 있지만 토크의 면에서 SPM형 회전자보다 불리하며, 자석에 의한 토크와 릴럭턴스 토크도 발생할 수 있도록 철심에 돌극을 배치하는 회전자를 IPM형 복합 회전자라고 한다. 회전자의 위치에 따라서 릴럭턴스 토크가 역방향에도 발생할 수 있어 1회전 시에 발생하는 토크의 변동이 크지만 합계에서 얻는 복합 토크를 SPM형 보다 크게 할 수 있다.

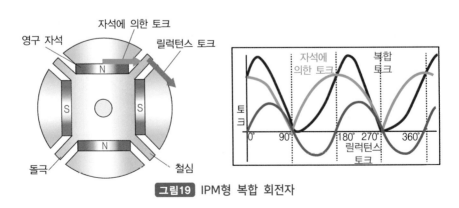

그림19 IPM형 복합 회전자

## 5) 모터의 성능을 좌우하는 요소

모터의 성능에 관하여 대표적인 지표는 출력과 효율이다. 출력 Pout(Nm/s)은 모터 출력축으로부터 발생하는 기계적인 에너지인 토크(Nm)값에 1초당 회전수(rps)를 곱하여 산출한다. 효율($\eta$)은 입력한 전기에너지 Pin에 대한 Pout의 비율을 퍼센트로 나타낸 것으로, 인버터로 제어하는 교류 동기 모터는 효율이 90%이상으로 EV용으로 많이 사용된다.

입력
$$Pin[W] = E[V] \times I[A]$$

전압[V] ×전류[A]

효율 : $\eta$(%)
$$\frac{P_{out}}{P_{in}} \times 100$$

출력
$$P_{out}[W] = 2\pi \times N[rps] \times T[Nm]$$

**그림20** 모터 성능을 좌우하는 요소

## 6) 모터의 기본적인 출력 특성

[그림21]은 닛산 프레젠테이션에 사용된 자료를 기초로 작성한 EV차량과 3리터급 내연기관(Internal Combustion Engine)차량의 가속 특성을 나타낸 것이다. 모터는 출발에서부터 큰 출력이 발생되어 단시간에 목표속도에 이르는 EV의 장점을 나타내고 있다.
독립제어가 없는 EV에 비해서 상당히 부드러운 주행이 가능하다.

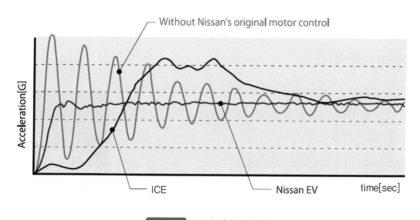

Without Nissan's original motor control

Acceleration[G]

ICE

Nissan EV

time[sec]

**그림21** 모터 출력 특성

[그림22]는 출발 직후부터 큰 토크를 내는 모터 특유의 토크 특성을 보여준다. 모터의 토크 특성은 저속에선 매우 크며, 고속으로 갈수록 토크가 작아진다. 회전중인 모터에는 플레밍의 오른손 법칙에 의해 역방향의 전류(역기전력)가 발생한다. 따라서 회전수가 일정 이상으로 높아지면 모터의 구동 전류와 균형을 이루어 그 이상의 전류가 흐를 수 없는 상태가 되어 토크가 작아지는 결과를 초래한다.

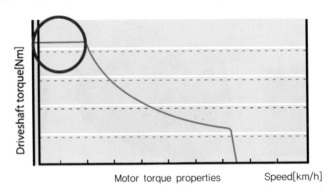

**그림22** 모터 특성

### 7) 자극 수에 의한 모터 특성

3상 교류 주파수와 회전수가 동기화되는 모터의 경우 전자석의 수가 3배수인 것이 좋다. 영구자석은 2극으로 되어도 상관없으므로 최소의 구성은 스테이터 3극, 로터 2극이 된다. 실제로 EV용으로 사용되는 모터는 회전수의 변화를 보다 섬세하게 제어하기 위해 다수의 극을 갖추고 있지만 그 비율은 3대 2가 기본이다. 다극화는 토크 특성 개선 등 장점이 있지만 비용 증가를 초래한다.

### 8) 모터 크기와 출력의 관계

모터의 출력과 효율을 좌우하는 대표적인 요소는 자석 강도와 전자석 코일수이다. 또한 모터의 크기인 단면적은 (축 방향의 길이 d, 축중심으로부터 자석까지의 거리 r)와 토크는 거의 비례관계에 있으므로 토크(T)와 거리(r)는 제곱의 관계가 된다. 에어 갭(로터와 스테이터 사이의 거리)은 작을수록 유리하지만 너무 작으면 다른 철심의 투자율 등에 영향이 미치는 단점이 생긴다.

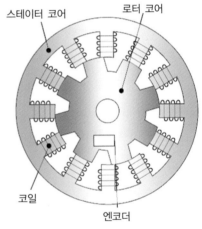

**그림23** 모터의 자극 수

**그림24** 모터의 크기 특성

## 9) 모터와 동력전달장치

　모터의 출력 토크는 회전 초기부터 최대 토크를 유지할 수 있는 특성상 변속기가 필요 없으며, 엔진의 회전을 전달 또는 차단하는 클러치도 필요 없게 된다. 그러나 일반 자동차의 경우에는 엔진 회전수가 낮을 때는 출력 토크가 낮고, 회전수가 높아짐에 따라 큰 토크를 발생하므로 출발 또는 가속 시에 변속기의 도움이 필요하다. 또한 모터는 엔진과 같이 아이들링의 필요가 없으므로 간단한 조작 즉 가속 페달을 밟으면 스위치가 ON되고, 이후 가속 페달의 밟는 량에 따라 전류량을 조절한다.

### ① 동기 모터의 주파수 제어

　모터는 정격 회전수 보다 높아지면 리액턴스에 의해 흐르는 전류량이 작아지면서 토크가 작아지지만 모터가 회전을 시작할 경우에는 토크가 크므로 구동 모터에 적합하다. 또한 동기 모터에 공급되는 전류 주파수를 인버터로 제어할 경우 최대 토크 및 정격 출력을 어느 정도의 회전수까지 유지할 수 있는 특성이 있으므로 변속기 없이 구동하는 자동차에 적합하다.

### ② 동기 모터의 특성

　모터는 고온에서 연속하여 사용하면 발열에 의해 코일이 손상되는 경우가 존재할 수 있으므로 온도, 기계적 강도, 진동 및 효율 측면에서 모터는 적정 한계 회전수를 설정하고 있다. 이에 따라 최대 토크는 모터에 흐를 수 있는 정격 전류로 결정되며, 회전수가 높아지면 출력은 상승하지만 열의 발생이 많아지기 때문에 출력을 제어한다. 전기 자동차 등의 경우 모터에 공급되는 전원은 고전압 배터리에 축전된 에너지의 출력에 한계가 있어 그 이상의 전력을 방출할 수 없는 문제점과 위의 모터의 토크 곡선 그림에서와 같이 고회전수에서는 급격히 회전력이 떨어지는 특성이 있다.

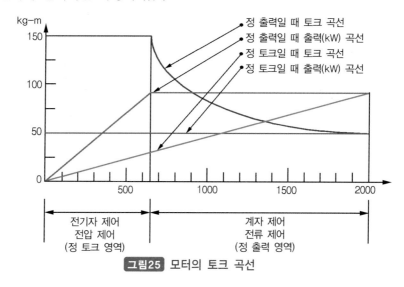

**그림25** 모터의 토크 곡선

### ③ 구동 장치

 인휠 모터를 구동 바퀴에 설치하여 자동차 운행에 필요한 구동력을 직접 전달하여도 되지만, 모터의 높은 회전영역과 출력을 감안하여 자동차는 감속기를 사용하며 또한 커브길 주행을 위한 차동기어 장치와 구동 바퀴에 회전을 전달하는 구동축을 갖춘 구동장치를 사용한다. 그러나 모터는 인버터에 의해 3상 코일의 여자 순번을 바꾸면 회전방향을 정방향과 역방향으로 변환시킬 수 있으므로 전후진의 변환 기구는 필요하지 않다.

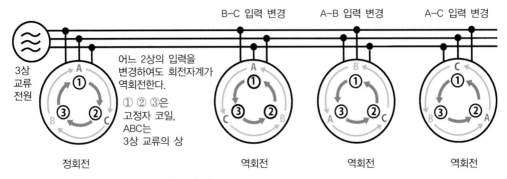

**그림26** 모터의 정회전과 역회전

### ④ 모터의 효율과 손실

 모터는 엔진에 비하면 효율이 높으며, 영구자석형 동기 모터는 효율이 95%에 이르지만 고온과 고회전수에서는 효율이 저하하는 성질이 있으므로 냉각 설계가 중요하다.

 냉각 장치는 공기의 흐름에 의해서 냉각하는 공랭식과 모터 내부의 액체 냉각액을 통해서 냉각하는 수랭식이 있으며, 모터뿐만 아니라 배터리 및 전자제어 장치에 냉각 장치를 설치하여 열적 특성을 관리하여야 한다.

**그림27** 모터 구동에 관련된 냉각장치

## 9) 모터의 회전수 제어

모터를 일정속도로 구동하고 변속기를 사용하는 방법보다 인버터를 사용하여 제반여건에
따른 변수를 적용하여 최적으로 모터의 회전수를 제어하면 소요 동력은 회전수의 3승에 비례
해서 감소하므로 큰 전기 에너지를 절감할 수 있다.

$$\frac{P_2}{P_1} = \left(\frac{N_2}{N_1}\right)^3$$

$P_1$ : 정격시 동력
$P_2$ : 인버터 제어시 동력
$N_1$ : 정격 회전속도
$N_2$ : 인버터 제어시 회전속도

### ① 인버터(Inverter)에 의한 가변속시 장점

- DC 모터나 권선형 모터의 속도 제어에 비하여 AC 모터 사용 시 모터의 구조가 간단
  하며, 소형이다.
- 보수 및 점검이 용이하다.
- 모터가 개방형, 전폐형, 방수형, 방식형 등 설치 환경에 따라 보호구조가 가능한 특징
  을 가지고 있다.
- 부하 역률 및 효율이 높다.

### ② 속도 제어 방법

- **극수 제어 방법**
- 모터의 극수와 회전수 그리고 주파수에 따라 모터의 회전수는 결정되며, 분당 주파수
  를 모터의 극수로 나눈 값이다.

$$N = \frac{120f}{P}(1-s) \quad [\text{rpm}]$$

$N$ : 동기속도(RPM)
$f$ : 주파수(Hz)
$P$ : 극의 수(단상 당)
$s$ : 슬립율

- 모터의 회전수는 모터의 극수와 주파수에 의해 분류되므로 극수 P, 주파수 f, 슬립 s를
  임의로 가변시키면 임의의 회전속도 N을 얻을 수 있다.
- 일반적으로 산업용에서 사용되는 모터는 4극 모터가 대부분이며, 필요에 따라 빠른
  속도를 원할 경우는 2극 모터를, 속도가 느리며, 큰 토크를 원할 경우에는 6극 모터로
  설계한다.

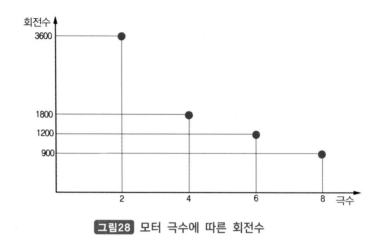

**그림28** 모터 극수에 따른 회전수

- **슬립(s) 제어** : 슬립을 제어할 경우 저속 운전 시 손실이 커지게 된다.
- **주파수(f) 제어**

- 모터에 가해지는 주파수를 변화시키면, 극수(P) 제어와는 달리 연속적인 속도제어가 가능하며, 슬립(s) 제어보다 고효율 운전이 가능하게 된다.

- 주파수를 변화하여 모터의 가변속을 실행하는 부품이 인버터(Inverter)이며, 인버터는 컨버터에 비하여 직류를 반도체 소자의 스위칭에 의하여 교류로 역변환을 한다. 이때에 스위칭 간격을 가변시킴으로써 원하는 임의로 주파수로 변화시키는 것이다.

- 실제로는 모터 가동 시 충분한 회전력(Torque)을 확보하기 위하여 주파수뿐만 아니라, 전압을 주파수에 따라 가변시킨다. 따라서 Inverter를 VVVF(Variable Voltage Variable Frequency)라고도 한다.

## 10) 발전기

### ① 3상 동기 발전기

영구자석형 로터가 회전하면 스테이터 코일 주위의 자계가 변화하면서 전자 유도 작용으로 코일에 유도 전류가 발생하는 원리이며, 스테이터 코일 3개가 120° 간격으로 배치되어 각 코일의 위상이 120° 엇갈린 교류, 즉 삼상 교류가 발생한다.

### ② 컨버터

교류를 반도체 소자인 다이오드의 정류 작용을 이용하여 직류로 변환하는 장치를 AC·DC 컨버터 또는 정류기라 하며, 단상 교류인 경우 4개의 다이오드, 삼상 교류인 경우는 6개의 다이오드로 전파 정류 회로를 구성할 수 있다.

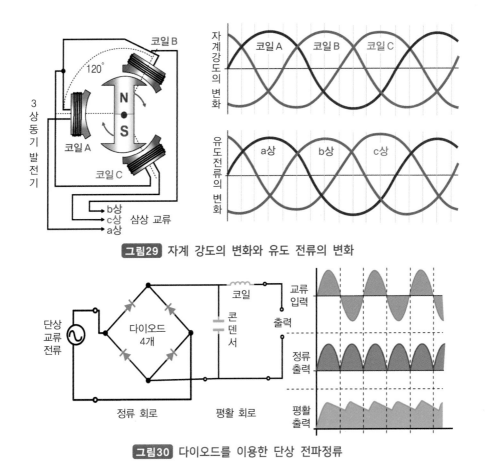

**그림29** 자계 강도의 변화와 유도 전류의 변화

**그림30** 다이오드를 이용한 단상 전파정류

## (3) EV 모터 어셈블리

### 1) 모터 시스템

전기차용 구동 모터는 엔진이 없는 전기 자동차에서 동력을 발생하는 장치로 높은 구동력과 출력으로 가속과 등판 및 고속 운전에 필요한 동력을 제공하며 소음이 거의 없는 정숙한 차량 운행을 제공한다. 또한 감속 시에는 발전기로 전환되어 전기를 생산하여 고전압 배터리를 충전함으로써 연비를 향상시키고 주행 거리를 증대시킨다. 모터에서 발생한 동력은 회전자 축과 연결된 감속기와 드라이브 샤프트를 통해 바퀴에 전달된다.

① **구동모터 주요 기능**

• **동력(방전)** : 배터리에 저장된 전기에너지를 이용하여 구동모터에서 구동력을 발생하여 바퀴에 전달

• **회생제동(충전)** : 감속 시 발생하는 운동에너지를 버리지 않고 구동모터를 발전기로 사용하여 전기에너지로 변환시켜 배터리 충전

## 2) 에너지 흐름도

### ① 차량주행시 : ① → ② → ③ → ④

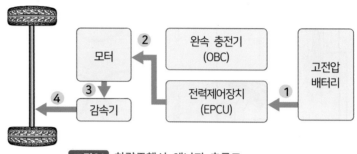

**그림31** 차량주행시 에너지 흐름도

### ② 회생제동시 : ④ → ③ → ② → ①

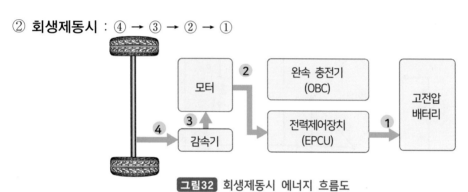

**그림32** 회생제동시 에너지 흐름도

출처 현대 GSW, 현대 코나 OS EV 2021년식 150kW

## 3) 구동 모터 작동 원리

전기차용 구동 모터는 엔진이 없는 전기 자동차에서 동력을 발생하는 장치로 높은 구동력 (295Nm)과 출력(88kW)으로 가속과 등판 및 고속 운전에 필요한 동력을 제공하며 엔진 소음 이 없어 정숙한 차량운행 조건을 제공한다. 또한 감속시에는 발전기로 전환되어 전기를 생산 하여 탑재된 고전압 배터리를 충전하여 연비를 향상시키고 주행 거리를 증대 시킬 수 있다. 모터에서 발생한 동력은 샤프트와 연결된 감속기와 드라이브 샤프트를 통해 휠에 전달된다. 3상 AC 전류가 스테이터 코일에 인가되면 회전 자계가 발생되어 로터 코어 내부에 영구 자 석을 끌어당겨 회전력을 발생시킨다.

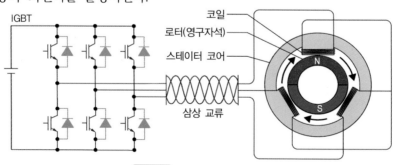

**그림33** 구동 모터 작동원리

## 4) 모터위치 센서 및 온도센서

### ① 모터 위치 센서

모터 제어를 위해서는 정확한 모터 회전자 절대 위치 검출이 필요하다. 레졸버를 이용한 회전자의 위치 및 속도 정보를 통하여 MCU는 최적으로 모터를 제어할 수 있게 된다. 레졸버는 리어 플레이트에 장착되며 모터의 회전자와 연결된 레졸버 회전자와 하우징과 연결된 레졸버 고정자로 구성되어 엔진의 CMP 센서처럼 모터 내부의 회전자 위치를 파악한다.

### ② 모터 온도 센서

모터 온도센서는 모터 코일에 조립되며, 온도에 따른 토크보상 및 모터 과온 보호를 목적으로 모터 온도정보를 센싱하는 기능을 담당한다.

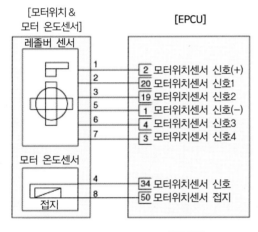

| 단자 | 연결부위 | 기능 |
|---|---|---|
| 1 | EPCU (2) | 모터 위치 센서 신호(+) |
| 2 | EPCU (20) | 모터 위치 센서 신호 1 |
| 3 | EPCU (19) | 모터 위치 센서 신호 2 |
| 4 | EPCU (34) | 모터 위치 센서 신호 |
| 5 | EPCU (1) | 모터 위치 센서 신호(−) |
| 6 | EPCU (4) | 모터 위치 센서 신호 3 |
| 7 | EPCU (3) | 모터 위치 센서 신호 4 |
| 8 | EPCU (50) | 모터 위치 센서 접지 |

**그림34** 모터위치센서 및 온도센서 회로도

## 2 고전압 배터리 구조 및 BMS 기능

### (1) 납산 배터리

### 1) 셀의 구성

납산 배터리는 수지로 만들어진 케이스 내부에 6개의 방(Cell)으로 나뉘어져 있고 각각의 셀에는 양극판과 음극판이 묽은 황산의 전해액에 잠겨 있으며, 전해액은 극판이 화학반응을 일으키게 한다. 그리고 1셀은 2.1V의 기전력이 만들어지며, 2.1V셀 6개가 모여 12V를 구성한다.

## 2) 충·방전

납산 배터리는 묽은 황산의 전해액에 의하여 화학반응을 일으키는데 방전된 배터리 즉, 묽은 황산에 의해 황산납으로 되어있던 극판이 충전 시에는 다시 과산화납으로 되돌아감으로서 배터리는 충전 상태가 된다. 방전 시에는 과산화납이 다시 묽은 황산에 의해 황산납으로 화학 변화를 하면서 납 원자 속에 존재하던 전자가 분리되어 전극에서 배선을 통해 이동하는 것이 납산 전지의 원리이다.

그림35 납산 배터리의 구조

### (2) 리튬이온 배터리

최신 전기 자동차에서 사용되는 것은 리튬이온 배터리는 납산 배터리 보다 성능이 우수하며, 배터리의 소형화가 가능하다.

### 1) 리튬이온의 이동에 의한 충·방전

리튬이온 배터리는 알루미늄 양극제에 리튬을 함유한 금속 화합물을 사용하고, 음극에는 구리소재의 탄소 재료를 사용한 극판으로 구성되어 있으며, 리튬이온 배터리의 충전은 (+)극에 함유된 리튬이 외부의 자극과 전해질에 의해 이온화 현상이 발생되면서 전자를 (-)극으로 이동시키고, 동시에 리튬이온은 탄소 재료의 애노드 극으로 이동하여 충전 상태가 된다.

방전은 탄소 재료 쪽에 있는 리튬이온이 외부의 전선을 통하여 알루미늄 금속 화합물 측으로 이동할 때 전자가 (+)극 측으로 흘러감으로써 방전이 이루어진다. 즉, 금속 화합물 중에 포함된 리튬이온이 (+)극 또는 (-)극으로 이동함으로써 충전과 방전이 일어나며, 금속의 물성이 변화하지 않으므로 리튬이온 배터리는 열화가 적다.

### 2) 1셀당 전압

리튬이온 배터리는 1셀당 (+)극판과 (-)극판의 전위차가 3.75V로 최대 4.3V이며, 전기자동차의 고전압 배터리는 대략 셀당 3.7 ~ 3.8V이다.

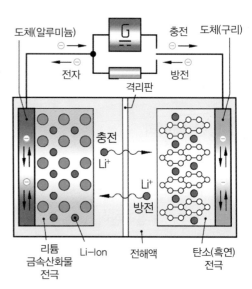

그림36 리튬이온 배터리의 작동 원리

124

## (3) 고전압 배터리 팩 어셈블리

- **셀**: 전기적 에너지를 화학적 에너지로 변환하여 저장하거나 화학적 에너지를 전기적
에너지로 전환하는 장치의 최소 구성 단위
- **모듈**: 직렬 연결된 다수의 셀을 총칭하는 단위
- **팩**: 직렬 연결된 다수의 모듈을 총칭하는 단위
차량의 고전압 배터리 제원에 따라 셀을 직렬로 적층하여 제조가 된다.
예) 3.75V(셀당 기전력) × 16개 셀 × 4모듈 = 240V
　　3.75V(셀당 기전력) × 12개 셀 × 8모듈 = 360V

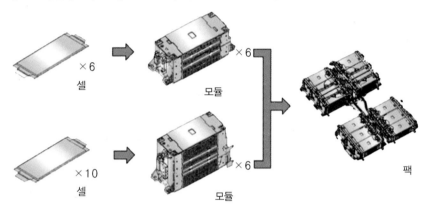

**그림37** 고전압 배터리 팩의 구성

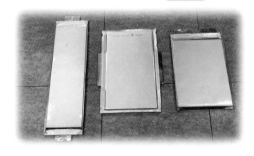

**그림38** 파우치형 리튬폴리머 배터리

**그림39** 원통형 리튬이온 배터리

**그림40** EV 고전압 배터리 팩

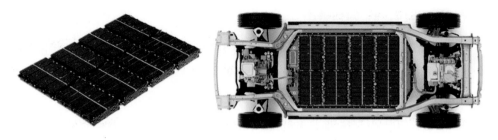

**그림41** 현대 아이오닉5 NE 2022년식 고전압 배터리

## 1) 배터리 수량과 전압

전기 자동차는 고전압을 필요하므로 100셀 전후의 배터리를 탑재하여야 한다. 그러나 이와 같이 배터리의 셀 수를 늘리면 고전압은 얻어지지만 배터리 1셀마다 충전이나 방전 상황이 다르기 때문에 각각의 셀 관리가 중요하다.

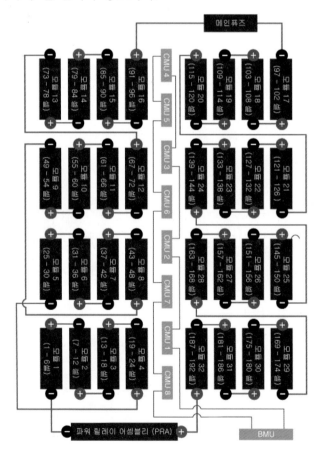

**그림42** 현대 아이오닉5 NE 2022년식 160kW, 77.4kWh 항속형
고전압 배터리 결선도 32모듈×6셀(2P6S)

## 2) 배터리 케이스

전기자동차의 에너지공급원인 배터리 Carrier 모듈을 수납하고, 차량의 바닥면에 설치되어 노면의 이물질, 우천 시 침수, 외력에 의한 배터리 손상을 방지하여 화재, 폭발로 부터 운전자를 보호하는 역할을 한다.[31] 자동차가 주행 중 진동이나 중력 가속도(G), 또는 만일의 충돌사고에서도 배터리의 변형이 발생치 않도록 튼튼한 배터리 케이스에 고정되어야 한다.

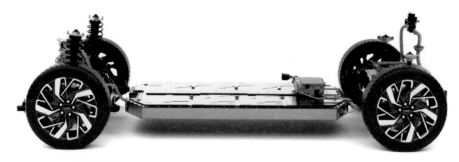

**그림43** 현대 아이오닉5 NE 2022년식 고전압 배터리 케이스

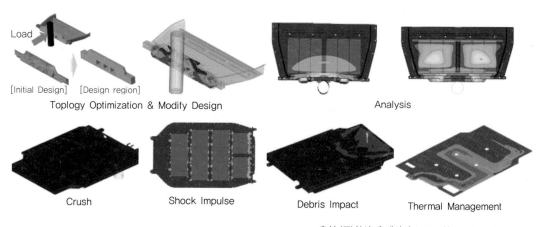

출처:(주)화신 홈페이지 https://www.hwashin.co.kr

**그림44** 배터리 케이스

### ① 주행 중 진동에 노출

배터리에만 해당되는 것은 아니지만 자동차 부품은 가혹한 조건에 노출되어 있다. 어떠한 경우에도 배터리는 손상이 발생치 않도록 탑재 시 차체의 강성을 높여 주어야 한다.

---

31) https://www.hwashin.co.kr/kr/product/product_batterycase.do

## ② 리튬이온 배터리의 발열 대책

배터리는 충전을 하면 배터리의 온도가 올라가므로 과도한 열은 성능이 떨어질 뿐만 아니라 극단적인 경우 부풀어 오르거나 파열되기도 하며, 문제를 일으킨다. 그러므로 배터리는 항상 좋은 상태로 충전이나 방전이 일어 날 수 있도록 고전압 배터리팩에 공냉식 또는 수냉식 쿨링 시스템을 적용하여 온도를 관리하는 것이 필요하다.

## ③ 전기 자동차의 고전압 배터리

리튬이온 폴리머 배터리(Li-ion Polymer)는 리튬이온 배터리의 성능을 그대로 유지하면서 폭발 위험이 있는 액체 전해질 대신 화학적으로 가장 안정적인 폴리머(고체 또는 젤 형태의 고분자 중합체) 상태의 전해질을 사용하는 배터리를 말한다.

## 3) 고전압 배터리 냉각

고전압 배터리는 냉각을 위하여 쿨링 장치를 적용하여야 하며, 일부의 차량은 실내의 공기를 쿨링팬을 통하여 흡입하여 고전압 배터리 팩 어셈블리를 냉각시키는 공랭식을 적용한다.

고전압 배터리 쿨링 시스템은 배터리 내부에 장착된 여러 개의 온도 센서 신호를 바탕으로 BMS ECU(Battery Management System Electronic Control Unit)에 의해 고전압 배터리 시스템이 항상 정상 작동 온도를 유지할 수 있도록 쿨링팬을 차량의 상태와 소음 진동을 고려하여 여러 단으로 회전속도를 제어한다.

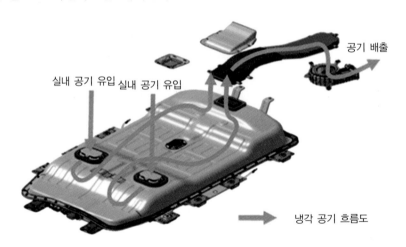

공기 배출

실내 공기 유입 실내 공기 유입

냉각 공기 흐름도

**그림45** 고전압 배터리 냉각(공냉식) [기아자동차 쏘울 PS EV 2018년]

그러나 오늘날 대부분의 EV의 고전압 배터리 팩 어셈블리 냉각은 수냉식을 적용하고 있으며, 배터리에서 얻은 열원을 열교환 장치를 이용하여 냉난방 공조 시스템에서 활용하고 있다.

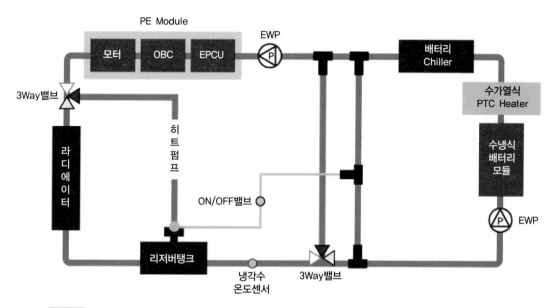

**그림46** EV 냉각시스템 흐름도[현대 코나 OS 2021년식 150kW, Heat Pump 적용사양]

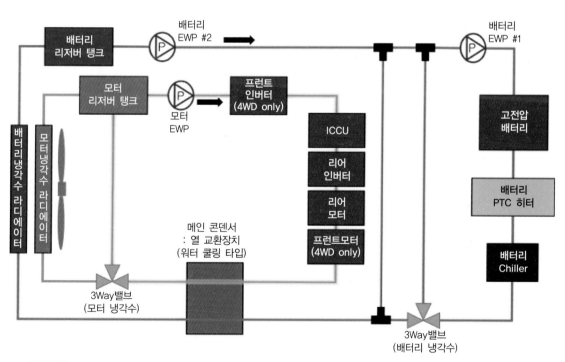

**그림47** EV 냉각시스템 흐름도[현대 아이오닉 5NE 2022년식 160kW, Heat Pump 적용사양]

## (4) EV 고전압 배터리 시스템

EV 고전압 배터리 시스템은 VCU 또는 MCU와 통신하며 전기에너지를 EV 파워트레인으로 공급하거나 저장하는 기능을 수행한다.

주요 기능은 첫째, 배터리는 인버터를 통해 전기에너지를 모터에 공급한다.

둘째, 회생제동시 모터의 기계적 에너지가 인버터를 통해 전기에너지로 전환되고 그 전기에너지를 배터리에 저장한다.

셋째, BMS는 배터리 SOC 및 최대충전과 방전이 가능한 출력을 계산하여 CAN 통신으로 VCU에 송신하며 VCU는 배터리 SOC(State Of Charge)와 가용출력에 전력을 분배하며 MCU에 신호를 송신한다. 그리고 그에 따라 MCU는 모터 동력을 분배한다.

전기 자동차는 모터와 고전압 배터리 등을 통하여 전기 에너지를 운동 에너지로 변환해서 구동하는 차량을 의미하며 충전시에는 급속 또는 차량 탑재형 충전기를 통하여 고전압 전기 에너지를 충전한다. 전기모터는 차량의 주행뿐만 아니라 고전압 배터리의 충전을 위해 회생 제동 시 전기 에너지를 발생시키는 역할을 한다. 각 모듈간 작동 원리는 그림 48과 같다. [32]

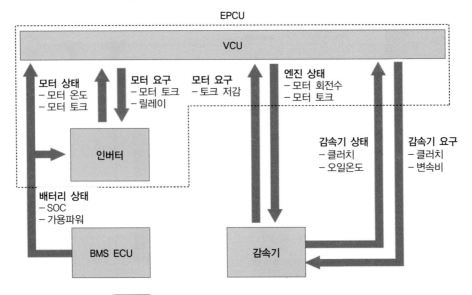

**그림48** 고전압 전기 흐름도 (출처 현대 GSW, 현대 코나 OS EV 2021년식 150kW)

---

32) 현대자동차, https://gsw.hyundai.com/ 코나 OS EV 150kw 2021년식

## 1) 출발 / 가속 언덕길

고전압 배터리 팩 어셈블리에 저장된 전기 에너지를 이용하여 구동 모터에서 구동력을 발생하여 전기 에너지를 운동에너지로 바꾼 후 바퀴에 동력을 전달한다.

고전압 배터리 팩 어셈블리 ⟶ PRA ⟶ 고전압 조인트 박스 ⟶ EPCU ⟶ 모터

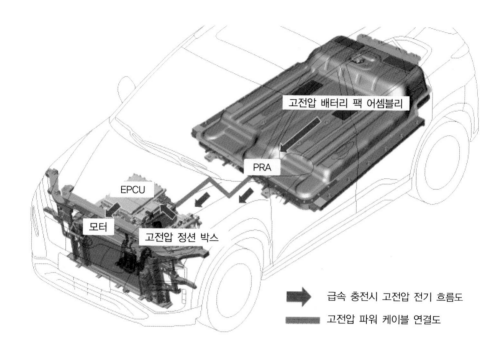

**그림49** 출발/가속 언덕길 주행시 고전압 전기 흐름도

## 2) 감속시 (회생제동시)

① 감속시 발생하는 운동 에너지를 이용하여 구동모터를 발전기의 역할로 사용함으로써 고전압 배터리 팩 어셈블리에 전기에너지를 재충전시킨다.

② **작동** : 10 km/h 이상일 경우
③ **미작동** : 3 km/h 이하일 경우

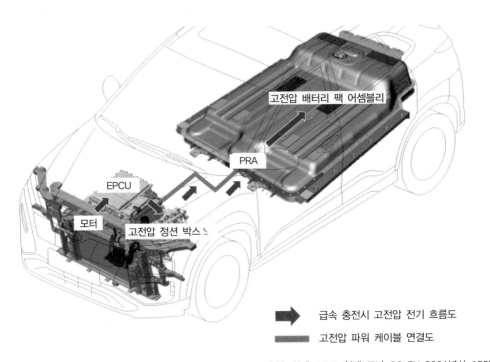

※ 출처; 현대 GSW, 현대 코나 OS EV 2021년식 150kW

**그림50** 감속(회생제동)시 고전압 전기 흐름도

## 3) 급속 충전

① 충전 전원 : 500V, 200A

② 충전 방식 : 직류 (DC)

③ 충전 시간 : 100 kW 약 75분, 50 kW 약 55분

④ 충전 흐름도 : 급속 충전 스탠드 → 고전압 배터리 시스템 어셈블리

⑤ 충전량 : 고전압 배터리 용량(SOC)의 80%

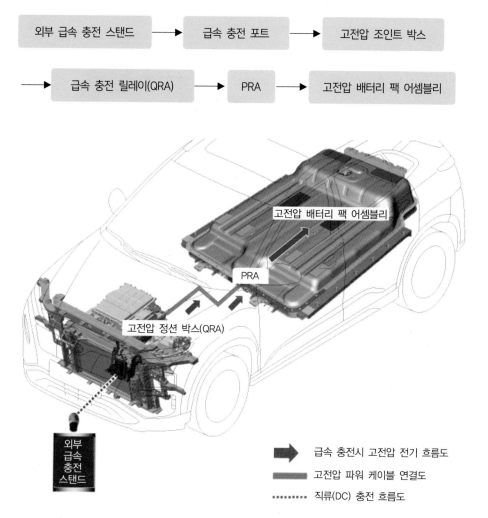

**그림51** 급속충전시 고전압 전기 흐름도

## 4) 완속 충전

① **충전 전원** : 220V, 35A

② **충전 방식** : 교류 (AC)

③ **충전 시간** : 기본형 : 약 9시간 35분, 도심형 : 6시간 20분

④ **충전 흐름도** : 완속 충전 스탠드 → 차량 탑재형 충전기(OBC) → 고전압 배터리 시스템 어셈블리

⑤ **충전량** : 고전압 배터리 용량(SOC)의 95%

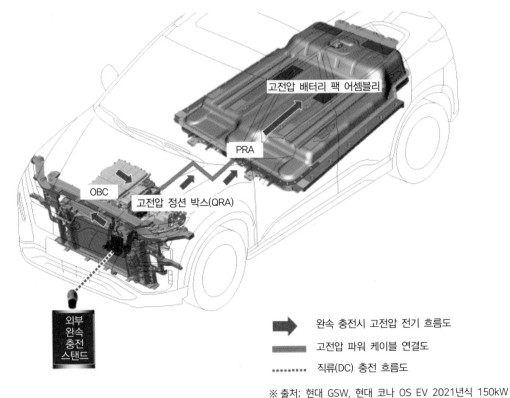

※ 출처; 현대 GSW, 현대 코나 OS EV 2021년식 150kW

**그림52** 완속충전시 고전압 전기 흐름도

- **VCU** : 배터리 가용파워, 모터가용토크, 운전자 요구(APS, Brake SW, Shift Lever)를 고려한 모터 토크 지령 계산
- **BMS** : VCU의 모터토크 지령 계산을 위한 배터리 가용 파워, SOC 정보 제공
- **MCU** : VCU의 모터토크 지령 계산을 위한 모터 가용 토크 제공, VCU로부터 수신한 모터 토크 지령을 구현하기 위해 Inverter PWM 신호 생성

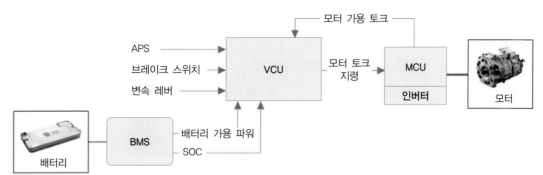

※ 출처; 현대 GSW, 현대 코나 OS EV 2021년식 150kW

**그림53** 모터구동제어

## (5) 고전압 배터리 어셈블리

현대자동차 코나 OS EV 2021년식 150kW의 예를 들면 고전압 배터리 시스템은 구동 모터, 전기식 A/C 컴프레서 등에 전기 에너지를 제공하고, 회생 제동으로 인해 발생된 에너지를 회수한다.

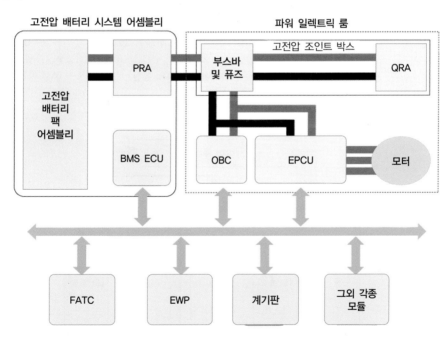

- **OBC** : 차량 탑재형 충전기      **QRA** : 급속 충전 릴레이 어셈블리
- **PRA** : 파워 릴레이 어셈블리      **EWP** : 전자식 워터 펌프
- **EPCU** : 전자식 파워 컨트롤 유닛 [LDC + 인버터 + VCU 일체형]

※출처; 현대 GSW, 현대 코나 OS EV 2021년식 150kW

**그림54** 고전압 배터리 시스템 어셈블리

고전압 배터리 시스템은 배터리 팩 어셈블리, 배터리 모듈, BMS ECU(BMU), 파워 릴레이 어셈블리, 케이스, 컨트롤 와이어링, CMU, 서비스플러그로 구성되어 있다.

현대자동차 코나 OS EV 2021년식 150kW의 경우 고전압배터리는 리튬 이온 폴리머 배터리(LiPB) 타입이며 총 98셀로 구성되어 있다. 각 셀의 전압은 3.75V DC이다. 따라서 배터리 팩의 정격 전압은 352.8V DC(245~411.6V)이다.

고전압 배터리 팩 어셈블리 총중량은 445kg이고, 수냉식을 채용하고 있다.

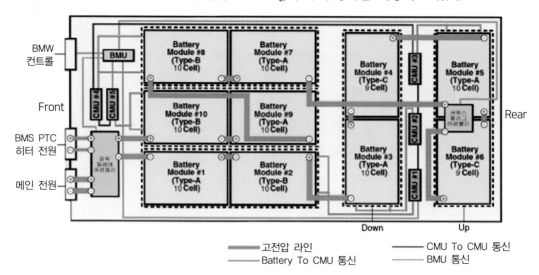

**그림55** 고전압 배터리 시스템 어셈블리 일반형

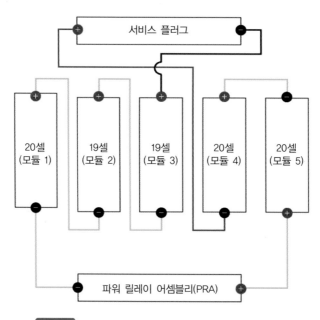

**그림56** 고전압 배터리 시스템 어셈블리 일반형

## (6) BMS(Battery Management System)[33]

### 1) 고전압 배터리 컨트롤 시스템

고전압 배터리 컨트롤 시스템은 컨트롤 모듈인 BMS ECU, 파워 릴레이 어셈블리(PRA : Power Relay Assembly)로 구성되어 있으며, 고전압 배터리의 SOC(State Of Charge), 출력, 고장 진단, 배터리 셀 밸런싱(Balancing), 시스템 냉각, 전원 공급 및 차단을 제어한다. 파워 릴레이 어셈블리는 메인 릴레이, 프리 차지 릴레이, 프리 차지 레지스터, 배터리 전류 센서, 고전압 배터리 히터 릴레이로 구성되어 있으며, 부스바(Busbar)를 통해서 배터리 팩과 연결되어 있다. 주요기능은 셀전압, 온도, 전류, 저항값을 측정하고, BMS제어를 통해 데이터값을 VCU에 전달하거나 구동부를 제어한다.

**표7** 현대 코나 OS EV 2021년식 150kW BMS 기능

| 기 능 | 목 적 |
| --- | --- |
| 배터리 충전률(SOC) 제어 | – 전압/전류/온도 측정을 통해 SOC를 계산하여 적정 SOC 영역으로 제어함 |
| 배터리 출력 제어 | – 시스템 상태에 따른 입/출력 에너지 값을 산출하여 배터리 보호, 가용 파워 예측, 과충전/과방전 방지, 내구 확보 및 충·방전 에너지를 극대화함 |
| 파워 릴레이 제어 | – IG ON/OFF 시, 고전압 배터리와 관련 시스템으로의 전원 공급 및 차단<br>– 고전압 시스템 고장으로 인한 안전 사고 방지 |
| 냉각 제어 | – 쿨링 팬 제어를 통한 최적의 배터리 동작 온도 유지(배터리 최대 온도 및 모듈 간 온도 편차 량에 따라 팬 속도를 가변 제어함) |
| 고장 진단 | – 시스템 고장 진단, 데이터 모니터링 및 소프트웨어 관리<br>– 페일-세이프(Fail-Safe) 레벨을 분류하여 출력 제한치 규정<br>– 릴레이 제어를 통하여 관련 시스템 제어 이상 및 열화에 의한 배터리 관련 안전 사고 방지 |

※ SOC(State Of Charge, 배터리 충전률) : 배터리의 사용 가능한 에너지
[(방전 가능한 전류 량 / 배터리 정격 용량) × 100%]

---

33) 현대자동차, https://gsw.hyundai.com/ 코나 OS EV 150kw 2021년식

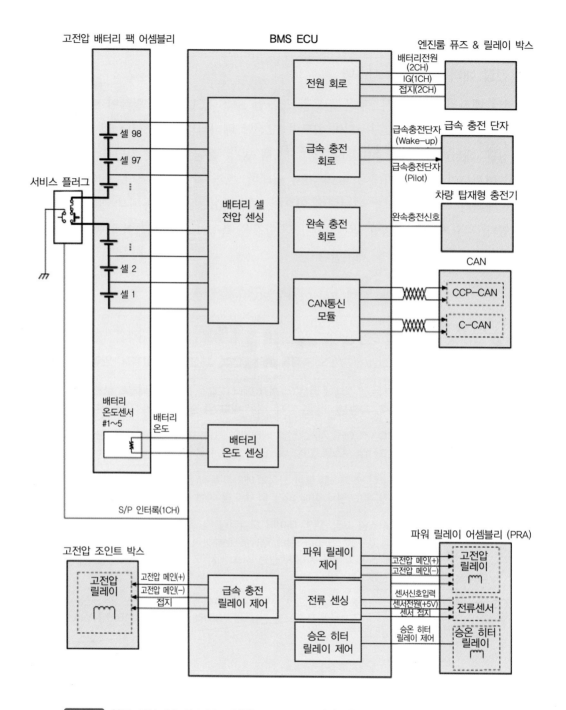

**그림57** 현대 코나 OS EV 2021년식 150kW 고전압 배터리 컨트롤 시스템 회로도

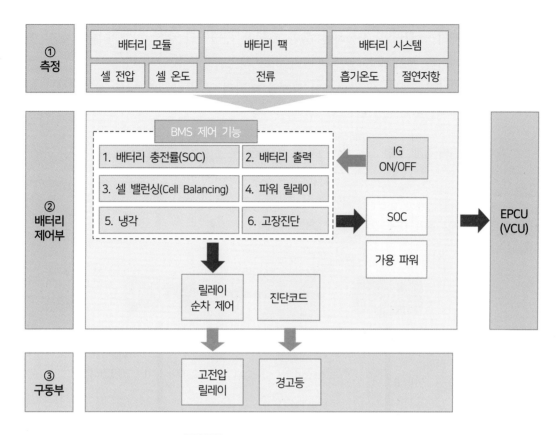

**그림58** 고전압 배터리 컨트롤 시스템

## 2) 고전압 배터리 히터 시스템

① 고전압 배터리 팩 어셈블리 내부 온도가 급격히 감소하게 되면 배터리 동결 및 출력 전압의 감소로 이어질 수 있으므로 이를 보호하기 위해 배터리 내부 온도조건에 따라 모듈 측면에 장착된 고전압 배터리 히터가 자동제어 된다.

② 고전압 배터리 히터 릴레이가 ON이 되면 각 고전압 배터리 히터에게 고전압은 공급된다.

③ 고전압 배터리 히터 릴레이의 제어는 BMS ECU에 의해서 제어가 된다.

④ 점화 스위치 OFF되더라도 VCU는 고전압 배터리의 동결을 방지하기 위해 BMS ECU 를 정기적으로 작동시킨다.

⑤ 고전압 배터리 히터가 작동하지 않아도 될정도로 온도가 정상적으로 되면 BMS ECU는 다음 작동 시점을 준비하게 되며 그 시점은 VCU의 CAN 통신을 통해서 전달 받는다.

⑦ 고전압 배터리 히터가 작동하는 동안 고전압 배터리의 충전 상태가 낮아지면, BMS ECU의 제어를 통해서 고전압 배터리 히터 시스템을 정지 시킨다.

⑧ 고전압 배터리의 온도가 낮더라도 고전압 배터리 충전 상태가 낮은 상태에서는 히터 시스템은 작동하지 않는다.

## 3 인버터 및 컨버터 기능 및 제어원리

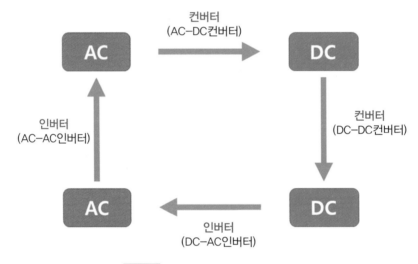

**그림59** 전력 변환 시스템의 분류

### (1) 인버터 개요

발전소에서 공급되는 전기는 발전이 쉽고 송전 시에 전압을 상승시켜 효율을 높일 수 있기 때문에 교류(AC; Alternating Current)가 사용되고 있다. 그러나 우리 주변에는 직류(DC; Direct Current)를 필요로 하는 기기가 많기 때문에 필요에 따라 교류를 직류로 변환하는 컨버터(Converter)가 사용된다. (예, 휴대하여 충전할 때 사용되는 AC 어댑터 등) 즉, 처음 교류를 공급받고 어댑터를 통해 직류로 변환시켜 기기에 공급한다. 그러나 이와는 반대로 직류를 공급받고 교류로 역방향 변환을 하는 것이 인버터(Inverter=반대로 하는 것)라고 한다. 특히 교류(AC) 동기 모터는 주파수 제어를 통해 세밀한 회전수 제어가 가능하며 이러한 특징은 폭넓은 회전 영역 범위에서 작동이 요구되는 xEV용 구동모터에서는 중요하며, 내구성이 뛰어난 교류 동기 모터의 특성과 맞물려 현재 xEV의 주요 기술이다.

회전자의 회전속도 및 계자의 위치 관계를 파악할 수 있는 위치 센서의 신호를 참조하여 제어기는 인버터를 매우 낮은 주파수와 전류로 모터를 시동하고 주파수를 조금씩 높여 가면서 회전수를 조절한다.

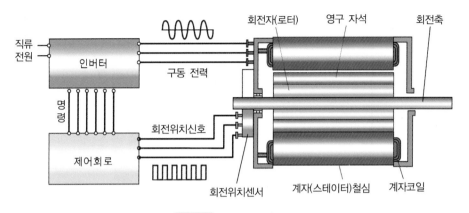

**그림60** 주파수 제어 회로

## (2) H 브리지

인버터는 "H 브리지"라고 불리는 기본회로를 사용하여 극성의 변환을 한다.

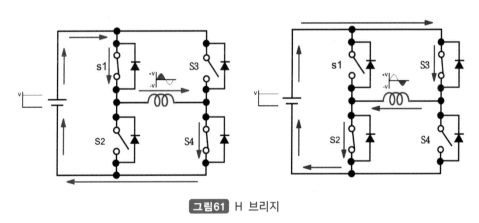

**그림61** H 브리지

대각으로 배치한 스위치(S1~S4, 실제로는 IGBT 사용)를 ON/OFF 하는 2가지 패턴에 따라 중앙코일에 흐르는 전류 방향이 바뀌게 되는 것을 알 수 있다. 스위치에 병렬로 배치되는 다이오드는 스위치 OFF시 발생하는 역기전력을 회로 내에 환류되도록 유도하여 스위치(트랜지스터)를 보호하기 위한 것으로 '프리 휠 다이오드'라고 불린다. 그러나 ON과 OFF밖에 없는 스위치(또는 IGBT)로는 매끄러운 사인 커브의 교류 곡선을 재현하는 것은 불가능하다. 그래서 가장 일반적인 방법이 교류 유사 파형을 생산하는 것으로 초고속으로 조금씩 스위칭함으로써 단위 시간당의 전류량으로 교류의 곡선에 상당하는 출력을 얻는 PWM(Pulse Width Modulation)방법을 이용한다.

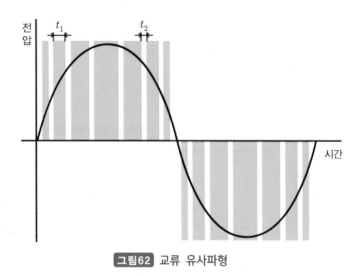

**그림62** 교류 유사파형

1초에 수 만회의 스위칭이 가능한 초고속 스위칭 특성과 내 고전압성을 가진 전력제어용 파워 트랜지스터(반도체)인 IGBT(lnsulated Gate Bipolar Transistor)와 초고속의 제어가 가능한 마이크로컴퓨터를 조합하여 정밀한 인버팅을 한다. 실제 xEV에서는 "H 브리지"를 확장한 3상 인버터가 사용되고 있다.

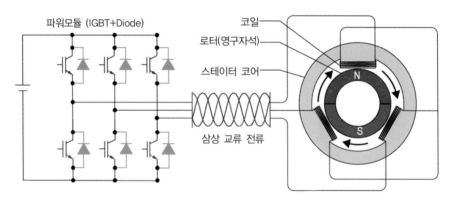

※출처; 현대 GSW, 현대 코나 OS EV 2021년식 150kW

**그림63** 인버터 작동원리

2개의 소자 중에 한쪽의 스위칭 소자가 ON일 때 흐르는 전류를 순방향이라면, 다른 한쪽의 스위칭 소자가 ON일 때에는 반대방향으로 전류가 출력되며, 이때 듀티비를 연속적으로 증가 또는 감소하는 방향으로 변화시키면 출력 전압은 교류와 유사한 파형 즉 사인 곡선에 가까운 교류의 출력이 가능하다. 이러한 출력을 **유사 사인파 출력**이라 한다.

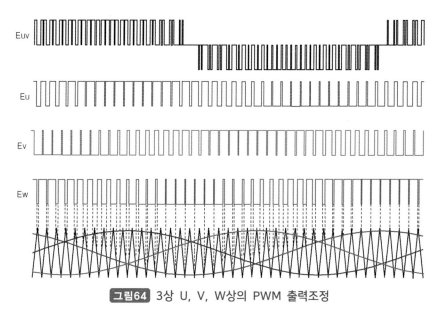

**그림64** 3상 U, V, W상의 PWM 출력조정

## (3) 초핑 제어

솔레노이드 코일의 특성에 따라 인가하는 시간 비율을 조절하여 전압과 전류량을 조절하는 제어를 초핑 제어라고 한다. 초핑 제어 구간에서 1회 ON 구간과 1회 OFF 구간을 합한 것이 1주기이며, 1초 동안 반복되는 주기의 횟수를 **주파수**(Hz)라고 한다.

또한 펄스 폭 변조 방식(PWM)에서는 동일한 스위칭 주기 내에서 ON 시간의 비율을 바꿈으로써 출력 전압 또는 전류를 조정할 수 있다. 듀티비가 낮을수록 출력 값은 낮아지며, 출력 듀티비가 50%일 경우에는 기존 전압의 50%를 출력한다.

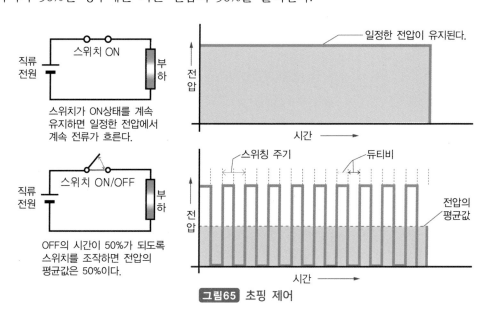

**그림65** 초핑 제어

## (4) 컨버터

xEV에 탑재된 고전압배터리의 직류전압을 저전압 전장품에 적합한 전압으로 강압하는 강압형 저전압 DC-DC컨버터를 LDC(Low Voltage DC-DC Converter)라고 한다. 반면 고전압 배터리보다 더 높은 전압으로 상승시켜 인버터에 공급하는 승압형 DC-DC컨버터는 HDC(High Voltage DC-DC Converter)라고 한다. LDC는 고전압 전원체계와 저전압 전원체계가 서로 안정적으로 운용되고 안전성이 확보되도록 절연(Isolation)된 전기적 구조를 지니고 있어야 하며, HDC는 회생제동(Regenerative breaking)이 적용된 차량시스템에서 인버터를 통한 고전압배터리로의 회생전력공급이 가능하도록 양방향 전력흐름이 가능하여야 한다.

교류를 반도체 소자인 다이오드의 정류 작용을 이용하여 직류로 변환하는 장치를 AC·DC컨버터 또는 정류기라 하며, 단상 교류인 경우 4개의 다이오드, 삼상 교류인 경우는 6개의 다이오드로 전파 정류 회로를 구성할 수 있다.

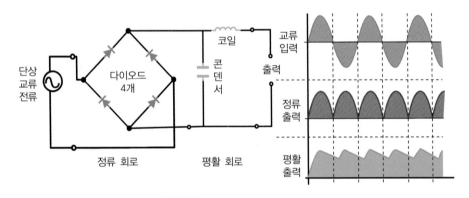

**그림66** 다이오드의 정류

## (5) 전력제어장치(EPCU)[34]

전력제어장치(EPCU)는 150kW급 전력 변환 시스템으로서 인버터, 저전압 직류 변환 장치(LDC), 차량제어유닛(VCU)이 통합되어 있다.

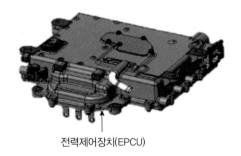

전력제어장치(EPCU)

---

34) 현대자동차, https://gsw.hyundai.com/ 코나 OS EV 150kw 2021년식

1. 전력제어장치(EPCU)
   [인버터 + 저전압 직류변환장치(LDC) + 차량제어유닛(VCU)]
2. 차량 탑재형 충전기(OBC)
3. 고전압 정션 박스

※출처; 현대 GSW, 현대 코나 OS EV 2021년식 150kW

**그림67** EPCU 구성부품 및 부품위치

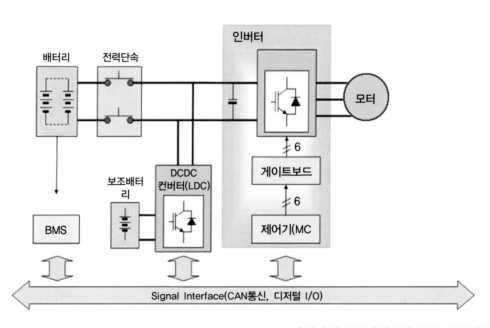

※출처; 현대 GSW, 현대 코나 OS EV 2021년식 150kW

**그림68** EPCU 구성

## ① 인버터

고전압배터리의 DC 파워를 차량 구동모터에 공급하는 AC 파워로 변환하는 시스템이며 전기차의 구동모터를 구동시키기 위한 장치로서 고전압 배터리의 직류(DC) 전력을 모터 구동을 위한 교류(AC) 전력으로 변환시켜 유도 전동기를 제어한다. 즉, 고전압 배터리로부터 받은 직류(DC) 전원(+, -)을 이용하여 3상 교류(AC) 전원(U, V, W)으로 변환시킨 후에 제어보드에서 입력 받은 신호로 3상 AC 전원을 제어함으로써 구동모터를 구동시킨다. 가속 시에는 고전압 배터리에서 구동모터로 에너지를 공급하고, 감속 시에는 구동모터에서 발생한 에너지를 다시 고전압 배터리에 충전함으로써 주행거리를 증대시킨다. 또한, 인버터는 쿨링팬 및 전자식 워터펌프(EWP)를 제어한다.

**표8** 인버터 주요 제어 기능

| 분류 | 항목 | 내용 | 주요 항목 |
|---|---|---|---|
| 제어기능 | 토크제어 | 회전자 자속의 위치에 따라 고정자의 전류의 크기와 방향을 독립적으로 제어하여 토크 발생 | – 전류제어<br>– 회전자 위치 및 속도 검출 |
| 보호기능 | 과온제한 | 인버터 및 모터의 제한 온도 초과시 출력 제한 | – 인버터 및 모터 온도에 따라 최대 출력 제한 |
| | 고장검출 | – 외부 인터페이스 관련 문제점 검출<br>– 인버터 내부 고장 검출 | – 인버터 외부 연결관련 고장 검출<br>– 성능 관련 고장 검출<br>– 인버터 하드웨어 고장 검출 |
| 협조제어 | 차량 운전 제어 | 차량에서 필요한 정보 타제어기와 통신 | – 요구토크, 배터리상태, EWP 등 정보 수신<br>– 인버터 상태 정보 송신 |

## ② 인버터 모터 구동제어

인버터는 차량 제어 유닛(VCU)의 모터 토크 지령 계산을 위하여 모터 가용 토크를 제공하고 VCU로부터 수신한 모터 토크 지령을 구현하기 위하여 인버터 펄스 폭 변조(PWM) 신호를 생성한다.

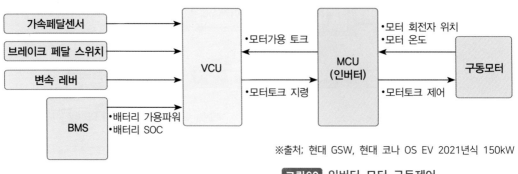

※출처; 현대 GSW, 현대 코나 OS EV 2021년식 150kW

**그림69** 인버터 모터 구동제어

### ③ 인버터 모터 회생제동제어

인버터는 차량 제어 유닛(VCU)의 모터 토크 지령 계산을 위하여 모터 가용 토크와 실제 모터 출력 토크를 제공하고 VCU로부터 수신한 모터 토크 지령을 구현하기 위하여 인버터 펄스 폭 변조(PWM) 신호를 생성한다.

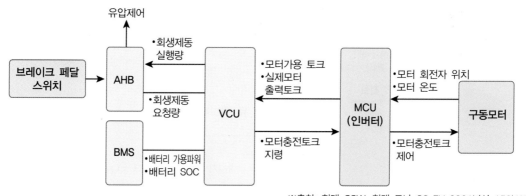

※출처; 현대 GSW, 현대 코나 OS EV 2021년식 150kW

**그림70** 인버터 모터 회생제동제어

### ④ LDC(컨버터)

고전압 배터리의 DC 파워를 차량 전장용 DC 파워(저전압)로 변환하는 시스템으로 고전압 배터리의 고전압(DC 360V)이 LDC를 거쳐 저전압(DC 12V)으로 변환되면서 전장품에 전력을 공급한다. LDC의 작동과 작동모드는 차량 제어 유닛(VCU)에 의해 제어된다.

LDC는 EPCU 어셈블리 내부에 구성되어 있다.

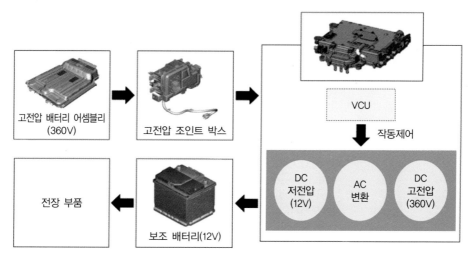

※출처; 현대 GSW, 현대 코나 OS EV 2021년식 150kW

**그림71** LDC 직류변환시스템 흐름도

## (6) 차량제어유닛(VCU)

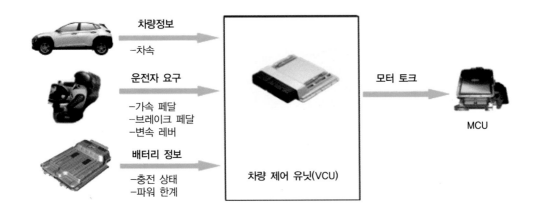

차량정보
-차속

운전자 요구
-가속 페달
-브레이크 페달
-변속 레버

배터리 정보
-충전 상태
-파워 한계

차량 제어 유닛(VCU)

모터 토크

MCU

※출처; 현대 GSW, 현대 코나 OS EV 2021년식 150kW

**그림72** 차량제어유닛(VCU)

**표9** **차량제어유닛(VCU) 주요 제어 기능**

| 분류 | 항목 |
|---|---|
| 구동모터 제어 | 배터리 가용파워, 모터가용토크, 운전자 요구(APS, Brake SW, Shift Lever)를 고려한 모터 토크 지령 계산 |
| 회생제동 제어 | -회생 제동을 위한 모터 충전 토크 지령 연산<br>-회생 제동 실행 량 연산 |
| 공조부하 제어 | 배터리 정보 및 FATC 요청 파워를 이용하여 최종 FATC 허용 파워 송신 |
| 전장부하 전원 공급제어 | 배터리 정보 및 차량 상태에 따른 LDC ON/OFF 및 동작 모드 결정 |
| Cluster 표시 | 구동 파워, 에너지 Flow, ECO Level, Power Down, Shift Lever Position, Service Lamp 및 Ready Lamp 점등 요청 |
| DTE(Distance to Empty) | - 배터리 가용에너지, 과거 주행 전비를 기반으로 차량의 주행가능거리를 표시<br>- AVN을 이용한 경로 설정 시 경로의 전비 추정을 통해 DTE 표시 정확도 향상 |
| 예약/원격 충전/공조 | - TMU와의 연동을 통해 Center/스마트폰을 통한 원격 제어<br>- 운전자의 작동시각 설정을 통한 예약기능 수행 |
| 아날로그/디지털 신호처리 및 진단 | APS, 브레이크 스위치, 시프트 레버, 에어백 전개 신호처리 및 진단 |

**4** **고전압 충전 시스템**[35]

전기 자동차는 급속 충전과 완속 충전 두 가지 방식으로 충전이 가능하다.

완속 충전 시에는 차량 탑재형 충전기(OBC)를 통해서 가정용 220V 교류 전원을 직류 전원으로 변환 후 고전압 배터리를 충전하며, 급속 충전 시에는 차량 외부 충전소를 통해서 직류 전원을 바로 고전압 배터리로 충전한다.

충전 시에는 안전을 위해 차량 주행이 불가능하고 급속 충전과 완속 충전이 동시에 이뤄질 수 없다. 이를 제어하는 것이 BMS ECU와 IG3 릴레이 #1,2,3이다.

IG 3 릴레이를 통해 생성되는 IG3 신호는 저전압 직류 변환장치(LDC), BMS ECU, 모터 컨트롤 유닛(MCU), 차량 제어 유닛(VCU), 차량 탑재형 충전기(OBC)를 활성화 시키고 차량의 충전이 가능하게 한다.

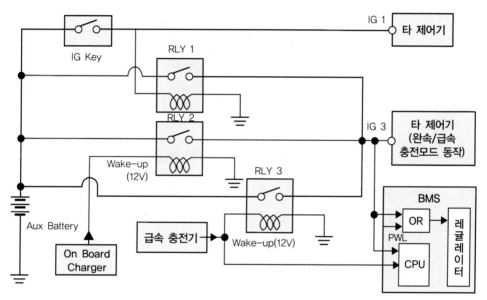

※출처; 현대 GSW, 현대 코나 OS EV 2021년식 150kW

**그림73** 고전압 충전 시스템

> **TIP**
> - IG3 신호 : 전기 자동차에만 있는 신호의 종류로써 저전압 직류 변환장치(LDC), BMS ECU, 모터 컨트롤 유닛(MCU), 차량 제어 유닛(VCU), 차량 탑재형 충전기(OBC)가 신호를 받게 된다.
> - IG3 #1 릴레이 : 완속 또는 급속 충전중일 때를 제외하고 고전압을 제어하는 제어기가 작동하는 조건에서는 IG3 #1 릴레이를 통해서 IG3 전원을 공급 받는다.
> - IG3 #2 릴레이 : 완속 충전시에 IG3 전원을 공급하기 위해 작동한다.
> - IG3 #3 릴레이 : 급속 충전시에 IG3 전원을 공급하기 위해 작동한다.

---

35) 현대자동차, https://gsw.hyundai.com/ 코나 OS EV 150kw 2021년식

## (1) 차량 탑재형 완속충전기(OBC)[36]

완속 충전은 외부 충전 전원(AC 220V)을 이용하여 탑재형 차량 탑재형 충전기(OBC)를 통해 배터리를 충전하는 방식이다.

차량 탑재형 충전기(OBC)는 주차 중 AC 110~220V 전원으로 전기 자동차의 고전압 배터리를 충전할 수 있는 차량 탑재형 충전기로 최대 출력 7.2kW, 효율 95%의 특성을 보유하고 있다.

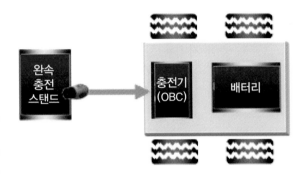

차량 탑재형 충전기(OBC)

표10 OBC 주요 제어 기능

| 분류 | 항목 | 내용 | 주요 항목 |
|------|------|------|-----------|
| 제어기능 | 입력전류 Power Factor 제어 | AC 전원 규격 만족을 위한 Power Factor 제어 | – 예약/충전공조시 타 시스템 제어기와 협조제어<br>– DC link 전압 제어 |
| 보호기능 | 최대 출력 제한 | – OBC 최대 용량 초과시 출력 제한<br>– OBC 제한 온도 초과시 출력 제한 | – EVSE, ICCB 용량에 따라 출력 전력 제한<br>– 온도 변화에 따른 출력 전력 제한 |
| | 고장 검출 | OBC 내부 고장 검출 | – EVSE, ICCB 관련 고장 검출<br>– OBC 고장 검출 |
| 협조제어 | 차량 운전 협조 제어 | – BMS와 충전에 따른 출력전압 전류 제한치<br>– 예약/충전공조시 타 시스템 제어기와 협조제어 | – BMS와 충전 시작/종료 시퀀스<br>– 예약 충전시 충전진행 Enable |

※ ICCB(In Cable Control Box) : 전기차 가정용 충전기
※ EVSE(Electric Vehicle Supply Eeuipment) : 전기차 충전기

---

36) 현대자동차, https://gsw.hyundai.com/ 코나 OS EV 150kw 2021년식

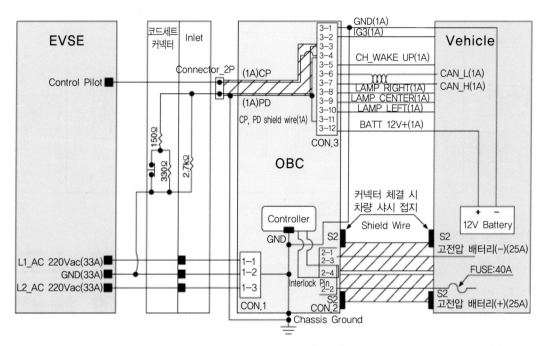

※출처; 현대 GSW, 현대 코나 OS EV 2021년식 150kW

**그림74** OBC시스템 회로도

## (2) 충전 컨트롤 모듈(CCM)[37]

차지 컨트롤 모듈(CCM)은 크래쉬 패드 로어 패드 안쪽에 장착 되어있으며, 콤보 타입 충전기기에서 나오는 PLC 통신 신호를 수신하여 CAN 통신 신호로 변환해주는 역할을 한다.

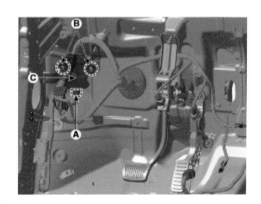

**그림75** CCM

---

37) 현대자동차, https://gsw.hyundai.com/ 코나 OS EV 150kw 2021년식

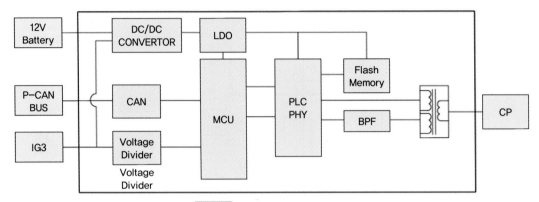

**그림76** CCM 시스템 회로도

## (3) 급속 충전[38]

급속 충전은 별도로 설치된 급속 충전 스탠드를 이용하여 고전압으로 배터리를 직접 충전하는 방식이다. 급속 충전 포트를 통해 배터리로 직접 연결되며 배터리 보호를 위해 배터리 용량(SOC)의 84%까지 충전된다. 1차 급속 충전이 끝난 후 2차 급속 충전을 하면 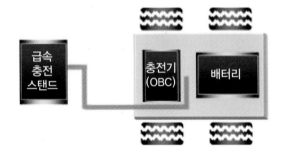 SOC를 95%까지 충전할 수 있다. 급속 충전 시스템은 급속충전 릴레이와 PRA 릴레이를 통해 고전압이 급속 충전 포트에 흐르지 않도록 보호한다. 급속 충전 커넥터가 급속 충전 포트에 연결된 상태에서 급속 충전 릴레이와 PRA 릴레이를 통해 전류가 흐르게 된다.

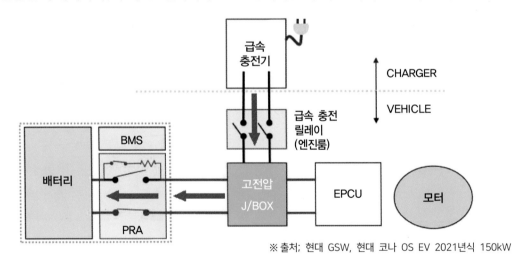

※ 출처; 현대 GSW, 현대 코나 OS EV 2021년식 150kW

**그림77** 급속충전 시스템 회로도

---

38) 현대자동차, https://gsw.hyundai.com/ 코나 OS EV 150kw 2021년식

## (4) 고전압 정션 박스[39]

고전압 배터리의 고전압을 차량 내 각 유닛에 전력을 분배하는 장치이다.

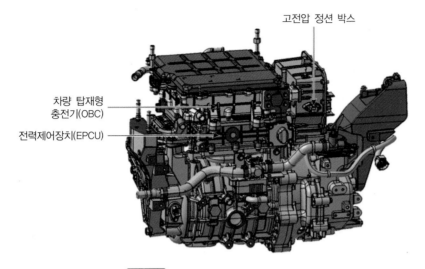

**그림78** 고전압 정션박스 위치

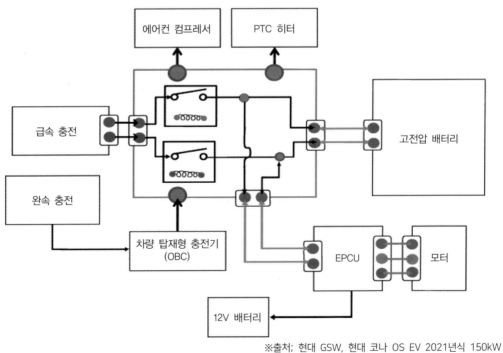

※출처; 현대 GSW, 현대 코나 OS EV 2021년식 150kW

**그림79** 고전압 정션 박스 회로도

---

39) 현대자동차, https://gsw.hyundai.com/ 코나 OS EV 150kw 2021년식

## 5 통합형 전동 브레이크 시스템(IEB: Integrated Electric Brake)[40]

### (1) IEB 개요

① IBE시스템은 운전자의 요구 제동량을 BPS(Brake Pedal Sensor)로부터 값을 입력받아 연산하여 이를 유압제동량과 회생제동 요청량으로 분배한다. 회생제동브레이크 시스템을 말한다.

② **회생 제동 시스템**(Regeneration Brake System)

회생제동이란 차량의 감속, 제동 시 발생되는 운동에너지를 전기에너지로 변화시켜 배터리에 충전하는 것이다. 회생 제동량은 차량의 속도, 배터리의 충전량 등에 의해서 결정된다. 가속 및 감속이 반복되는 시가지 주행 시 큰 연비 향상 효과가 가능하다.

③ **회생 제동 협조 제어**

제동력 배분은 유압 제동을 제어함으로써 배분되고, 전체 제동력(유압+회생)은 운전자가 요구하는 제동력이 된다. 고장 등의 이유로 회생 제동이 되지 않으면, 운전자가 요구하는 전체 제동력은 유압 브레이크 시스템에 의해 공급된다.

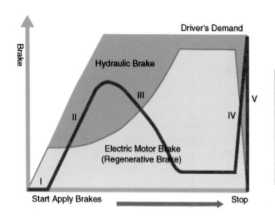

Driver's Demand= Friction Brake + Electric Brake

| | | |
|---|---|---|
| I | Electric Brake | Driver's Demand=Electric Brake |
| II | Blended Brake | Pressure Increase |
| III | | Pressure Decrease |
| IV | | Fast Pressure Increase |
| V | Friction Brake | Driver's Demand=Friction Brake |

**그림80** 제동력 배분

---

40) 현대자동차, https://gsw.hyundai.com/ 코나 OS EV 150kw 2021년식

## (2) 시스템 구성도

시스템의 구성 품목으로 크게 고압 소스 유닛(PSU-Pressure Source Unit), 통합 브레이크 액추에이션 유닛(IBAU-Intergrated Brake Actuation Unit)으로 구성되어 있다.

첫 번째로 고압 소스 유닛(PSU)은 제동에 필요한 유압을 생성한다. 진공 부스터 사양에서 운전자가 브레이크 페달을 밟았을 때 진공에 의하여 배력되는 것과 마찬가지로 마스터 실린더에 증압된 유압을 공급함으로서 전체 브레이크 라인에 압력을 공급한다.

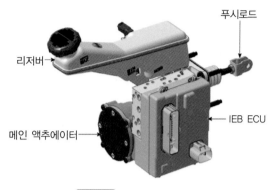

**그림81** IEB 구성부품

두 번째로 통합 브레이크 액추에이션 유닛(IBAU)는 고압 소스 유닛(PSU)에서 발생된 압력을 바퀴의 캘리퍼에 전달한다. 또한 브레이크 페달과 연결되어 운전자의 제동 요구량 및 제동 느낌을 생성하며 기존 VDC의 기능인 ABS, TCS, ESC 등을 수행한다.

제동력은 페달 스트로크 센서에서 측정된 운전자의 제동 의지를 IBAU가 연산하여 결정한다.

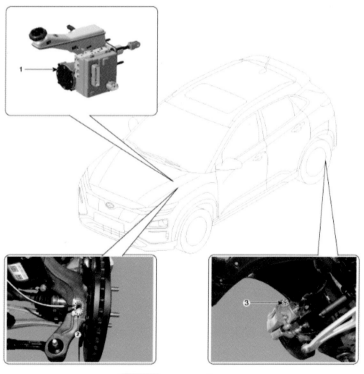

**그림82** IEB 구성부품

## (1) 전동식 에어컨 컴프레서 작동원리

전동식 에어컨 컴프레서는 연비를 향상시키고 엔진 정지 시에도 에어컨을 작동시킬 수 있도록 한다. EPCU(인버터)에서 직류 고전압을 공급받아 에어컨 컴프레서에 인버터를 통해서 BLDC모터를 구동시킨다.

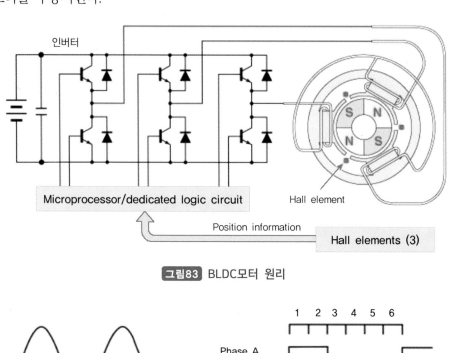

**그림83** BLDC모터 원리

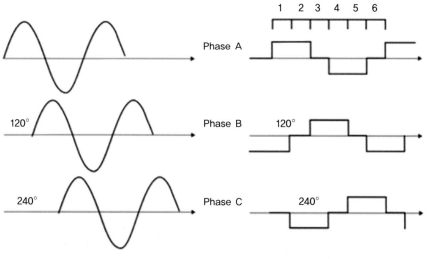

**그림84** 동기식 AC모터와 BLDC모터의 파형 비교

---

41) 현대자동차, https://gsw.hyundai.com/ 코나 OS EV 150kw 2021년식

## (2) 전동식 에어컨 구성

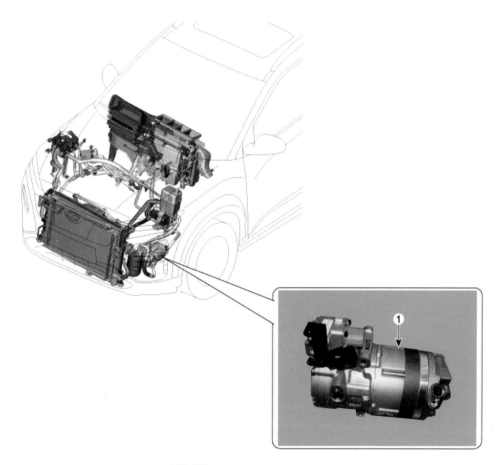

그림85 전동식 에어컨 컴프레서

표11 현대 코나 OS EV 2021년식 150kW 전동식 에어컨 컴프레서 제원

| 형 식 | HES33 (전동 스크롤식) |
|---|---|
| 제어 방식 | CAN 통신 |
| 윤활유 타입 및 용량 | REF POE-1 Oil 180 ± 10 cc |
| 모터 타입 | BLDC |
| 정격 전압 | 352.8V |
| 작동 전압 범위 | 210 ~ 430V |
| 냉매 | R-1234yf |

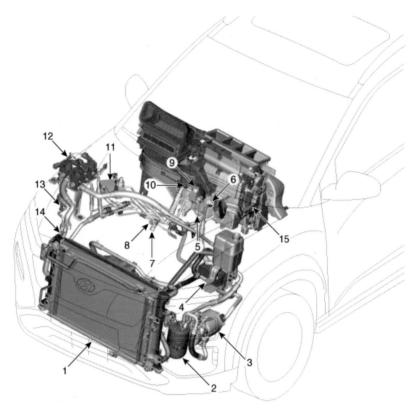

| 1. 콘덴서 | 2. 어큐뮬레이터 | 3. 전동식 컴프레서 |
|---|---|---|
| 4. 칠러 (히트펌프 전용) | 5. APT 센서 #1 | 6. 냉매 온도 센서 #1 |
| 7. 냉매 온도 센서 #3 | 8. APT 센서 #2 | 9. 팽창밸브 |
| 10. 서비스 포트 (저압) | 11. 칠러 (배터리 전용) | 12. 냉매밸브 어셈블리 |
| 13. 서비스 포트 (고압) | 14. 냉매 온도 센서 #2 | 15. 실내 컨덴서 |

**그림86** 에어컨 구성부품

# 05 EV 차량 분해 실무 정비작업
## (현대 아이오닉5 NE)[42]

## 1 현대자동차 아이오닉5 EV(NE) 작동 개요

### (1) 작동 및 부품구성

#### ① 2WD

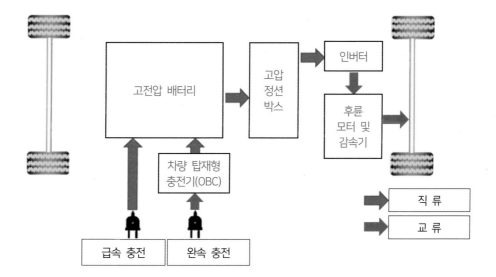

---

42) 현대자동차, https://gsw.hyundai.com/ 아이오닉5 NE EV 72.6kwh 2022년식

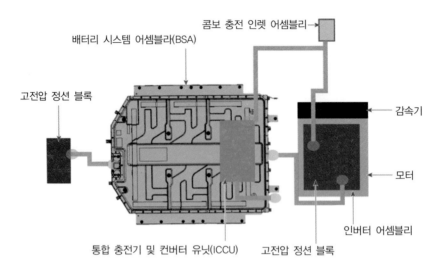

콤보 충전 인렛 어셈블리

배터리 시스템 어셈블리(BSA)

고전압 정션 블록

감속기

모터

통합 충전기 및 컨버터 유닛(ICCU)

고전압 정션 블록

인버터 어셈블리

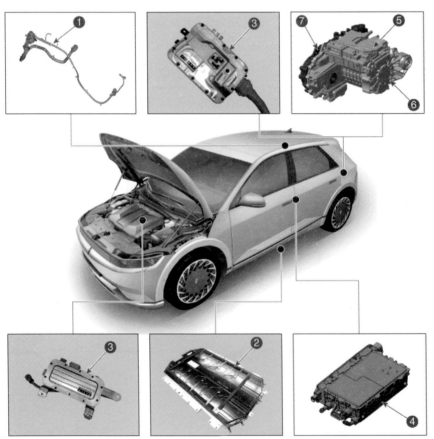

1. 콤보 충전 인렛 어셈블리
2. 배터리 시스템 어셈블리 (BSA)
3. 고전압 정션 블록
4. 통합 충전기 및 컨버터 유닛 (ICCU)
5. 인버터 어셈블리
6. 모터
7. 감속기

## ② AWD

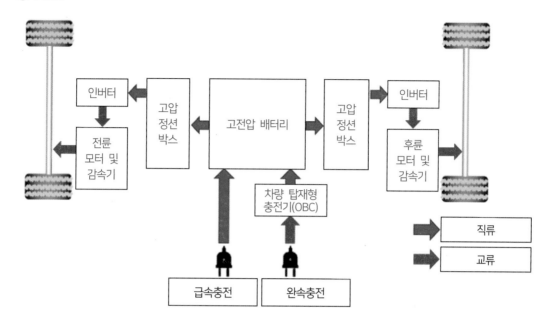

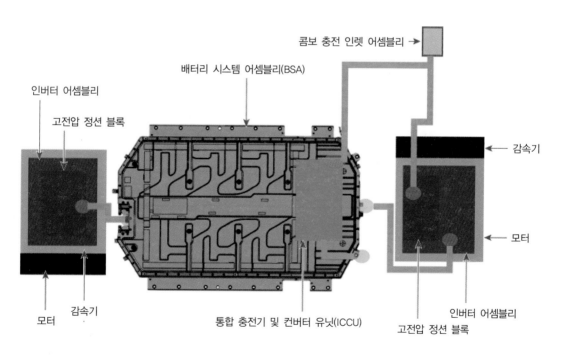

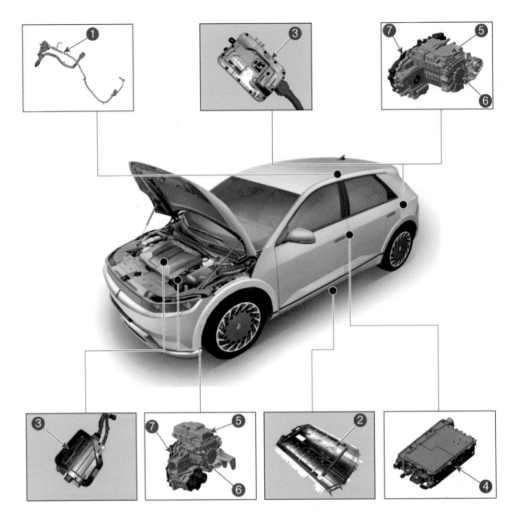

1. 콤보 충전 인렛 어셈블리
3. 고전압 정션 블록
5. 인버터 어셈블리
7. 감속기

2. 배터리 시스템 어셈블리(BSA)
4. 통합 충전기 및 컨버터 유닛(ICCU)
6. 모터

## (2) 부품 제원

### ① 모터시스템 제원

| 항목 | 70KW(전륜) | 160KW(후륜) |
|---|---|---|
| 형식 | 매입형 영구자석 동기모터(IPMSM) | 매입형 영구자석 동기모터(IPMSM) |
| 최대출력 | 70 KW | 160 KW |
| 최대토크 | 255 Nm | 350 Nm |
| 최대회전속도 | 15,000 rpm | 15,000 rpm |
| 냉각방식 | 유냉식 | 유냉식 |

### ② 고전압배터리 제원

| 항목 | 일반형 | 항속형 |
|---|---|---|
| 셀 구성 | 288셀 (2P 144S : 144EA) | 360셀 (2P 180S : 180EA) |
| 정격전압 | 522.7 V | 653.4 V |
| 공칭용량 | 111.2 Ah | 111.2 Ah |
| 에너지 | 58 KWh | 72.6 KWh |
| 중량 | 369.1 kg | 450 kg |
| 냉각시스템 | 수냉식(냉각모터 강제 구동) | 수냉식(냉각모터 강제 구동) |
| SOC | 0 ~ 100 % | 0 ~ 100 % |
| 셀 전압 | 2.5 ~ 4.2 V | 2.5 ~ 4.2 V |
| 팩전압 | 450~756 V | 450~756 V |
| 셀간 전압편차 | 40 mV 이하 | 40 mV 이하 |
| 절연저항 | 300 ~ 1000 kΩ | 300 ~ 1000 kΩ |
| 절연저항 [실측] | 2 MΩ 이상 | 2 MΩ 이상 |

## (1) 고전압 차단 절차

① 차량을 리프트에 올린다. 반드시 EV전용 리프트 잭(2주식 조정볼트)을 사용한다.

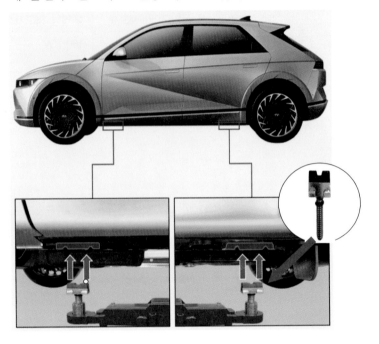

② 반드시 진단기기를 이용하여 "Battery Management System/배터리제어시스템"의 서비 스테이터에서 "BMS융착상태"를 점검한다. (NO 또는 Relay Wellding Not Detection)

자기진단(OBD2) 커넥터

| 센서데이터 진단 | | | | |
|---|---|---|---|---|
| 정지 | 그래프 | 고정출력 | 강제구동 | |
| 센서명(176) | | 센서값 | 단위 | 링크업 |
| SOC 상태 | | 50.0 | % | |
| BMS 메인 릴레이 ON 상태 | | NO | - | |
| 배터리 사용가능 상태 | | NO | - | |
| BMS 경고 | | YES | - | |
| BMS 고장 | | NO | - | |
| BMS 융착 상태 | | NO | - | |
| OPD 활성화 ON | | NO | - | |
| 윈터모드 활성화 상태 | | NO | - | |

③ 점화스위치 OFF, 스마트 키는 차량 밖으로 이격시킨다.

④ 프런트 모터룸의 트렁크 모듈의 보조배터리(12V) 서비스커버를 열고 12V 보조배터리
(-) 탈거한다.

⑤ 프런트 모터룸의 메인퓨즈박스 내의 서비스인터록 커넥터를 분리한다.
　(고전압 시스템의 커패시터가 완전히 방전될 수 있도록 5분 이상 대기한다)

**참고** **서비스 인터록 커넥터**

- 서비스 인터록 커넥터는 완전히 탈거되지 않는다.
- 기계적인 분리를 통하여 고전압 배터리 BMS 회로 연결을 차단한다.
- 서비스 인터록 커넥터 작동조건
  - 서비스 인터록 커넥터 탈거 시, BMS는 메인릴레이 OFF 제어한다.
  - 만약, 서비스 인터록 커넥터를 체결하지 않으면, IG ON → 시동상태로 진입하지 않는다. (고전압 배터리 전원 비활성화)
  - 시동상태에서라도, 0kph 조건하에, 서비스 인터록 단선 시 BMS가 메인 릴레이를 강제로 OFF 한다.

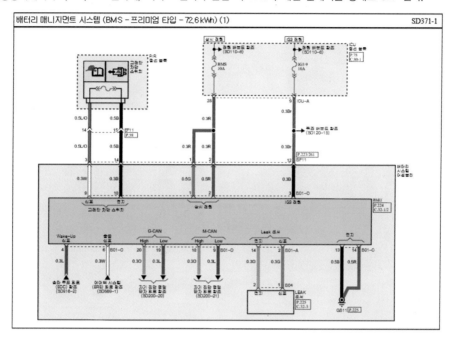

⑥ 인버터 연결 고전압 케이블 커넥터 분리 후 인버터 단자
전압 측정

ⓐ 리프트로 차량을 들어 올린다.

ⓑ 프런트 언더 커버, 리어 언더 커버를 탈거한다.

ⓒ 개인 안전 보호장비를 착용하고 고전압 케이블 커넥터
를 탈거한다.

(d) 후륜 모터 인버터 케이블 탈거 (고전압 배터리 후방)

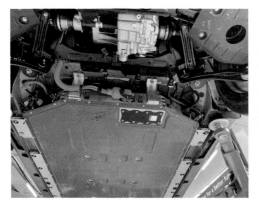

(e) AWD 모델은 전륜 모터 인버터 케이블 탈거 (고전압 배터리 전방, 후방 2곳 탈거)

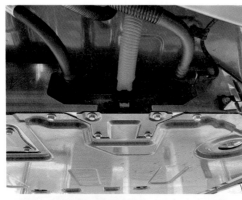

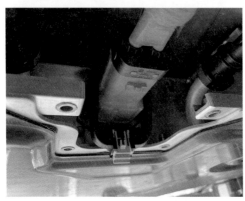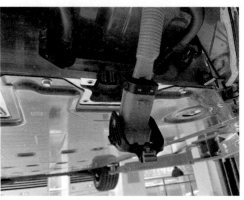

(f) 인버터 내 캐패시터 방전확인을 위하여, 고전압 단자간 전압을 측정한다.

　　30V 이하 : 고전압 회로 정상차단

　　30V 초과 : 고전압 회로 이상 (DTC 고장진단 점검 필요)

## [후륜 인버터 케이블 커넥터 측]

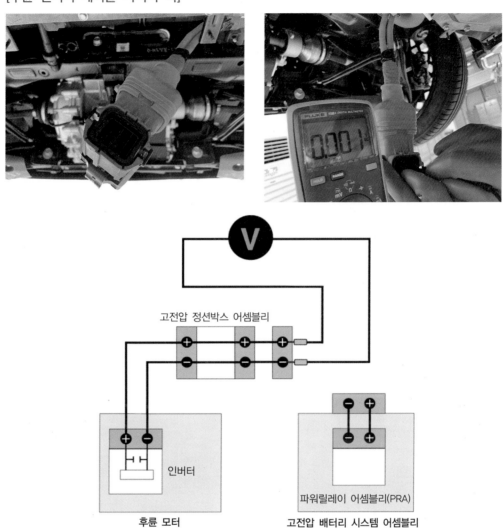

고전압 정션박스 어셈블리

인버터

후륜 모터

파워릴레이 어셈블리(PRA)

고전압 배터리 시스템 어셈블리

## [전륜 인버터 케이블 커넥터 측]

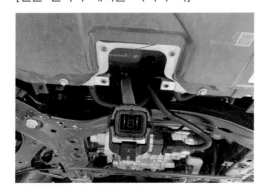

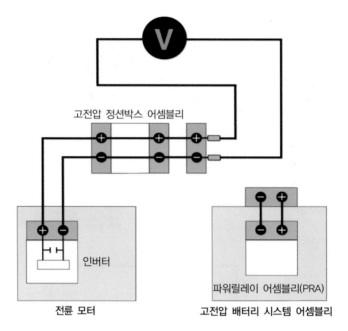

고전압 정션박스 어셈블리

인버터

전륜 모터

파워릴레이 어셈블리(PRA)

고전압 배터리 시스템 어셈블리

참고 고전압 배터리쪽 전후방 터미널 단자의 전압도 측정한다.
0V : 정상
**배터리 정격전압** : 비정상 – PRA내 메인릴레이의 기계적인 융착으로 판단되므로 고전압에 주의한다.
고전압배터리 팩 내부의 메인퓨즈를 탈거하고 원인을 점검한다.

## [후륜 인버터 케이블 고전압배터리 터미널 측]

## [전륜 인버터 케이블 고전압배터리 터미널 측 : AWD 모델]

## (2) 고전압 배터리 팩 어셈블리 탈거작업

1. 고전압 배터리 시스템 어셈블리
2. 통합 충전 컨트롤 유닛 (ICCU) [LDC + OBC]
3. 고전압 조인트 박스
4. 모터 어셈블리 [모터＋인버터] (160kW)
5. 감속기 (160kW)
6. 모터 어셈블리 [모터＋인버터] (70 + 160kW)
7. 감속기 (70 + 160kW)

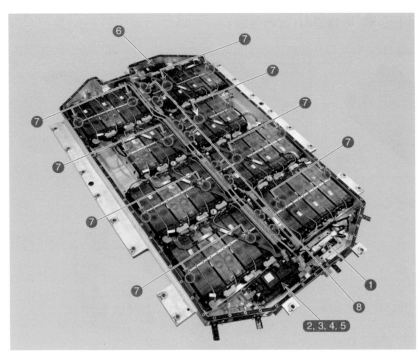

1. BMS ECU
2. 메인 릴레이
3. 프리차지 릴레이
4. 프리차지 레지스터
5. 배터리 전류 센서
6. 메인 퓨즈
7. 배터리 온도센서
8. 셀 모니터링 유닛(CMU)

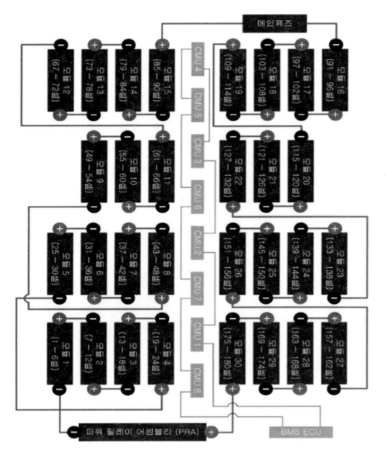

고전압 배터리 팩 시스템 어셈블리

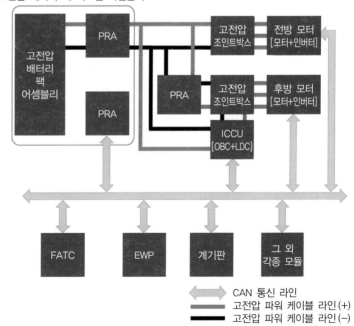

① 고전압 차단 절차를 수행한다.

② 냉각수 제거작업을 한다.

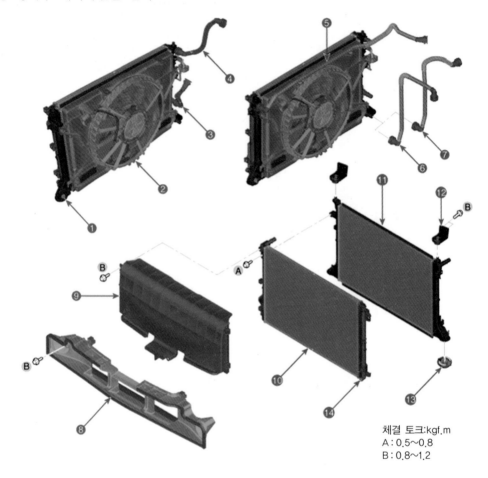

체결 토크:kgf.m
A : 0.5~0.8
B : 0.8~1.2

1. 전장 및 모터 라디에이터 드레인 플러그
2. 쿨링 팬
3. 고전압 배터리 라디에이터 하부 호스
4. 고전압 배터리 라디에이터 상부 호스
5. 전장 및 모터 라디에이터 상부 호스
6. 전장 및 모터 라디에이터 하부 호스 (히트 펌프 미적용)
7. 전장 및 모터 라디에이터 하부 호스 (히트 펌프 적용)
8. 라디에이터 하부 에어가드
9. 라디에이터 상부 에어가드
10. 고전압 배터리 라디에이터
11. 전장 및 모터 라디에이터
12. 라디에이터 상부 마운팅 브라켓
13. 라디에이터 하부 마운팅
14. 고전압 배터리 라디에이터 드레인 플러그

(a) 모터 냉각시스템 리저버 탱크 압력 캡을 연다(반시계방향)

(적색 냉각수 : 일반 냉각수)

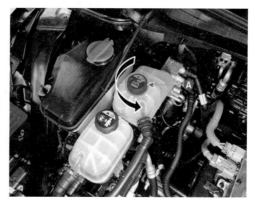

(b) 모터 라디에이터 드레인 플러그(A)를 풀고 냉각수 배출

(전면 : 배터리 라디에이터, 후면 : 모터 라디에이터)

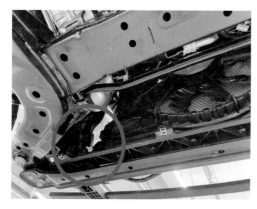

(c) 배터리 냉각시스템 리저버 탱크 압력 캡을 연다(시계방향).

(청색 냉각수 청색 : 절연 냉각수)

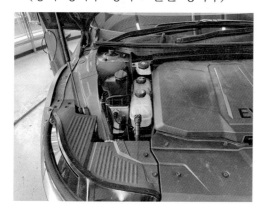

ⓓ 프런트 언더 커버와 프런트 범퍼 어셈블리 탈거

ⓔ 라디에이터 하부 에어가드(A) 탈거

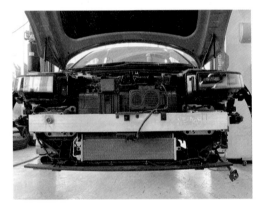

ⓕ 배터리 라디에이터 드레인 플러그(A)를 풀고 냉각수 배출

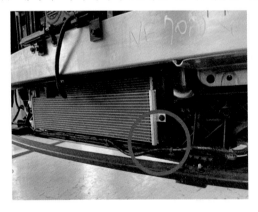

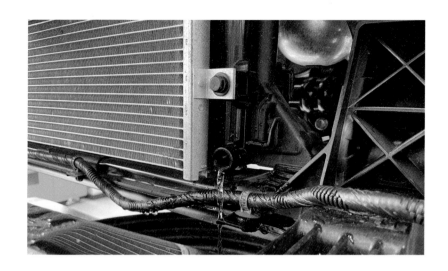

(g) 고전압 배터리 전방부에 냉각수 IN, OUT호스의 퀵 커넥터를 분리하여 냉각수를 방출한다.

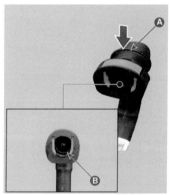

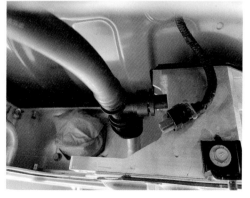

- 퀵 커넥터 클램프(A)를 화살표 방향으로 누른 뒤, 분리한다.
- 호스 분리 시 냉각수가 방출되니 바닥에 흘리지 않도록 작업한다.
- 호스 분리하고 냉각수 방출 후 잔여 냉각수가 흘러나오지 않도록 적절히 막아준다.

| 냉각수 용량 | | 160KW(2WD) | 70KW+160KW(AWD) |
|---|---|---|---|
| 모터 냉각수 | | 약 6.4L | 약 6.8L |
| 고전압 배터리 냉각수 | 일반형 히트펌프 미적용 | 약 8.8L | 약 8.8L |
| | 일반형 히트펌프 적용 | 약 9.4L | 약 9.4L |
| | 항속형 히트펌프 미적용 | 약 11.2L | 약 11.7L |
| | 항속형 히트펌프 적용 | 약 11.6L | 약 11.9L |

**참고** 냉각수를 전량 교체 시는 배터리 팩 안에 있는 잔여 냉각수를 특수공구를 이용하여 제거한다.
- 특수공구(A : ULT-M100 압력게이지, B : SST : 09580-3D100 에어브리딩툴)
- 특수공구를 이용하여 냉각수 제거 시 주입 에어압력은 0.21MPa(2.1Bar)를 넘지 않아야 한다.

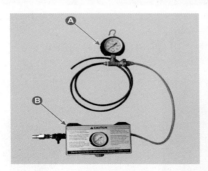
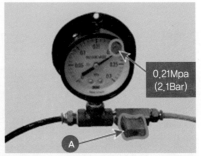

- 냉각수 인렛에 냉각수 라인 피팅(IN)(A)를 냉각수 아웃렛에 냉각수 라인 피팅(OUT)(B)를 설치 후 냉각수 인렛에 연결된 냉각수 피팅에 특수공구 에어호스를 연결한다.

- 에어호스(B)를 냉각수 받을 통(C)에 넣는다.

- 특수공구를 천천히 조작하여 에어를 주입하여 냉각수를 배출한다. 게이지의 압력이 0.21MPa (2.1Bar)를 넘지 않도록 주의할 것

③ 고전압배터리 후방 좌측면에 통합 충전 컨트롤 유닛(ICCU : LDC+OBC) 연결 커넥터를 분리한다.

④ 고전압배터리 후방 우측면에 BMU 연결커넥터를 분리한다.

⑤ 고전압배터리 팩과 차체사이의 접지체결 볼트 분리, 고전압 배터리 팩과 연결된 배터리 후방 고전압 케이블 고정클립 탈거한다.

⑥ 고전압배터리 팩 후방에 있는 리어 인버터 쪽으로 연결되는 냉각수 인렛 호스와 아웃렛 호스를 분리하여 냉각수를 제거한다.

• 퀵 커넥터 클램프(A)를 화살표 방향으로 누른 뒤, 분리한다.

⑦ 고전압 배터리 팩 중앙부 고정볼트를 6개 푼다.

⑧ 고전압 배터리 팩에 플로워 잭(리프트)을 받친다. 이때 하부 보호 및 언더커버 고정용 볼트 보호를 위해 플로워 잭 위에 고무 또는 나무를 받친다.

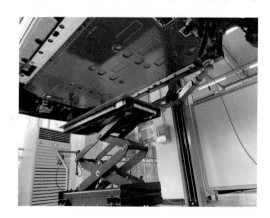 

⑨ 고전압 배터리 팩의 사이드 고정 볼트를 푼다.
  (체결볼트 18개 재사용 금지)

  **사이드 장착볼트** : 12.0~14.0 kgf.m

⑩ 플로워 잭(리프트)을 천천히 조작하여 고전압 배터리
  팩을 차량으로부터 분리한다.

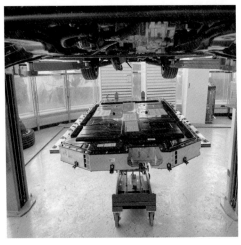

## (3) 고전압 배터리 팩 어셈블리 분해작업

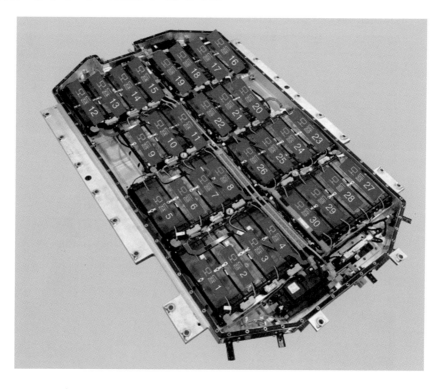

| 배터리<br>모듈번호 | 셀번호<br>(2P6S:12EA) | 배터리<br>모듈번호 | 셀번호<br>(2P6S:12EA) | 배터리<br>모듈번호 | 셀번호<br>(2P6S:12EA) |
|---|---|---|---|---|---|
| 1 | 1~6 | 11 | 61~66 | 21 | 121~126 |
| 2 | 7~12 | 12 | 67~72 | 22 | 127~132 |
| 3 | 13~18 | 13 | 73~78 | 23 | 133~138 |
| 4 | 19~24 | 14 | 79~84 | 24 | 138~144 |
| 5 | 25~30 | 15 | 85~90 | 25 | 145~150 |
| 6 | 31~36 | 16 | 91~96 | 26 | 151~156 |
| 7 | 37~42 | 17 | 97~102 | 27 | 157~162 |
| 8 | 43~48 | 18 | 103~108 | 28 | 163~168 |
| 9 | 49~54 | 19 | 109~114 | 29 | 169~174 |
| 10 | 55~60 | 20 | 115~120 | 30 | 175~180 |

① 고전압 배터리 팩 상부 케이스 장착 볼트(8개)를 푼다.

　상부 케이스 장착볼트 : 10.5~15.8kgf.m

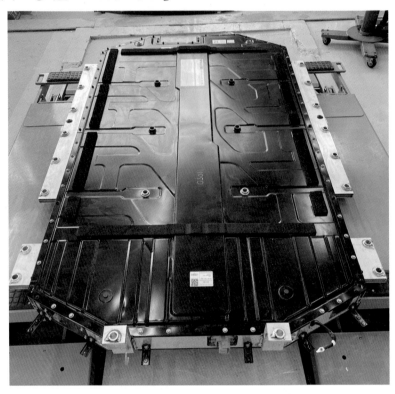

② 고전압 배터리 팩 사이드부의 케이스 고정볼트를 풀고 상부 케이스를 탈거한다.

　케이스 장착볼트 : 0.80~1.2kgf.m

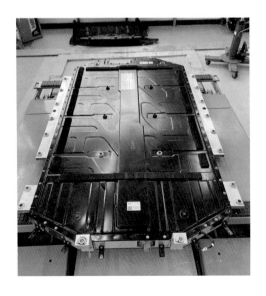 

③ BMU 탈거한다.

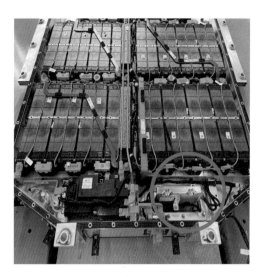

- BMU는 차상에서 배터리 팩 하부에 BMU 커버를 탈거하고 분리 가능하다.
- 고전압배터리 팩과 BMU 서비스 커버는 실링처리 되어 있다.

④ 파워 릴레이 어셈블리(PRA)를 탈거한다.

　고전압 개인 안전장비 반드시 착용 후 작업할 것.

ⓐ 고전압 배터리 팩 모듈의 종단 (-) 버스바와 최선단 (+) 버스바를 제거한다.

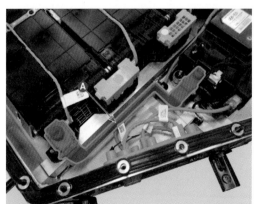
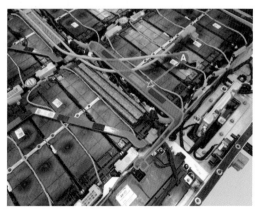

ⓑ 고전압 배터리 프런트 인버터 전원 공급용 파워 케이블과 리어 인버터 전원 공급용 버스바를 분리한다.

 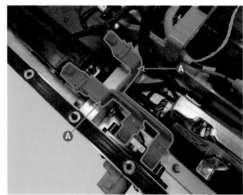

ⓒ ICCU(+), (-)케이블 탈거한다.

 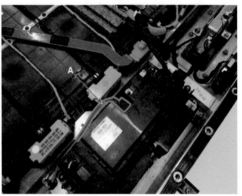

ⓓ PRA 와이어링 커넥터 분리 후 파워 릴레이 어셈블리(PRA) 탈거한다.

 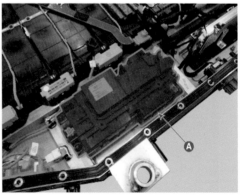

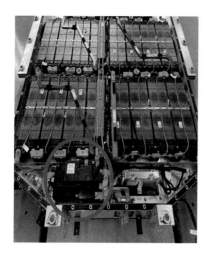

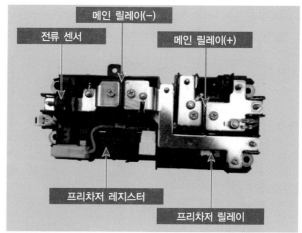

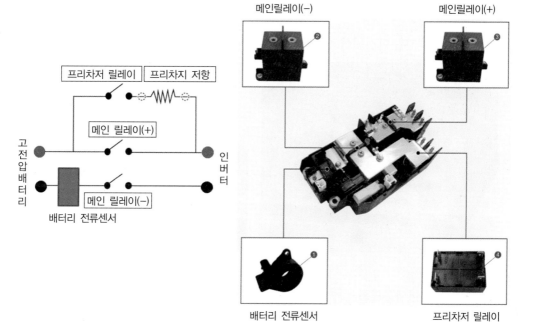

배터리 전류센서

프리차저 릴레이

참고 PRA내 메인릴레이, 프리차저 릴레이 작동 순서

**IG START**

| ① 프리차지 릴레이 ON | ➡ | ② 메인 릴레이(-) ON | ➡ | ③ 캐패시터 충전 | ➡ | ④ 메인 릴레이(+) ON | ➡ | ⑤ 프리차지 릴레이 OFF |

**IG OFF**

| ① 메인 릴레이(+)(-) OFF |

⑤ 메인 DC퓨즈 탈거한다.

(a) 메인 DC퓨즈 박스 커버를 연다.

 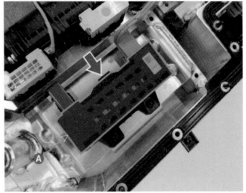

(b) 메인 DC퓨즈 부와 연결되어 있는 버스바를 탈거한다.

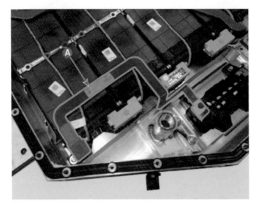 

(c) 메인 DC퓨즈 어셈블리를 탈거한다.

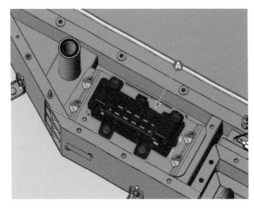 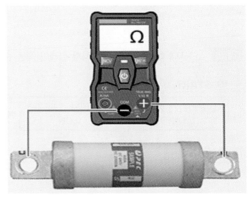

※ 규정값 : 1.0Ω 이하(20℃)

⑥ 고전압배터리 서브배터리 팩 어셈블리에 연결되어 있는 버스바를 모두 탈거한다.

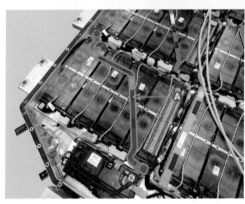

⑦ 셀 모니터링 유닛(#1~8)의 커넥터 분리 후 탈거한다.

　셀 모니터링 유닛(CMU)은 각 고전압 배터리 모듈의 측면에 부착된다. 각 고전압 배터리 모듈의 온도, 전압, OPD(Over Voltage Protection Device)를 측정하고 데이터를 BMS ECU로 전송한다.

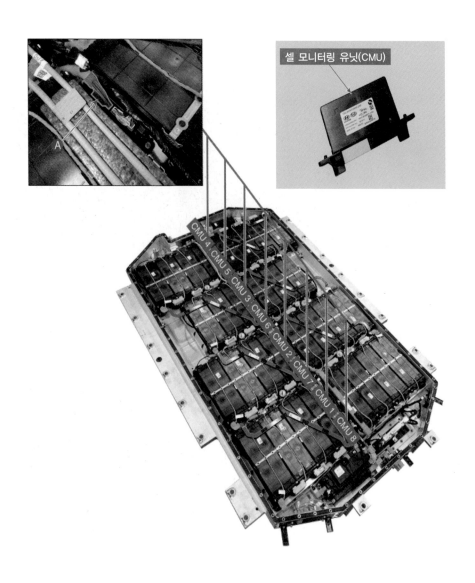

⑧ 배터리 온도센서(A), 고전압 배터리 모듈 커넥터(B)를 모두 분리한다.

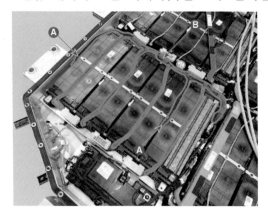

## (4) 고전압 배터리 팩 모듈 분해 작업

① 고전압배터리 모듈 연결 버스바 커버 열고 버스바를 모두 탈거한다.

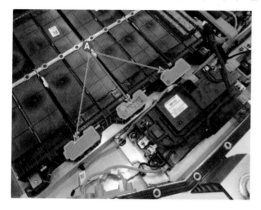 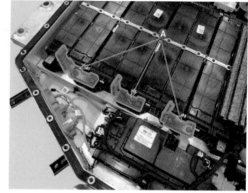

② 고전압배터리 모듈 고정브라켓을 모 두
탈거한다.

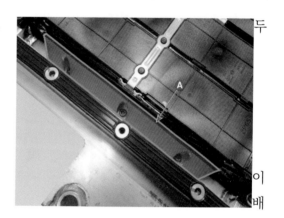

③ 배터리 모듈 행어와 크레인 쟈키를 이
용하여 고전압 배터리 모듈을 고전압 배
터리 팩에서 탈거한다.

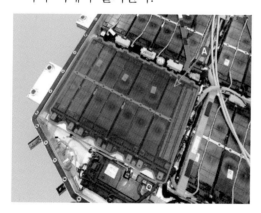 

09375-GI700

④ 배터리 모듈 사이에 있는 배터리 하부 온도센서를 탈거한다.

⑤ 탈거해 놓은 배터리 모듈의 볼트(A)를 푼 후 배터리 모듈을 분리한다.

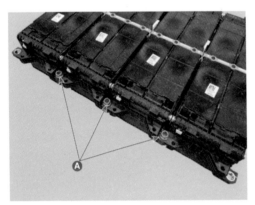

⑥ 갭 필러(A)를 제거를 제거한 후 하부케이스를 탈거한다.

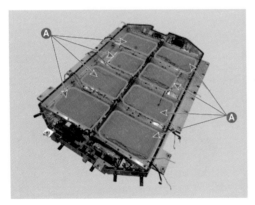

**고전압 배터리 팩 모듈 조립 작업**

※ 특수 지그를 사용한다.

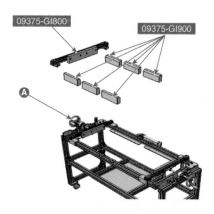

① 배터리 모듈을 분해 지그에 장착하고 배터리 모듈 행어를 탈거한다.

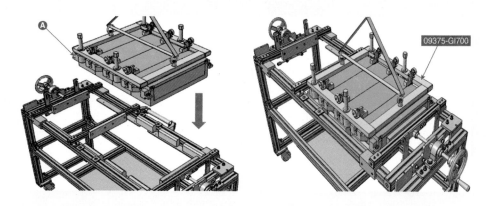

② 핸들을 돌려 배터리 모듈을 압축한 후 모듈 고정 볼트를 장착한다.

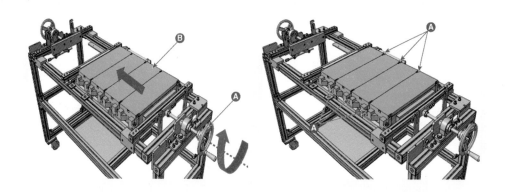

참고 **고전압 배터리 팩 모듈 조립 작업**

갭 필러를(A) 제거하고 특수공구를 사용하여 신품 갭 필러를 도포한다.

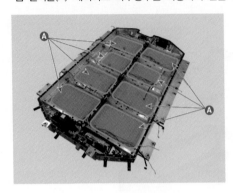
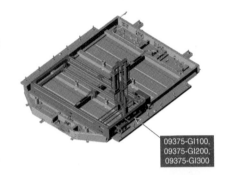

09375-GI100,
09375-GI200,
09375-GI300

참고 **고전압 배터리 팩 모듈 밸런싱 작업**

① 진단기를 이용하여 셀 최대전압과 최소전압을 체크한다.
② 목표 충전전압을 계산한다.

$$목표충전전압 = \frac{최대전압 + 최소전압}{2} \times 신품 모듈의 셀 갯수$$

③ 불량 모듈을 제외한 정상모듈의 셀에서 최소/최대 셀 전압 계산 필요

| 모듈번호 | 배터리 모듈 #1 | | 배터리 모듈 #2 | 배터리 모듈 #3 | 배터리 모듈 #4 | 배터리 모듈 #5 |
|---|---|---|---|---|---|---|
| 셀 번호 | 1~19 | 20 | 21~39 | 40~58 | 59~78 | 79~98 |
| 셀 전압 | 3.92V | 3.6V | 3.9~3.92V | 3.92V | 3.92V | 3.9~3.92V |
| 구분 | 정상 | 불량 | 정상 | 정상 | 정상 | 정상 |

1) 전압 불량인 20번 셀이 포함 된 1번 모듈은 신품으로 교체 필요하므로 계산에서 제외
2) 1번 모듈을 제외한 2~5번 모듈의 최소/최대 셀 전압을 서비스 데이터에서 확인
3) 2번에서 확인한 최소/최대 셀 전압으로 목표 충전 전압 계산
   • 목표 충전 전압 = (최대 셀 전압 + 최소 셀 전압) / 2 *신품 모듈의 셀 개수
   •78.2V=(3.92V + 3.9V) / 2*20셀
4) 3번에서 구한 목표 충전 전압으로 신품 모듈 충전 또는 방전 후 장착

※ 신품 모듈의 셀 개수는 다음과 같다.

| | 모듈 No | | 셀 개수 | |
|---|---|---|---|---|
| 고전압배터리 시스템 어셈블리(일반형) | 모듈1 | 20셀 | 총98셀 (98×3.75=367.5V) | |
| | 모듈2 | 19셀 | | |
| | 모듈3 | 19셀 | | |
| | 모듈4 | 20셀 | | |
| | 모듈5 | 20셀 | | |
| 고전압배터리 시스템 어셈블리(도심형) | 모듈1 | 30셀 | 총90셀 (90×3.75=337.5V) | |
| | 모듈2 | 30셀 | | |
| | 모듈3 | 30셀 | | |

## (5) 프런트 고전압 정션 박스

2WD

AWD

## 1) 2WD 사양

① 고압차단 절차 수행한다.

② 프런트 트렁크 탈거한다.

③ 보조 12V 배터리 및 트레이 탈거한다.

④ 차량제어 유닛(VCU) 커넥터 분리 후 VCU 탈거한다.

⑤ 전동식 에어컨 컴프레서 커넥터(A) 분리하고 고전압커넥터(A) 분리한다.

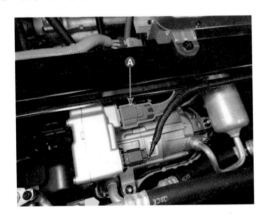 

⑥ 고전압커넥터(A)와 배터리 PTC히트펌프 고전압 커넥터(B) 분리한다.
   -히트펌프 사양

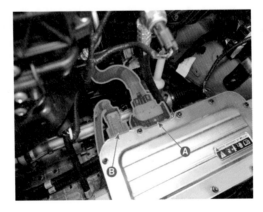

⑦ 고전압 정션박스 신호 커넥터(A) 분리한 후 고전압 정션 박스 탈거한다.

## 2) AWD 시양

① 고압차단 절차 수행한다.

② 프런트 트렁크 탈거한다.

③ 보조 12V 배터리 및 트레이 탈거한다.

④ 차량제어 유닛(VCU) 커넥터 분리 후 VCU 탈거한다.

⑤ 전동식 에어컨 컴프레서 커넥터(A) 분리한다.

⑥ 고전압커넥터(A)와 배터리 PTC히트펌프 고전압 커넥터(B) 분리한 후 고전압 정션 박스 신호 커넥터(A) 분리
  - 히트펌프 사양

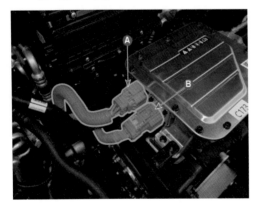 

⑦ 서비스커넥터 탈거 후 모터 인버터 & 고전압정션박스 체결볼트(A)를 탈거한다.

⑧ 고전압 정션박스를 탈거한다.

## (6) 리어 고전압 정션 박스, 멀티인버터, 리어 모터 어셈블리 분해 작업

① 고압차단 절차 수행한다.

② 카고 스크린, 러기지 플로어 보드, 러기지 분리 패드 탈거한다.

③ 서브 우퍼스피커와 급속충전커넥터 서비스 커버를 탈거한다.

 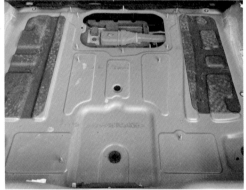

③ 급속 충전 커넥터 분리한다.

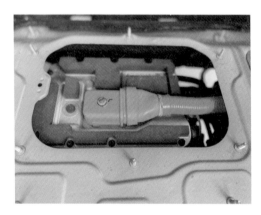 

④ 차량을 리프트 한 후 리어 타이어 및 휠하우스 커버를 제거한다.

⑤ 리어 브레이크 캘리퍼 탈거하여 차체에 거치한다.

⑥ 리어 로어암 보호커버를 탈거한 후 리어 로어암 아래부분에 리프트를 설치한 후 쇼크 업쇼버 상부 체결 볼트를 제거한다.

⑦ 리프트를 아래로 천천히 내린 후 리어 코일 스프링을 탈거한다.

⑧ 리어 범퍼 언더 커버를 탈거한다.

⑨ 인버터 차체 접지와 리어 파워 일렉트릭 모듈 하네스 연결 커넥터 분리한다.

⑩ 리어 서브 프레임에 플로어 잭을 설치한다.

⑪ 리어 크로스 멤버 체결 볼트(4개)를 풀고 플로어 잭을 천천히 내려, 리어 크로스 멤버
를 탈거한다.

⑫ 인버터 인렛 워터 호스(A), 아웃렛 워터 호스(B), 오릴 쿨러 아웃렛 호스(C) 분리한다.

⑬ 접지케이블 및 와이어링 탈거한다.

⑭ 행어를 사용하여 모터&감속기 탈거한다.

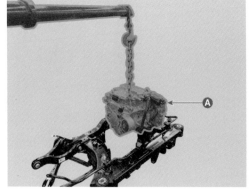

⑮ 리어 고전압 정션 박스 커버를 탈거하고 내부에 인버터 연결 버스바 고정볼트 및 고전
압케이블 고정볼트를 푼다.

 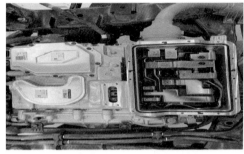

⑯ 고전압 정션박스 장착볼트, 너트 탈거 후 고전압 정션박스를 탈거한다.

**참고**  **리어 고전압 정션 박스 내부**
급속충전 릴레이 어셈블리 : QRA (−),  QRA (+)

급속 충전 실시

| ① 메인 릴레이(−)<br>ON | → | ② 메인 릴레이(+)<br>ON | → | ③ 배터리 팩으로<br>고전압 충전 | → | ④ 충전 완료 | → | ⑤ 메인 릴레이(−)(+)<br>OFF |
|---|---|---|---|---|---|---|---|---|

⑰ 인버터 MCU 커버 및 인버터 본체를 탈거한다.

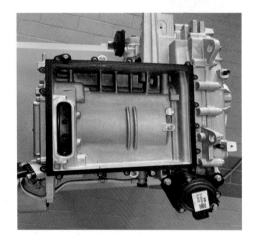

ⓐ 커패시터

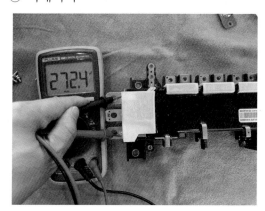
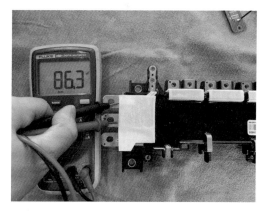

ⓑ SiC 기반 전력모듈

## (7) 통합 충전 유닛(ICCU) 탈거 작업

- 충전 시에는 안전을 위해 차량 주행이 불가능하고 급속충전과 완속충전이 동시에 이뤄질 수 없다.
- **완속충전** : ICCU(OBC+LDC)를 통해서 220V 교류 전압을 직류 전압으로 변환 후, DC 800V로 승압하여 고전압 배터리를 충전한다.
- **급속충전** : EVSE(Electric Vehicle Supply Equipment)에서 나온 직류 전압을 멀티 인버터를 통해 승압 또는 패싱하여 고전압 배터리를 충전한다.
  (승압 : 400V → 800V, 패싱 : 800V → 800V)

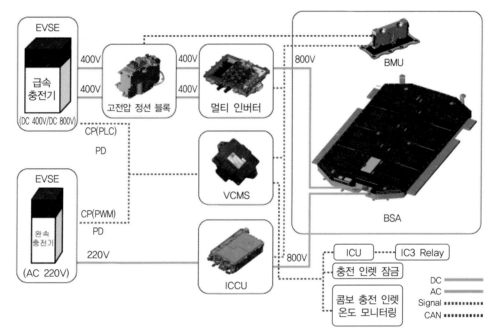

- ICCU는 양방향 완속충전기(OBC)와 저전압직류 변환 장치(LDC)가 일체형으로 구성된 통합형 유닛이다.
- 고전압 배터리 충전 및 보조 배터리(12V) 충전 기능 수행한다.
  - ▸OBC
    - AC 220V를 DC전압으로 변환하여 고전압 배터리 충전(완속충전)
    - 고전압 배터리의 DC전압을 AC 220V로 변환하여 차량 내/외부로 전원(110V / 220V)제공 (V2L : Vehicle-to-Load), 3.5kW전력공급
  - ▸LDC
    - 고전압 배터리의 전력(DC)을 보조 배터리(12V)의 저전압(DC)으로 변환 충전 (고전압 → 저전압)

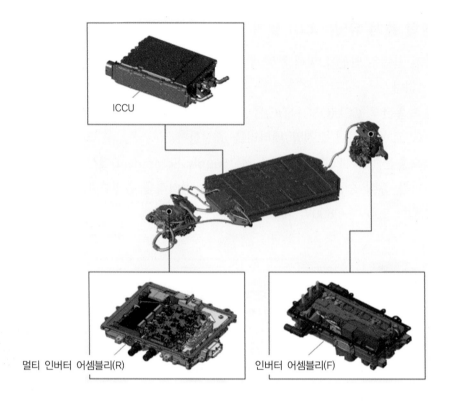

ICCU

멀티 인버터 어셈블리(R)          인버터 어셈블리(F)

① 고압차단 절차 수행한다.

② 카고 스크린, 러기지 플로어 보드, 러기지 분리패드 탈거한다.

③ 트렁크 러기지 플로워 하단의 서브 우퍼스피커와 급속충전커넥터 서비스 커버를 탈거
   한다.

④ 리어 시트 탈거한다.

**주의** 리어 시트를 탈거 시 리어 플로어 카펫 시트부를 절대 밟지 말 것!

⑤ 리어 트랜스버스 트림, 러기지 파트 하단 트림 탈거한다.

⑥ 리어 도어 스카프 트림, 러기지 사이드 트림 탈거한다.

⑦ 리어 시트 백 플레이트 제거 후 리어 플로어 카펫 시트를 들어 올려 놓고 작업 진행한다. 접지, ICCU AC 커넥터 분리한다.

⑧ ICCU DC 커넥터, ICCU 신호 커넥터, LDC 플러스, 냉각수 퀵-커넥터 분리 후 ICCU 탈거한다. 냉각수 흘리지 않도록 주의한다.

## (8) 차량 충전 관리 시스템(VCMS)

콤보 타입 충전장치에서 전송된 PLC통신 신호를 수신하여 CAN통신 신호로 변환한다.

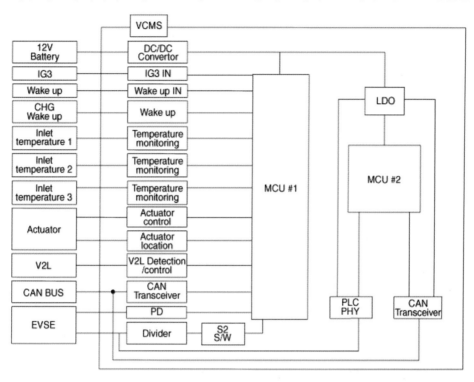

러기지 사이드 트림[RH]에 장착

| 기능 | 설명 |
|---|---|
| 충전 | AC 완속 충전 제어 |
| | 인버터를 활용한 멀티입력(400V, 800V) DC 급속 충전 제어 |
| | CP/PD 인식 |
| | PLC 통신 |
| | 인렛 잠금 및 온도 센싱 |
| V2L | 양방향 ICCU(OBC)를 활용한 배터리 전력 공급 제어 |
| | 충전시 자동 인증/결제/과금 진행되는 충전 인터페이스 기능 |
| PnC | PnC 기능을 위한 인증서 저장, 삭제 등 인증서 관리 |

**용어정리**

- **CP** (Control Pilot) : 충전기와 VCMS간 충전 관련 정보 송/수신
- **PD** (Proximity Detection) : VCMS가 충전기 체결 감지
- **PLC** (Power Line Communication) : 1개의 라인에 2개의 역할을 하는 신호를 보내는 통신 방법
- **PnC** (Plug and Charge) : 간편 결제 시스템
- **V2L** (Vehicle to Load) : 양방향 OBC를 활용하여 차량 내/외부로 일반 전기 전원(220V)을 제공한다.

## (9) 충전포트 및 케이블 탈거 작업

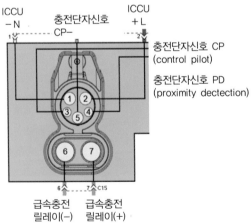

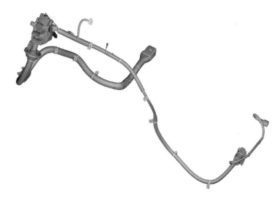

① 고압차단 절차 수행한다.

② 리어 트랜스버스 트림, 러기지 파트 하단 트림, 리어 도어 스카프 트림[RH], 러기지 사이드 트림[RH] 탈거한다.

③ 러기지 플로워 하단의 급속 충전 커넥터 서비스 커버 탈거 후 급속충전 커넥터 분리한다.

④ 리어시트 일체를 탈거한다.

⑤ ICCU AC 커넥터 분리 및 케이블 고정클립, 차체 인슐레이터 제거 후 리어 우측 하체부에서 급속충전 커넥터 및 케이블 고정 클립을 제거한다.

⑥ 트렁크 룸 안쪽에 충전도어 레버를 잡아당겨 충전도어 개방한다.

⑦ 트렁크 룸 안쪽에 충전도어 어셈블리 체결 볼트 제거하고 충전도어 커넥터 분리 후 충전케이블 어셈블리 일체 탈거한다.

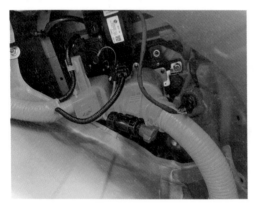 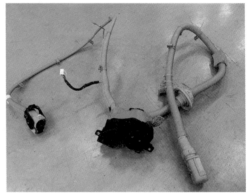

# (10) 차량 제어 시스템 및 DC 12V 보조배터리

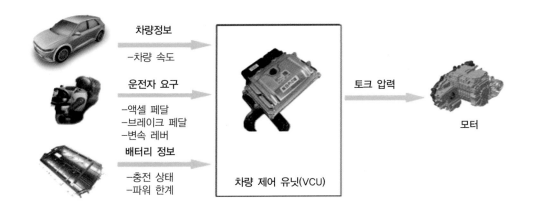

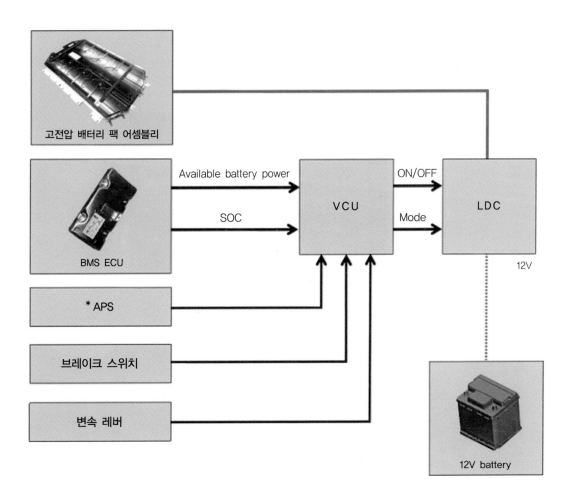

| 주요 특성 | 세부 사항 |
|---|---|
| 구동모터 제어 | 배터리 가용파워, 모터가용토크, 운전자 요구(APS, Brake SW, Shift Lever)를 고려한 모터 토크 지령 계산 |
| 회생제동 제어 | −회생 제동을 위한 모터 충전 토크 지령 연산<br>−회생 제동 실행 량 연산 |
| 공조부하 제어 | 배터리 정보 및 FATC 요청 파워를 이용하여 최종 FATC 허용 파워 송신 |
| 전장부하 전원 공급제어 | 배터리 정보 및 차량 상태에 따른 LDC ON/OFF 및 동작 모드 결정 |
| Cluster 표시 | 구동 파워, 에너지 Flow, ECO Level, Power Down, Shift Lever Position, Service Lamp 및 Ready Lamp 점등 요청 |
| DTE(Distance to Empty) | −배터리 가용에너지, 과거 주행 전비를 기반으로 차량의 주행가능거리를 표시<br>−AVN을 이용한 경로 설정 시 경로의 전비 추정을 통해 DTE 표시 정확도 향상 |
| 예약/원격 충전/공조 | −TMU와의 연동을 통해 Center/스마트폰을 통한 원격 제어<br>−운전자의 작동시각 설정을 통한 예약기능 수행 |
| 아날로그/디지털 신호처리 및 진단 | APS, 브레이크 스위치, 시프트 레버, 에어백 전개 신호처리 및 진단 |

① 보조 12V 배터리를 탈거한다.

② 차량 제어 유닛(VCU) 커넥터(A)를 분리 후 차량 제어 유닛(VCU)(A)를 탈거한다.

## (11) 전륜모터 및 감속기 시스템

① 고전압을 차단한다.

② 프런트 트렁크를 탈거한다.

③ 보조 배터리 및 트레이를 탈거한다.

④ 타이어, 프런트 언더 커버, 리어 언더 커버를 탈거한다.

⑤ 모터 냉각수와 고전압 배터리 냉각수를 배출한다.

⑥ 에어컨 냉매(R-1234yf)를 회수한다.

⑦ PTC 히터 커넥터(A)를 탈거하고 브라켓에서 와이어링을 이격한 후 프런트 와이어링 커넥터(A)를 탈거한다.

⑧ 모터 접지(A)를 탈거하고 3웨이 밸브 냉각 호스(A)를 탈거한다.

⑨ 오일 쿨러 냉각 호스(A)를 탈거한 후 오일 쿨러 냉각 호스(A)를 탈거한다.

⑩ 냉각 호스(A)를 탈거한다.

⑪ 냉각수 온도 센서 커넥터(A)를 탈거한 후 냉각 호스(A)를 탈거한다.

⑫ 에어컨 파이프를 탈거한다.

   (a) 에어컨 압력 커넥터(A), 에어컨 파이프(B), 에어컨 파이프(C)를 탈거한다.

⑬ 유니버셜 조인트 체결 볼트(A)를 풀고 유니버셜 조인트를 스티어링 기어박스에서 분리하고, R-MDPS 커넥터(A)를 탈거한다.

⑭ 냉각 수온 센서 커넥터(A), 냉각 호스(B), 출구쪽 냉각 호스를 탈거한다.

⑮ 배터리 DC 커넥터(A)를 탈거한다.

⑯ 프런트 드라이브 샤프트를 탈거한다.

⑰ 스테빌라이저 링크 마운팅 너트(A)를 푼 후,
  프런트 스트럿 어셈블리로 부터 이격한다.

 • 스테빌라이저 바 링크를 탈거할 때 링크의 아
   웃터 헥사를 고정하고 너트를 탈거 한다.

 • 링크의 고무 부츠가 손상되지 않도록 주의한다.

⑱ 테이블 리프트를 사용해 서브프레임을 지지한다.

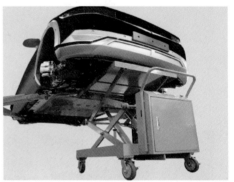

⑲ 서브 프레임 고정 볼트,너트(A)를 탈거한다.

⑳ 차량을 서서히 들어 올려 모터 및 감속기 어셈블리를 탈거한다.

## (12) 냉각 시스템

전장 냉각수 리저버 탱크(적색)      고전압배터리 냉각수 리저버 탱크(청색)

## 1) 제원

| | 항목 | 제원 | 비고 |
|---|---|---|---|
| 전자식 워터 펌프 (EWP)(전장) | 형식 | 원심펌프 | 전자식 (BLDC) |
| | 작동 전압 | 9 ~ 16V | – |
| | 작동 조건 | LIN control | – |
| | 용량 | 1.43 kgf/cm² / 13.5 ~ 14.5 V | 1.43 kgf/cm² / 13.5 ~ 14.5 V |
| | 정격 전류 | Max 10 A | – |
| | 최대 전류 | Max 15 A | – |
| | 작동 온도 조건 | –40 ~ 135℃ | –40 ~ 275 °F |

| 모터 냉각수 | 냉각수 (적색) | | 제원 | |
|---|---|---|---|---|
| | | | 160kW (2WD) | 70kW+160kW (4WD) |
| 용량 | 일반형 | 히트 펌프 미적용 사양 | 약. 6.4 L | 약. 6.8 L |
| | | 히트 펌프 적용 사양 | | |
| | 항속형 | 히트 펌프 미적용 사양 | | |
| | | 히트 펌프 적용 사양 | | |

| | 항목 | 제원 | 비고 |
|---|---|---|---|
| 전자식 워터 펌프 (EWP)(배터리) 2개 | 형식 | 원심펌프 | 전자식 (BLDC) |
| | 직동 전압 | 9 ~ 16V | – |
| | 작동 조건 | LIN control | 1000 ~ 4000 RPM |
| | 용량 | 최소 0.65 bar 25 L/min 3700rpm | 0.663 kgf/cm² |
| | 정격 전류 | Max 6.5 A | – |
| | 작동 온도 조건 | −40 ~ 135°C | −40 ~ 275 °F |

| 고전압 배터리 냉각수 | 저전도 냉각수 (청색) | | 제원 | |
|---|---|---|---|---|
| | | | 160kW (2WD) | 70kW+160kW (4WD) |
| 용량 | 일반형 | 히트 펌프 미적용 사양 | 약 8.8 L | 약. 8.8 L |
| | | 히트 펌프 적용 사양 | 약. 9.4 L | 약. 9.4 L |
| | 항속형 | 히트 펌프 미적용 사양 | 약. 11.2 L | 약. 11.7 L |
| | | 히트 펌프 적용 사양 | 약. 11.6 L | 약. 11.9 L |

## 2) 냉각수 흐름

### ① 히트 펌프 사양

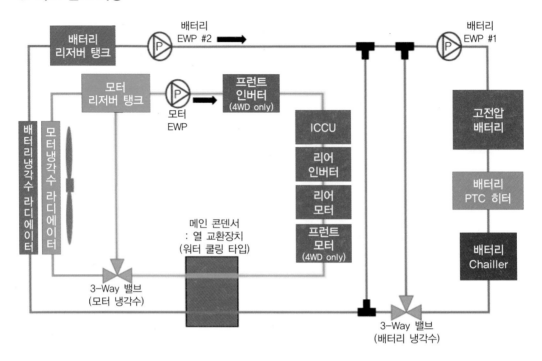

### ② 히트 펌프 미사양

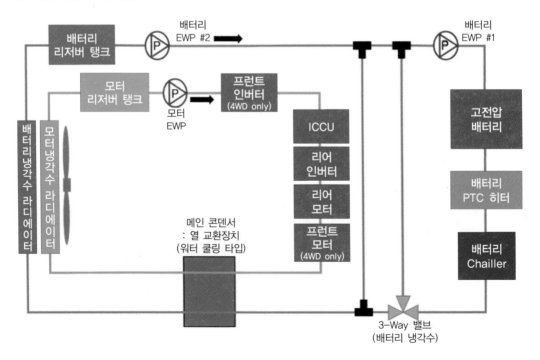

## 3) 모터 냉각시스템

### ① 전장 냉각수 리저버 탱크(적색)

### ② 전장 전자식 워터 펌프 (EWP)

전자식 워터 펌프(EWP)는 모터 시스템[통합 충전 및 컨버터 유닛(ICCU), 전방/후방 모터 인버터, 모터 및 감속 기어 오일 쿨러]의 냉각 회로 냉각수를 순환시킨다.

### ③ 모터 및 감속기 쿨러

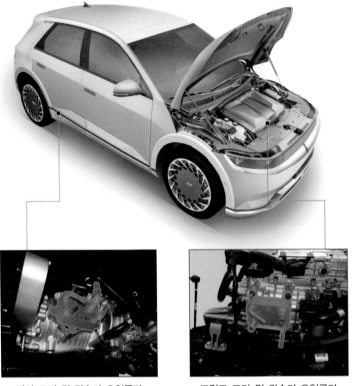

리어 모터 및 감속기 오일쿨러          프런트 모터 및 감속기 오일쿨러

### ④ 3웨이 밸브

히트펌프 작동 시 라디에 이터로 가는 냉각수를 바이 패스 시켜 히트펌프의 난방 성능을 향상시킨다. 히트펌프 용 3웨이 밸브는 전압인가 시, 전자식 액추에이터가 볼 밸브를 회전시키고 볼의 각 도에 따라 냉각수의 출입구 가 결정된다.

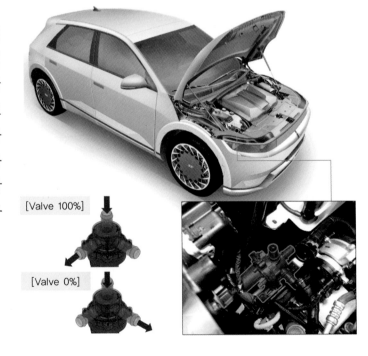

[Valve 100%]

[Valve 0%]

## 4) 고전압 배터리 냉각시스템

### ① 고전압 배터리 전자식 워터 펌프 (EWP)

전자식 워터 펌프 #1　　　　전자식 워터 펌프 #2

### ② 3웨이 밸브

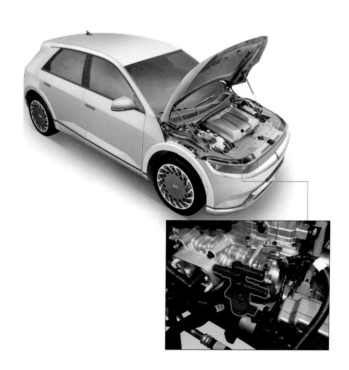

### ③ PTC 히트 펌프

고전압 안전 차단 작업 후, 프런트 고전압 정션 박스에서 PTC 히트 펌프 커넥터를 분리하고 탈거 작업을 진행한다.

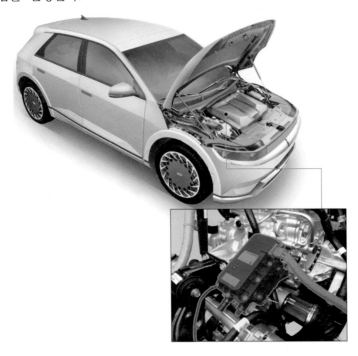

### ④ 냉각수 온도센서

ⓐ BMS 냉각수 인렛 온도센서(라디에이터 아웃풋)

프런트 모터 및 감속기 오일쿨러 부근

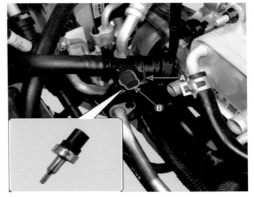

ⓑ BMS PTC 히트펌프 온도센서

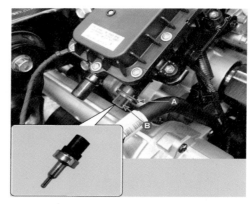

ⓒ BMS 냉각수 온도센서(인렛, 고전압 배터리 냉각수 온도센서)

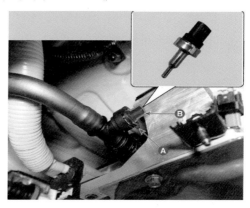

## 5) 냉각수 교환 및 주입, 공기 빼기 작업

① 모터 냉각수 리저버 탱크 압력 캡을 연다 (냉각수 적색 : 일반 냉각수).

② 프런트 언더 커버 탈착 후 모터 라디에이터 드레인 플러그(A)를 풀고 냉각수 배출한다.
(전면 : 배터리 라디에이터, 후면 : 전장 모터 라디에이터)

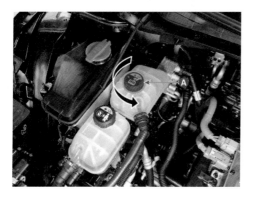

③ 드레인 플러그(A)를 잠근다.

④ 배터리 냉각수 리저버 탱크 압력 캡을 연다(냉각수 청색 : 절연 냉각수).

⑤ 프런트 언더 커버와 프런트 범퍼 어셈블리를 탈거한다.

⑥ 라디에이터 하부 에어가드를(A) 탈거하고 배터리 라디에이터 드레인 플러그(A)를 풀고 냉각수 배출한다.

⑦ 드레인 플러그(A)를 잠근다.

⑧ 전장 모터 리저버 탱크에 부동액과 물 혼합액(45~50%)을 주입한다.

| 모터 냉각수 | 냉각수 (적색) | | 제원 | |
|---|---|---|---|---|
| | | | 160kW (2WD) | 70kW+160kW (4WD) |
| 용량 | 일반형 | 히트 펌프 미적용 사양 | 약. 6.4 L | 약. 6.8 L |
| | | 히트 펌프 적용 사양 | | |
| | 항속형 | 히트 펌프 미적용 사양 | | |
| | | 히트 펌프 적용 사양 | | |

⑨ 진단기 부가기능을 이용하여 "전자식 워터 펌프 구동" 항목 수행한다.

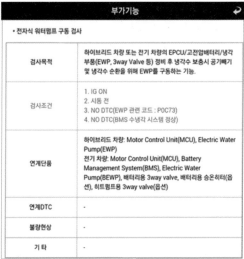

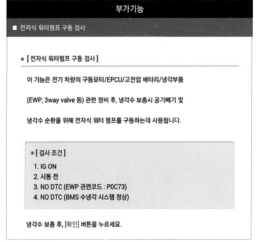

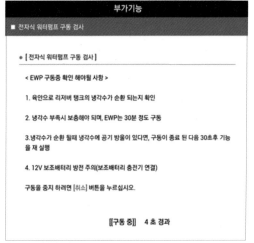

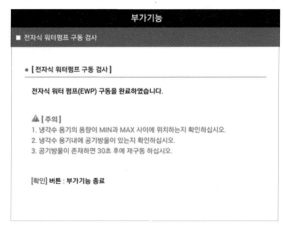

⑩ 배터리 냉각수 리저버 탱크에 저전도 냉각수 주입한다. → 물과 절대 혼합해서 사용금지!

⑪ 진단기 강제 구동을 이용하여 "배터리 EWP구동" 항목 수행한다.

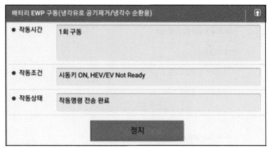

- 전자식 워터 펌프(EWP)가 작동하고 냉각수가 순환하면 배터리 냉각수 리저버 탱크를 통해 냉각수를 보충한다.

**주의사항**

- 전자식 워터 펌프(EWP) 강제구동시, 배터리 방전을 막기 위해 12V 배터리를 충전시키면서 작업한다.
- 전자식 워터 펌프(EWP)는 1회 강제구동으로 약 30분간 작동되나 필요시, 공기빼기가 완료될 때까지 수회 반복하여 작동시켜야 한다.
- 공기빼기가 완료되면 전자식 워터 펌프(EWP)의 작동을 멈추고, 리저버 탱크의 "MAX" 선까지 냉각수를 채운 후 압력 캡을 잠근다.

| 일반 냉각수(부동액) | 저전도 냉각수 |
|---|---|
| 압력 캡 | 압력 캡 |
|  |  |
| 냉각수 색상 | 냉각수 색상 |
| | |

**주의**
- 저전도 냉각수는 물과 희석하여 사용하지 않는다.
- 녹방지제를 첨가하지 않는다.  • 타 상표와 혼합사용하지 않는다.

# (13) 냉난방 공조장치

## 1) 공조장치 제원

| | | | | |
|---|---|---|---|---|
| **에어컨 장치** | 컴프레서 | 형식 | HES45(전동 스크롤식) | |
| | | 제어 | CAN통신 | |
| | | 윤활유 타입 및 용량 | 일반 사양 : POE 150±10g<br>히트펌프 사양 : POE 180±10g | |
| | | 모터 타입 | BLDC | |
| | | 정격전압 | 523~697V | |
| | | 작동전압범위 | 360~825.6V | |
| | 팽창밸브 | 형식 | 블록 타입 | |
| | 냉매 | 형식 | R-1234YF | |
| | | 냉매량 | 일반사양 | 700±25 g |
| | | | 히트 펌프 사양 | 900±25 g |
| **블로어 유닛** | 내외기 선택 | 작동방식 | 액추에이터 | |
| | 블로어 | 형식 | 시로코 팬 | |
| | | 풍량 조절 | 오토+8단(오토) | |
| | | 풍량 조절 방식 | PWM타입 | |
| | 에어필터 | 형식 | PM1.0 등급 고성능 필터 | |
| **히터 및 이배퍼레이터 유닛** | PTC히터<br>(두원공조) | 형식 | 공기가열식 | |
| | | 작동전압 | DC 248~865V | |
| | 이배퍼레이터<br>(한온시스템) | 온도 작동방식 | 액추에이터 | |
| | | 온도 조절방식 | 이배퍼레이터 온도센서 | |
| | | 블로어 단수 | 에어컨 출력OFF온도 | 에어컨 출력 ON온도 |
| | | 1~4단 | 1.5℃ | 3.0℃ |
| | | 5~6단 | 1.0℃ | 2.5℃ |
| | | 7~8단 | 0.8℃ | 2.3℃ |

1. R-1234yf 냉매는 휘발성이 강하기 때문에 한 방울 이라도 피부에 닿으면 동상에 걸릴 수 있다. 냉매를 다룰 때는 반드시 장갑을 착용해야 한다.
2. 눈을 보호하기 위하여 보호안경을 꼭 착용해야 한다. 만일 냉매가 눈에 튀었을 때는 깨끗한 물로 즉시 닦아 낸다.
3. R-1234yf 용기는 고압이므로 절대로 뜨거운 곳에 놓지 않아야 한다. 그리고 저장 장소는 52℃ 이하가 되는지 점검한다.
4. 냉매의 누설 점검을 위해 가스 누설 점검이기를 준비한다. R-1234yf 냉매와 감지기에서 나오는 불꽃이 접하면 유독 가스가 발생되므로 주의해야 한다.
5. 냉매는 반드시 R-1234yf를 사용해야 한다. 만일 다른 냉매를 사용하면 구성부품에 손상이 일어날 수 있다.
6. 습기는 에어컨에 악영향을 미치므로 비 오는 날에는 작업을 삼가 해야 한다.
7. 차량의 차체에 긁힘 등의 손상을 입지 않도록 꼭 보호 커버를 덮고 작업해야 한다.
8. R-1234yf 냉매와 R-12 냉매는 서로 배합되지 않으므로, 극소의 양 일지라도 절대 혼합해서는 안된다. 만일 이 냉매들이 혼합된 경우, 압력상실이 일어날 가능성이 있다.
9. 냉매를 회수 및 충전할 때는 R-1234yf 회수/재생/충전기를 이용한다. 이 때, 절대로 냉매를 대기로 방출하지 않는다.
10. 반드시 전동식 컴프레서 전용의 냉매 회수/충전기를 이용하여 지정된 냉매(R-1234yf)와 냉동유(POE)를 주입한다. 일반 차량의 냉동유(PAG)가 혼입될 경우 컴프레서 손상 및 안전사고가 발생할 수 있다.
11. 수분이 함유된 냉동유가 기어 등 시스템에 혼입되었을 때는 컴프레서의 수명단축 및 에어컨 성능저하의 원인이 되므로 냉동유에 수분이 들어가지 않도록 주의한다.

## 2) 에어컨 냉매(R-1234yf) 회수 및 진공작업

① 프런트 트렁크를 탈거한다.
② R-1234yf 회수/재생/충전기를 고압 서비스 포트(A)와 저압 서비스 포트(B)에 장비 제조업자의 지시를 따라 연결한다. 냉매 충전장비는 평평한 곳에 설치되어야 냉매 회수가 용이하고 특히 냉매를 정확하게 주입할 수 있다.

③ 고압 및 저압 밸브를 개방한 상태에서 R-1234yf 회수/재생/충전기를 이용하여 냉매를 회수한다.

주의사항

- 냉매를 너무 빨리 회수하면 컴프레서 오일이 계통에서 빠져 나온다.
- 냉매를 완전히 회수하기 전에는 절대로 에어컨 시스템을 분리해서는 안 된다. 만약 냉매 회수 완료 전에 분리하게 되면 에어컨 시스템 내 압력에 의해 차량 내부로 냉매와 오일이 방출되어 오염시키므로 주의해야 한다.
- 냉매 회수 시 반드시 고압 및 저압 밸브를 개방한 상태에서 실시한다. 만약, 밸브를 하나만 개방할 경우에는 냉매 회수 시간이 길어진다.

④ 에어컨 냉매 충전 시 배출된 컴프레서 오일을 보충하기 위해서 회수작업 완료 후 에어컨 개통에서 배출된 컴프레서 오일량을 측정한다.

배출 오일량이 70cc이상이면 오일 수준이 정상인 것으로 배출된 양만큼 에어컨 냉매 주입작업시 오일을 주입한다. 만약 오일량이 70cc미만이면 오일이 약간 누설된 것이므로 각 계통의 연결부에서 누설시험을 실시하여 결함부위를 수리하거나 결함부위가 없다면 오일 수준이 낮은 것으로 70cc정도 주입한다.

계통 내 오일 총량은 다음과 같다.
**일반사양** : POE 150±10g, **히트펌프 사양** : POE 180±10g

냉매를 충전할 경우에는 필히 에어컨 계통을 진공 시켜야 한다. 이 진공 작업은 유닛에 유입된 모든 공기와 습기를 제거하기 위해서 행하는 것이며 각 부품을 장착한 후 계통은 10분 이상 진공 작업을 한다.

ⓐ 고압 및 저압 밸브를 개방한 상태에서 R-1234yf 회수/재생/충전기를 이용하여 진공을 실시한다.

ⓑ 10분 후에 고압 및 저압 밸브를 닫은 상태에서 게이지가 진공영역에서 변함없이 유지하면 진공이 정상적으로 실시된 것이다. 압력이 상승하면 계통 내에서 누설이 되는 것이므로 다음 순서에 의해 누설을 수리한다.
- 냉매 용기로 계통을 충전시킨다. (냉매의 충전 참고)
- 누설 감지기로 냉매 누설을 점검하여 누설부위 발견되면 수리한다.
- 냉매를 다시 배출시키고 계통을 진공 시킨다.

ⓒ 10분 이상 진공 작업을 실시한 후 진공을 확인 후 양쪽 고압 및 저압 밸브 닫는다. 이 상태가 충전을 위한 준비 상태이다.

## 3) 에어컨 냉매(R-1234yf) 충전작업

① 계통을 진공 시킨 후에 고압 밸브를 개방한 상태에서 R-1234yf 회수/재생/충전기를 이용하여 배출된 컴프레서 오일량 만큼을 보충한다.

냉매 충전 시 오일을 추가로 주입하지 않을 경우에는 계통 내부의 오일 부족으로 윤활성이 나빠져 컴프레서 고착 등의 문제를 일으킨다.

② 고압 밸브를 개방한 상태에서 R-1234yf 회수/재생/충전기를 이용하여 냉매를 규정량 만큼 충전시킨 후 고압 밸브를 닫는다.

| 형식 | R-1234YF | |
|---|---|---|
| 냉매량 | 일반사양 | 700±25 g |
| | 히트 펌프 사양 | 900±25 g |

**주의** 냉매를 과충전하지 말 것. 컴프레서가 손상을 입을 우려가 있다.

③ 누설 감지기로 계통에서 냉매가 누설되지 않는가를 점검한다.

## 4) 에어컨 작동 구성

### ① 냉각모드 (에어컨 모드)

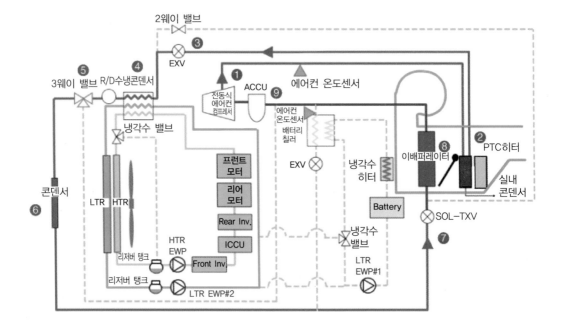

1. **전동식 에어컨 컴프레서** : 전동모터로 구동되어지면 저온저압 가스 냉매를 고온고압 가스로 만들어 실내 콘덴서로 보내진다.
2. **PTC 히터** : 실내 난방을 위한 고전압 전기히터
3. **EXV** : 냉방모드에서는 냉매를 바이패스 시킨다.
4. **R/D 수냉콘덴서** : 고온고압 가스 냉매를 응축시켜 고온고압의 액상냉매로 만든다.
5. **3웨이 밸브** : 냉매를 콘덴서로 이동하게 제어한다.
6. **콘덴서** : R/D 수냉 콘덴서에서 응축한 냉매를 한번 더 응축시켜준다.
7. **SOL-TXV** : 고온고압의 액상냉매를 저온저압으로 바꾸어주어 상변화에 용이하도록 한다.
8. **이배퍼레이터** : 냉매의 증발되는 효과를 이용하여 공기를 냉각한다.
9. **어큐뮬레이터** : 컴프레서로 기체 냉매만 유입될 수 있게 냉매의 기체/액체를 분리한다.

## ② 냉각모드 (배터리 냉각 모드)

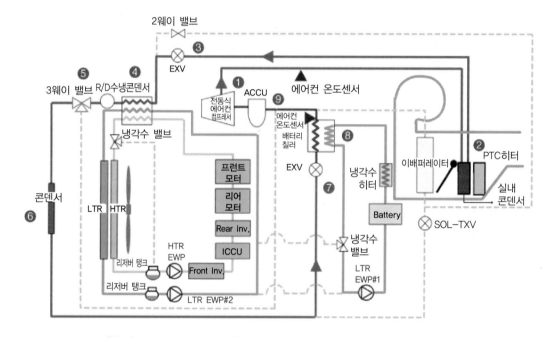

1. **전동식 에어컨 컴프레서** : 전동 모터로 구동되어지면 저온 저압 가스 냉매를 고온 고압 가스로 만들어 실내 콘덴서로 보내진다.
2. **PTC 히터** : 실내 난방을 위한 고전압 전기히터
3. **EXV** : 냉방모드에서는 냉매를 바이패스 시킨다.
4. **R/D 수냉콘덴서** : 고온 고압가스 냉매를 응축시켜 고온 고압의 액상 냉매로 만든다.
5. **3웨이 밸브** : 냉매를 콘덴서로 이동하게 제어한다.
6. **콘덴서** : R/D 수냉 콘덴서에서 응축한 냉매를 한번 더 응축시켜준다.
7. **EXV** : 고온 고압의 액상 냉매를 저온 저압으로 바꾸어주어 상변화에 용이하도록 한다.
8. **칠러** : 배터리 냉각수와 냉매가 열교환하여 냉각수 온도를 낮춘다.
9. **어큐뮬레이터** : 컴프레서로 기체 냉매만 유입될 수 있게 냉매의 기체/액체를 분리한다.

### ③ 냉각모드 (에어컨 모드 + 배터리 냉각 모드)

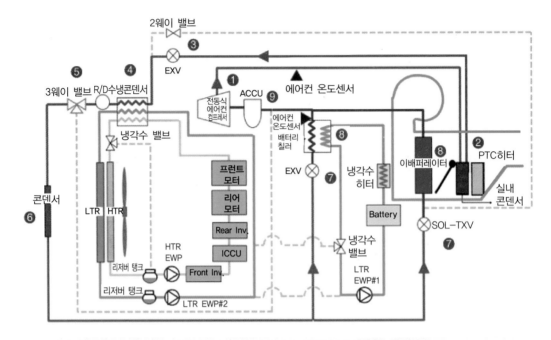

1. **전동식 에어컨 컴프레서** : 전동 모터로 구동되어지면 저온 저압 가스 냉매를 고온 고압 가스로 만들어 실내 콘덴서로 보내진다.
2. **PTC 히터** : 실내 난방을 위한 고전압 전기히터
3. **EXV** : 냉방모드에서는 냉매를 바이패스 시킨다.
4. **R/D 수냉콘덴서** : 고온 고압 가스 냉매를 응축시켜 고온 고압의 액상 냉매로 만든다.
5. **3웨이 밸브** : 냉매를 콘덴서로 이동하게 제어한다.
6. **콘덴서** : R/D 수냉 콘덴서에서 응축한 냉매를 한번 더 응축시켜준다.
7. **EXV** : 고온 고압의 액상 냉매를 저온 저압으로 바꾸어주어 상변화에 용이하도록 한다.
   (배터리 냉각시 작동)
8. **이배퍼레이터** : 냉매의 증발되는 효과를 이용하여 공기를 냉각한다.
9. **어큐뮬레이터** : 컴프레서로 기체 냉매만 유입될 수 있게 냉매의 기체/액체를 분리한다.

## 5) 전동식 에어컨 컴프레서

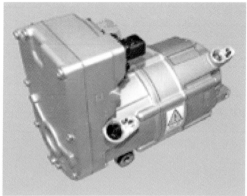

① 만약 컴프레서 사용이 가능하다면, 엔진 아이들 상태로 에어컨을 몇 분 동안 작동시킨 후 엔진을 정지한다.

② 배터리의 (-) 케이블을 분리한다.

③ 고전압 회로를 차단한다.

④ 회수/재생/충전기로 냉매를 회수한다.

⑤ 프런트 트렁크를 탈거한다.

⑥ 석션 라인(A)과 디스차지 라인(B), 전동식 에어컨 컴프레서 커넥터(A)와 고전압 커넥터(B), 전동식 에어컨 컴프레서 어셈블리(A)를 탈거한다.

① **전동식 에어컨 컴프레서 바디 내부 이상 여부 확인 방법**

ⓐ 전동식 에어컨 컴프레서 측 저압 파이프 탈거

ⓑ 전동식 에어컨 컴프레서 저압 파이프 내부 측 오염 여부 확인

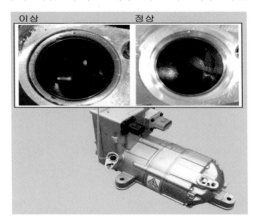

② 전동식 에어컨 컴프레서 모터의 점검을 위해 3상 전원핀의 저항값을 측정한다.

ⓐ 아래에 있는 3상 저항 값이 불량이면 모터의 이상이므로 전동식 에어컨 컴프레서 바디를 교환한다.

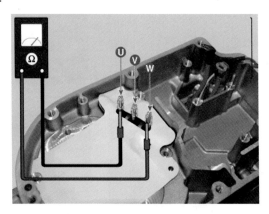

ⓑ 규정값

| 구       분 | U–V상 | V–W상 | U–W상 |
|---|---|---|---|
| 정상 저항값 | 0.69Ω 이하 | | |
| 불량 저항값 | 0.7Ω 이상 | | |

컴프레서 인버터를 점검하려면 컴프레서의 고전압 핀, 저전압 핀 및 절연체의 저항값을 측정한다.

① 고전압 핀 : 100Ω 이상 (불량 : 100Ω이하)

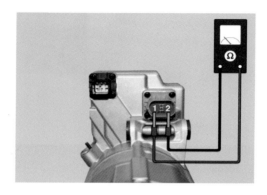

② 저전압 핀

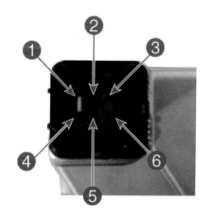

| 핀번호 | 기능 | 핀번호 | 기능 |
|---|---|---|---|
| 1 | 12V접지 | 4 | 12V전원 |
| 2 | CAN_L | 5 | CAN_H |
| 3 | 인터락(−) | 6 | 인터락(+) |

ⓐ 2-5번 단자간 CAN High/Low 저항과 CAN 접지 저항을 측정한다.

| 핀 | 규정값 |
|---|---|
| 2~5 | 120Ω |
| 1~5 | 정상(100kΩ 이상), 불량(100kΩ 이하) |
| 1~2 | 정상(100kΩ 이상), 불량(100kΩ 이하) |

ⓑ 인터락 High/Low 저항을 측정한다.
(고전압 커넥터(A)를 연결하고 저전압(B)
3 및 6 저항을 측정한다.)
정상(약 1.0Ω), 불량(수MΩ)

③ 전동식 에어컨 컴프레서의 절연 저항을
측정한다.
정상값 : 최소값 100MΩ (@500Vdc, 무냉매)

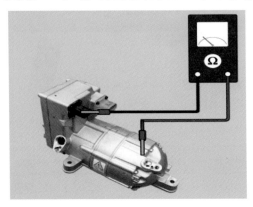

**전동식 에어컨 컴프레서 분해**

① 전동식 에어컨 컴프레서를 탈거한다.
② 인버터 / 바디 키트는 전자 부품으로 먼지 및 수분에 쉽게 손상되므로 청정실로 이동
한다.
③ 장착 스크류를 풀고 인버터 커버(A)를 탈
거한다.

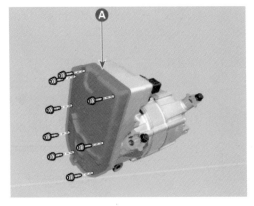

• **체결토크** : 0.5~0.8 kgf.m 인버터커버
와 장착 스크류는 재사용하지 않는다.
• 컴프레서 바디와 인버터가 손상되지 않
도록 주의한다.

• 인버터 커버의 돌출부(A)에 스크류 드라이버와 해머를 사용하여 분해한다.

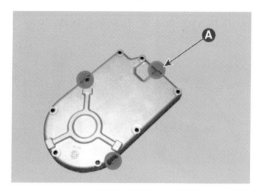 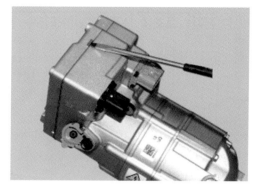

④ 인버터 가스켓(A)를 탈거한다. 인버터 가스켓은 재사용하지 않는다.

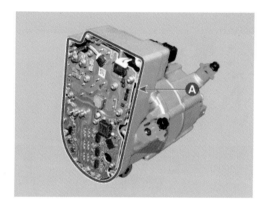

⑤ 인버터 커넥터(A)를 분리하고 인버터 장착 스크류를 탈거한다.

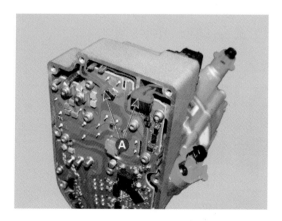 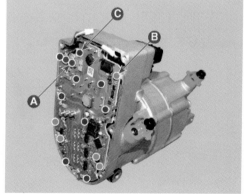

스크류 A: T15.  스크류 B: T20 - 10mm, 스크류 C: T20 - 25mm

⑥ 인버터(A)를 탈거한다.

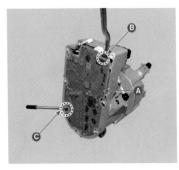 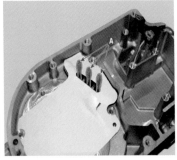 

인버터 탈거 시, 3상 전원 핀(A) 및 IGBT(B)의 파손, 틀어짐 및 휨에 주의한다.

⑦ 3상 전원 핀 슬리브(A)와 절연 시트(B)를 탈거한다.
　절연 시트는 재사용하지 않는다.

## 전동식 에어컨 컴프레서 조립

① 인버터 장착 시 IGBT 클램프가 정상적으로 조립되어 있어야 한다.
　(들뜸 및 누락이 없어야 한다.)

② 바디부에 절연 시트 장착 시 캐스팅 외형과 형합이 일치해야 한다.

(절연 시트의 찢어짐 및 틀어짐이 없어야 한다.)

절연 시트에 커팅 된 부분이 있으므로 전동식 에어컨 컴프레서 작업 시 해당 부위가 찢어지지 않도록 주의한다.

## 고전압 정션박스 내부 에어컨 컴프레서 퓨즈

① 고전압 정션 박스 어퍼 커버를 탈거한다.

② 장착 너트를 풀고 고전압 컴프레서 퓨즈(A)를 분리한다.

- 버스바 스크류 분리 후 도포 되어있던 록 타이트를 (-)드라이버 혹은 기타 공구를 활용하여 제거한다.
- 이물질이나 록타이트 잔여물로 인해 단자간 접촉 불량이 발생할 수 있다.

## 7) 수냉 콘덴서

## 8) 칠러

모터 전장 폐열을 이용하여 저온 저압의 가스 냉매와 열교환 시키는 히트펌프 시스템으로 전장 폐열을 회수하는 역할을 한다.

## 9) PTC 히터 (Positive Temperature Coefficient)

히터 내부의 다수의 PTC서미스터에 고전압 배터리 전원을 인가하여 서미스터의 발열을 이용해 난방의 열원으로 사용한다. 난방을 필요로 하는 조건에서 고전압이 인가되고 블로워가 작동시에 찬공기를 따뜻한 공기로 변환한다.

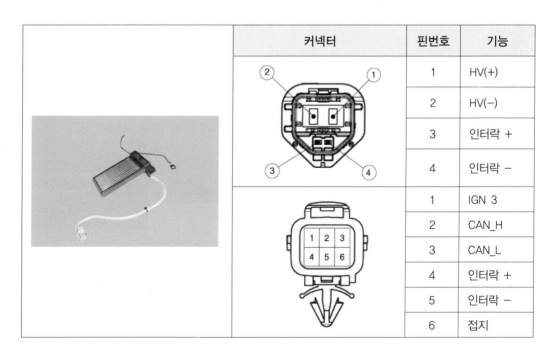

| 커넥터 | | 핀번호 | 기능 |
|---|---|---|---|
| | | 1 | HV(+) |
| | | 2 | HV(−) |
| | | 3 | 인터락 + |
| | | 4 | 인터락 − |
| | | 1 | IGN 3 |
| | | 2 | CAN_H |
| | | 3 | CAN_L |
| | | 4 | 인터락 + |
| | | 5 | 인터락 − |
| | | 6 | 접지 |

## 10) 히트펌프

### ① 난방모드 (실내 난방 모드)

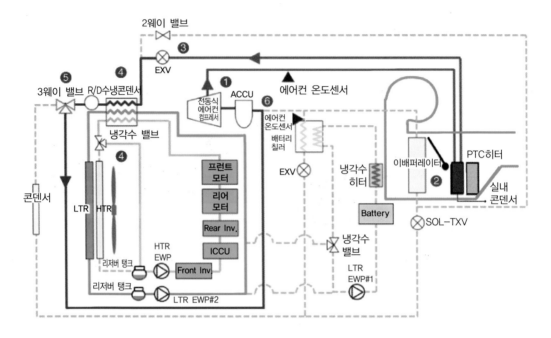

1. **전동식 에어컨 컴프레서** : 전동 모터로 구동되어지면 저온 저압 가스 냉매를 고온 고압 가스로 만들어 실내 콘덴서로 보내진다.
2. **이배퍼레이터** : 냉매의 증발되는 효과를 이용하여 공기를 냉각한다.
3. **EXV** : 난방모드에서는 고온 고압의 액상 냉매를 저온 저압으로 바꾸어주어 상변화에 용이하도록 한다.
4. **R/D 수냉 콘덴서** : 저온 저압의 액상 냉매를 저온 저압의 기상 냉매로 팽창시킨다.
5. **3웨이 밸브** : 냉매를 어큐뮬레이터로 이동하게 제어한다.
6. **어큐뮬레이터** : 컴프레서로 기체 냉매만 유입될 수 있게 냉매의 기체/액체를 분리한다.

## ② 난방모드 (실내 난방 + 제습 모드)

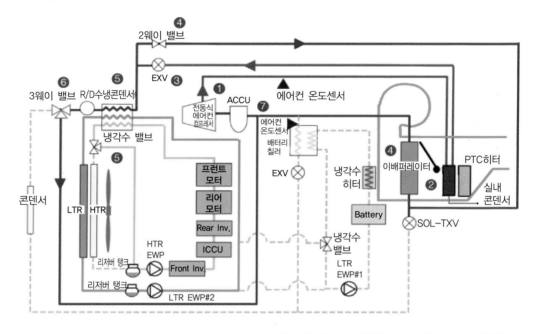

1. **전동식 에어컨 컴프레서** : 전동 모터로 구동되어지면 저온 저압 가스 냉매를 고온 고압 가스로 만들어 실내 콘덴서로 보내진다.
2. **이배퍼레이터** : 냉매의 증발되는 효과를 이용하여 공기를 냉각한다.
3. **EXV** : 난방 모드에서는 고온 고압의 액상 냉매를 저온 저압으로 바꾸어주어 상변화에 용이하도록 한다.
4. **2웨이 밸브** : 저온 저압의 액상냉매를 이배퍼레이터로 흐르게 제어한다.
5. **R/D 수냉 콘덴서** : 저온 저압의 액상 냉매를 저온 저압의 기상 냉매로 팽창시킨다.
6. **3웨이 밸브** : 냉매를 어큐뮬레이터로 이동하게 제어한다.
7. **어큐뮬레이터** : 컴프레서로 기체 냉매만 유입될 수 있게 냉매의 기체/액체를 분리한다.

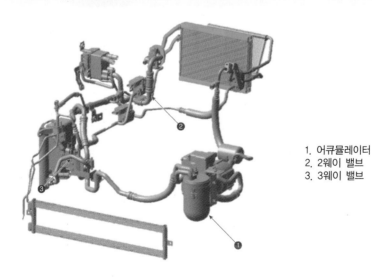

1. 어큐뮬레이터
2. 2웨이 밸브
3. 3웨이 밸브

### ③ 냉매 방향전환 밸브 (3웨이 밸브)

전기적 신호에 의하여 밸브 출구 방향을 변경하여 냉매의 흐름 방향을 전환한다. 냉매 흐름 방향 전환으로 에어컨 모드 및 히트펌프 모드를 구동할 수 있다. 수냉콘덴서와 같이 조립되어 있다.

 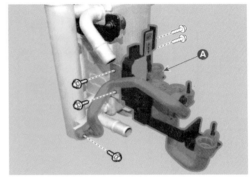

### ④ 냉매 방향전환 밸브 (2웨이 밸브)

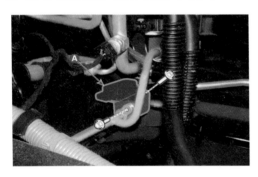

⑤ **어큐뮬레이터** : 컴프레서측으로 기체냉매만 유입 될 수 있도록 냉매의 기체/액체를 분리한다.

# (14) 현대 아이오닉5 NE EV 2022년식(70KW+160KW) 전기 회로도

## 1) 배터리 매니지먼트 시스템 전기회로도

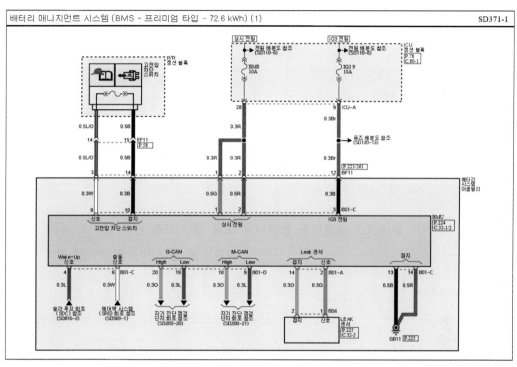

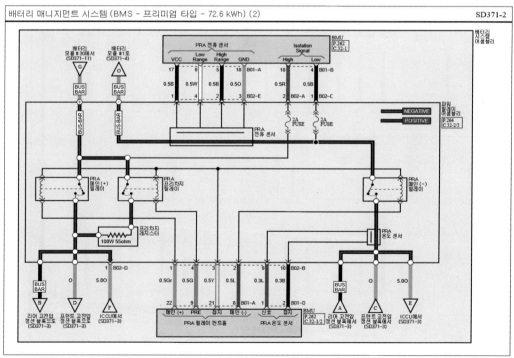

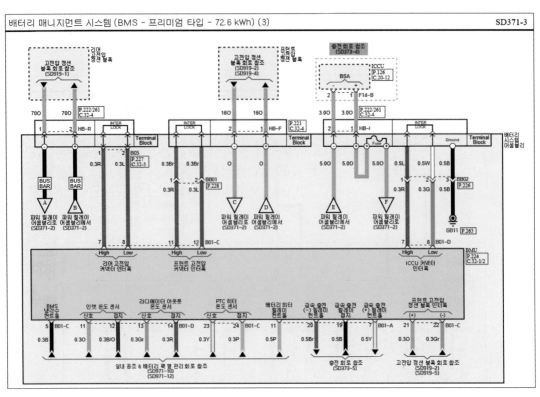

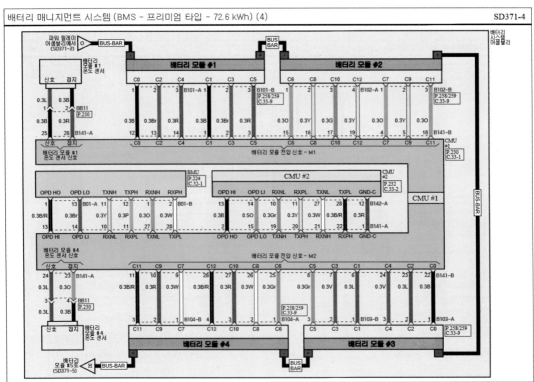

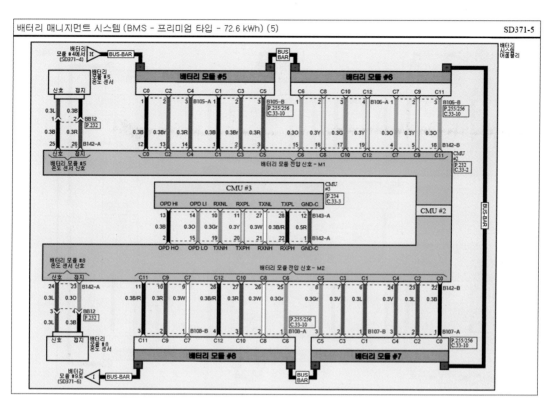

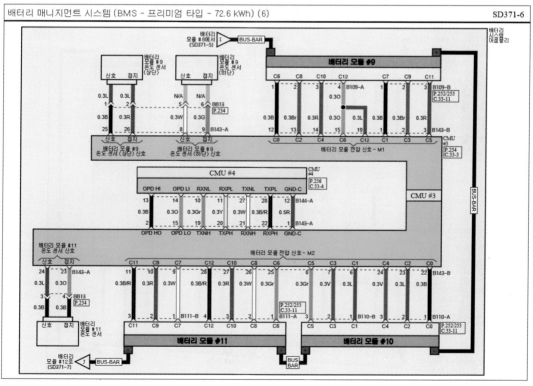

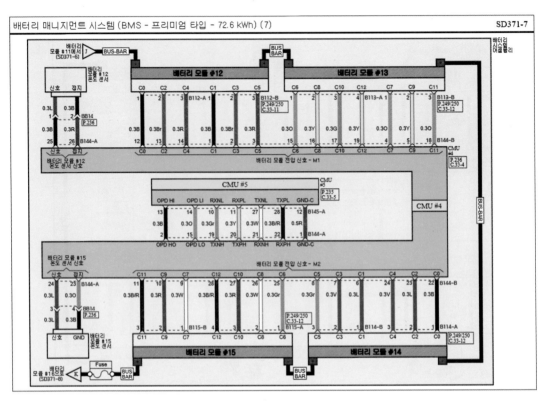

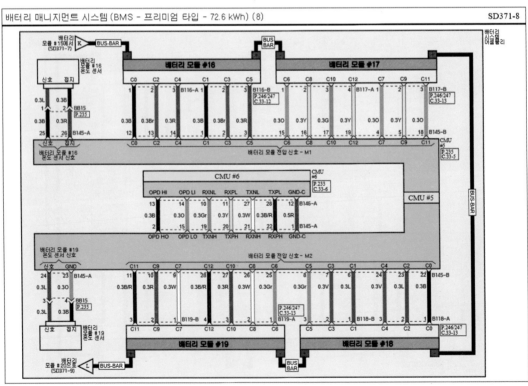

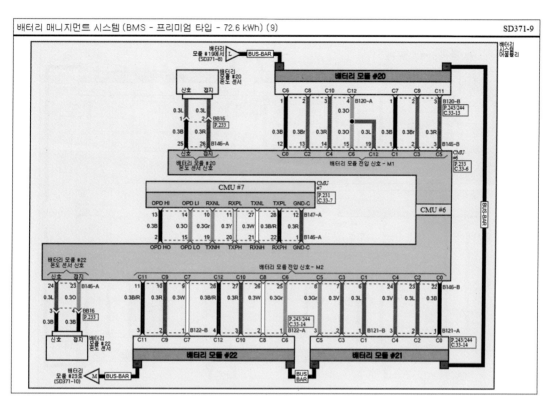

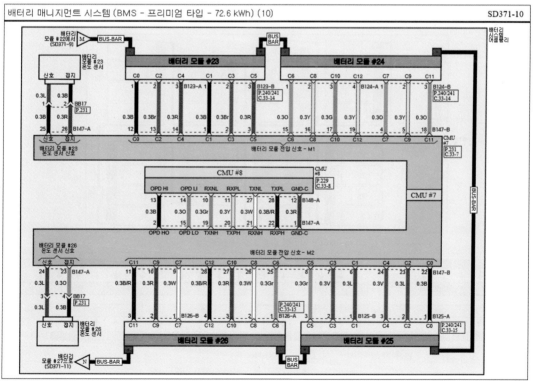

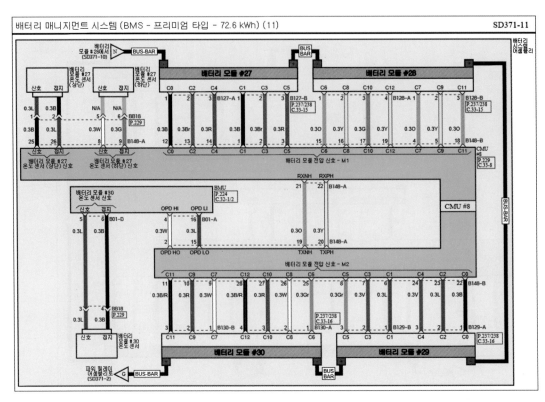

배터리 매니지먼트 시스템 (BMS - 프리미엄 타입 - 72.6 kWh) (11) — SD371-11

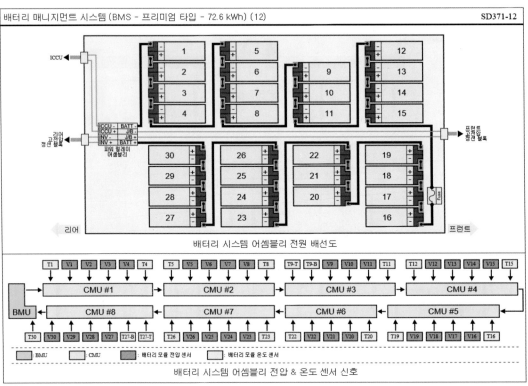

배터리 매니지먼트 시스템 (BMS - 프리미엄 타입 - 72.6 kWh) (12) — SD371-12

배터리 시스템 어셈블리 전원 배선도

배터리 시스템 어셈블리 전압 & 온도 센서 신호

## 2) EV 제어 회로(VCU) 전기 회로도

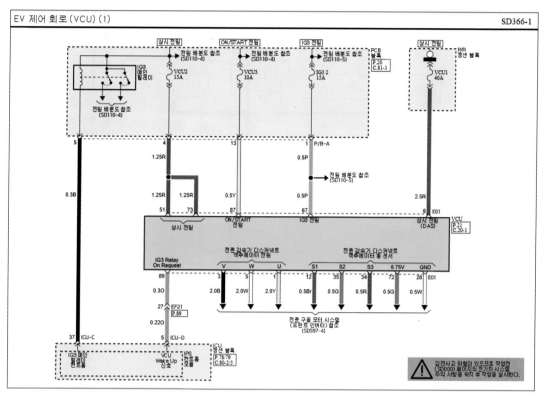

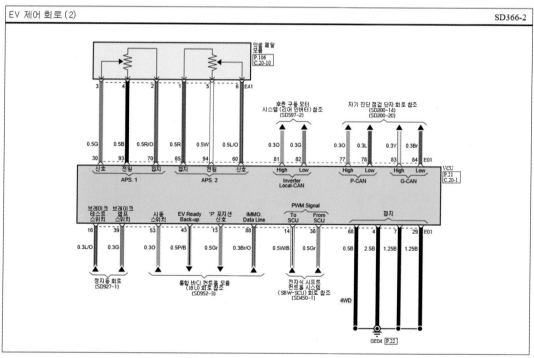

## 3) 고전압 정션 블록 전기 회로도

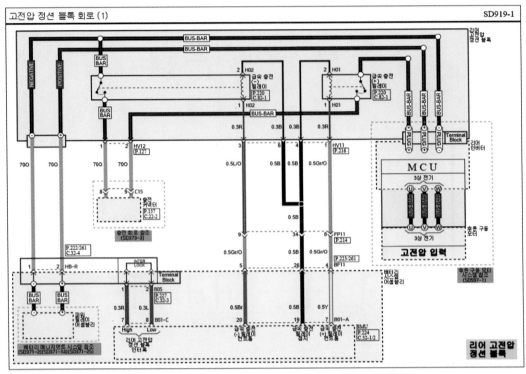

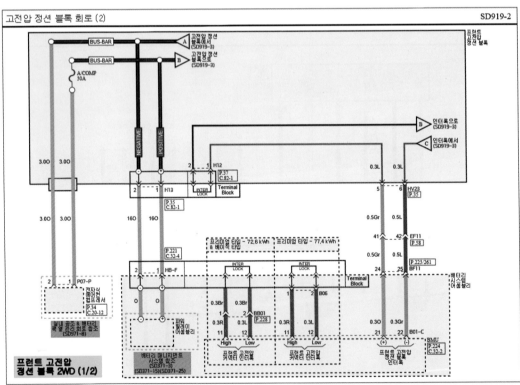

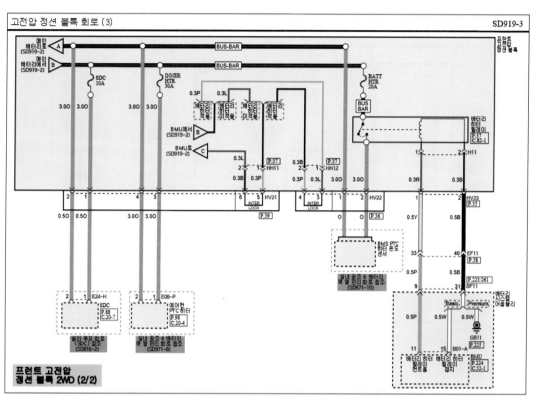

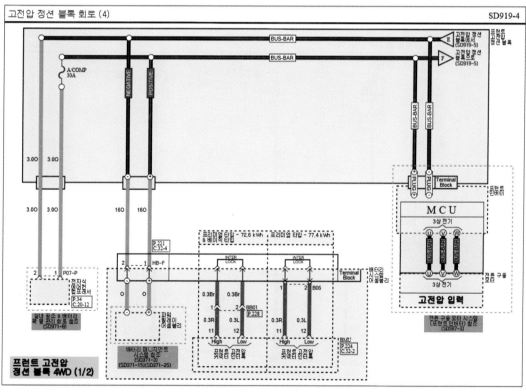

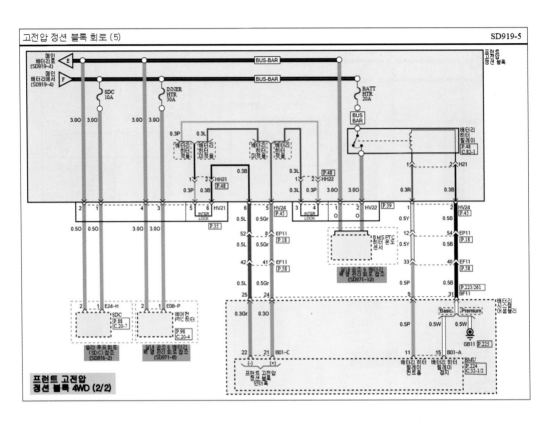

## 4) 냉각팬 & 전자식 워터 펌프 전기 회로도

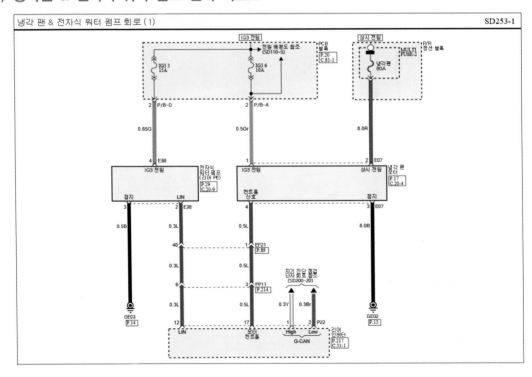

## 5) 전륜 구동 모터 시스템(프런트 인버터) 전기회로도

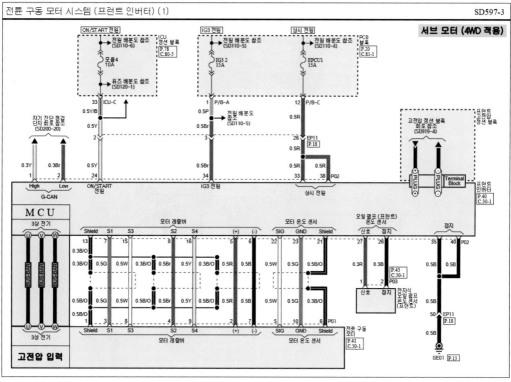

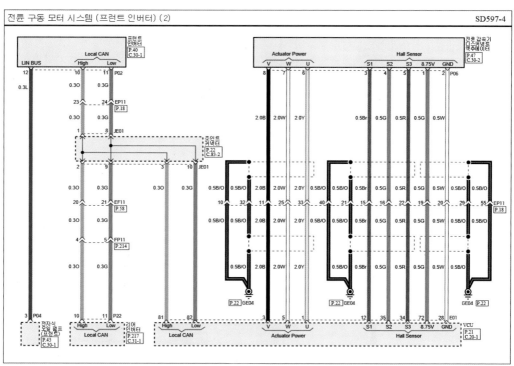

## 6) 전자식 오일 펌프 전기회로도

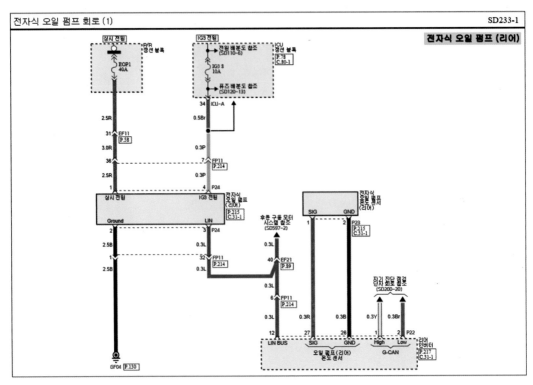

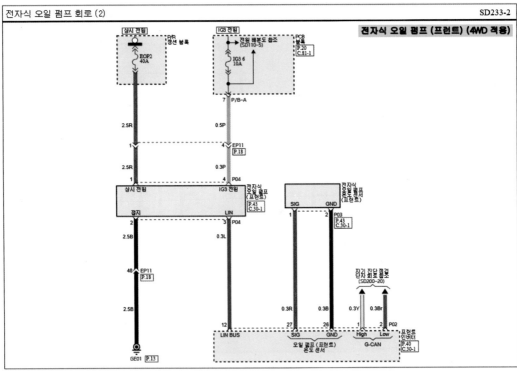

## 7) 충전회로(VCMS / ICCU / V2L / CDM) 전기회로도

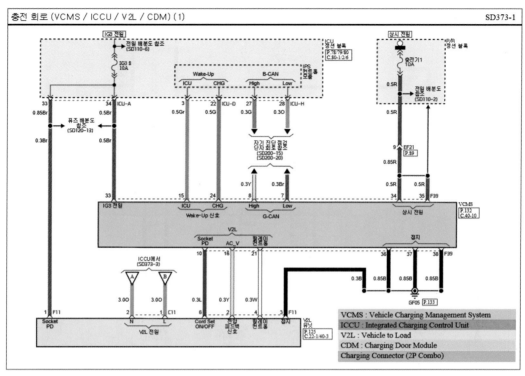

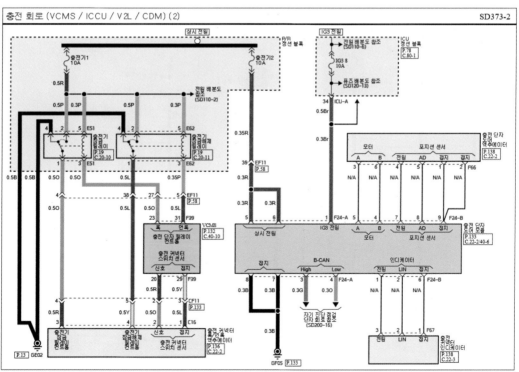

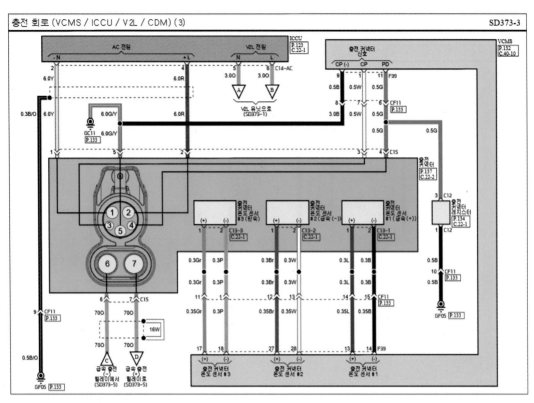

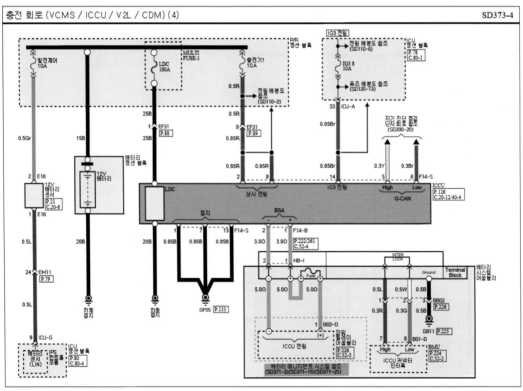

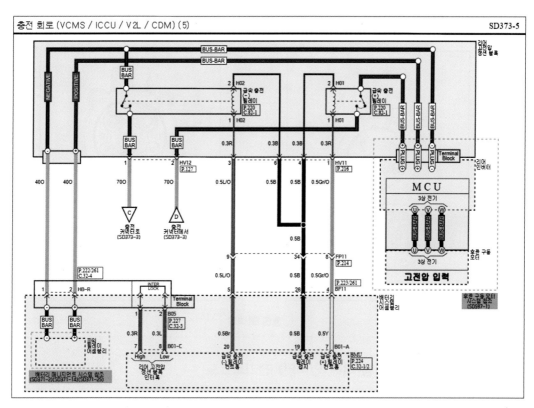

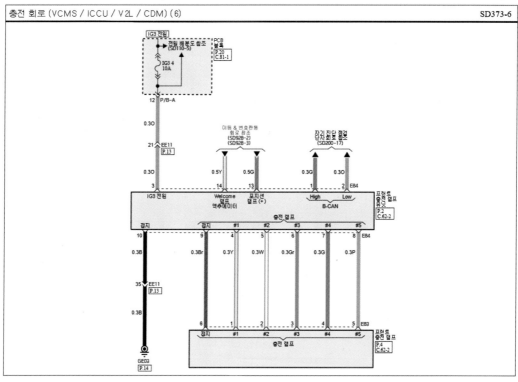

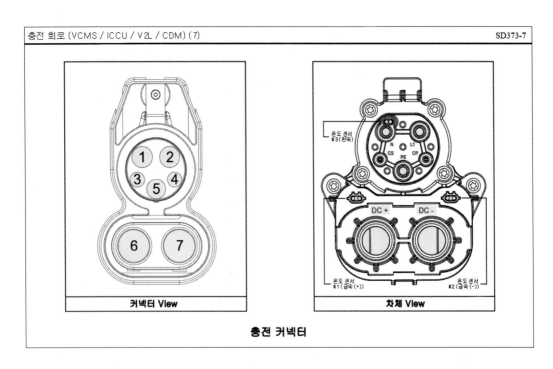

충전 커넥터

## 8) 후륜 구동 모터 시스템(리어 인버터) 전기회로도

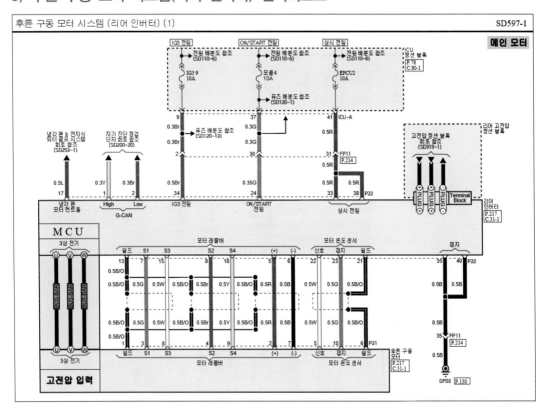

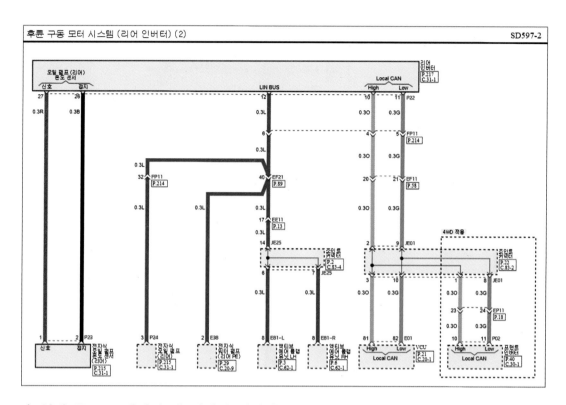

## 9) 실내 공조 & 배터리 팩 열관리 전기회로도

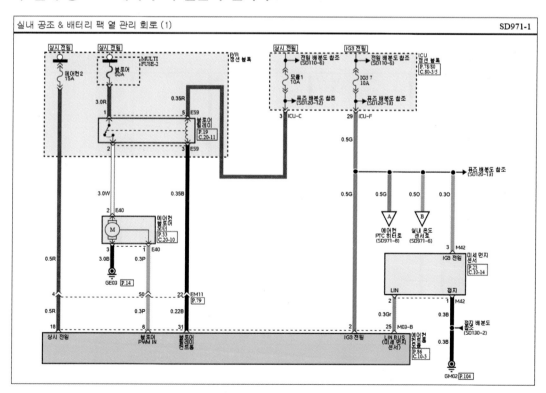

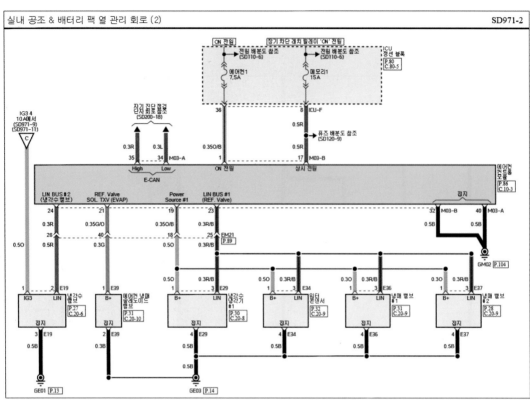

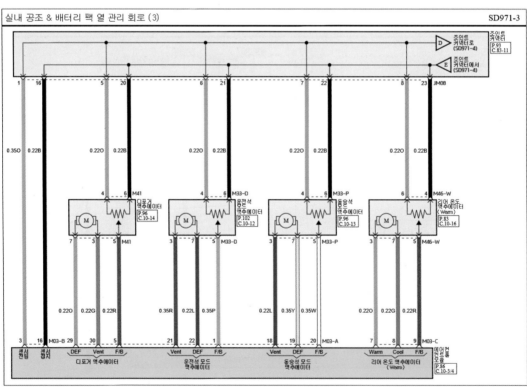

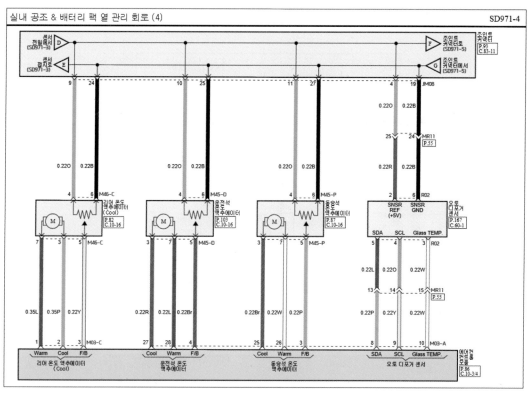

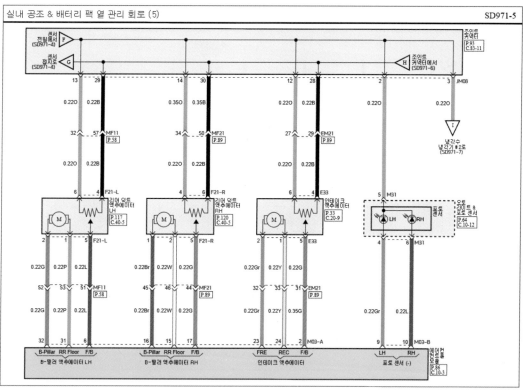

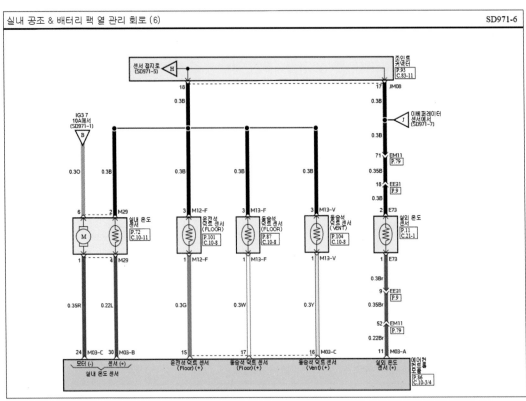

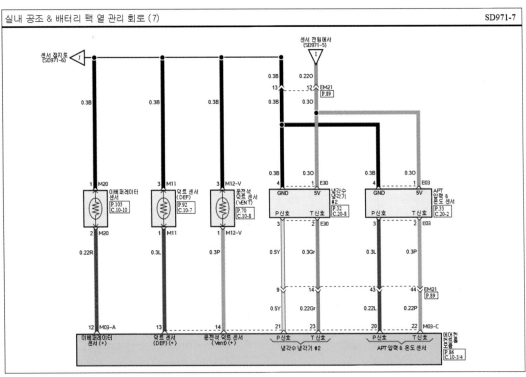

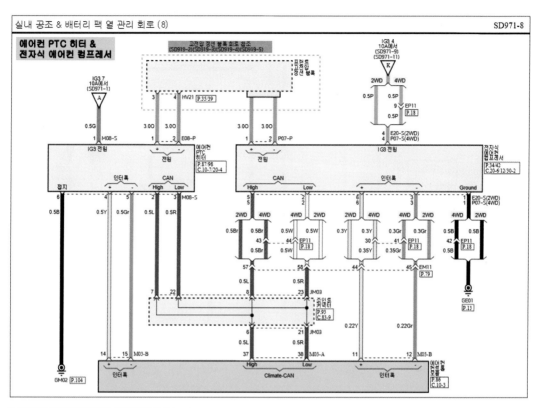

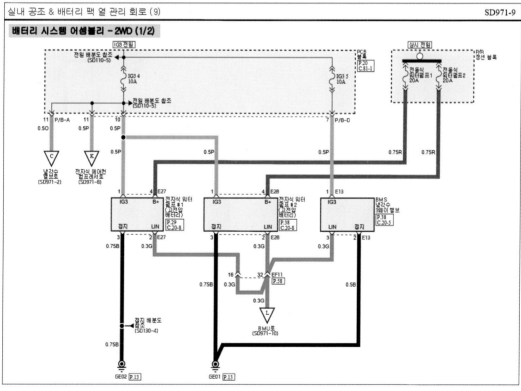

## 배터리 시스템 어셈블리 – 2WD (2/2)

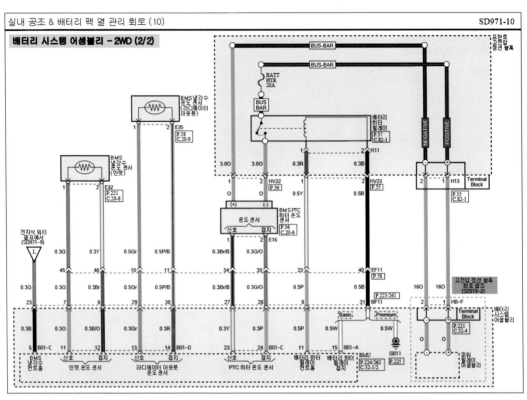

## 배터리 시스템 어셈블리 – 4WD (1/2)

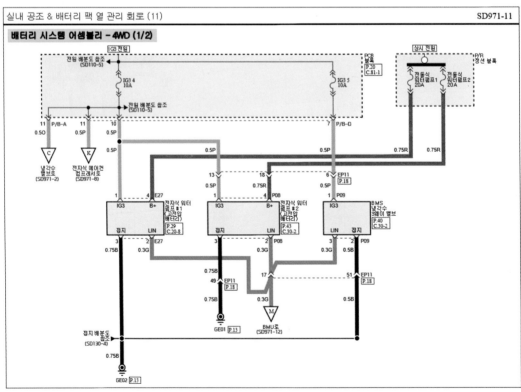

274

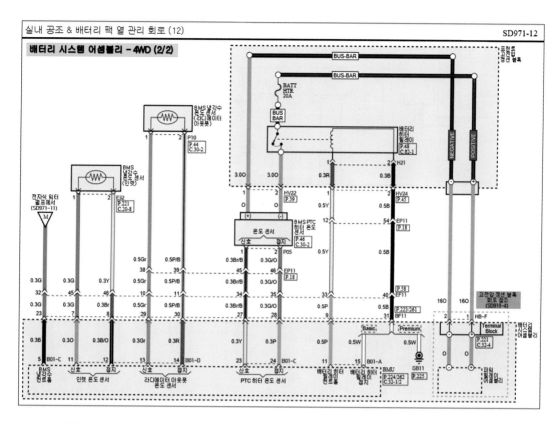

## 10) 자기진단 점검 및 CAN 통신 전기회로도

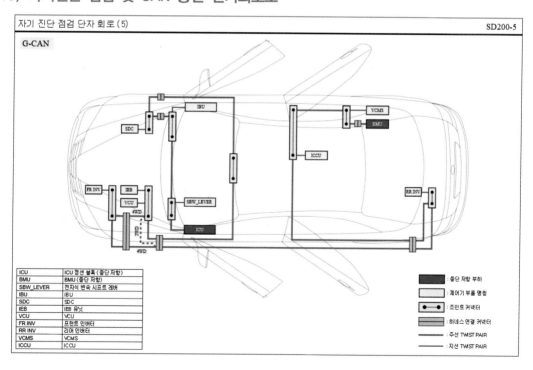

| ICU | ICU 정션 블록 (중단 저항) |
|---|---|
| BMU | BMU (중단 저항) |
| SBW_LEVER | 전자식 변속 시프트 레버 |
| IBU | IBU |
| SDC | SDC |
| IEB | IEB 유닛 |
| VCU | VCU |
| FR INV | 프론트 인버터 |
| RR INV | 리어 인버터 |
| VCMS | VCMS |
| ICCU | ICCU |

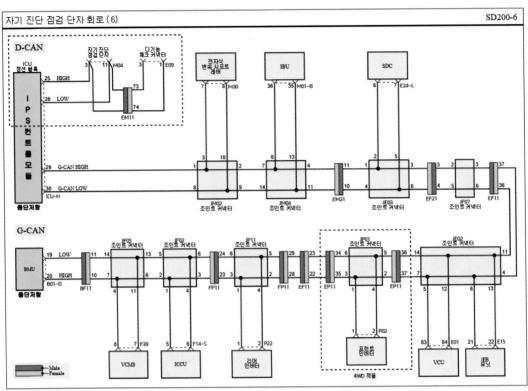

자기 진단 점검 단자 회로 (6)    SD200-6

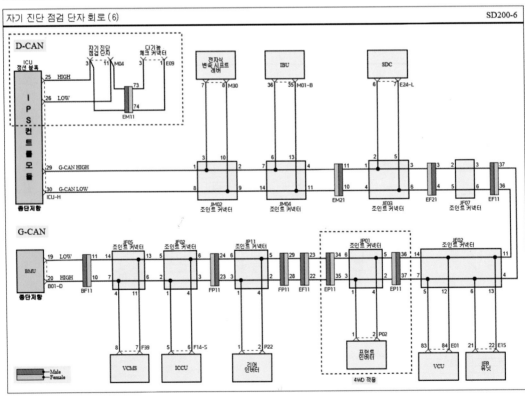

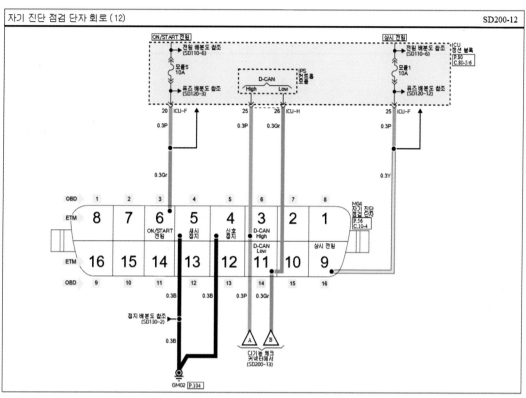

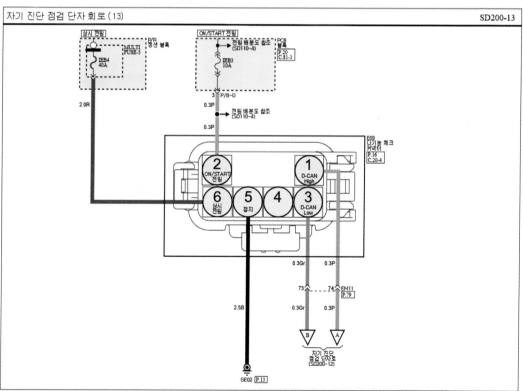

5. EV 차량 분해 실무 정비작업(현대 아이오닉 5NE)   **277**

## (15) 현대 아이오닉5 NE EV 2022년식(70KW+160KW) 구성부품 위치도

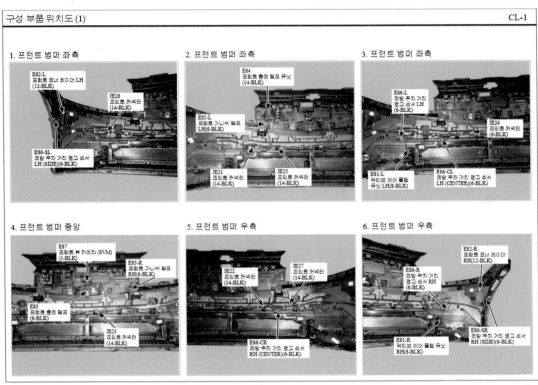

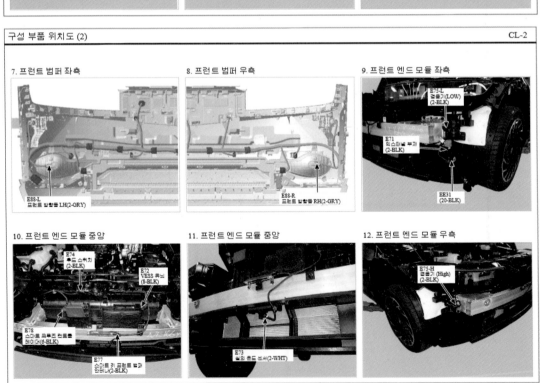

### 13. 프런트 엔드 모듈 좌측 뒤

GE02
EE11 (45-GRY)
GE01

### 14. 프런트 엔드 모듈 우측 뒤

GE03

### 15. PE 룸 좌측 앞

E04-L(STANDARD)(14-BLK)
E05-L(OPTION)(20-BLK)
젠조등 LH

### 16. PE 룸 좌측 앞

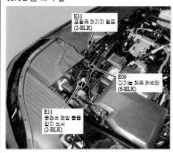

E31
프런트 정기지 램프
(2-BLK)
E09
디기놀 체크 커넥터
(6-BLK)
E11
운전석 전방 숄더
감지 센서
(2-BLK)

### 17. PE 룸 좌측 앞

E07
냉각 팬 모터
(4-BLK)

### 18. PE 룸 좌측

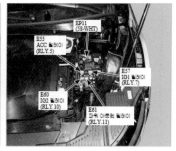

EP11 (58-WHT)
E55
ACC 릴레이 (RLY.5)
E57
IG1 릴레이 (RLY.7)
E60
IG2 릴레이 (RLY.10)
E61
파워 아웃렛 릴레이 (RLY.11)

### 19. PE 룸 좌측

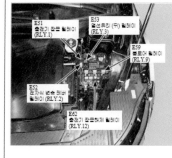

E51
충전기 좌측 릴레이 (RLY.1)
E53
멀션류링 (우) 릴레이 (RLY.3)
E59
블로어 릴레이 (RLY.9)
E52
전자식 변속 체버 릴레이 (RLY.2)
E62
충전기 좌면하게 릴레이 (RLY.12)

### 20. PE 룸 좌측

P.B-C
PCB 볼트 (12-BLU)
P.B-B
PCB 볼트 (1-WHT)
P.B-D
PCB 볼트 (12-WHT)
P.B-A
PCB 볼트 (15-WHT)

### 21. PE 룸 좌측

E01
VCU(94-BLK)
E18
12V 배터리 센서 (2-BLK)
GE06

### 22. PE 룸 좌측 뒤

GE04
JE01
조인트 커넥터 (14-BLK)

### 23. 크래쉬 패드 우측

M42
기어 감지 센서 (3-WHT)

### 24. PE 룸 좌측 뒤

E15
IEB 류닛 (INTEGRATED ELECTRIC BRAKE)(46-BLK)
E06
밀레이크 오일 레벨 센서(2-BLK)
JE02
조인트 커넥터 (14-BLK)

### 25. PE 룸 우측 앞

E04-R(Standard)(14-BLK)
E05-R(Option)(20-BLK)
접프블 RH

### 26. PE 룸 우측 앞

E22
환세 레벨 쎈서
(2-BLK)

E23
환세 모터
(3-BLK)

### 27. PE 룸 우측 앞

E12
물순면 전압 출류 감지 쎈서
(2-BLK)

E19
냉각수 펌프
(3-BLK)

### 28. PE 룸 우측 앞

E37
냉매 밸브 #2 (언조기)
(DRIER)(4-BLK)

### 29. PE 룸 우측

E27
전자식 쇽단 밸브#1 (고전압 배터리)
(HV BATTERY)(4-BLK)

E38
전자식 쇽단 밸브
(히어 PE)(4-BLK)

### 30. PE 룸 우측 뒤

E29
냉각수 냉각기 #1 (시소원)
(4-BLK)

### 31. PE 룸 우측 뒤

E39
에어컨 냉매 솔레노이드 밸브
(2-BLK)

E36
냉매 밸브 #1 (제습기)
(4-BLK)

### 32. PE 룸 우측 뒤

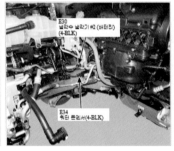

E30
냉각수 냉각기 #2 (배터리)
(4-BLK)

E34
워터 룬입서(4-BLK)

### 33. PE 룸 뒤쪽

E33
인버이흐 엑후에이터
(6-BLK)

E40
에어컨 블로어 모터
(4-BLK)

E03
APT 압력 & 온도 쎈서
(히어 밸브 흐름)(4-BLK)

### 34. PE 룸

2WD

P07-P
전자식 에어컨 컴표쎈서
(흐핀)(2-ORG)

E20-S
전자식 에어컨 컴표쎈서
(심호-2WD)(6-BLK)

### 35. PE 룸(프런트 HV 정선 블록)

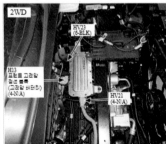

2WD

HV23
(6-BLK)

H13
프런트 고전압
정선 블록
(고전압 배터리)
(4-N:A)

HV21
(4-N:A)

### 36. PE 룸(프런트 HV 정선 블록)

2WD

HV22
(4-N:A)

E16
BMS PTC 히터 온도 쎈서
(4-BLU)

280

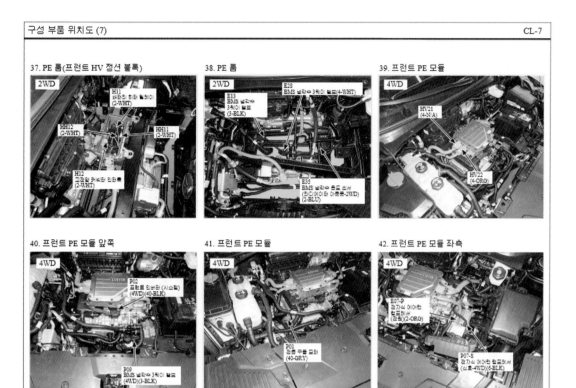

37. PE 룸(프런트 HV 정션 블록)
38. PE 룸
39. 프런트 PE 모듈
40. 프런트 PE 모듈 앞쪽
41. 프런트 PE 모듈
42. 프런트 PE 모듈 좌측

43. 프런트 PE 모듈 아래
44. 프런트 PE 모듈 앞쪽
45. 프런트 PE 모듈 뒤쪽
46. 프런트 PE 모듈 뒤쪽
47. 프런트 PE 모듈 뒤쪽
48. 프런트 HV 정션 블록

### 49. 프런트 서스펜션

E17
MDPS 튜닉
(1-BLK)

### 50. 프런트 서스펜션 좌측

E79-L
프런트 휠 씨서 LH(2-BLK)

### 51. 프런트 서스펜션 우측

E79-R
프런트 휠 씨서 RH(2-BLK)

### 52. 카울 탑 패널 좌측

E25
와이퍼 모터(5-BLK)

### 53. 좌측 앞 휠 하우징

EE01
(2-BLK)

### 54. 우측 앞 휠 하우징

EE02
(2-BLK)

### 55. 좌측 프런트 필러

MR11
(45-WHT)

### 56. 크래쉬 패드 좌측

M04
자기 진단 점검 단자
(16-BLK)

### 57. 크래쉬 패드 좌측

M09
크래쉬 패드
스위치
(20-BLK)

### 58. 대시 패널 좌측

MF11
(74-WHT)

EF11
(49-BLU)

JF06
플로어 커넥션
(30-BLK)

### 59. 크래쉬 패드 좌측

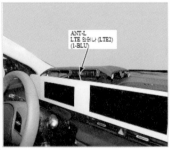

ANT-L
LTE 안테나 (LTE2)
(1-BLU)

### 60. 스티어링 휠

M90
클락 스프링
(14-WHT)

운전석 에어백
#1(2-N/A)

운전석 에어백
#2(2-N/A)

282

### 61. 스티어링 휠 뒤쪽

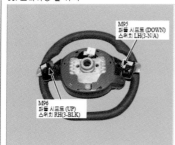

M95
패들 시프트 (DOWN)
스위치 LH(3-N/A)

M96
패들 시프트 (UP)
스위치 RH(3-BLK)

### 62. 스티어링 휠

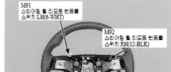

M91
스티어링 휠 리모트 컨트롤
스위치 LH(6-WHT)

M92
스티어링 휠 리모트 컨트롤
스위치 RH(12-BLK)

M98
드라이브 모드 스위치
(6-WHT)

### 63. 스티어링 휠 뒤쪽

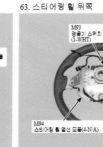

M93
경음기 스위치
(1-WHT)

스티어링 휠 로어
커버를 탈거한 상태

M94
스티어링 휠 열선 모듈(4-N/A)

### 64. 크래쉬 패드 중앙

M31
오토 라이트 & 포토 센서
(6-WHT)

### 65. 크래쉬 패드 중앙

M14
센터 스피커
(3-WHT)

### 66. 크래쉬 패드 중앙

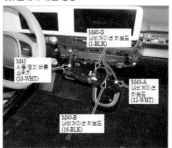

M40-G
내비게이션 키보드
(1-BLK)

M43
시동정지 버튼
스위치
(10-WHT)

M40-A
내비게이션
키보드
(12-WHT)

M40-B
내비게이션 키보드
(16-BLK)

### 67. 크래쉬 패드 중앙

M25
비상연동 스위치
(6-WHT)

### 68. 크래쉬 패드 좌측

M06-L
계기판 (BVM 영상 신호)
(1-BLU)

M06
계기판
(40-WHT)

### 69. 크래쉬 패드 중앙

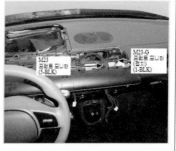

M23-G
프론트 모니터
(접지)
(1-BLK)

M23
프론트 모니터
(5-BLK)

### 70. 크래쉬 패드 중앙

M12-V
증발기 덕트 센서 (VENT)
(3-BLK)

### 71. 스티어링 컬럼

M30
전자식 변속 시프트 레버
(8-WHT)

M32
다기능 스위치
(16-WHT)

M10
클럭 스프링
(스티어링 휠 리모트
컨트롤 스위치)
(14-WHT)

M16
운전석 에어백
(4-YEL)

### 72. 크래쉬 패드 중앙

M29
실내 온도 센서(6-WHT)

### 73. 우측 프런트 필러

MM02(RADIO/GNSS/DMB/LTE1)(3-GRN)

### 74. 카울 크로스 바 우측

M44-U
빌트인 캠 유닛(18-WHT)

M44-B
빌트인 캠 유닛(4-BLK)

### 75. 크래쉬 패드 우측

M60
USB 허 (빌트인 캠)
(4-N/A)

M24
글로브 박스 램프
(2-BLK)

### 76. 크래쉬 패드 센터 로어 트림

M07
플랫폼 파워 아웃렛
(2-WHT)

### 77. 히터 유닛 중앙

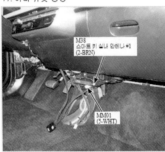

M38
스마트 키 실내 안테나 #1
(2-BRN)

MM01
(5-WHT)

### 78. 카울 크로스 바 좌측

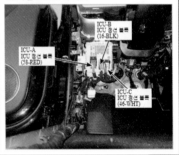

ICU-B
ICU 정션 블록
(16-BLK)

ICU-A
ICU 정션 블록
(58-RED)

ICU-C
ICU 정션 블록
(46-WHT)

### 79. 카울 크로스 바 좌측

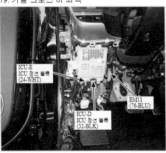

ICU-E
ICU 정션 블록
(24-WHT)

ICU-D
ICU 정션 블록
(32-BLK)

EM11
(76-BLU)

### 80. 카울 크로스 바 좌측

ICU-H
ICU 정션 블록
(46-WHT)

ICU-G
ICU 정션 블록
(24-WHT)

ICU-F
ICU 정션 블록
(32-BLK)

### 81. 카울 크로스 바 좌측

JM06
조인트 커넥터
(30-BRN)

GM04

MM06
(LTE)(1-GRY)

### 82. 히터 유닛 좌측

M46-C
리어 온도 액추에이터
(COOL)(7-BLK)

### 83. 히터 유닛 좌측

M46-W
리어 온도 액추에이터
(WARM)(7-BLU)

### 84. 카울 크로스 바 중앙

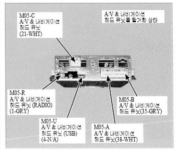

M05-C
A/V & 내비게이션
헤드 유닛
(21-WHT)

A/V & 내비게이션
헤드 유닛을 탈거한 상태

M05-R
A/V & 내비게이션
헤드 유닛 (RADIO)
(1-GRY)

M05-B
A/V & 내비게이션
헤드 유닛(35-GRY)

M05-U
A/V & 내비게이션
헤드 유닛 (USB)
(4-N/A)

M05-A
A/V & 내비게이션
헤드 유닛(38-WHT)

### 85. 카울 크로스 바 중앙

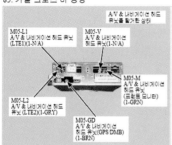

M05-L1
A/V & 내비게이션 헤드 유닛
(LTE1)(1-N/A)

M05-V
A/V & 내비게이션
헤드 유닛(1-N/A)

A/V & 내비게이션 헤드
유닛을 탈거한 상태

M05-M
A/V & 내비게이션
헤드 유닛
(프런트 모니터)
(1-GRN)

M05-L2
A/V & 내비게이션 헤드
유닛 (LTE2)(1-GRY)

M05-GD
A/V & 내비게이션
헤드 유닛(GPS/DMB)
(1-BRN)

### 86. 히터 유닛 중앙

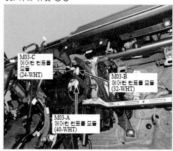

M03-C
(에어컨 컨트롤
모듈)
(24-WHT)

M03-B
에어컨 컨트롤 모듈
(32-WHT)

M03-A
에어컨 컨트롤 모듈
(40-WHT)

### 87. 히터 유닛 우측

M08-S
에어컨 PTC 히터
(신호)(6-BLK)

M13-F
동승석 덕트 센서
(FLOOR)(3-BLK)

M45-P
동승석 온도 액추에이터(7-WHT)

### 88. 대시 패널 우측

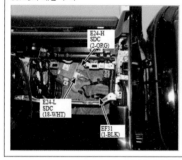

E24-H
SDC
(2-ORG)

E24-L
SDC
(18-WHT)

EF31
(1-BLK)

### 89. 대시 패널 우측

EM21
(48-BLU)

MF21
(61-WHT)

EF21
(49-BLU)

### 90. 카울 크로스 바 좌측

M26
헤드 업 디스플레이
(12-BLK)

### 91. 카울 크로스 바 좌측

GM01

### 92. 히터 유닛 좌측

M11
덕트 센서(DEF)
(3-BLK)

### 93. 카울 크로스 바 중앙

JM08
조인트 커넥터
(30-BRN)

JM03
조인트 커넥터
(30-BLK)

### 94. 카울 크로스 바 중앙

M27
IAU(IDENTITY
AUTHENTICATION
UNIT)(12-WHT)

M15
BLE(BLUETOOTH LOW ENERGY)
유닛(4-WHT)

### 95. 카울 크로스 바 우측

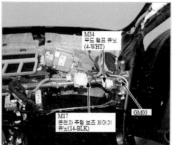

M34
무드 램프 유닛
(4-WHT)

M17
운전자 주행 보조 제어기
유닛(14-BLK)

GM03

### 96. 히터 유닛 우측

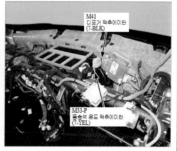

M41
디포거 액추에이터
(7-BLK)

M33-P
동승석 온도 액추에이터
(7-YEL)

### 97. 카울 크로스 바 우측

M01-B
IBU(36-GRY)

M01-D
IBU(40-WHT)

M01-A
IBU(40-BLK)

### 98. 대시 패널 중앙

E08-P
에어컨 PTC 히터 (전원)
(2-ORG)

### 99. 카울 크로스 바 좌측 뒤

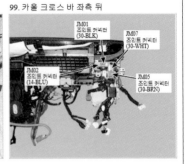

JM01
조인트 커넥터
(30-BLK)

JM07
조인트 커넥터
(30-WHT)

JM02
조인트 커넥터
(14-BLU)

JM05
조인트 커넥터
(30-BRN)

### 100. 카울 크로스 바 좌측 뒤

M18-S
운전자 주차 보조
제어기 유닛
(32-BLK)

M18-V
운전자 주차 보조
제어기 유닛
(4-N/A)

M18-C
운전자 주차 보조
제어기 유닛
(2-BLU)

### 101. 히터 유닛 좌측

M12-F
운전석 덕트 센서
(FLOOR)(3-BLK)

### 102. 히터 유닛 좌측

M33-D
운전석 모드 도어 액추에이터
(7-YEL)

### 103. 히터 유닛 좌측

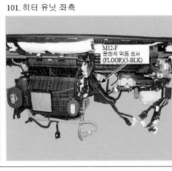

M45-D
운전석 온도 도어 액추에이터
(7-WHT)

M20
이베퍼레이터 센서
(2-WHT)

### 104. 카울 크로스 바 우측 뒤

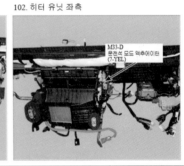

M13-V
동승석 덕트 센서
(VENT)(3-BLK)

JM04
조인트 커넥터
(14-BLU)

GE05

GM02

### 105. 대시 패널 좌측

F22
SCU
(20-BRN)

### 106. 대시 패널 좌측

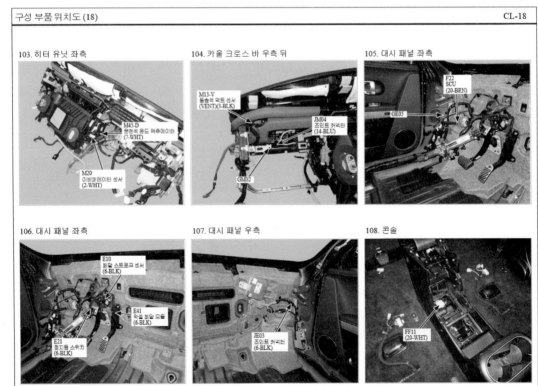

E10
페달 스트로크 센서
(6-BLK)

E41
악셀 페달 모듈
(6-BLK)

E21
정지등 스위치
(6-BLK)

### 107. 대시 패널 우측

JE03
조인트 커넥터
(6-BLK)

### 108. 콘솔

FF11
(20-WHT)

### 109. 콘솔 트레이

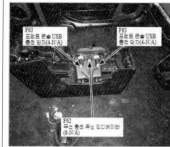

F63
프런트 콘솔 USB
충전 단자(4-N/A)

F63
프런트 콘솔 USB
충전 단자(4-N/A)

F62
무선 충전 유닛 인디케이터
(6-N/A)

### 110. 콘솔 트레이

F61
무선 충전 유닛
(12-N/A)

### 111. 콘솔 뒤쪽

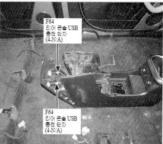

F64
리어 콘솔 USB
충전 단자
(4-N/A)

F64
리어 콘솔 USB
충전 단자
(4-N/A)

### 112. 콘솔 아래

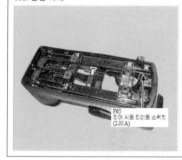

F65
리어 시트 리미트 스위치
(2-N/A)

### 113. 운전석 시트 아래

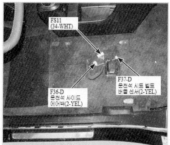

FS11
(34-WHT)

F37-D
운전석 시트 벨트
버클 센서(2-YEL)

F36-D
운전석 사이드
에어백(2-YEL)

### 114. 동승석 시트 아래

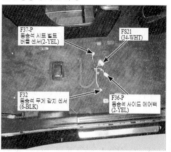

F37-P
동승석 시트 벨트
버클 센서(2-YEL)

FS21
(34-WHT)

F32
동승석 무게 감지 센서
(6-BLK)

F36-P
동승석 사이드 에어백
(2-YEL)

### 115. 좌측 센터 필러

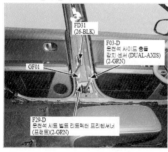

FD31
(26-BLK)

F03-D
운전석 사이드 충돌
감지 센서 (DUAL-AXIS)
(2-GRN)

GF01

F29-D
운전석 시트 벨트 리트랙터 프리텐셔너
(프런트)(2-GRN)

### 116. 우측 센터 필러

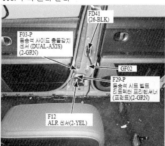

FD41
(26-BLK)

F03-P
동승석 사이드 충돌감지
센서 (DUAL-AXIS)
(2-GRN)

GF02

F29-P
동승석 시트 벨트
리트랙터 프리텐셔너
(프런트)(2-GRN)

F12
ALR 센서(2-YEL)

### 117. 운전석 시트 아래

F21-L
리어 먹트 액추에이터 LH
(6-BLK)

매트를 탈거한
상태

### 118. 콘솔 아래

GF06

F33
스마트 키
실내 안테나
#2(2-BRN)

F01
에어백 컨트롤 모듈
(52-BLK)

M02
에어백 컨트롤 모듈
(36-BLK)

매트를 탈거한
상태

### 119. 콘솔 아래

JF03
조인트 커넥터
(14-BLU)

JF07
조인트 커넥터
(6-WHT)

JF04
조인트 커넥터
(30-BRN)

매트를 탈거한
상태

### 120. 동승석 시트 아래

F21-R
리어 먹트 액추에이터
RH(6-BLK)

매트를 탈거한
상태

121. 좌측 리어 시트 아래

FS31
(28-WHT)

122. 우측 리어 시트 아래

FS41
(28-WHT)

123. 우측 리어 시트 아래

매트를 떼어낸
상태

C14-AC
ICCU
(AC INPUT)
(6-ORG)

GF08

124. 우측 리어 시트 아래

F31
AFCU
(28-WHT)

F02-A
웰프
(28-YEL)

F02-B
웰프
(28-GRN)

매트를 떼어낸
상태

125. 리어 시트 아래

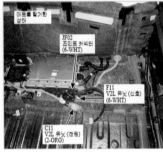

매트를 떼어낸
상태

JF02
조인트 커넥터
(6-WHT)

F11
V2L 유닛 (신호)
(6-WHT)

C11
V2L 유닛 (전원)
(2-ORG)

126. 리어 시트 아래

매트를 떼어낸
상태

F14-S
ICCU (신호)
(18-BLK)

F14-B
ICCU
(고전압 배터리)
(2-ORG)

GF09

FF01
(16-WHT)

127. 러기지 룸

HV12
(2-ORG)

128. 러기지 룸 뒤쪽

F34
스마트 키 트렁크 안테나
(2-BRN)

F20
서브 우퍼
(2-WHT)

129. 러기지 사이드 패널 좌측

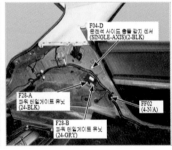

F04-D
운전석 사이드 충돌 감지 센서
(SINGLE-AXIS)(2-BLK)

F28-A
파워 테일게이트 유닛
(24-BLK)

F28-B
파워 테일게이트 유닛
(24-GRY)

FF02
(4-N/A)

130. 러기지 사이드 패널 좌측

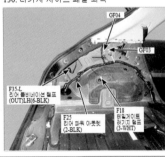

GF04

GF03

F35-L
리어 콤비네이션 웰프
(OUT)LH(6-BLK)

F25
리어 파워 아웃렛
(2-BLK)

F18
테일게이트
라이센스 웰프
(3-WHT)

131. 러기지 사이드 패널 좌측

F23
파워 테일게이트
스위치
(10-BLK)

FR31
(22-WHT)

F30-D
운전석 시트 벨트 리트랙터 프리텐셔너
(리어)(2-GRN)

132. 러기지 사이드 패널 우측

F04-P
동승석 사이드 충돌 감지 센서
(SINGLE-AXIS)(2-BLK)

JF05
조인트 커넥터
(14-BLU)

FF03
(4-N/A)

F39
VCMS
(40-BLK)

288

### 133. 러기지 사이드 패널 우측

CF11
(16-WHT)

GF05

F24-B
충전 단자
도어 모듈
(12-N/A)

GC11

F24-A
충전 단자 도어 모듈
(8-WHT)

### 134. 러기지 사이드 패널 우측

C12
충전 커넥터 레지스터
(3-BLK)

F35-R
리어 콤비네이션
램프 (OUT)
RH(6-BLK)

### 135. 러기지 사이드 패널 우측

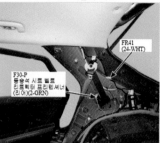

FR41
(24-WHT)

F30-P
동승석 시트 벨트
리트렉터 프리텐셔너
(리어)(2-GRN)

### 136. 러기지 사이드 패널 우측

C16
충전 커넥터
플립/언록 액추에이터
(4-BLK)

### 137. 우측 리어 펜더

C15
충전 커넥터
(5Pin Combo)(7-N/A)

### 138. 우측 리어 펜더

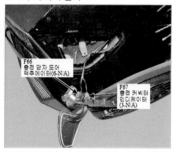

F66
충전 단자 도어
액추에이터(6-N/A)

F67
충전 커넥터
인디케이터
(3-N/A)

### 139. 리어 서스펜션

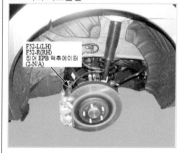

F52-L(LH)
F52-R(RH)
리어 EPB 액추에이터
(2-N/A)

### 140. 러기지 사이드 패널 좌측

GF10

### 141. 운전석 도어

FD11
플로어 하네스 연결 커넥터
(59-N/A)

### 142. 운전석 도어

D11
운전석 도어 트위터 스피커
(앰프 적용)(2-BLK)

### 143. 운전석 도어

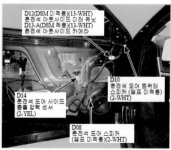

D12(DSM 미적용)(13-WHT)
운전석 아웃사이드 미러 유닛
D13-A(DSM 적용)(13-WHT)
운전석 아웃사이드 카메라

D10
운전석 도어 트위터
스피커(앰프 적용)
(2-WHT)

D14
운전석 도어 사이드
충돌 압력 센서
(2-YEL)

D08
운전석 도어 스피커
(앰프 미적용)(2-WHT)

### 144. 운전석 도어

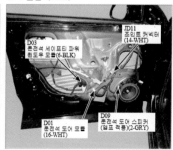

JD11
조인트 커넥터
(14-WHT)

D03
운전석 세이프티 파워
윈도우 모듈(6-BLK)

D09
운전석 도어 스피커
(앰프 적용)(2-GRY)

D01
운전석 도어 모듈
(16-WHT)

### 145. 프런트 도어 트림

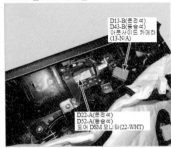

D13-B(운전석)
D43-B(동승석)
아웃사이드 카메라
(13-N/A)

D22-A(운전석)
D52-A(동승석)
도어 DSM 모니터(22-WHT)

### 146. 운전석 도어

D07
운전석 도어 아웃사이드 핸들
플러시 액추에이터(6-GRY)

D15(DKEY/RSPA 적용)
D16(DKEY/RSPA 미적용)
운전석 도어 아웃사이드 핸들
(5-BLU)

D05
운전석 도어 록
액추에이터(8-BLK)

### 147. 테일 게이트

리어 뷰 카메라
(1-N/A)

R71-L
번호판등 LH
(2-BLK)

R71-R
번호판등 RH
(2-BLK)

### 148. 운전석 도어 트림

DD11(24-WHT)
DD12(10-WHT)

D25
운전석 IMS 스위치
(6-WHT)

D21
운전석 도어 스피커
무드 램프(3-BLK)

### 149. 운전석 도어 트림

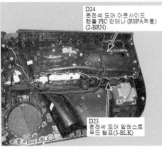

D24
운전석 도어 아웃사이드
핸들 PIC 안테나 (RSPA적용)
(2-BRN)

D23
운전석 도어 암레스트
무드 램프(3-BLK)

### 150. 동승석 도어

FD21
(59-N/A)

### 151. 동승석 도어

D41
동승석 도어 트위터
스피커 (앰프 적용)
(2-BLK)

### 152. 동승석 도어

D40
동승석 도어 트위터 스피커
(앰프 미적용)(2-WHT)

D44
동승석 도어 사이드 충돌
압력 센서(2-YEL)

D43-A
동승석 아웃사이드 카메라
(DSM 적용)(13-WHT)

D38
동승석 도어 스피커
(앰프 미적용)(2-WHT)

### 153. 동승석 도어

JD21
조인트 커넥터
(14-WHT)

D31
동승석 파워 윈도우
스위치(오토 업/다운 &
세이프티 적용)(12-WHT)

D39
동승석 도어 스피커
(앰프 적용)(2-GRY)

D33
동승석 세이프티 파워
윈도우 모듈(6-BLK)

### 154. 동승석 도어

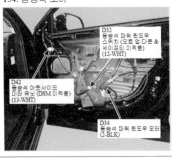

D32
동승석 파워 윈도우
스위치(오토 업/다운 &
세이프티 미적용)
(12-WHT)

D42
동승석 아웃사이드
미러 유닛 (DSM 미적용)
(13-WHT)

D34
동승석 파워 윈도우 모터
(2-BLK)

### 155. 동승석 도어

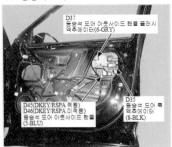

D37
동승석 도어 아웃사이드 핸들 플러시
액추에이터(6-GRY)

D45(DKEY/RSPA 적용)
D46(DKEY/RSPA 미적용)
동승석 도어 아웃사이드 핸들
(5-BLU)

D35
동승석 도어 록
액추에이터
(8-BLK)

### 156. 동승석 도어 트림

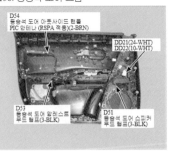

D54
동승석 도어 아웃사이드 핸들
PIC 안테나 (RSPA 적용)(2-BRN)

DD21(24-WHT)
DD22(10-WHT)

D53
무드 램프(3-BLK)
동승석 도어 암레스트

D51
동승석 도어 스피커
무드 램프(3-BLK)

157. 리어 도어

D61(LH)
D81(RH)
리어 파워 윈도우 스위치
(12-WHT)

D63(LH)
D83(RH)
리어 파워 윈도우 모터
(2-BLK)

D67(LH)
D87(RH)
리어 도어 스피커
(앰프 적용)(2-GRY)

158. 리어 도어

D62(LH)
D82(RH)
리어 도어 루드 램프
(앰프 적용)(4-WHT)

D66(LH)
D86(RH)
리어 도어 스피커
(앰프 미적용)(4-WHT)

159. 리어 도어 트림

리어 도어 루드
램프 EXT.
(4-WHT)

리어 도어 알레스트 
루드 램프(3-WHT)

리어 도어 스피커 루드
램프(3-WHT)

160. 리어 도어

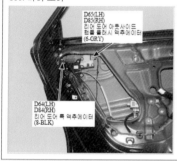

D65(LH)
D85(RH)
리어 도어 아웃사이드
핸들 플래시 액추에이터
(6-GRY)

D64(LH)
D84(RH)
리어 도어 록 액추에이터
(8-BLK)

161. 테일 게이트

R75
테일게이트 스위치
(실내)(6-BLK)

162. 테일 게이트

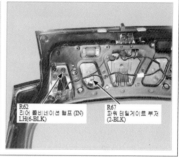

R62
리어 콤비네이션 램프 (IN)
LH(6-BLK)

R67
파워 테일게이트 부저
(2-BLK)

163. 테일 게이트

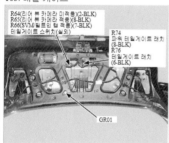

R64(리어 뷰 카메라 미적용)(2-BLK)
R65(리어 뷰 카메라 적용)(8-BLK)
R66(SVM/빌트인 캠 적용)(7-BLK)
테일게이트 스위치(실외)

R74
파워 테일게이트 래치
(8-BLK)
R76
테일게이트 래치
(6-BLK)

GR01

164. 테일 게이트

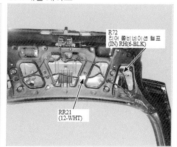

R72
리어 콤비네이션 램프
(IN) RH(6-BLK)

RR21
(12-WHT)

165. 테일 게이트

R63
리어 디프거 (+)
(1-WHT)

R61
보조 정지등(2-WHT)

166. 테일 게이트

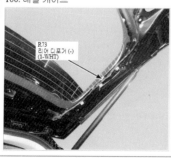

R73
리어 디프거 (-)
(1-WHT)

167. 윈드 쉴드 글라스

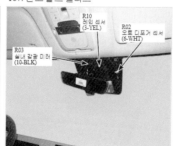

R10
레인 센서
(3-YEL)

R02
오토 디프거 센서
(6-WHT)

R03
실내 감광 미러
(10-BLK)

168. 루프 트림 좌측 앞

R13-D
화장등 LH(2-BLK)

### 169. 루프 트림 우측 앞

R13-P
화장등 RH(3-BLK)

### 170. 윈드 쉴드 글라스

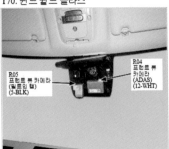

R05
프론트 뷰 카메라
(빌트인 캠)
(3-BLK)

R04
프론트 뷰
카메라
(ADAS)
(12-WHT)

### 171. 루프 앞쪽

R08-L
마이크 LH
(2-WHT)

R08-R
마이크 RH
(2-BLK)

R06
선루프 스위치
(3-BLK)

R01
오버헤드 콘솔
(20-BLK)

### 172. 좌측 리어 시트 아래

F27
빌트인 캠 보조 배터리(12-BLK)

매트를 젖혀한
상태

### 173. 루프 트림 좌측

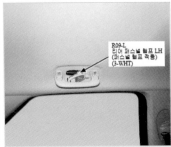

R09-L
리어 퍼스널 램프 LH
(퍼스널 램프 적용)
(3-WHT)

### 174. 루프 트림 우측

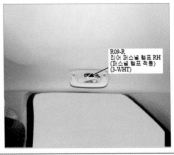

R09-R
리어 퍼스널 램프 RH
(퍼스널 램프 적용)
(3-WHT)

### 175. 루프 트림 앞쪽

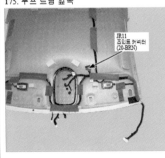

JR11
조인트 커넥터
(20-BRN)

### 176. 루프 트림 앞쪽

선루프 적용

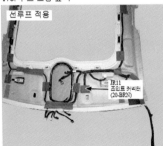

JR11
조인트 커넥터
(20-BRN)

### 177. 루프 트림 뒤쪽

R12
후석 승객 감지 센서
(Rear Occupant Alert)(4-GRY)

### 178. 루프 트림 중앙

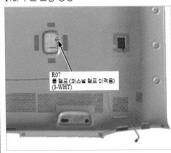

R07
룸 램프(퍼스널 램프 미적용)
(3-WHT)

### 179. 루프 패널 앞쪽

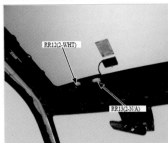

RR12(2-WHT)

RR13(2-N/A)

### 180. 루프 트림 중앙

RR14(2-N/A)

292

### 181. 루프 패널 앞쪽

### 182. 루프 패널 좌측

### 183. 루프 패널 우측

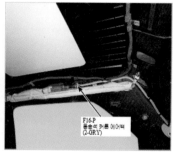

### 184. 루프 패널 뒤쪽

### 185. 리어 범퍼 좌측

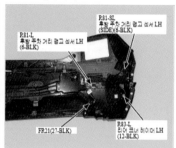

### 186. 리어 범퍼 중앙

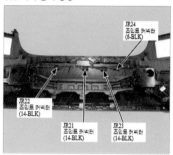

### 187. 리어 범퍼 중앙

### 188. 리어 범퍼 우측

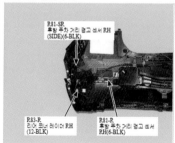

### 189. 리어 범퍼 중앙

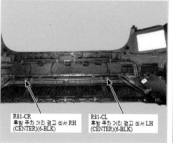

### 190. 리어 범퍼 좌측

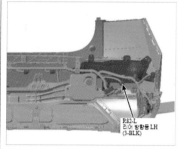

### 191. 리어 범퍼 좌측

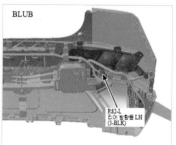

### 192. 리어 범퍼 우측

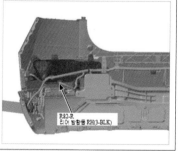

### 193. 리어 범퍼 우측

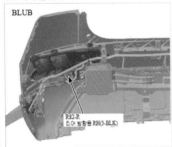

BLUB

R82-R
리어 방향등 RH(3-BLK)

### 194. 운전석 시트

S03
운전석 레그레스트 모터
(4-GRY)

### 195. 운전석 시트

S05-1(IMS 미적용)
S05-2(IMS 적용)
운전석 프런트 볼넓이 모터
(4-GRY)

S04
운전석 슬라이드 모터
(4-GRY)

### 196. 운전석 시트

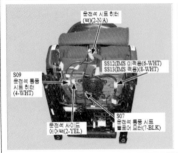

운전석 시트 히터
(백)(2-N/A)

SS12(IMS 미적용)(6-WHT)
SS13(IMS 적용)(8-WHT)

S09
운전석 통풍
시트 히터
(4-WHT)

S07
운전석 통풍 시트
블로어 모터(7-BLK)

운전석 사이드
에어백(2-YEL)

### 197. 운전석 시트

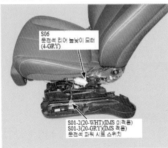

S06
운전석 리어 높낮이 모터
(4-GRY)

S01-2(20-WHT)(IMS 미적용)
S01-3(20-GRY)(IMS 적용)
운전석 파워 시트 스위치

### 198. 운전석 시트 백

S12
운전석 등넓이 모터(4-GRY)

S11
운전석 허리받이 모터(4-WHT)

---

### 199. 운전석 시트

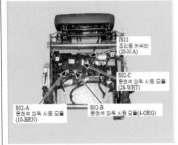

JS11
조인트 커넥터
(20-N/A)

S02-C
운전석 파워 시트 모듈
(28-WHT)

S02-A
운전석 파워 시트 모듈
(10-BRN)

S02-B
운전석 파워 시트 모듈(4-ORG)

### 200. 동승석 시트

S23
동승석 레그레스트
모터(4-GRY)

S25-1(힙플렉스 미적용)
S25-2(힙플렉스 적용)
동승석 프런트 볼넓이 모터
(4-GRY)

S24
동승석 슬라이드 모터
(4-GRY)

### 201. 동승석 시트

S32-B
프런트 통풍 시트 컨트롤 모듈
(24-WHT)

S32-A
프런트 통풍 시트 컨트롤 모듈
(12-WHT)

### 202. 동승석 시트

동승석 시트 히터
(2-N/A)

SS22(힙플렉스 미적용)
SS23(힙플렉스 적용)
(14-WHT)

S29
동승석 통풍 시트
히터(4-WHT)

SS27
동승석 통풍 시트
블로어 모터
(7-BLK)

동승석 사이드 에어백
(2-YEL)

### 203. 동승석 시트

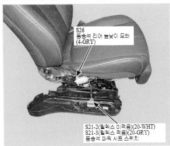

S26
동승석 리어 높낮이 모터
(4-GRY)

S21-2(힙플렉스 미적용)(20-WHT)
S21-3(힙플렉스 적용)(20-GRY)
동승석 파워 시트 스위치

### 204. 동승석 시트 백

S43
동승석 워크인 스위치
(3-BLK)

205. 동승석 시트 백

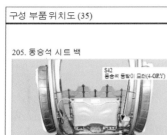

S42
동승석 등받이 모터(4-GRY)

S41
동승석 허리받이 모터(4-WHT)

206. 동승석 시트

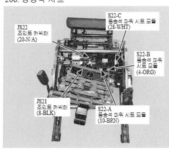

S22-C
동승석 파워 시트 모듈
(28-WHT)

JS22
조인트 커넥터
(20-N/A)

S22-B
동승석 파워
시트 모듈
(4-ORG)

JS21
조인트 커넥터
(8-BLK)

S22-A
동승석 파워 시트 모듈
(10-BRN)

207. 좌측 리어 시트

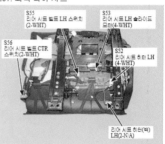

S55
리어 시트 벨트 LH 스위치
(2-WHT)

S53
리어 시트 LH 슬라이드
모터(4-WHT)

S56
리어 시트 벨트 CTR
스위치(2-WHT)

S52
리어 시트 히터 LH
(4-WHT)

리어 시트 히터(백)
LH(2-N/A)

208. 좌측 리어 시트

S57
리어 시트 LH 슬라이드
스위치(6-WHT)

209. 좌측 리어 시트

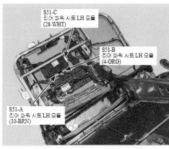

S51-C
리어 파워 시트 LH 모듈
(28-WHT)

S51-B
리어 파워 시트 LH 모듈
(4-ORG)

S51-A
리어 파워 시트 LH 모듈
(10-BRN)

210. 우측 리어 시트

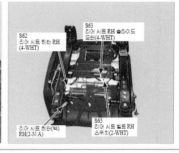

S62
리어 시트 히터 RH
(4-WHT)

S63
리어 시트 RH 슬라이드
모터(4-WHT)

리어 시트 히터(백)
RH(2-N/A)

S65
리어 시트 벨트 RH
스위치(2-WHT)

211. 우측 리어 시트

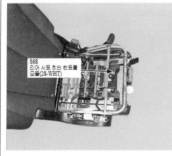

S68
리어 시트 히터 컨트롤
모듈(28-WHT)

212. 우측 리어 시트

S67
리어 시트 RH 슬라이드
스위치(6-WHT)

213. 우측 리어 시트

S61-A
리어 파워 시트 RH 모듈
(10-BRN)

S61-C
리어 파워 시트 RH 모듈
(28-WHT)

S61-B
리어 파워 시트 RH 모듈
(4-ORG)

JS41
조인트 커넥터
(8-BLK)

214. 리어 서스펜션 뒤쪽

FP11(36-BLK)

215. 리어 PE 모듈

P23
전장식 오일 펌프 온도 센서 (리어)
(2-BLK)

P24
전장식 오일 펌프 (리어)
(4-BLK)

216. 리어 PE 모듈

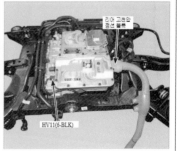

리어 고전압
정션 블록

HV11(6-BLK)

### 217. 리어 PE 모듈

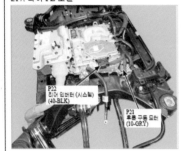

P22
리어 인버터 (시스템)
(40-BLK)

P21
후륜 구동 모터
(10-GRY)

### 218. 리어 PE 모듈

JP11
조인트 커넥터
(6-BLK)

### 219. 리어 PE 모듈

P25
SBW 액추에이터(10-BLK)

### 220. 리어 HV 정션 블록

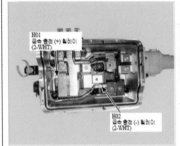

H01
급속 충전 (+) 릴레이
(2-WHT)

H02
급속 충전 (-) 릴레이
(2-WHT)

### 221. 고전압 배터리 팩

E32
BMS 냉각수 온도
센서 (인렛)
(2-BLU)

HB-F
고전압 배터리 (프런트 고전압 정션 블록)
(2-ORG)

### 222. 고전압 배터리 팩

프리미엄

HB-L(2-ORG)

HB-R(2-ORG)

---

### 223. 고전압 배터리 팩

프리미엄

BF11(33-BLK)

### 224. 고전압 배터리 팩

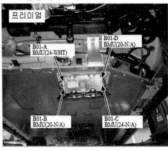

프리미엄

B01-A
BMU(24-WHT)

B01-D
BMU(20-N/A)

B01-B
BMU(20-N/A)

B01-C
BMU(24-N/A)

### 225. 고전압 배터리 팩

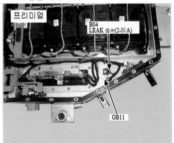

프리미엄

B04
LEAK 센서(2-N/A)

GB11

### 226. 고전압 배터리 팩

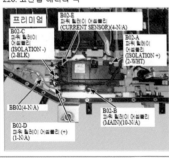

프리미엄

B02-E
파워 릴레이 어셈블리
(CURRENT SENSOR)(4-N/A)

B02-C
파워 릴레이
어셈블리
(ISOLATION -)
(2-BLK)

B02-A
파워 릴레이
어셈블리
(ISOLATION +)
(2-WHT)

BB02(4-N/A)

B02-D
파워 릴레이 어셈블리 (+)
(1-N/A)

B02-B
파워 릴레이 어셈블리
(MAIN)(10-N/A)

### 227. 고전압 배터리 팩

프리미엄

B05
리어 고전압 커넥터 턴미널 블록
(인터쪽)(2-N/A)

### 228. 고전압 배터리 팩

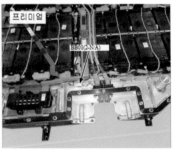

프리미엄

B01(2-N/A)

229. 고전압 배터리 팩

230. 고전압 배터리 팩

231. 고전압 배터리 팩

232. 고전압 배터리 팩

233. 고전압 배터리 팩

234. 고전압 배터리 팩

235. 고전압 배터리 팩

236. 고전압 배터리 팩

237. 고전압 배터리 팩

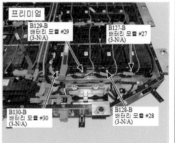

238. 고전압 배터리 팩

239. 고전압 배터리 팩

240. 고전압 배터리 팩

241. 고전압 배터리 팩

242. 고전압 배터리 팩

243. 고전압 배터리 팩

244. 고전압 배터리 팩

245. 고전압 배터리 팩

246. 고전압 배터리 팩

247. 고전압 배터리 팩

248. 고전압 배터리 팩

249. 고전압 배터리 팩

250. 고전압 배터리 팩

251. 고전압 배터리 팩

252. 고전압 배터리 팩

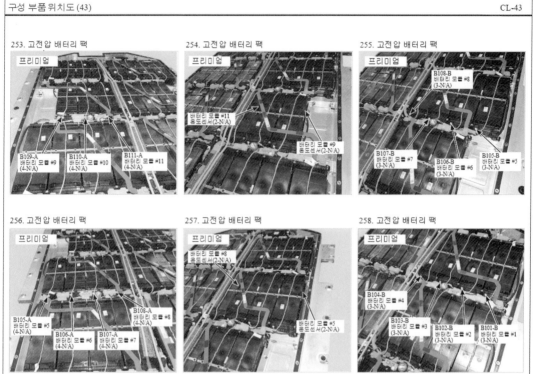

253. 고전압 배터리 팩
프리미엄
배터리 모듈 #11 온도센서(2-N/A)
B109-A 배터리 모듈 #9 (4-N/A)
B110-A 배터리 모듈 #10 (4-N/A)
B111-A 배터리 모듈 #11 (4-N/A)

254. 고전압 배터리 팩
프리미엄
배터리 모듈 #9 온도센서(2-N/A)

255. 고전압 배터리 팩
프리미엄
B108-B 배터리 모듈 #8 (3-N/A)
B107-B 배터리 모듈 #7 (3-N/A)
B106-B 배터리 모듈 #6 (3-N/A)
B105-B 배터리 모듈 #5 (3-N/A)

256. 고전압 배터리 팩
프리미엄
B105-A 배터리 모듈 #5 (4-N/A)
B106-A 배터리 모듈 #6 (4-N/A)
B107-A 배터리 모듈 #7 (4-N/A)
B108-A 배터리 모듈 #8 (4-N/A)

257. 고전압 배터리 팩
프리미엄
배터리 모듈 #8 온도센서(2-N/A)
배터리 모듈 #5 온도센서(2-N/A)

258. 고전압 배터리 팩
프리미엄
B104-B 배터리 모듈 #4 (3-N/A)
B103-B 배터리 모듈 #3 (3-N/A)
B102-B 배터리 모듈 #2 (3-N/A)
B101-B 배터리 모듈 #1 (3-N/A)

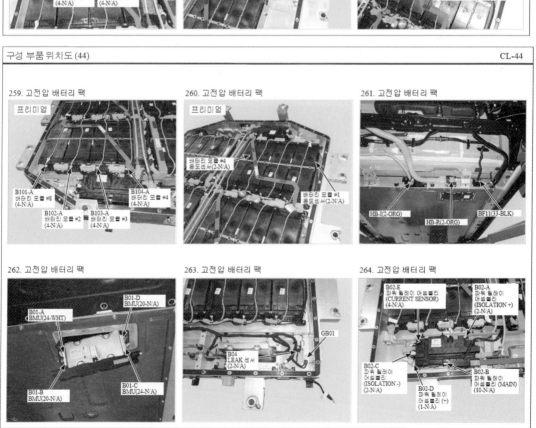

259. 고전압 배터리 팩
프리미엄
B101-A 배터리 모듈 #8 (4-N/A)
B102-A 배터리 모듈 #2 (4-N/A)
B103-A 배터리 모듈 #3 (4-N/A)
B104-A 배터리 모듈 #4 (4-N/A)

260. 고전압 배터리 팩
프리미엄
배터리 모듈 #4 온도센서(2-N/A)
배터리 모듈 #1 온도센서(2-N/A)

261. 고전압 배터리 팩
HB-I(2-ORG)
HB-R(2-ORG)
BF11(33-BLK)

262. 고전압 배터리 팩
B01-A BMU(24-WHT)
B01-D BMU(20-N/A)
B01-B BMU(20-N/A)
B01-C BMU(24-N/A)

263. 고전압 배터리 팩
GB01
B04 LEAK 센서 (2-N/A)

264. 고전압 배터리 팩
B02-E 파워 릴레이 어셈블리 (CURRENT SENSOR) (4-N/A)
B02-A 파워 릴레이 어셈블리 (ISOLATION +) (2-N/A)
B02-C 파워 릴레이 어셈블리 (ISOLATION -) (2-N/A)
B02-D 파워 릴레이 어셈블리 (+) (1-N/A)
B02-B 파워 릴레이 어셈블리 (MAIN) (10-N/A)

265. 고전압 배터리 팩

BB02(4-N/A)

266. 고전압 배터리 팩

B05
리어 고전압 커넥터 터미널
볼트 (인터록)(2-N/A)

267. 고전압 배터리 팩

BB01(2-N/A)

268. 고전압 배터리 팩

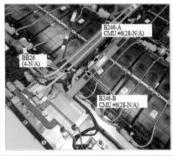

B246-A
CMU #6(28-N/A)
BB26
(4-N/A)
B246-B
CMU #6(28-N/A)

269. 고전압 배터리 팩

BB21
(4-N/A)
B241-B
CMU #1(28-N/A)
B241-A
CMU #1(28-N/A)

270. 고전압 배터리 팩

BB25
(4-N/A)
B245-A
CMU #5(28-N/A)
B245-B(28-N/A)

271. 고전압 배터리 팩

BB22
(4-N/A)
B242-B
CMU #2(28-N/A)
B242-A
CMU #2(28-N/A)

272. 고전압 배터리 팩

BB24
(4-N/A)
B244-A
CMU #4(28-N/A)
B244-B
CMU #4(28-N/A)

273. 고전압 배터리 팩

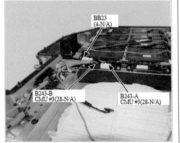

BB23
(4-N/A)
B243-B
CMU #3(28-N/A)
B243-A
CMU #3(28-N/A)

274. 고전압 배터리 팩

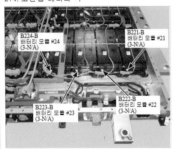

B224-B
배터리 모듈 #24
(3-N/A)
B221-B
배터리 모듈 #21
(3-N/A)
B223-B
배터리 모듈 #23
(3-N/A)
B222-B
배터리 모듈 #22
(3-N/A)

275. 고전압 배터리 팩

B221-A
배터리 모듈
#21(4-N/A)
B224-A
배터리 모듈
#24(4-N/A)
B222-A
배터리 모듈
#22(4-N/A)
B223-A
배터리 모듈
#23(4-N/A)

276. 고전압 배터리 팩

배터리 모듈 #24
온도센서(2-N/A)
배터리 모듈 #21
온도센서(2-N/A)

300

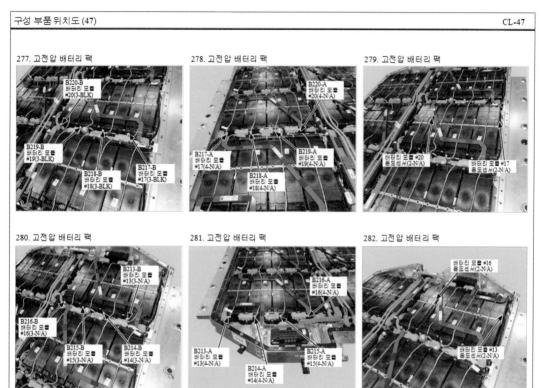

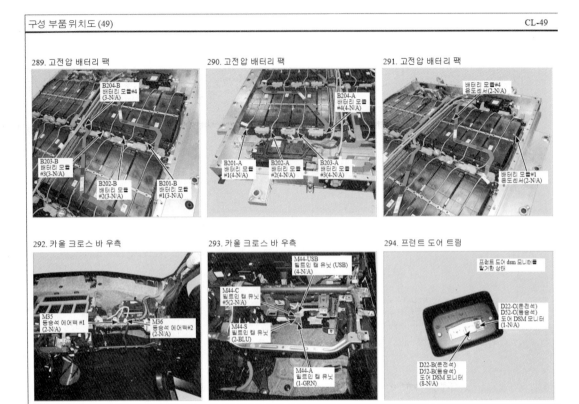

289. 고전압 배터리 팩
B204-B 배터리 모듈#4 (3-N/A)
B203-B 배터리 모듈 #3(3-N/A)
B202-B 배터리 모듈 #2(3-N/A)
B201-B 배터리 모듈 #1(3-N/A)

290. 고전압 배터리 팩
B204-A 배터리 모듈 #4(4-N/A)
B201-A 배터리 모듈 #1(4-N/A)
B202-A 배터리 모듈 #2(4-N/A)
B203-A 배터리 모듈 #3(4-N/A)

291. 고전압 배터리 팩
배터리 모듈#4 온도센서(2-N/A)
배터리 모듈#1 온도센서(2-N/A)

292. 카울 크로스 바 우측
M35 동승석 에어백 #1 (2-N/A)
M36 동승석 에어백#2 (2-N/A)

293. 카울 크로스 바 우측
M44-USB 빌트인 캠 유닛 (USB) (4-N/A)
M44-C 빌트인 캠 유닛 #5(2-N/A)
M44-S 빌트인 캠 유닛 (2-BLU)
M44-A 빌트인 캠 유닛 (1-GRN)

294. 프런트 도어 트림
프런트 도어 dsm 모니터를 탈거한 상태
D22-C(운전석) D52-C(동승석) 도어 DSM 모니터 (1-N/A)
D22-B(운전석) D52-B(동승석) 도어 DSM 모니터 (8-N/A)

## (16) 현대 아이오닉5 NE EV 2022년식(70KW+160KW) 식별번호

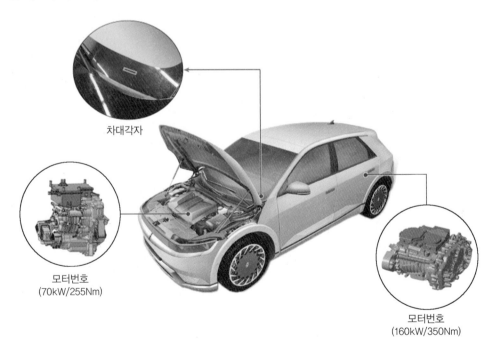

차대각자

모터번호 (70kW/255Nm)

모터번호 (160kW/350Nm)

| 차대번호 | 모터번호 |
|---|---|

**차대번호**

1. 국제지정제작사(World Manufacturer Identifier : WMI)
   - KMH : 승용
2. 차종(Vehicle Line)
   - K : NE1
3. 세부 차종 및 등급(Model & Series)
   - A : Low 급(L, GA1)
   - B : Middle-Low급(GL, GB1)
   - C : Middle 급(GLS, JSL, TAX)
   - D : Middle-High급(HGS)
   - R : High급(TOP)
   - S : Premium GL급(PGL, GC1)
4. 차체/캡 형상(Body/Cabin Type)
   - 8 : 왜건
5. 안전장치(Restraint system) 또는 브레이크(Brake system)
   - 1 : 운전석/동승석-액티브(Active) 시트벨트
6. 동력장치(Moter type)
   - A : 653V, 111.2Ah + RR 160kW
   - B : 523V, 111.2Ah + RR 160kW
   - C : 653V, 111.2Ah + FR 70kW + RR 160kW
   - D : 523V, 111.2Ah + FR 70kW + RR 160kW
7. 운전석 방향 및 변속기(Driver's side + Transmission)
   - F : LHD & 감속기
   - P : LHD & 감속기 + AWD
   - R : RHD & 감속기 + AWD
   - U : RHD & 감속기
8. 모델 연도(Model Year)
   - M : 2021, N : 2022, P : 2023, R : 2024 …
9. 생산공장(Plant of Manufacture)
   - A : 아산(한국)
   - J : 전주(한국)
   - U : 울산(한국)
10. 생산일련번호(Serial Number)
   - 000001~999999

**모터번호**

1. 사용 연료
   - EM
2. 모터 형식
   - 07 : 73kW
   - 16 : 150kW
3. 제작년도
   - M : 2021, N : 2022, P : 2023, R : 2024 …
4. 제작월
   - 1~9 : 1~9월
   - A~C : 10~12월
5. 제작일
   - 1~9 : 1~9일
   - A~Y : 10~31일(I, O, Q 제외)
6. 생산일련번호
   - 001~999
7. 차종
   - 1 : NE EV
8. 생산 공장
   - A : 아산(한국)
   - J : 전주(한국)
   - U : 울산(한국)

## (1) 고전압 배터리

① 프런트 인버터 커넥터를 분리 후 단자 전압을 측정한다.

(a) 프런트 인버터 단자 전압 : 30V 이하

(b) 배터리 시스템 어셈블리 프런트 고전압 커넥터 단자 전압 : 0V

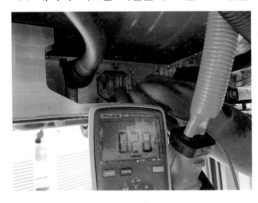

② 리어 인버터 커넥터를 분리 후 단자 전압을 측정한다.

(a) 리어 인버터 단자 전압 : 30V 이하

(b) 배터리 시스템 어셈블리 리어 고전압 커넥터 단자 전압 : 0V

③ 고전압 배터리 팩 내부의 전압측정

| 항 목 | 제 원 |
| --- | --- |
| 셀 구성 | 항속형 72.6kWh 고전압 배터리 팩, 180셀(2P6S×30모듈) |
| 셀 전압(V) | 2.5~4.2 |
| 셀간 전압 편차 | 40 mV 이하 |
| 정격 전압(V) | 653.4 (450~756) |
| 에너지(kWh) | 72.6 |
| 중량(kg) | 450 |

(a) 고전압 배터리 팩 작동 전압 : 450~756V

(b) 고전압 배터리 팩 PRA 단자 전압 : 0V

(c) 고전압 배터리 서브 배터리 팩 어셈블리(Sub-BPA) 전압측정 :

    #1, #2, #4, #5, #7, #8 : 60~100.8V

    #3, #6 : 45~75.6V

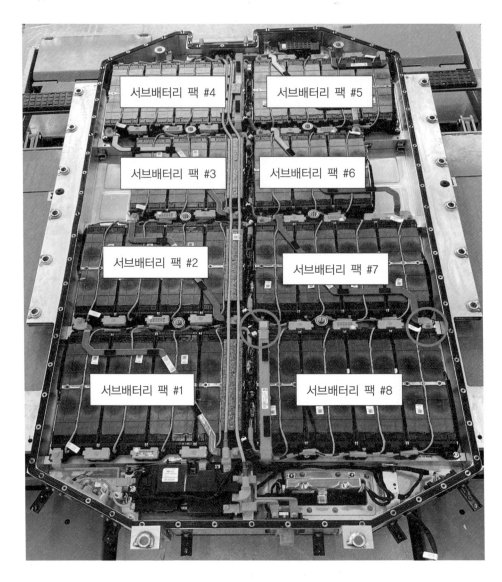

(d) 고전압 배터리 모듈(BMA) 전압측정

모듈 #1~30 : 15~25.2V

(e) 고전압 배터리 충전 상태(SOC) 점검 : 진단기기 이용

SOC : 0~100%

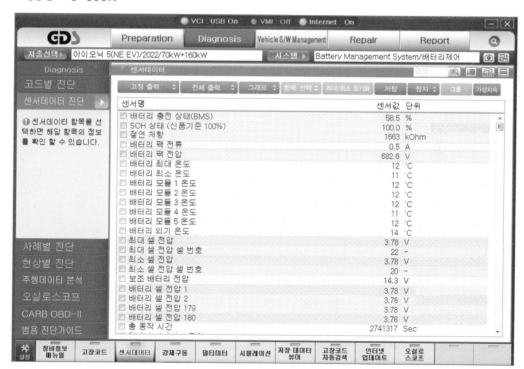

(f) 고전압 배터리 건강상태(SOH, State Of Health) : 진단기기 이용

**부분 수리 가능 기준 : 90% 이상**

SOH가 90% 미만일 경우 배터리 부분 수리하지 않는다. 신품 배터리와 기존 배터리간 성능 차이로 문제가 발생할 수 있다. 사용기간이 증가 할수록 SOH는 감소하게 된다.

(g) 고전압 배터리 팩 전압점검 : 진단기기 이용

**고전압 배터리 팩 전압 : 450~756V**

(h) 고전압 배터리 셀 전압 점검 : 진단기기 이용

**셀 전압 : 2.5~4.2V**

**셀간 전압편차 : 40mV 이하**

(i) 고전압 배터리 절연저항 점검

고전압 시스템에 사용되는 고전압 절연체는 진단기기 서비스 데이터를 사용하거나 직접 측정하여 점검할 수 있다.

릴레이 ON상태에서는 고전압 배터리를 포함하여, 모든 고전압 PE부품의 절연 저항의 합산값이 측정되기 때문에, 고전압을 사용하는 PE부품들에 특별한 문제가 없는 한, 최소한 300kΩ 이상을 만족하여야 한다.

3000kΩ은 BMU에서 표출하는 최대값이며, 실제 절연 저항계를 이용하여 측정할 경우 그 이상의 값이 측정 될 수 있다.

300kΩ 이하의 절연 저항이 측정되는 경우, 고전압 정션 블록에서 각 부품별로 커넥터를 하나씩 뽑아가면서 문제의 부품을 찾으며 진단한다.

• 진단기기 장비 - 서비스 데이터

진단기기를 사용하여 서비스 데이터의 "절연 저항"을 점검한다.

규정값 : 300 kΩ 이상

• 절연저항계(메가 옴 테스터) 이용 직접 측정 방식

고전압 차단 절차 수행 후 고전압 배터리 팩 탈거하고, 상부 케이스를 개방하여 점검한다.

PRA 메인(-) 릴레이 전단 ① - 차체 : 2MΩ(20℃) 이상

PRA 메인(+) 릴레이 전단 ② - 차체 : 2MΩ(20℃) 이상

인버터 메인(+) 릴레이 전단 ③ - 차체 : 2MΩ(20℃) 이상

인버터 메인(-) 릴레이 전단 ④ - 차체 : 2MΩ(20℃) 이상

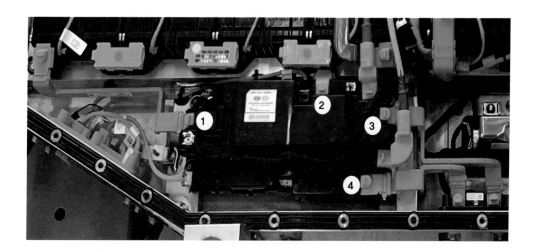

## (2) BMU

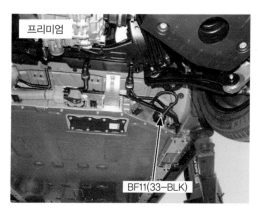

프리미엄

BF11(33-BLK)

Ⓐ

### ① BMU 절연 저항 점검

- 고전압 안전차단 절차를 수행 후 고전압배터리 팩 메인 하네스 커넥터를 분리하고
  BMU 쪽 터미널 1(상시전원)핀과 차체 사이 절연저항을 측정한다.
  - ☞ **정상값** : 10MΩ (2kV 기준)
- BMU 쪽 터미널 2(상시전원)핀과 차체 사이 절연저항을 측정한다.
  - ☞ **정상값** : 10MΩ (2kV 기준)
- BMU 쪽 터미널 12(IG3전원)핀과 차체 사이 절연저항을 측정한다.
  - ☞ **정상값** : 10MΩ (2kV 기준)

② CAN 통신 라인 점검

ⓐ KEY ON 상태에서 고전압배터리 팩 메인 하네스 커넥터에서 G-CAN라인 전압 또는 파형을 측정한다.

　☞ 정상값 : 1.5~3.5V

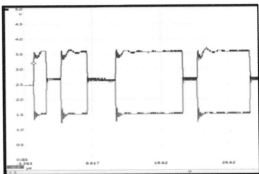

　　CAN High : 10(CAN_H)핀과 차체접지 간 전압 또는 파형 측정
　　CAN Low : 11(CAN_L)핀과 차체접지 간 전압 또는 파형 측정

ⓑ G-CAN 종단저항 측정

• KEY OFF 상태에서 고전압배터리 팩 메인 하네스 커넥터의 10(CAN_H)핀과 11 (CAN_L)핀 간 CAN 종단저항을 측정한다.

　☞ 정상값 60Ω

• KEY OFF 상태에서 고전압배터리 팩 메인 하네스 커넥터를 분리 후 커넥터 쪽 10 (CAN_H)핀과 11(CAN_L)핀 간 CAN 종단저항을 측정한다.

　☞ 정상값 120Ω (ICU 정션블록 쪽 120Ω의 종단 저항이 측정되는 것임)

• KEY OFF 상태에서 고전압배터리 팩 메인 하네스 커넥터를 분리 후 BMU 쪽 10 (CAN_H)핀과 11(CAN_L)핀 간 CAN 종단저항을 측정한다.

　☞ 정상값 120Ω (BMU 쪽 120Ω의 종단 저항이 측정되는 것임)

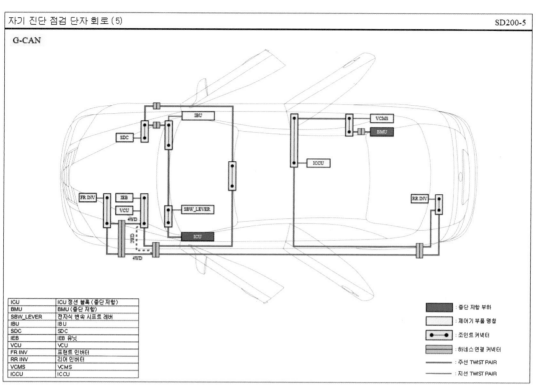

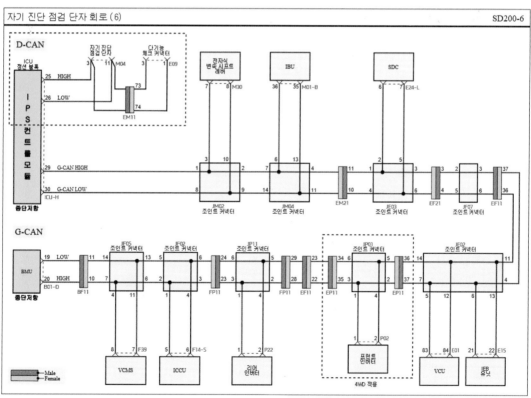

## (3) 파워 릴레이 어셈블리(PRA)

파워 릴레이 어셈블리(PRA)는 고전압 배터리 시스템 어셈블리 내에 장착 되어 있으며 메인 릴레이 (+), 메인 릴레이 (-), 프리 차지 릴레이, 프리 차지 레지스터, 배터리 전류 센서로 구성되어 있다. 그리고 BMU 제어 신호에 의해 고전압 배터리 팩과 고전압 정션 블록 사이의 고전압을 ON, OFF 및 제어 하는 역할을 한다.

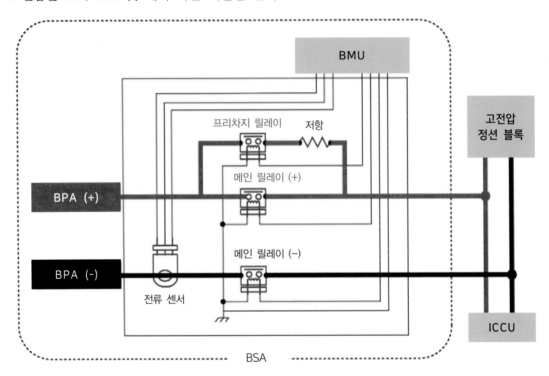

용어정리
- BSA : 배터리 시스템 어셈블리
- BPA : 배터리 팩 어셈블리
- PRA : 파워 릴레이 어셈블리
- BMU : 배터리 매니지먼트 유닛

참고　작동 순서

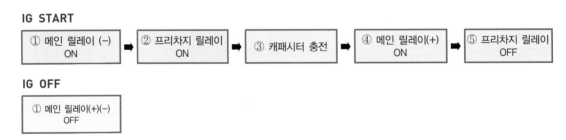

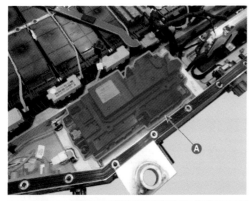

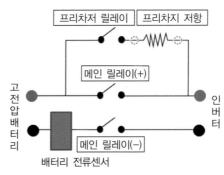

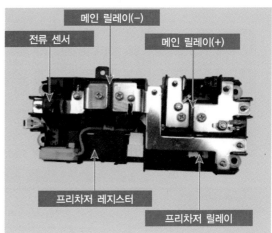

## ① PRA 부속 부품 점검

| 항 목 | | 제 원 |
|---|---|---|
| 메인릴레이(+), (−) | 정격전압(V) | 12 |
| | 작동전압(V) | 0.5~9 |
| | 코일저항(Ω) | 21.6~26.4(20℃) |
| 프리차지 릴레이 | 타입 | 전자식 릴레이 |
| | 정격전압(V) | 1000 |
| | 정격전류(A) | 20 |
| 배터리 전류센서 | 대전류 −750A(충전) | 출력전압 0.5V |
| | 대전류 0A | 출력전압 2.5V |
| | 대전류 −750A(방전) | 출력전압 45V |
| | 소전류 −75A(충전) | 출력전압 0.5V |
| | 소전류 0A | 출력전압 2.5V |
| | 소전류 −75A(방전) | 출력전압 45V |

## ② 자기진단기기 점검

(a) 진단기기를 이용하여 "Battery Management System/배터리제어시스템"의 서비스테이터에서 "BMS 융착상태"를 점검한다.

정상값 : NO 또는 Relay Wellding Not Detection

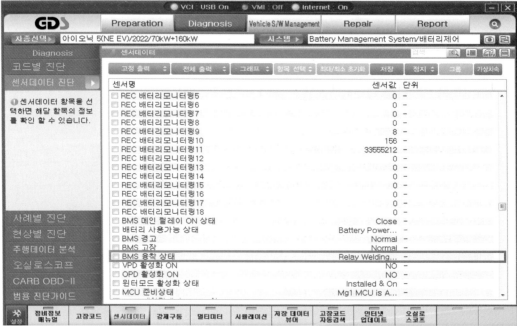

ⓑ 진단기기를 이용하여 "Battery Management System/배터리제어시스템"의 강제구동에서 각 항목의 작동을 점검한다.

1. 고전압 차단 절차 수행한다.

2. 고전압배터리 프런트와 리어 커넥터를 분리한다.

3. 고전압배터리 팩에 연결되어 있는 고전압 커넥터를 모두 분리한다.

4. 보조 배터리(-) 터미널을 연결한다.

5. IG스위치를 ON한다.(EV ready OFF상태)

6. 후륜 모터 인버터 케이블 탈거하고 (고전압 배터리 후방) 후륜 인버터 케이블 고전압배터리 터미널 측에 전압계를 설치한다.

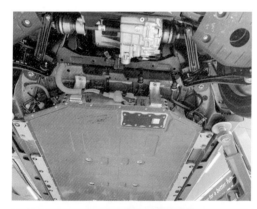

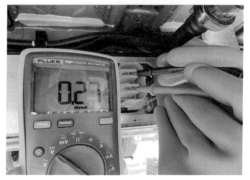

7. AWD모델은 전륜 모터 인버터 케이블 탈거하고(고전압 배터리 전방) 전륜 인버터 케이블 고전압배터리 터미널 측에 전압계를 설치한다.

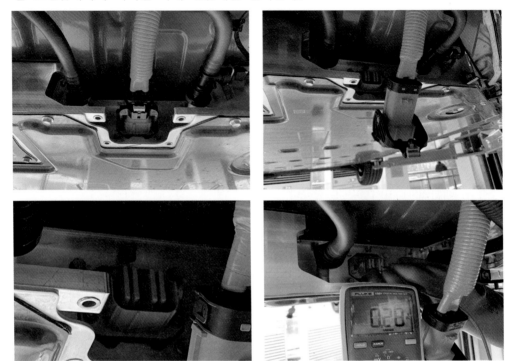

8. 진단기를 자기진단커넥터에 연결하고, "Battery Management System/배터리제어시스템"의 강제구동 항목을 실시한다.

- "메인릴레이(-) ON & 프리차지릴레이 ON"과 "프리차지 릴레이ON & 메인릴레이(-), (+) ON" 항목을 강제 구동한다.
- 후륜 인버터 고전압배터리 터미널 측 전압측정

  정상 : 약 300~800V,

  고장 : 약 5V 이하(릴레이 작동 불가)

- 전륜 인버터 고전압배터리 터미널 전압측정

  정상 : 약 300~800V,

  고장 : 약 5V이하(릴레이 작동 불가)

- "메인릴레이(+) ON" 강제 구동한다.
- 후륜 인버터 고전압배터리 터미널 측 (+)단자와 차체간의 전압측정

  정상 : 약 5~800V

  　　　　고전압 배터리 전압값 범위 내에서 주기적으로 측정됨

  　　　　BMU절연 센싱 작동 시 측정됨

  고장 : 약 5V이하(메인릴레이(+) 작동 불가)

## (4) 메인퓨즈

| 항 목 | 제 원 |
|---|---|
| 정격 전압(V) | 850 (DC) |
| 정격 전류(A) | 500 |
| 저 항(Ω) | 1.0 이하 (20℃) |

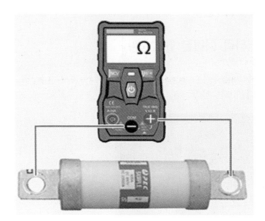

## (5) 통합 충전 컨트롤 유닛 (ICCU : OBC+LDC)

| 항 목 | | 제 원 |
|---|---|---|
| 차량탑재형충전기<br>(OBC) | 정격전력(KW) | 11 |
| | 입력전압(V) | AC 320~440 |
| | 출력전압(V) | DC 360~826 |
| | 냉각방식 | 수냉식 |
| 저전압 DC/DC 컨버터<br>(LDC) | 정격전력(KW) | 1.8 |
| | 입력전압(V) | AC 360~826 |
| | 출력전압(V) | DC 12.8~15.1 |
| | 냉각방식 | 수냉식 |

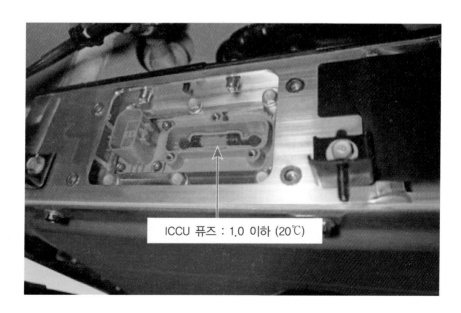

ICCU 퓨즈 : 1.0 이하 (20℃)

## (6) 급속 충전 릴레이(QRA+, -) 어셈블리

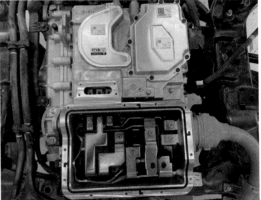

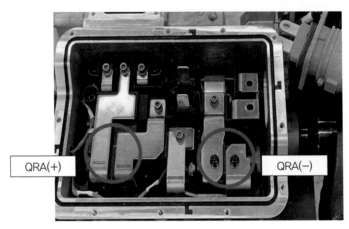

| 항목 | | 제원 |
|---|---|---|
| 급속충전릴레이 (+), (-) | 정격전압(V) | 12 |
| | 작동전압(V) | 0.5~9 |
| | 코일저항(Ω) | 21.6~26.4(20℃) |

급속 충전 실시

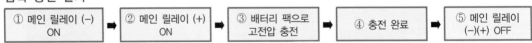

① 메인 릴레이 (-) ON ➡ ② 메인 릴레이 (+) ON ➡ ③ 배터리 팩으로 고전압 충전 ➡ ④ 충전 완료 ➡ ⑤ 메인 릴레이 (-)(+) OFF

## (7) 프런트 모터

 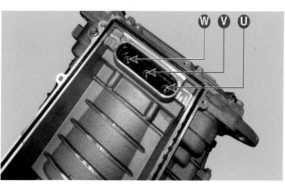

① **선간전압 : 밀리옴 미터 사용**

| 항목 | 점검부위 | 규정값 (20℃) |
|---|---|---|
| 선간저항 | U-V | 158.63~186.37 mΩ |
| | V-W | |
| | W-U | |

② **절연저항** : 절연저항시험기 사용, 1분간 DC 1,000V를 인가하여 측정한다.

| 항목 | 점검부위 | 규정값 |
|---|---|---|
| 절연저항 | U-차체 | 100MΩ 이상 |
| | V-차체 | |
| | W-차체 | |

③ **절연내력** : 내전압시험기 사용, 1분간 AC 2,200V를 인가하여 측정한다.

| 항목 | 점검부위 | 규정값 |
|---|---|---|
| 절연내력 | U-차체 | 10 mA_rms 이하 |
| | V-차체 | |
| | W-차체 | |

④ 모터 위치 센서 (레졸버) 및 온도센서

 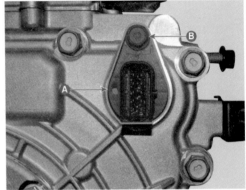

| 항목 | 점검 및 핀번호 | | 규정값 |
|---|---|---|---|
| 모터위치센서 (레졸버) | 선간저항 (20℃) | 2–7 (입력) | 16.6 Ω ± 7% |
| | | 3–8 (SIN) | 58.6 Ω ± 7% |
| | | 4–9 (COS) | 49.8 Ω ± 7% |
| | 절연저항 DC 500V, 5초 | 2–차체 | 100MΩ이상 |
| | | 3–차체 | |
| | | 4–차체 | |
| 모터온도센서 | 선간저항(20℃) | 5–10 | 18.1~20.8 kΩ |
| | 절연저항 DC 500V, 5초 | 5–차체 | 100MΩ이상 |
| | | 5–U/V/W | |
| | 절연내력 AC 1,800V, 1초 | 5–차체 | 0.5 mA 이하 |

⑤ 모터 위치 센서(레졸버) 옵셋 자동 보정 초기화

진단기의 "부가기능"에서 "레졸버 옵셋 보정 초기화"를 이용한다.

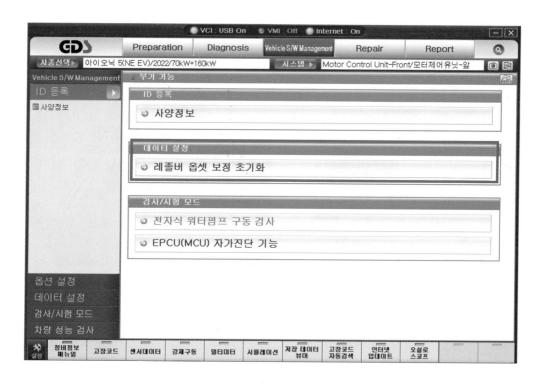

## (8) 리어 모터

① **선간전압** : 밀리옴 미터 사용

| 항목 | 점검부위 | 규정값 (20℃) |
|---|---|---|
| 선간저항 | U–V | 57.48~63.52 mΩ |
| | V–W | |
| | W–U | |

② **절연저항** : 절연저항시험기 사용, 1분간 DC 1,000V를 인가하여 측정한다.

| 항목 | 점검부위 | 규정값 |
|---|---|---|
| 절연저항 | U–차체 | 100㏁ 이상 |
| | V–차체 | |
| | W–차체 | |

③ **절연내력** : 내전압시험기 사용, 1분간 AC 2,200V를 인가하여 측정한다.

| 항목 | 점검부위 | 규정값 |
|---|---|---|
| 절연내력 | U–차체 | 18 mA 이하 |
| | V–차체 | |
| | W–차체 | |

### ④ 모터 위치 센서(레졸버) 및 온도센서

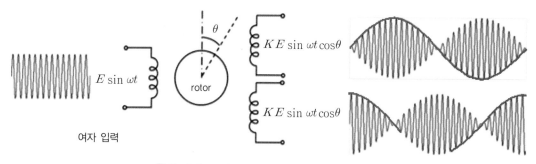

$E \sin \omega t$

여자 입력

$\theta$

rotor

$KE \sin \omega t \cos \theta$

$KE \sin \omega t \cos \theta$

출력 신호

$E$ : Excitation voltage
$K$ : Transformation ratio
$\omega$ : Excitation frequency
$\theta$ : Shaft angle

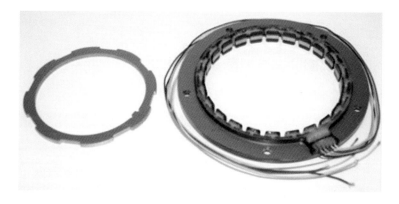

| 항목 | 점검 및 핀번호 | | 규정값 |
|---|---|---|---|
| 모터위치센서<br>(레졸버) | 선간저항 20℃) | 2-7 (입력) | 23.0Ω ± 7% |
| | | 3-8 (SIN) | 82.0Ω ± 7% |
| | | 4-9 (COS) | 74.0Ω ± 7% |
| | 절연저항<br>DC 500V, 5초 | 2-차체 | 100MΩ이상 |
| | | 3-차체 | |
| | | 4-차체 | |
| 모터온도센서 | 선간저항(20℃) | 5-10 | 18.1~20.8kΩ |
| | 절연저항<br>DC 500V, 5초 | 5-차체 | 100MΩ이상 |
| | | 5-U/V/W | |
| | 절연내력<br>AC 1,800V, 1초 | 5-차체 | 0.5 mA 이하 |

### ⑤ 모터 위치 센서(레졸버) 옵셋 자동 보정 초기화

진단기의 "부가기능"에서 "레졸버 옵셋 보정 초기화"를 이용한다.

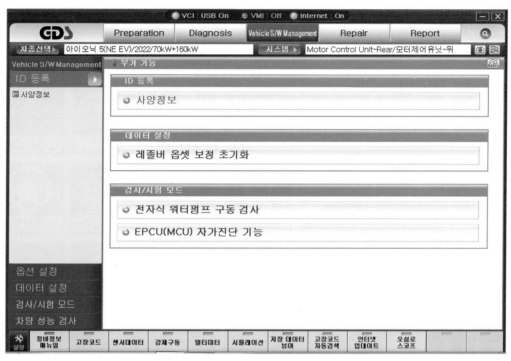

## (9) 자기진단, 강제구동, 부가기능 데이터

① 진단 시스템 : 51개

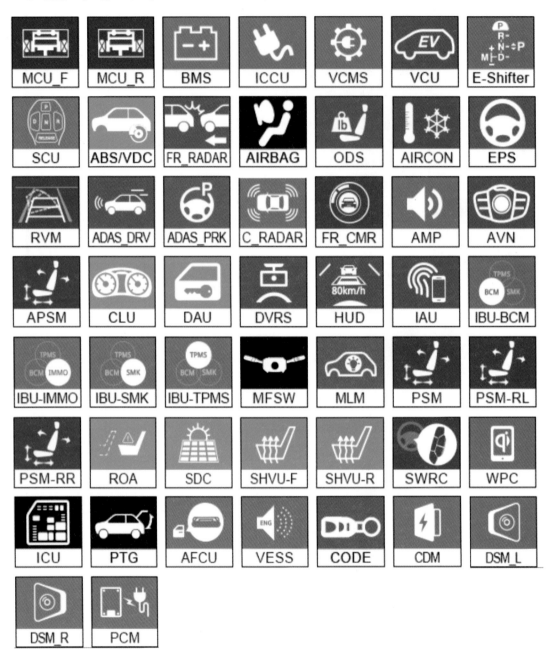

| | | | |
|---|---|---|---|
| 모터제어유닛-앞 | MCU_F | IBU-TPMS | IBU-TPMS |
| 모터제어유닛-뒤 | MCU_R | 멀티펑션스위치 | MFSW |
| 배터리제어 | BMS | 무드램프 | MLM |
| 통합충전제어장치 | ICCU | 파워시트모듈 | PSM |
| 차량 충전 관리 제어기 | VCMS | 파워시트모듈-RL | PSM-RL |
| 차량제어 | VCU | 파워시트모듈-RR | PSM-RR |
| 전자식변속레버 | E-Shifter | 어드밴스드 후석 승객 알림 | ROA |
| 전자식변속제어 | SCU | 태양광발전변압기 | SDC |
| 제동제어 | ABS/VDC | 시트열선통풍제어유닛-앞 | SHVU-F |
| 전방레이더 | FR_RADAR | 시트열선통풍제어유닛-뒤 | SHVU-R |
| 에어백(1차 충돌) | AIRBAG | 스티어링휠리모트컨트롤 | SWRC |
| 승객구분센서 | ODS | 무선충전시스템 | WPC |
| 에어컨 | AIRCON | 실내통합전력제어기 | ICU |
| 파워스티어링 | EPS | 파워테일게이트 | PTG |
| 리어뷰모니터 | RVM | 오토플러시도어핸들 | AFCU |
| 운전자보조주행시스템 | ADAS_DRV | 가상엔진사운드 | VESS |
| 운전자보조주차시스템 | ADAS_PRK | 트랜스미터코드등록 | CODE |
| 측방레이더 | C_RADAR | 충전도어모듈 | CDM |
| 전방카메라 | FR_CMR | 디지털사이드미러_좌 | DSM_L |
| 앰프 | AMP | 디지털사이드미러_우 | DSM_R |
| 오디오비디오내비게이션 | AVN | 전력선 통신 모듈 | PCM |
| 승객석파워시트모듈 | APSM | | |
| 클러스터모듈 | CLU | | |
| 운전석도어모듈 | DAU | | |
| 주행영상녹화시스템 | DVRS | | |
| 헤드업디스플레이 | HUD | | |
| 인증제어기 | IAU | | |
| IBU-BCM | IBU-BCM | | |
| IBU-IMMO | IBU-IMMO | | |
| IBU-SMK | IBU-SMK | | |

## ② 51개 시스템 전체선택 자기 진단

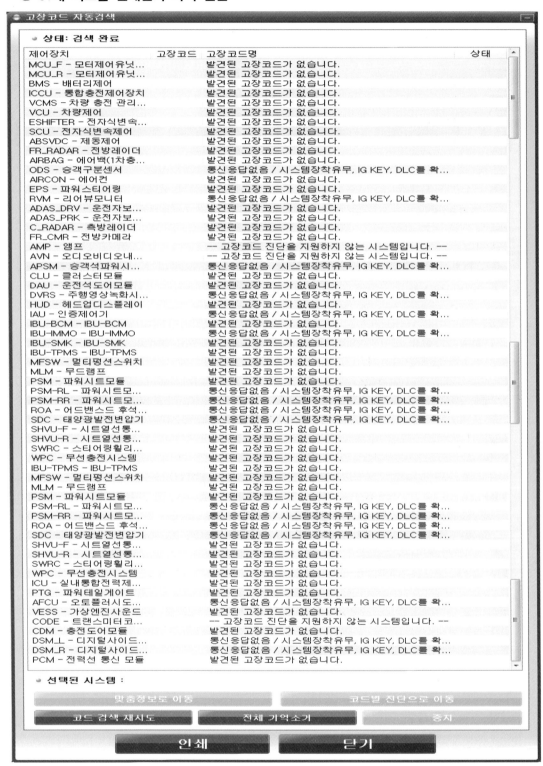

| 제어장치 | 고장코드 | 고장코드명 | 상태 |
|---|---|---|---|
| MCU_F - 모터제어유닛... | | 발견된 고장코드가 없습니다. | |
| MCU_R - 모터제어유닛... | | 발견된 고장코드가 없습니다. | |
| BMS - 배터리제어 | | 발견된 고장코드가 없습니다. | |
| ICCU - 통합충전제어장치 | | 발견된 고장코드가 없습니다. | |
| VCMS - 차량 충전 관리... | | 발견된 고장코드가 없습니다. | |
| VCU - 차량제어 | | 발견된 고장코드가 없습니다. | |
| ESHIFTER - 전자식변속... | | 발견된 고장코드가 없습니다. | |
| SCU - 전자식변속제어 | | 발견된 고장코드가 없습니다. | |
| ABSVDC - 제동제어 | | 발견된 고장코드가 없습니다. | |
| FR_RADAR - 전방레이더 | | 발견된 고장코드가 없습니다. | |
| AIRBAG - 에어백(1차충... | | 발견된 고장코드가 없습니다. | |
| ODS - 승객구분센서 | | 통신응답없음 / 시스템장착유무, IG KEY, DLC를 확... | |
| AIRCON - 에어컨 | | 발견된 고장코드가 없습니다. | |
| EPS - 파워스티어링 | | 발견된 고장코드가 없습니다. | |
| RVM - 리어뷰모니터 | | 통신응답없음 / 시스템장착유무, IG KEY, DLC를 확... | |
| ADAS_DRV - 운전자보... | | 발견된 고장코드가 없습니다. | |
| ADAS_PRK - 운전자보... | | 발견된 고장코드가 없습니다. | |
| C_RADAR - 측방레이더 | | 발견된 고장코드가 없습니다. | |
| FR_CMR - 전방카메라 | | 발견된 고장코드가 없습니다. | |
| AMP - 앰프 | | -- 고장코드 진단을 지원하지 않는 시스템입니다. -- | |
| AVN - 오디오비디오내... | | -- 고장코드 진단을 지원하지 않는 시스템입니다. -- | |
| APSM - 승객석파워시... | | 통신응답없음 / 시스템장착유무, IG KEY, DLC를 확... | |
| CLU - 클러스터모듈 | | 발견된 고장코드가 없습니다. | |
| DAU - 운전석도어모듈 | | 발견된 고장코드가 없습니다. | |
| DVRS - 주행영상녹화시... | | 통신응답없음 / 시스템장착유무, IG KEY, DLC를 확... | |
| HUD - 헤드업디스플레이 | | 발견된 고장코드가 없습니다. | |
| IAU - 인증제어기 | | 통신응답없음 / 시스템장착유무, IG KEY, DLC를 확... | |
| IBU-BCM - IBU-BCM | | 발견된 고장코드가 없습니다. | |
| IBU-IMMO - IBU-IMMO | | 통신응답없음 / 시스템장착유무, IG KEY, DLC를 확... | |
| IBU-SMK - IBU-SMK | | 발견된 고장코드가 없습니다. | |
| IBU-TPMS - IBU-TPMS | | 발견된 고장코드가 없습니다. | |
| MFSW - 멀티펑션스위치 | | 발견된 고장코드가 없습니다. | |
| MLM - 무드램프 | | 발견된 고장코드가 없습니다. | |
| PSM - 파워시트모듈 | | 발견된 고장코드가 없습니다. | |
| PSM-RL - 파워시트모... | | 통신응답없음 / 시스템장착유무, IG KEY, DLC를 확... | |
| PSM-RR - 파워시트모... | | 통신응답없음 / 시스템장착유무, IG KEY, DLC를 확... | |
| ROA - 어드밴스드 후석... | | 통신응답없음 / 시스템장착유무, IG KEY, DLC를 확... | |
| SDC - 태양광발전변압기 | | 통신응답없음 / 시스템장착유무, IG KEY, DLC를 확... | |
| SHVU-F - 시트열선통... | | 발견된 고장코드가 없습니다. | |
| SHVU-R - 시트열선통... | | 발견된 고장코드가 없습니다. | |
| SWRC - 스티어링휠리... | | 발견된 고장코드가 없습니다. | |
| WPC - 무선충전시스템 | | 발견된 고장코드가 없습니다. | |
| IBU-TPMS - IBU-TPMS | | 발견된 고장코드가 없습니다. | |
| MFSW - 멀티펑션스위치 | | 발견된 고장코드가 없습니다. | |
| MLM - 무드램프 | | 발견된 고장코드가 없습니다. | |
| PSM - 파워시트모듈 | | 발견된 고장코드가 없습니다. | |
| PSM-RL - 파워시트모... | | 통신응답없음 / 시스템장착유무, IG KEY, DLC를 확... | |
| PSM-RR - 파워시트모... | | 통신응답없음 / 시스템장착유무, IG KEY, DLC를 확... | |
| ROA - 어드밴스드 후석... | | 통신응답없음 / 시스템장착유무, IG KEY, DLC를 확... | |
| SDC - 태양광발전변압기 | | 통신응답없음 / 시스템장착유무, IG KEY, DLC를 확... | |
| SHVU-F - 시트열선통... | | 발견된 고장코드가 없습니다. | |
| SHVU-R - 시트열선통... | | 발견된 고장코드가 없습니다. | |
| SWRC - 스티어링휠리... | | 발견된 고장코드가 없습니다. | |
| WPC - 무선충전시스템 | | 발견된 고장코드가 없습니다. | |
| ICU - 실내통합전력제... | | 발견된 고장코드가 없습니다. | |
| PTG - 파워테일게이트 | | 발견된 고장코드가 없습니다. | |
| AFCU - 오토플러시도... | | 통신응답없음 / 시스템장착유무, IG KEY, DLC를 확... | |
| VESS - 가상엔진사운드 | | 발견된 고장코드가 없습니다. | |
| CODE - 트랜스미터코... | | -- 고장코드 진단을 지원하지 않는 시스템입니다. -- | |
| CDM - 충전도어모듈 | | 발견된 고장코드가 없습니다. | |
| DSM_L - 디지털사이드... | | 통신응답없음 / 시스템장착유무, IG KEY, DLC를 확... | |
| DSM_R - 디지털사이드... | | 통신응답없음 / 시스템장착유무, IG KEY, DLC를 확... | |
| PCM - 전력선 통신 모듈 | | 발견된 고장코드가 없습니다. | |

### ③ MCU-FRONT(모터제어유닛-앞)

### (a) 센서 데이터 : KEY ON 조건 시

| 센서명 | 센서값 | 단위 |
|---|---|---|
| MCU 고장 상태 | NO | - |
| MCU 토크제한 운전 상태 | NO | - |
| 구동 모터 강제구동 상태 | NO | - |
| MCU에 의한 엔진경고등 점등 상태 | NO | - |
| MCU에 의한 서비스램프 점등 상태 | NO | - |
| MCU 정상 | YES | - |
| 구동 모터 제어 가능 상태 | NO | - |
| MCU에 의한 메인 릴레이 차단 요구(즉시) | NO | - |
| MCU Anti Jerk 동작 상태 | NO | - |
| MCU 고전압 인터락 요청 | NO | - |
| MCU에 의한 메인 릴레이 지연 차단 요구 | NO | - |
| 레졸버 보정 요구 | YES | - |
| 인버터 DC 입력 전압 | 682.70 | V |
| 보조 배터리 전압 | 14.515 | V |
| DC 인터락 센싱 전압 | 1.284 | V |
| IGN 센싱 전압 | 14.716 | V |
| 현재 구동 모터 속도 | 0 | RPM |
| 목표 구동 모터 토크 기준 | 0.0 | Nm |
| 현재 구동 모터 출력 토크 | 0.0 | Nm |
| 모터 위상 전류 (RMS 발브) | 2.8 | Arms |
| 구동 모터 온도 | 13.22 | ℃ |
| MCU 인버터 온도 | 16.00 | ℃ |
| 모터 U상 전류 센서 옵셋 | 4 | - |
| 모터 V상 전류 센서 옵셋 | -3 | - |
| 모터 W상 전류센서 옵셋값 | 7 | - |
| 구동 모터 레졸버 보정 완료 확인 코드 | ABCD | - |
| 구동 모터 위치센서 옵셋값 | 2.080 | rad |
| 구동 모터 레졸버 보정 완료 확인 코드 | Init | - |
| 구동 모터 레졸버 리사주 전압 | 1.289 | V |
| 레졸버 Cosine 전압(구동모터) | 1.891 | V |
| 레졸버 Sine 전압(구동모터) | 1.356 | V |
| 구동 모터 위치 오차보상 완료 확인 코드 | CDC2 | - |
| 구동 모터 위치오차 1 차 성분 (크기) | 0.011 | - |
| 구동 모터 위치오차 1 차 성분(위상) | -2.911 | rad |
| 구동 모터 위치오차 2 차 성분 (크기) | 0.002 | - |
| 구동 모터 위치오차 2 차 성분 (위상) | -1.857 | rad |
| EPCU 히트싱크 온도 | 15.75 | ℃ |
| DC Link 옵셋보정 확인 코드 | CDC1 | - |
| DC Link 옵셋보정 스케일값 | 0.997 | - |
| DC Link 옵셋보정 옵셋값 | -1.210 | - |
| 중성단 전압 옵셋보정 확인 코드 | FFFF | - |
| 중성단 전압 옵셋보정 스케일값 | 0.000 | - |
| 중성단 전압 옵셋보정 옵셋값 | 0.000 | - |
| McuData1-1 | 0 | - |
| McuData1-2 | 0 | - |
| McuData1-3 | 0 | - |
| McuData1-4 | 0 | - |
| McuData1-5 | 26441 | - |
| McuData1-6 | 0 | - |
| McuData1-7 | 0 | - |
| McuData1-8 | 0 | - |
| McuData1-9 | 0 | - |
| McuData1-10 | 0 | - |
| McuData1-11 | 0 | - |
| McuData1-12 | 0 | - |
| McuData1-13 | 255 | - |
| McuData1-14 | 0 | - |
| McuData1-15 | 0 | - |
| McuData1-16 | 0 | - |
| McuData1-17 | 0 | - |
| McuData1-18 | 0 | - |
| McuData1-19 | 0 | - |
| McuData1-20 | 0 | - |
| McuData1-21 | 0 | - |
| McuData1-22 | 0 | - |
| McuData1-23 | 0 | - |
| McuData1-24 | 12 | - |
| McuData1-25 | 23 | - |
| McuData1-26 | -5 | - |
| McuData1-27 | -10 | - |
| McuData1-28 | 0 | - |
| McuData1-29 | 11 | - |
| McuData1-30 | 3 | - |
| McuData1-31 | 11 | - |
| McuData1-32 | 0 | - |
| McuData1-33 | 0 | - |
| McuData1-34 | 0 | - |
| McuData1-35 | 0 | - |
| McuData1-36 | 0 | - |
| McuData1-37 | 0 | - |
| McuData1-38 | 0 | - |
| McuData1-39 | 0 | - |
| McuData1-40 | 0 | - |
| McuData1-41 | 0 | - |
| McuData1-42 | 0 | - |
| McuData1-43 | 0 | - |
| McuData1-44 | 0 | - |
| McuData2-1-1 | 0 | - |
| McuData2-1-2 | 0 | - |
| McuData2-1-3 | 0 | - |
| McuData2-4 | 0 | - |
| McuData2-5 | 0 | - |
| McuData2-6 | 0 | - |
| McuData2-7 | 0 | - |
| McuData2-8 | 0 | - |
| McuData2-9 | 0 | - |
| McuData2-10 | 0 | - |
| McuData2-11 | 130 | - |
| McuData2-12 | 0 | - |
| McuData2-13 | 0 | - |
| McuData2-14 | 0 | - |
| McuData2-15 | 128 | - |
| McuData2-16 | 0 | - |
| McuData2-17 | 0 | - |
| McuData2-18 | 0 | - |
| McuData2-19 | 86 | - |
| McuData2-20 | 120 | - |
| McuData2-21 | 1.000 | - |
| McuData2-22 | 0 | - |
| McuData2-23 | 0 | - |
| McuData2-24 | 0 | - |
| McuData2-25 | 0 | - |
| McuData2-26 | 0 | - |
| McuData2-27 | 0 | - |

| 센서명 | 센서값 | 단위 |
|---|---|---|
| McuData2-28 | 0 | - |
| McuData2-29 | 0.01 | - |
| McuData2-30 | 0.06 | - |
| McuData2-31 | 0.32 | - |
| McuData2-32 | 0.03 | - |
| McuData2-33 | 1.02 | - |
| McuData2-34 | 0.93 | - |
| McuData2-35 | 0.00 | - |
| McuData2-36 | 0.11 | - |
| McuData2-37 | 0.00 | - |
| McuData2-2-1 | 0 | - |
| McuData2-2-2 | 0 | - |
| McuData2-2-3 | 0 | - |
| McuData2-3-1 | 0 | - |
| McuData2-3-2 | 0 | - |
| McuData2-3-3 | 0 | - |
| McuData3-1 | 0 | - |
| McuData3-2 | 0 | - |
| McuData3-3 | 0 | - |
| McuData3-4 | 0 | - |
| McuData3-5 | 0 | - |
| McuData3-6 | 0 | - |
| McuData3-7 | 0 | - |
| McuData3-8 | 0 | - |
| McuData3-9 | 7861 | - |
| McuData3-10 | 0 | - |
| McuData3-11 | 0 | - |
| McuData3-12 | 13362 | - |
| McuData3-13 | 0 | - |
| McuData3-14 | 213 | - |
| McuData3-15 | 375 | - |
| McuData3-16 | 0 | - |
| McuData3-17 | 0 | - |
| McuData3-18 | 14.8 | - |
| McuData3-19 | 5.1 | - |
| McuData3-20 | 0 | - |
| McuData3-21 | 0 | - |
| McuData3-22 | 0 | - |
| McuData3-23 | 756 | - |
| McuData3-24 | 37 | - |
| McuData3-25 | 0 | - |
| McuData3-26 | 0 | - |
| McuData3-27 | 0 | - |
| McuData3-28 | 0 | - |
| McuData3-29 | 0 | - |
| McuData3-30 | 0 | - |
| McuData3-31 | 0 | - |
| McuData3-32 | 0 | - |
| McuData3-33 | 0 | - |
| McuData3-34 | 0 | - |
| McuData3-35 | 0 | - |
| McuData3-36 | 0 | - |
| McuData3-37 | 138 | - |
| McuData3-38 | 0 | - |
| McuData3-39 | 0 | - |
| McuData3-40 | 0 | - |
| McuData3-41 | 11 | - |
| McuData3-42 | 0 | - |
| McuData3-43 | 6 | - |
| McuData3-44 | 0 | - |
| McuData4-1 | 3 | - |
| McuData4-2-1 | 202 | - |
| McuData4-2-2 | 0 | - |
| McuData4-2-3 | 0.0 | - |
| McuData4-3-1 | 201 | - |
| McuData4-3-2 | 0 | - |
| McuData4-3-3 | 0.0 | - |
| McuData4-4-1 | 201 | - |
| McuData4-4-2 | 0 | - |
| McuData4-4-3 | 8919.9 | - |
| McuData4-5-1 | 202 | - |
| McuData4-5-2 | 0 | - |
| McuData4-5-3 | 8919.9 | - |
| McuData4-6-1 | 202 | - |
| McuData4-6-2 | 0 | - |
| McuData4-6-3 | 0.0 | - |
| McuData4-7-1 | 201 | - |
| McuData4-7-2 | 0 | - |
| McuData4-7-3 | 0.0 | - |
| McuData4-8-1 | 202 | - |
| McuData4-8-2 | 0 | - |
| McuData4-8-3 | 0.0 | - |
| McuData4-9-1 | 201 | - |
| McuData4-9-2 | 0 | - |
| McuData4-9-3 | 0.0 | - |
| McuData4-10-1 | 305 | - |
| McuData4-10-2 | 0 | - |
| McuData4-10-3 | 0.0 | - |
| EWP 상태 | 0 | - |
| EWP 버전 | 0 | - |
| EWP 누적 에러 개수 | 0 | - |
| EWP DC 전류 | 0.0 | A |
| EWP DC 전압 | 0.0 | V |
| EWP 고장정보1 | 0 | - |
| EWP 고장정보2 | 0 | - |
| EWP 지령 회전수 | 0 | RPM |
| EWP 현재 회전수 | 0 | RPM |
| EWP 오작동 상태 | 0 | - |
| EOP 속도 | 0 | RPM |
| EOP 오작동 상태 | 0 | - |
| AAF1 목표 포지션 | Close | - |
| AAF 갯수 | No AAF | - |
| AAF2 목표 포지션 | Close | - |
| AAF3 목표 포지션 | Close | - |
| EOP 속도 지령 | 0 | RPM |
| EOP S/W 버전 | 8 | - |
| EOP 누적 에러 개수 | Type [0] [220] | - |
| EOP DC 전류 | 0 | A |
| EOP Q축 전류 | 0 | A |
| EOP 고장정보1 | 0 | - |
| EOP 토크 | 0 | - |
| EOP 고장정보 2 | 0 | - |

(b) 강제구동 : KEY ON 조건 시

(c) 부가기능 : KEY ON 조건시

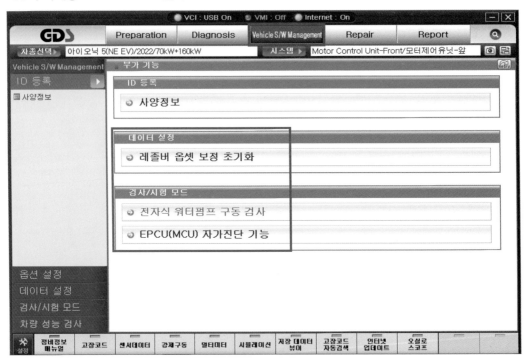

# • 레졸버 옵셋 보정 초기화

# • 전자식 워터펌프 구동검사

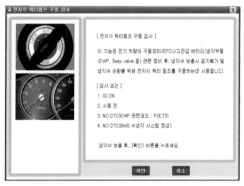

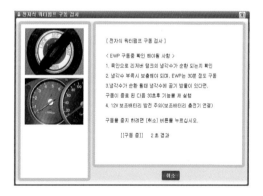

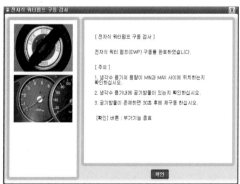

• EPCU(MCU) 자가진단 기능

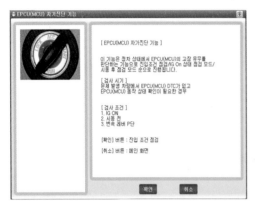

## ④ MCU-REAR (모터제어유닛-뒤)

### (a) 센서 데이터 : KEY ON 조건 시

| 센서명 | 센서값 | 단위 |
|---|---|---|
| MCU 고장 상태 | NO | - |
| MCU 토크제한 운전 상태 | NO | - |
| 구동 모터 광각구동 상태 | NO | - |
| MCU에 의한 엔진경고등 점등 상태 | NO | - |
| MCU에 의한 서비스램프 점등 상태 | NO | - |
| MCU 정상 | YES | - |
| 구동 모터 제어 가능 상태 | NO | - |
| MCU에 의한 메인 릴레이 차단 요구(즉시) | NO | - |
| MCU Anti Jerk 동작 상태 | NO | - |
| MCU 고전압 인터락 요청 | NO | - |
| MCU에 의한 메인 릴레이 지연 차단 요구 | NO | - |
| 레졸버 보정 요구 | YES | - |
| 인버터 DC링크 전압 | 684.02 | V |
| 보조배터리 전압 | 14.330 | V |
| DC 인터락 센싱 전압 | 1.192 | V |
| IGN 센싱 전압 | 14.706 | V |
| 현재 구동 모터 속도 | 0 | RPM |
| 목표 구동 모터 토크 기준 | 0.0 | Nm |
| 현재 구동 모터 출력 토크 | 0.0 | Nm |
| 모터 위상 전류 (RMS 밸브) | 2.8 | Arms |
| 구동 모터 전류 | 13.91 | V |
| MCU 인버터 온도 | 16.28 | ℃ |
| 모터 U상 전류 센서 옵셋 | -1 | - |
| 모터 V상 전류 센서 옵셋 | -4 | - |
| 모터 W상 전류센서 옵셋값 | 0 | - |
| 구동 모터 레졸버 보정 완료 확인 코드 | ABCD | - |
| 구동 모터 위치센서 옵셋값 | 2.323 | rad |
| 구동 모터 레졸버 보정 관료 확인 코드 | Init | - |
| 구동 모터 레졸버 과사주 전압 | 1.266 | V |
| 레졸버 Cosine 전압(구동모터) | 3.759 | V |
| 레졸버 Sine 전압(구동모터) | 2.422 | V |
| 구동 모터 위치 오차보상 완료 확인 코드 | CDC2 | - |
| 구동 모터 위치오차 1 차 성분 (크기) | 0.023 | - |
| 구동 모터 위치오차 1 차 성분 (위어) | -1.304 | rad |
| 구동 모터 위치오차 2 차 성분 (크기) | 0.011 | - |
| EPCU 히트싱크 온도 | -0.457 | rad |
| DC Link 옵셋보정 확인 코드 | 14.18 | ℃ |
| DC Link 옵셋보정 스케일값 | CDC1 | - |
| DC Link 옵셋보정 옵셋값 | 1.004 | - |
| 홍성단 전압 옵셋보정 확인 코드 | -2.637 | - |
| 홍성단 전압 옵셋보정 스케일값 | CDC1 | - |
| 홍성단 전압 옵셋보정 옵셋값 | 1.013 | - |
| | -2.739 | - |
| McuData1-1 | 0 | - |
| McuData1-2 | 0 | - |
| McuData1-3 | 0 | - |
| McuData1-4 | 0 | - |
| McuData1-5 | 3 | - |
| McuData1-6 | 0 | - |
| McuData1-7 | 0 | - |
| McuData1-8 | 0 | - |
| McuData1-9 | 0 | - |
| McuData1-10 | 0 | - |
| McuData1-11 | 0 | - |
| McuData1-12 | 0 | - |
| McuData1-13 | 3 | - |
| McuData1-14 | 0 | - |
| McuData1-15 | 0 | - |
| McuData1-16 | 0 | - |
| McuData1-17 | 0 | - |
| McuData1-18 | 0 | - |
| McuData1-19 | 0 | - |
| McuData1-20 | 0 | - |
| McuData1-21 | 0 | - |
| McuData1-22 | 0 | - |
| McuData1-23 | 0 | - |
| McuData1-24 | 27 | - |
| McuData1-25 | 12 | - |
| McuData1-26 | -4 | - |
| McuData1-27 | -6 | - |
| McuData1-28 | -7 | - |
| McuData1-29 | 2 | - |
| McuData1-30 | 1 | - |
| McuData1-31 | 0 | - |
| McuData1-32 | 0 | - |
| McuData1-33 | 0 | - |
| McuData1-34 | 0 | - |
| McuData1-35 | 0 | - |
| McuData1-36 | 0 | - |
| McuData1-37 | 0 | - |
| McuData1-38 | 0 | - |
| McuData1-39 | 0 | - |
| McuData1-40 | 0 | - |
| McuData1-41 | 0 | - |
| McuData1-42 | 0 | - |
| McuData1-43 | 0 | - |
| McuData1-44 | 0 | - |
| McuData2-1 | 0 | - |
| McuData2-2 | 0 | - |
| McuData2-3 | 0 | - |
| McuData2-2-1 | 0 | - |
| McuData2-2-2 | 0 | - |
| McuData2-2-3 | 0 | - |
| McuData2-3-1 | 0 | - |
| McuData2-3-2 | 0 | - |
| McuData2-3-3 | 0 | - |
| McuData2-4 | 0 | - |
| McuData2-5 | 0 | - |
| McuData2-6 | 0 | - |
| McuData2-7 | 0 | - |
| McuData2-8 | 0 | - |
| McuData2-9 | 0 | - |
| McuData2-10 | 0 | - |
| McuData2-11 | 101 | - |
| McuData2-12 | 0 | - |
| McuData2-13 | 0 | - |
| McuData2-14 | 0 | - |
| McuData2-15 | 64 | - |
| McuData2-16 | 0 | - |
| McuData2-17 | 0 | - |
| McuData2-18 | 77 | - |
| McuData2-19 | 77 | - |
| McuData2-20 | 60 | - |
| McuData2-21 | 1.000 | - |
| McuData2-22 | 0 | - |
| McuData2-23 | 0 | - |
| McuData2-24 | 0 | - |
| McuData2-25 | 0 | - |
| McuData2-26 | 0 | - |
| McuData2-27 | 0 | - |
| McuData2-28 | 0 | - |
| McuData2-29 | 0.01 | - |
| McuData2-30 | 2.21 | - |
| McuData2-31 | 0.05 | - |
| McuData2-32 | 0.16 | - |
| McuData2-33 | 0.02 | - |
| McuData2-34 | 0.27 | - |
| McuData2-35 | 0.00 | - |
| McuData2-36 | 1.63 | - |
| McuData2-37 | 0.00 | - |
| McuData2-38 | 0 | - |
| McuData2-39 | 0 | - |
| McuData2-40 | 0 | - |
| McuData2-41 | 0 | - |
| McuData2-42 | 0 | - |
| McuData2-43 | 65 | - |
| McuData3-1 | 28 | - |
| McuData3-2 | 0 | - |

| 센서명 | 센서값 | 단위 |
|---|---|---|
| McuData3-4 | 0 | - |
| McuData3-5 | 0 | - |
| McuData3-6 | 0 | - |
| McuData3-7 | 0 | - |
| McuData3-8 | 0 | - |
| McuData3-9 | 7890 | - |
| McuData3-10 | 0 | - |
| McuData3-11 | 0 | - |
| McuData3-12 | 13404 | - |
| McuData3-13 | 0 | - |
| McuData3-14 | 42 | - |
| McuData3-15 | 227 | - |
| McuData3-16 | 0 | - |
| McuData3-17 | 0 | - |
| McuData3-18 | 14.6 | - |
| McuData3-19 | 4.7 | - |
| McuData3-20 | 0 | - |
| McuData3-21 | 0 | - |
| McuData3-22 | 0 | - |
| McuData3-23 | 755 | - |
| McuData3-24 | 38 | - |
| McuData3-25 | 0 | - |
| McuData3-26 | 0 | - |
| McuData3-27 | 0 | - |
| McuData3-28 | 0 | - |
| McuData3-29 | 0 | - |
| McuData3-30 | 0 | - |
| McuData3-31 | 0 | - |
| McuData3-32 | 0 | - |
| McuData3-33 | 0 | - |
| McuData3-34 | 0 | - |
| McuData3-35 | 0 | - |
| McuData3-36 | 0 | - |
| McuData3-37 | 107 | - |
| McuData3-38 | 0 | - |
| McuData3-39 | 0 | - |
| McuData3-40 | 0 | - |
| McuData3-41 | 13 | - |
| McuData3-42 | 0 | - |
| McuData3-43 | 7 | - |
| McuData3-44 | 0 | - |
| McuData3-45 | 3 | - |
| McuData3-46 | 0 | - |
| McuData3-47 | 0 | - |
| McuData3-48 | 0 | - |
| McuData3-49 | 0 | - |
| EWP 버전 | 19 | - |
| EWP 누적 에러 개수 | 3 | - |
| EWP DC 전류 | 0.0 | A |
| EWP DC 전압 | 14.7 | V |
| EWP 고장정보1 | 252 | - |
| EWP 고장정보2 | 128 | - |
| EWP 지령 회전수 | 0 | RPM |
| EWP 현재 회전수 | 0 | RPM |
| EWP 오작동 상태 | 0 | - |
| EOP 속도 | 0 | RPM |
| EOP 오작동 상태 | 0 | - |
| AAF1 목표 포지션 | Close | - |
| AAF 갯수 | AAF1, AAF2 | - |
| AAF2 목표 포지션 | Close | - |
| AAFS 목표 포지션 | Close | - |
| EOP 속도 지령 | 0 | RPM |
| EOP S/W 버전 | 8 | - |
| EOP 누적 에러 개수 | 0 | - |
| EOP DC 전류 | 0 | - |
| EOP Q축 전류 | 0 | - |
| EOP 고장정보1 | 0 | - |
| EOP 토크 | 0 | - |
| EOP 고장정보 2 | 0 | - |
| McuData4-7-3 | 0.0 | - |
| McuData4-8-1 | 201 | - |
| McuData4-8-2 | 0.0 | - |
| McuData4-8-3 | 201 | - |
| McuData4-9-1 | 0 | - |
| McuData4-9-2 | 0 | - |
| McuData4-9-3 | 8919.9 | - |
| McuData4-10-1 | 202 | - |
| McuData4-10-2 | 0 | - |
| McuData4-10-3 | 8919.9 | - |
| EWP 상태 | 252 | - |
| EWP 버전 | 19 | - |
| EWP 누적 에러 개수 | 13 | - |
| EWP DC 전류 | 0.0 | A |
| EWP DC 전압 | 14.6 | V |
| EWP 고장정보1 | 252 | - |
| EWP 고장정보2 | 128 | - |
| EWP 지령 회전수 | 0 | RPM |
| EWP 현재 회전수 | 0 | RPM |
| EWP 오작동 상태 | 0 | - |
| EOP 속도 | 0 | RPM |
| EOP 오작동 상태 | 0 | - |
| AAF1 목표 포지션 | Close | - |
| AAF 갯수 | AAF1, AAF2 | - |
| AAF2 목표 포지션 | Close | - |
| AAF3 목표 포지션 | Close | - |
| EOP 속도 지령 | 0 | RPM |
| EOP S/W 버전 | 8 | - |
| EOP 누적 에러 개수 | 0 | - |
| EOP DC 전류 | 0 | A |
| EOP Q축 전류 | 0 | - |
| EOP 고장정보1 | 0 | - |
| EOP 토크 | 0 | - |
| EOP 고장정보 2 | 0 | - |

(b) 강제구동 : KEY ON 조건 시

(c) 부가기능 : KEY ON 조건 시

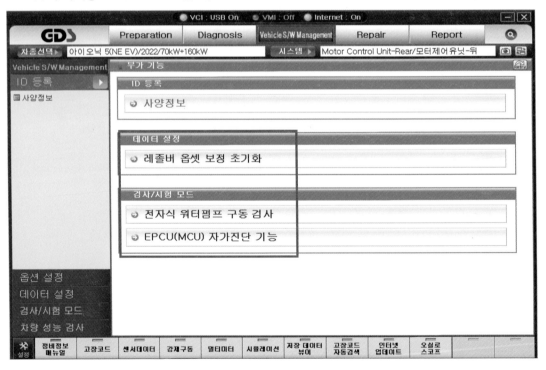

## • 레졸버 옵셋 보정 초기화

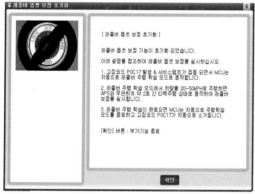

## • 전자식 워터 펌프 구동 검사

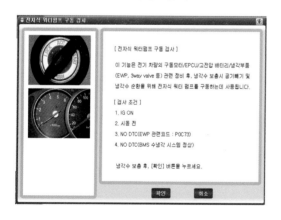

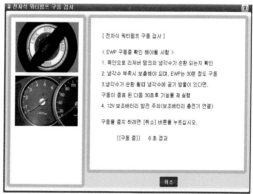

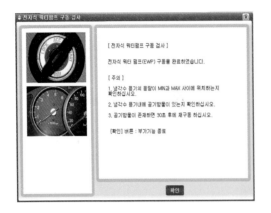

[ 전자식 워터펌프 구동 검사 ]

전자식 워터 펌프(EWP) 구동을 완료하겠습니다.

[ 주의 ]

1. 냉각수 용기의 용량이 MIN과 MAX 사이에 위치하는지 확인하십시오.

2. 냉각수 용기내에 공기방울이 있는지 확인하십시오.

3. 공기방울이 존재하면 30초 후에 재구동 하십시오.

[확인] 버튼 : 부가기능 종료

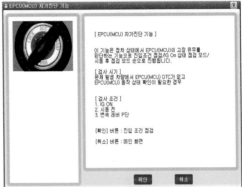

[ EPCU(MCU) 자가진단 기능 ]

이 기능은 정차 상태에서 EPCU(MCU)의 고장 유무를
판단하는 기능으로 진입조건 점검/IG On 상태 점검 모드/
시동 후 점검 모드 순으로 진행됩니다.

[ 검사 시기 ]
문제 발생 차량에서 EPCU(MCU) DTC가 없고
EPCU(MCU) 동작 상태 확인이 필요한 경우

[ 검사 조건 ]
1. IG ON
2. 시동 전
3. 변속 레버 P단

[확인] 버튼 : 진입 조건 점검

[취소] 버튼 : 메인 화면

## • EPCU(MCU) 자가진단 기능

[ EPCU(MCU) 자가진단 기능 ]

이 기능은 정차 상태에서 EPCU(MCU)의 고장 유무를
판단하는 기능으로 진입 조건 점검/IG On 상태 점검 모드/
시동 후 점검 모드 순으로 진행됩니다.

[ 검사 시기 ]
문제 발생 차량에서 EPCU(MCU) DTC가 없고
EPCU(MCU) 동작 상태 확인이 필요한 경우

[ 검사 조건 ]
1. IG ON
2. 시동 전
3. 변속 레버 P단

[확인] 버튼 : 진입 조건 점검

[취소] 버튼 : 메인 화면

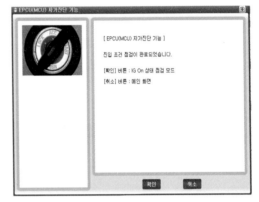

[ EPCU(MCU) 자가진단 기능 ]

진입 조건 점검이 완료되었습니다.

[확인] 버튼 : IG On 상태 점검 모드
[취소] 버튼 : 메인 화면

[ EPCU(MCU) 자가진단 기능 ]

••• EPCU(MCU) 자가진단 기능 완료 •••

EPCU(MCU) 고장 부위가 아래와 같이 검출되었습니다.

위치 센서 이상(MCU) : 4C

상기 고장에 대한 추가적인 확인은 정비메뉴얼을 참고하십시오.

[확인] 버튼 : 메인 화면

338

## ⑤ BMS (배터리 제어)

### (a) 센서 데이터 : KEY ON 조건 시

| 센서명 | 센서값 | 단위 |
|---|---|---|
| 배터리 충전 상태(BMS) | 58.5 | % |
| 목표 충전 전압 | 0.0 | V |
| 목표 충전 전류 | 0.0 | A |
| 배터리 팩 전류 | 0.5 | A |
| 배터리 팩 전압 | 682.6 | V |
| 배터리 최대 온도 | 12 | ℃ |
| 배터리 최소 온도 | 11 | ℃ |
| 배터리 모듈 1 온도 | 12 | ℃ |
| 배터리 모듈 2 온도 | 12 | ℃ |
| 배터리 모듈 3 온도 | 12 | ℃ |
| 배터리 모듈 4 온도 | 11 | ℃ |
| 배터리 모듈 5 온도 | 12 | ℃ |
| 배터리 외기 온도 | 14 | ℃ |
| 최대 셀 전압 | 3.78 | V |
| 최대 셀전압 셀 번호 | 22 | - |
| 최소 셀전압 | 3.78 | V |
| 최소 셀전압 셀 번호 | 20 | - |
| 보조 배터리 전압 | 14.3 | V |
| 누적 충전 전류량 | 957.0 | Ah |
| 누적 방전 전류량 | 937.8 | Ah |
| 누적 충전 전력량 | 654.2 | kWh |
| 누적 방전 전력량 | 628.5 | kWh |
| 총 동작 시간 | 2741317 | Sec |
| 인버터 커패시터 전압 | 684 | V |
| 모터 회전수 | 0 | RPM |
| HSG 회전수 | 0 | RPM |
| 절연 저항 | 1663 | kOhm |
| 배터리 셀 전압 1 | 3.78 | V |
| 배터리 셀 전압 2 | 3.78 | V |
| 배터리 셀 전압 3 | 3.78 | V |
| 배터리 셀 전압 4 | 3.78 | V |
| 배터리 셀 전압 5 | 3.78 | V |
| 배터리 셀 전압 6 | 3.78 | V |
| 배터리 셀 전압 7 | 3.78 | V |
| 배터리 셀 전압 8 | 3.78 | V |
| 배터리 셀 전압 9 | 3.78 | V |
| 배터리 셀 전압 10 | 3.78 | V |
| 배터리 셀 전압 11 | 3.78 | V |
| 배터리 셀 전압 12 | 3.78 | V |
| 배터리 셀 전압 13 | 3.78 | V |
| 배터리 셀 전압 14 | 3.78 | V |
| 배터리 셀 전압 15 | 3.78 | V |
| 배터리 셀 전압 16 | 3.78 | V |
| 배터리 셀 전압 17 | 3.78 | V |
| 배터리 셀 전압 18 | 3.78 | V |
| 배터리 셀 전압 19 | 3.78 | V |
| 배터리 셀 전압 20 | 3.78 | V |
| 배터리 셀 전압 21 | 3.78 | V |
| 배터리 셀 전압 22 | 3.78 | V |
| 배터리 셀 전압 23 | 3.78 | V |
| 배터리 셀 전압 24 | 3.78 | V |
| 배터리 셀 전압 25 | 3.78 | V |
| 배터리 셀 전압 26 | 3.78 | V |
| 배터리 셀 전압 27 | 3.78 | V |
| 배터리 셀 전압 28 | 3.78 | V |
| 배터리 셀 전압 29 | 3.78 | V |
| 배터리 셀 전압 30 | 3.78 | V |
| 배터리 셀 전압 31 | 3.78 | V |
| 배터리 셀 전압 32 | 3.78 | V |
| 배터리 셀 전압 33 | 3.78 | V |
| 배터리 셀 전압 34 | 3.78 | V |
| 배터리 셀 전압 35 | 3.78 | V |
| 배터리 셀 전압 36 | 3.78 | V |
| 배터리 셀 전압 37 | 3.78 | V |
| 배터리 셀 전압 38 | 3.78 | V |
| 배터리 셀 전압 39 | 3.78 | V |
| 배터리 셀 전압 40 | 3.78 | V |
| 배터리 셀 전압 41 | 3.78 | V |
| 배터리 셀 전압 42 | 3.78 | V |
| 배터리 셀 전압 43 | 3.78 | V |
| 배터리 셀 전압 44 | 3.78 | V |
| 배터리 셀 전압 45 | 3.78 | V |
| 배터리 셀 전압 46 | 3.78 | V |
| 배터리 셀 전압 47 | 3.78 | V |
| 배터리 셀 전압 48 | 3.78 | V |
| 배터리 셀 전압 49 | 3.78 | V |
| 배터리 셀 전압 50 | 3.78 | V |
| 배터리 셀 전압 51 | 3.78 | V |
| 배터리 셀 전압 52 | 3.78 | V |
| 배터리 셀 전압 53 | 3.78 | V |
| 배터리 셀 전압 54 | 3.78 | V |
| 배터리 셀 전압 55 | 3.78 | V |
| 배터리 셀 전압 56 | 3.78 | V |
| 배터리 셀 전압 57 | 3.78 | V |
| 배터리 셀 전압 58 | 3.78 | V |
| 배터리 셀 전압 59 | 3.78 | V |
| 배터리 셀 전압 60 | 3.78 | V |
| 배터리 셀 전압 61 | 3.78 | V |
| 배터리 셀 전압 62 | 3.78 | V |
| 배터리 셀 전압 63 | 3.78 | V |
| 배터리 셀 전압 64 | 3.78 | V |
| 배터리 셀 전압 65 | 3.78 | V |
| 배터리 셀 전압 66 | 3.78 | V |
| 배터리 셀 전압 67 | 3.78 | V |
| 배터리 셀 전압 68 | 3.78 | V |
| 배터리 셀 전압 69 | 3.78 | V |
| 배터리 셀 전압 70 | 3.78 | V |
| 배터리 셀 전압 71 | 3.78 | V |
| 배터리 셀 전압 72 | 3.78 | V |
| 배터리 셀 전압 73 | 3.78 | V |
| 배터리 셀 전압 74 | 3.78 | V |
| 배터리 셀 전압 75 | 3.78 | V |
| 배터리 셀 전압 76 | 3.78 | V |
| 배터리 셀 전압 77 | 3.78 | V |
| 배터리 셀 전압 78 | 3.78 | V |
| 배터리 셀 전압 79 | 3.78 | V |
| 배터리 셀 전압 80 | 3.78 | V |
| 배터리 셀 전압 81 | 3.78 | V |
| 배터리 셀 전압 82 | 3.78 | V |
| 배터리 셀 전압 83 | 3.78 | V |
| 배터리 셀 전압 84 | 3.78 | V |
| 배터리 셀 전압 85 | 3.78 | V |
| 배터리 셀 전압 86 | 3.78 | V |
| 배터리 셀 전압 87 | 3.78 | V |

| 센서명 | 센서값 | 단위 |
|---|---|---|
| 배터리 셀 전압 88 | 3.78 | V |
| 배터리 셀 전압 89 | 3.78 | V |
| 배터리 셀 전압 90 | 3.78 | V |
| 배터리 셀 전압 91 | 3.78 | V |
| 배터리 셀 전압 92 | 3.78 | V |
| 배터리 셀 전압 93 | 3.78 | V |
| 배터리 셀 전압 94 | 3.78 | V |
| 배터리 셀 전압 95 | 3.78 | V |
| 배터리 셀 전압 96 | 3.78 | V |
| 최대 내부 저항 | 3.00 | mOhm |
| 최대 내부 저항 배터리 셀번호 | 1 | - |
| 평균 내부 저항 | 3.00 | mOhm |
| 배터리 모듈 6 온도 | 11 | ℃ |
| 배터리 모듈 7 온도 | 12 | ℃ |
| 배터리 모듈 8 온도 | 11 | ℃ |
| 배터리 모듈 9 온도 | 12 | ℃ |
| 배터리 모듈 10 온도 | 11 | ℃ |
| 배터리 모듈 11 온도 | 11 | ℃ |
| 배터리 모듈 12 온도 | 11 | ℃ |
| 최대 충전 가능 파워 | 253.00 | kW |
| 최대 방전 가능 파워 | 253.00 | kW |
| 배터리 셀간 전압편차 | 0.00 | V |
| 에어백 하네스 와이어 듀티 | 80 | % |
| 히터 1 온도 | 13 | ℃ |
| SOH 상태 (신품기준 100%) | 100.0 | % |
| 최대 열화 셀 번호 | 0 | - |
| 배터리 잔량 | 38136 | Wh |
| 디스플레이 SOC | 58.5 | % |
| 배터리 모듈 13 온도 | 12 | ℃ |
| 배터리 모듈 14 온도 | 12 | ℃ |
| 배터리 모듈 15 온도 | 12 | ℃ |
| 배터리 모듈 16 온도 | 12 | ℃ |
| 배터리 냉각수 인렛 온도 | 12 | ℃ |
| 배터리 LTR 후단 온도 | 14 | ℃ |
| BMS 라디에이터 팬 동작요청 듀티 | 0 | % |
| 라디에이터 팬 동작 듀티 피드백 | 0 | % |
| BMS용 EWP#1 동작요청 RPM | 0 | RPM |
| EWP#1 동작 RPM | 0 | RPM |
| BMS 배터리 칠러 동작요청 RPM | 0 | RPM |
| DATC 에어컨 컴프레셔 동작 RPM | 0 | RPM |
| EWP#2 동작 RPM | 0 | RPM |
| 배터리 PRA 버스바 온도 | 12 | ℃ |
| 충전 표시등 상태(램프 1개) | - | - |
| 충전 표시등 상태(램프 3개) | Main Rly On S... | - |
| BMS Wake-Up 모드 | 1 | - |
| 셀 밸런싱 상태 | NO | - |
| 릴레이 동작 횟수 | 800 | - |
| SDC 고전압측 출력 전압 | 0.0 | V |
| SDC 고전압측 출력 전류 | 0.0 | A |
| SDC의 웨이크 업 요청 | NO (Disable) | - |
| SDC HV 배터리 충전 요청 | NO | - |
| SDC 12V 배터리 충전 요청 | NO | - |
| SDC HV 배터리 충전 상태 | NO | - |
| SDC 12V 배터리 충전 상태 | NO | - |
| SDC 고전압인터락 상태 | Normal | - |
| SDC 릴레이 ON 요청 | NO | - |
| SDC 고장 상태 | Normal | - |
| 셀 밸런싱 셀 개수 | 0 | - |
| 배터리 셀 전압 97 | 3.78 | V |
| 배터리 셀 전압 98 | 3.78 | V |
| 배터리 셀 전압 99 | 3.78 | V |
| 배터리 셀 전압 100 | 3.78 | V |
| 배터리 셀 전압 101 | 3.78 | V |
| 배터리 셀 전압 102 | 3.78 | V |
| 배터리 셀 전압 103 | 3.78 | V |
| 배터리 셀 전압 104 | 3.78 | V |
| 배터리 셀 전압 105 | 3.78 | V |
| 배터리 셀 전압 106 | 3.78 | V |
| 배터리 셀 전압 107 | 3.78 | V |
| 배터리 셀 전압 108 | 3.78 | V |
| 배터리 셀 전압 109 | 3.78 | V |
| 배터리 셀 전압 110 | 3.78 | V |
| 배터리 셀 전압 111 | 3.78 | V |
| 배터리 셀 전압 112 | 3.78 | V |
| 배터리 셀 전압 113 | 3.78 | V |
| 배터리 셀 전압 114 | 3.78 | V |
| 배터리 셀 전압 115 | 3.78 | V |
| 배터리 셀 전압 116 | 3.78 | V |
| 배터리 셀 전압 117 | 3.78 | V |
| 배터리 셀 전압 118 | 3.78 | V |
| 배터리 셀 전압 119 | 3.78 | V |
| 배터리 셀 전압 120 | 3.78 | V |
| 배터리 셀 전압 121 | 3.78 | V |
| 배터리 셀 전압 122 | 3.78 | V |
| 배터리 셀 전압 123 | 3.78 | V |
| 배터리 셀 전압 124 | 3.78 | V |
| 배터리 셀 전압 125 | 3.78 | V |
| 배터리 셀 전압 126 | 3.78 | V |
| 배터리 셀 전압 127 | 3.78 | V |
| 배터리 셀 전압 128 | 3.78 | V |
| 배터리 셀 전압 129 | 3.78 | V |
| 배터리 셀 전압 130 | 3.78 | V |
| 배터리 셀 전압 131 | 3.78 | V |
| 배터리 셀 전압 132 | 3.78 | V |
| 배터리 셀 전압 133 | 3.78 | V |
| 배터리 셀 전압 134 | 3.78 | V |
| 배터리 셀 전압 135 | 3.78 | V |
| 배터리 셀 전압 136 | 3.78 | V |
| 배터리 셀 전압 137 | 3.78 | V |
| 배터리 셀 전압 138 | 3.78 | V |
| 배터리 셀 전압 139 | 3.78 | V |
| 배터리 셀 전압 140 | 3.78 | V |
| 배터리 셀 전압 141 | 3.78 | V |
| 배터리 셀 전압 142 | 3.78 | V |
| 배터리 셀 전압 143 | 3.78 | V |
| 배터리 셀 전압 144 | 3.78 | V |
| 배터리 셀 전압 145 | 3.78 | V |
| 배터리 셀 전압 146 | 3.78 | V |
| 배터리 셀 전압 147 | 3.78 | V |
| 배터리 셀 전압 148 | 3.78 | V |
| 배터리 셀 전압 149 | 3.78 | V |
| 배터리 셀 전압 150 | 3.78 | V |
| 배터리 셀 전압 151 | 3.78 | V |
| 배터리 셀 전압 152 | 3.78 | V |
| 배터리 셀 전압 153 | 3.78 | V |

| 센서명 | 센서값 | 단위 |
|---|---|---|
| 배터리 셀 전압 154 | 3.78 | V |
| 배터리 셀 전압 155 | 3.78 | V |
| 배터리 셀 전압 156 | 3.78 | V |
| 배터리 셀 전압 157 | 3.78 | V |
| 배터리 셀 전압 158 | 3.78 | V |
| 배터리 셀 전압 159 | 3.78 | V |
| 배터리 셀 전압 160 | 3.78 | V |
| 배터리 셀 전압 161 | 3.78 | V |
| 배터리 셀 전압 162 | 3.78 | V |
| 배터리 셀 전압 163 | 3.78 | V |
| 배터리 셀 전압 164 | 3.78 | V |
| 배터리 셀 전압 165 | 3.78 | V |
| 배터리 셀 전압 166 | 3.78 | V |
| 배터리 셀 전압 167 | 3.78 | V |
| 배터리 셀 전압 168 | 3.78 | V |
| 배터리 셀 전압 169 | 3.78 | V |
| 배터리 셀 전압 170 | 3.78 | V |
| 배터리 셀 전압 171 | 3.78 | V |
| 배터리 셀 전압 172 | 3.78 | V |
| 배터리 셀 전압 173 | 3.78 | V |
| 배터리 셀 전압 174 | 3.78 | V |
| 배터리 셀 전압 175 | 3.78 | V |
| 배터리 셀 전압 176 | 3.78 | V |
| 배터리 셀 전압 177 | 3.78 | V |
| 배터리 셀 전압 178 | 3.78 | V |
| 배터리 셀 전압 179 | 3.78 | V |
| 배터리 셀 전압 180 | 3.78 | V |
| 충전 횟수 | 21 | - |
| 급속 충전 횟수 | 1 | - |
| 누적 충전 에너지 | 553 | kWh |
| 누적 급속 충전 에너지 | 32 | kWh |
| 모터#2 회전수 | 0 | RPM |
| 배터리 모듈 17 온도 | 11 | ℃ |
| 배터리 모듈 18 온도 | 12 | ℃ |
| BMS 톰 타입 | Type5 | - |
| DC 충전 모드 정보 | None | - |
| VCMS 팔러에 OFF 요청 | NO | - |
| VCMS 급충 (-)팔레이 On 요청 | OFF Request | - |
| VCMS 급충 (+)팔레이 제어 요청 | OFF Request | - |
| VCMS 충전 사이클 Flag | NO | - |
| VCMS 충전 초기화 Flag | NO | - |
| 배터리 모니터링 이벤트 알림 상태 | No(Normal) | - |
| REC 배터리모니터링1 | 0 | - |
| REC 배터리모니터링2 | 0 | - |
| REC 배터리모니터링3 | 0 | - |
| REC 배터리모니터링4 | 0 | - |
| REC 배터리모니터링5 | 0 | - |
| REC 배터리모니터링6 | 0 | - |
| REC 배터리모니터링7 | 0 | - |
| REC 배터리모니터링8 | 8 | - |
| REC 배터리모니터링10 | 156 | - |
| REC 배터리모니터링11 | 33555212 | - |
| REC 배터리모니터링12 | 0 | - |
| REC 배터리모니터링13 | 0 | - |
| REC 배터리모니터링14 | 0 | - |
| REC 배터리모니터링15 | 0 | - |
| REC 배터리모니터링16 | 0 | - |
| REC 배터리모니터링17 | 0 | - |
| REC 배터리모니터링18 | 0 | - |
| BMS 메인 팔레이 ON 상태 | Close | - |
| 배터리 사용가능 상태 | Battery Power.... | - |
| BMS 경고 | Normal | - |
| BMS 고장 | Normal | - |
| BMS 융착 상태 | Relay Welding.... | - |
| VPD 활성화 ON | NO | - |
| OPD 활성화 ON | NO | - |
| 원격모드 활성화 상태 | Installed & On | - |
| MCU 준비상태 | Mg1 MCU is A... | - |
| MCU 메인팔레이 OFF 요청 | NO | - |
| MCU 제어가능 상태 | NO | - |
| VCU/HCU 상태 | Drivable | - |
| 급속충전 정상 진행 상태 | YES | - |
| 충전 표시등 상태 | Main Relay St... | - |
| 급속충전 팔레이 ON 상태 | NO | - |
| 완속충전 커넥터 ON | NO | - |
| 급속충전 커넥터 ON | NO | - |
| 배터리 수냉용 밸브 제어 모드 | NO | - |
| DATC 배터리 칠러밸브 동작 상태 | Valve OFF(Op... | - |
| 배터리 폐열회수 금지상태 | YES | - |
| 배터리 히터 팔레이 상태 | NO | - |
| EWP#1 고장상태 | NO | - |
| 수냉용 밸브#1 고장상태 | NO | - |
| 수냉용 밸브#2 고장상태 | NO | - |
| DATC A/comp 동작 상태 | NO | - |
| EWP#1 보호모드 ON 상태 | NO | - |
| MCU 냉각수 부족 진단 기능 수행 ON | NO | - |
| MCU 냉각수 부족 진단 검출여부 | NO | - |
| 배터리 냉각수 자가점검 모드 | NO | - |
| 배터리 냉각수 수위 초과 ON 피드백 | NO | - |
| 배터리 밸브#2 제어 모드 | NO | - |
| 인라인 냉각수 주입용 기능 ON 상태 | NO | - |
| BMS 과충전 보호상태 | Normal | - |
| BMS 서비스랩프 점등요청 | OFF | - |
| BMS MIL 램프 | OFF | - |
| BMS 완속 충전모드 | None | - |
| BMS의 EWP#2 동작요청 RPM | 0 | RPM |
| EWP#2 고장상태 | NO | - |
| EWP#2 Protect Mode ON 상태 | NO | - |
| BMS 냉각수 부족 진단 기능 수행 ON | NO | - |
| BMS 냉각수 부족 진단 검출여부 | NO | - |
| BMS 배터리 칠러 동작요청 RPM | 0 | RPM |
| DATC 에어컨 컴프레서 동작 RPM | 0 | RPM |
| MCU#2 준비 상태 | YES | - |
| MCU#2 제어가능 상태 | NO | - |
| MCU#2 메인팔레이 OFF 요청 | NO | - |
| REC1-1 | 162 | - |
| REC1-2 | 3 | - |
| REC1-3 | 0 | - |
| REC1-4 | 2117856 | - |
| REC1-5 | 8919 | - |
| REC1-6 | 0 | - |
| REC1-7 | 0 | - |
| REC1-8 | 0 | - |
| REC1-9 | 0 | - |

| 센서명 | 센서값 | 단위 |
|---|---|---|
| REC1-10 | 180 | - |
| REC1-11 | 0 | - |
| REC1-12 | 3883 | - |
| REC1-13 | 3883 | - |
| REC1-14 | 3000 | - |
| REC1-15 | 3000 | - |
| REC1-16 | 160 | - |
| REC1-17 | 2047 | - |
| REC1-18 | 0 | - |
| REC1-19 | 0 | - |
| REC1-20 | 0 | - |
| REC1-21 | 0 | - |
| REC1-22 | 0 | - |
| REC2-1 | 0 | - |
| REC2-2 | 0 | - |
| REC2-3 | 0 | - |
| REC2-4 | 0 | - |
| REC2-5 | 0 | - |
| REC2-6 | 0 | - |
| REC2-7 | 0 | - |
| REC2-8 | 0 | - |
| REC2-9 | 0 | - |
| REC2-10 | 0 | - |
| REC2-11 | 0 | - |
| REC2-12 | 0 | - |
| REC2-13 | 0 | - |
| REC2-14 | 0 | - |
| REC2-15 | 0 | - |
| REC2-16 | 127 | - |
| REC2-17 | 0 | - |
| REC2-18 | 0 | - |
| REC2-19 | 0 | - |
| REC2-20 | 0 | - |
| REC2-21 | 0 | - |
| REC2-22 | 0 | - |
| REC3-1 | 0 | - |
| REC3-2 | 0 | - |
| REC3-3 | 0 | - |
| REC3-4 | 0 | - |
| REC3-5 | 0 | - |
| REC3-6 | 0 | - |
| REC3-7 | 0 | - |
| REC3-8 | 0 | - |
| REC3-9 | 0 | - |
| REC3-10 | 0 | - |
| REC3-11 | 0 | - |
| REC3-12 | 0 | - |
| REC3-13 | 0 | - |
| REC3-14 | 0 | - |
| REC3-15 | 0 | - |
| REC3-16 | 127 | - |
| REC3-17 | 0 | - |
| REC3-18 | 0 | - |
| REC3-19 | 0 | - |
| REC3-20 | 0 | - |
| REC3-21 | 0 | - |
| REC3-22 | 0 | - |
| REC4-1 | 0 | - |
| REC4-2 | 0 | - |
| REC4-3 | 0 | - |
| REC4-4 | 0 | - |
| REC4-5 | 0 | - |
| REC4-6 | 0 | - |
| REC4-7 | 0 | - |
| REC4-8 | 0 | - |
| REC4-9 | 0 | - |
| REC4-10 | 0 | - |
| REC4-11 | 0 | - |
| REC4-12 | 0 | - |
| REC4-13 | 0 | - |
| REC4-14 | 0 | - |
| REC4-15 | 0 | - |
| REC4-16 | 127 | - |
| REC4-17 | 0 | - |
| REC4-18 | 0 | - |
| REC4-19 | 0 | - |
| REC4-20 | 0 | - |
| REC4-21 | 0 | - |
| REC4-22 | 0 | - |
| REC5-1 | 149 | - |
| REC5-2 | 150 | - |
| REC5-3 | 164 | - |
| REC5-4 | 166 | - |
| REC5-5 | 168 | - |
| REC5-6 | 169 | - |
| REC5-7 | 170 | - |
| REC5-8 | 170 | - |
| REC5-9 | 170 | - |
| REC5-10 | 170 | - |
| REC5-11 | 170 | - |
| REC5-12 | 170 | - |
| REC5-13 | 170 | - |
| REC5-14 | 170 | - |
| REC5-15 | 170 | - |
| REC5-16 | 0 | - |
| REC5-17 | 0 | - |
| REC5-18 | 0 | - |
| REC5-19 | 0 | - |
| REC5-20 | 0 | - |
| REC5-21 | 0 | - |
| REC5-22 | 0 | - |
| REC5-23 | 0 | - |
| REC5-24 | 169 | - |
| REC5-25 | 0 | - |
| REC5-26 | 0 | - |
| REC5-27 | 6827 | - |
| REC5-28 | 0 | - |
| REC5-29 | 130 | - |
| REC5-30 | 0 | - |
| REC5-31 | 8921 | - |
| REC5-32 | 0 | - |
| REC5-33 | 0 | - |
| REC5-34 | 0 | - |
| REC5-35 | 0 | - |
| REC5-36 | 0 | - |

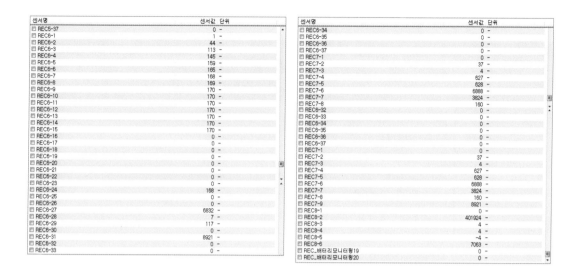

(b) 강제구동 : KEY ON 조건 시

(c) 부가기능 : KEY ON 조건 시

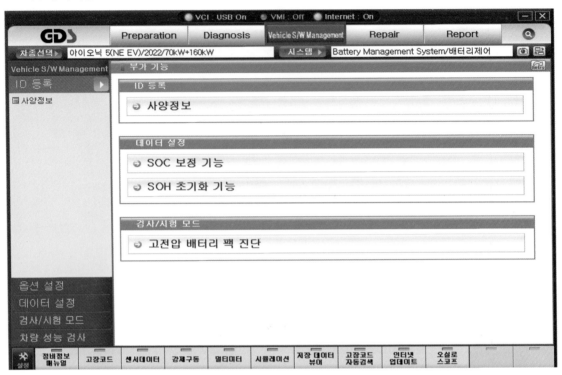

• SOC 보정 기능

## • SOH 초기화 기능

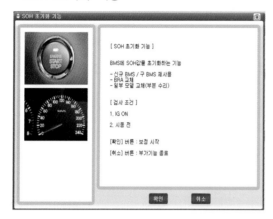

## • 고전압 배터리 팩 진단

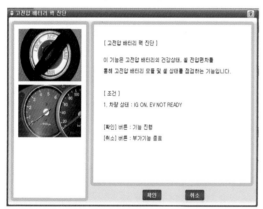
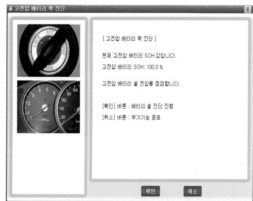

# ⑥ 통합 충전 제어 장치(ICCU)

## (a) 센서 데이터 : KEY ON 조건 시

| 센서명 | 센서값 | 단위 |
| --- | --- | --- |
| OBC AC 충전-방전 동작 모드 | Initial | - |
| OBC AC 충전-방전 제어 가능 상태 | OFF | - |
| OBC AC 충전-방전 동작 상태 | OFF | - |
| OBC AC 충전-방전 종료 | Not Finished | - |
| OBC 고장 상태 | Normal | - |
| 서비스 램프 점등 요청 | OFF | - |
| VCMS 충전-방전 전력 전달 종류 | Initial Value | - |
| VCMS 충전-방전 방향 종류 | Charge | - |
| VCMS 충전-방전 충전 시작 | OFF | - |
| VCMS 충전-방전 종료 | Not Finished | - |
| VCMS 충전모드 DC 지령 전압 | 774.0 | V |
| VCMS 충전모드 DC 최대 전류 제한값 | 0.0 | A |
| VCMS 충전모드 AC 최대 전류 제한값 | 0.0 | A |
| VCMS 방전모드(V2L) AC 최대 전류 제한값 | 0 | V |
| VCMS 방전모드(V2L) AC 지령 주파수 | None | - |
| VCMS 방전모드 DC 최대 전류 제한값 | 50 | A |
| VCMS 방전모드 AC 최대 전류 제한값 | 0 | A |
| BMS 메인 릴레이 상태 | ON | - |
| BMS 고전압 배터리 전압 | 682.5 | V |
| OBC AC 전압 A (RMS) | 0.4 | V |
| OBC AC 전압 B (RMS) | 0.6 | V |
| OBC AC L1상 전압 (RMS) | 0.5 | V |
| OBC AC 주파수 | 0 | Hz |
| OBC AC 총 전류 (RMS) | 0.00 | A |
| OBC AC 전류 A (RMS) | 0.10 | A |
| OBC AC 전류 B (RMS) | 0.31 | A |
| OBC 내부 DC 뱅크 전압 | 0.3 | V |
| OBC DC 전압 | 682.7 | V |
| OBC DC 총 전류 (RMS) | 0.00 | A |
| OBC DC 전류 A (RMS) | 0.01 | A |
| OBC DC 전류 B (RMS) | 0.10 | A |
| OBC 온도 A | 21 | ℃ |
| OBC 온도 B | 22 | ℃ |
| OBC DC 커넥터 인터락 회로 전압 | 0.60 | V |
| OBC AC 전압 센서 A 전압 | 2.50 | V |
| OBC AC 전압 센서 B 전압 | 2.50 | V |
| OBC AC L1상 전압 센서 전압 | 2.58 | V |
| OBC AC 입력 전류 센서 A 전압 | 2.50 | V |
| OBC AC 입력 전류 센서 B 전압 | 2.49 | V |
| OBC 내부 DC 뱅크 전압 센서 전압 | 0.79 | V |
| OBC DC 전압 센서 전압 | 3.38 | V |
| OBC DC 전류 센서 A 전압 | 2.52 | V |
| OBC DC 전류 센서 B 전압 | 2.51 | V |
| OBC 온도센서 A 전압 | 3.39 | V |
| OBC 온도센서 B 전압 | 3.33 | V |
| OBC 전압센서 보정 상태 | Finished | - |
| OBC 전류센서 보정 상태 | Finished | - |
| OBC 보조 배터리 전압 | 14.47 | V |
| OBC IG3 전압 | 14.64 | V |
| OBC 내부 전원부 제어 상태 | ON | - |
| OBC AC L1 A 릴레이 제어 상태 | OFF | - |
| OBC AC L1 B 릴레이 제어 상태 | OFF | - |
| OBC AC L2 릴레이 제어 상태 | OFF | - |
| OBC AC L3 릴레이 제어 상태 | OFF | - |
| OBC AC N A 릴레이 제어 상태 | OFF | - |
| OBC AC N B 릴레이 제어 상태 | OFF | - |
| OBC AC L1 상 전압 센서 릴레이 제어 상태 | OFF | - |
| OBC 내부 DC 뱅크 지령 전압 | 0.0 | V |
| OBC 충전모드 DC 지령 전압 | 682.2 | V |
| OBC 충전 모드 DC 지령 전류 | 0.0 | A |
| OBC V2L 모드 DC 지령 전압 | 0 | V |
| OBC V2L 모드 AC 지령 주파수 | 0 | Hz |
| OBC 충전 동작 누적 시간 (Min) | 6089 | min |
| OBC V2L 동작 누적 시간 (Min) | 0 | min |
| OBC V2G 동작 누적 시간 (Min) | 0 | min |
| OBC 상태 데이터 1 | 0 | - |
| OBC 상태 데이터 2 | 10 | - |
| OBC 상태 데이터 3 | 0 | - |
| LDC 동작 가능 상태 | ON | - |
| LDC 작동 상태 | ON | - |
| LDC 서비스램프 요청 | OFF | - |
| LDC 고장 상태 | NO | - |
| LDC 출력 제한 상태 | OFF | - |
| LDC 파워모듈 온도 | 27 | ℃ |
| LDC 출력 전압 | 14.843 | V |
| LDC 출력 전류 | 14.25 | A |
| LDC 입력 전압 | 683.1 | V |
| LDC 구동 전압 | 14.473 | V |
| 보조배터리 센서 전류 | 2.77 | A |
| 보조배터리 센서 SOC | 87 | % |
| 보조배터리 센서 전압 | 14.700 | V |
| 보조배터리 센서 온도 | 12.0 | ℃ |
| 보조배터리 센서 Recal. Fail | Normal | - |
| 보조 배터리 센서 고장 진단 | NORMAL | - |
| 보조 배터리 센서 통신 오류 | NORMAL | - |
| 보조 배터리 센서 상태 | Normal | - |
| LDC 입력전압센싱 보정 완료 유무 | Finished | - |
| LDC 출력전압센싱 보정 완료 유무 | Finished | - |
| LDC 제어 정확도 보정 완료 유무 | Finished | - |
| EOL 모드 진입 완료 상태 | OFF | - |
| LDC 가변전압모드 | EFFICIENCY ... | - |
| LDC 데이터 1 | 0.0 | - |
| LDC 데이터 2 | 0 | - |
| LDC 데이터 3 | 6 | - |
| LDC 데이터 4 | 0 | - |
| LDC 데이터 5 | 7 | - |
| LDC 데이터 6 | 0 | - |
| VCU LDC 정지요청 상태 | NOT Requested | - |
| LDC 데이터 7 | OFF | - |
| LDC 데이터 8 | OFF | - |
| LDC 데이터 9 | OFF | - |
| LDC 데이터 10 | 0 | - |
| LDC 데이터 11 | 0 | - |
| LDC 데이터 12 | 0 | - |
| LDC 데이터 13 | 0 | - |
| LDC 데이터 14 | 0 | - |
| LDC 데이터 15 | 0 | - |

| 센서명 | 센서값 | 단위 |
| --- | --- | --- |
| OBC Info Data 01-01 | 0 | - |
| OBC Info Data 01-02 | 0 | - |
| OBC Info Data 01-03 | 0 | - |
| OBC Info Data 01-04 | 0 | - |
| OBC Info Data 01-05 | 0 | - |
| OBC Info Data 01-06 | 0 | - |
| OBC Info Data 01-07 | 0 | - |
| OBC Info Data 01-08 | 0 | - |
| OBC Info Data 01-09 | 0 | - |
| OBC Info Data 01-10 | 0 | - |
| OBC Info Data 01-11 | 0 | - |
| OBC Info Data 01-12 | 0 | - |
| OBC Info Data 01-13 | 0 | - |
| OBC Info Data 01-14 | 0 | - |
| OBC Info Data 01-15 | 0 | - |
| OBC Info Data 01-16 | 0 | - |
| OBC Info Data 01-17 | 0 | - |
| OBC Info Data 01-18 | 0 | - |
| OBC Info Data 01-19 | 0 | - |
| OBC Info Data 01-20 | 0 | - |
| OBC Info Data 01-21 | 0 | - |
| OBC Info Data 01-22 | 0 | - |
| OBC Info Data 01-23 | 0 | - |
| OBC Info Data 01-24 | 0 | - |
| OBC Info Data 02-01 | 0 | - |
| OBC Info Data 02-02 | 0 | - |
| OBC Info Data 02-03 | 0 | - |
| OBC Info Data 02-04 | 0 | - |
| OBC Info Data 02-05 | 0 | - |
| OBC Info Data 02-06 | 0 | - |
| OBC Info Data 02-07 | 1 | - |
| OBC Info Data 02-08 | 0 | - |
| OBC Info Data 02-09 | 0 | - |
| OBC Info Data 02-10 | 0 | - |
| OBC Info Data 02-11 | 21 | - |
| OBC Info Data 02-12 | 21 | - |
| OBC Info Data 02-13 | 21 | - |
| OBC Info Data 02-14 | 24 | - |
| OBC Info Data 02-15 | 21 | - |
| OBC Info Data 02-16 | 21 | - |
| OBC Info Data 02-17 | 24 | - |
| OBC Info Data 03 | 0 | - |
| OBC Info Data 03-00-A | 532 | - |
| OBC Info Data 03-00-B | 8913.8 | - |
| OBC Info Data 03-01-A | 0.0 | - |
| OBC Info Data 03-01-B | 0.0 | - |
| OBC Info Data 03-02-A | 0.0 | - |
| OBC Info Data 03-02-B | 0.0 | - |
| OBC Info Data 03-03-A | 0.0 | - |
| OBC Info Data 03-03-B | 0.0 | - |
| OBC Info Data 03-04-A | 0.0 | - |
| OBC Info Data 03-04-B | 0.0 | - |
| OBC Info Data 03-05-A | 0.0 | - |
| OBC Info Data 03-05-B | 0.0 | - |
| OBC Info Data 03-06-A | 0.0 | - |
| OBC Info Data 03-06-B | 0.0 | - |
| OBC Info Data 03-07-A | 0.0 | - |
| OBC Info Data 03-07-B | 0.0 | - |
| OBC Info Data 03-08-A | 0.0 | - |
| OBC Info Data 03-08-B | 0.0 | - |
| OBC Info Data 03-09-A | 0.0 | - |
| OBC Info Data 03-09-B | 0.0 | - |
| OBC Info Data 04-00-A | 0.0 | - |
| OBC Info Data 04-00-B | 0.0 | - |
| OBC Info Data 04-01-A | 0.0 | - |
| OBC Info Data 04-01-B | 0.0 | - |
| OBC Info Data 04-02-A | 0.0 | - |
| OBC Info Data 04-02-B | 0.0 | - |
| OBC Info Data 04-03-A | 0.0 | - |
| OBC Info Data 04-03-B | 0.0 | - |
| OBC Info Data 04-04-A | 0.0 | - |
| OBC Info Data 04-04-B | 0.0 | - |
| OBC Info Data 04-05-A | 0 | - |
| OBC Info Data 04-05-B | 0.0 | - |
| OBC Info Data 04-06-A | 0 | - |
| OBC Info Data 04-06-B | 0.0 | - |
| OBC Info Data 04-07-A | 0 | - |
| OBC Info Data 04-07-B | 0.0 | - |
| OBC Info Data 04-08-A | 0 | - |
| OBC Info Data 04-08-B | 0.0 | - |
| OBC Info Data 04-09-A | 0 | - |
| OBC Info Data 04-09-B | 0.0 | - |
| LDC Info Data 01 | 4 | - |
| LDC Info Data 01-00-A | 67 | - |
| LDC Info Data 01-00-B | 8921.3 | - |
| LDC Info Data 01-01-A | 67 | - |
| LDC Info Data 01-01-B | 8921.3 | - |
| LDC Info Data 01-02-A | 67 | - |
| LDC Info Data 01-02-B | 8921.4 | - |
| LDC Info Data 01-03-A | 67 | - |
| LDC Info Data 01-03-B | 8921.4 | - |
| LDC Info Data 01-04-A | 67 | - |
| LDC Info Data 01-04-B | 8921.5 | - |
| LDC Info Data 01-05-A | 67 | - |
| LDC Info Data 01-05-B | 8921.2 | - |
| LDC Info Data 01-06-A | 67 | - |
| LDC Info Data 01-06-B | 8921.2 | - |
| LDC Info Data 01-07-A | 67 | - |
| LDC Info Data 01-07-B | 8921.3 | - |
| LDC Info Data 01-08-A | 67 | - |
| LDC Info Data 01-08-B | 8921.3 | - |

ⓑ 강제구동 : KEY ON 조건 시

☞ 강제구동을 지원하지 않음.


ⓒ 부가기능 : KEY ON 조건 시

☞ 사양정보만 지원함.

# ⑦ 차량 충전 제어 관리기 (VCM)

## (a) 센서 데이터 : KEY ON 조건 시

| 센서명 | 센서값 | 단위 |
|---|---|---|
| 충전 예상 출력 | 0 | W |
| VCMS 알림 표시 상태 #1 | High Voltage ... | - |
| VCMS 알림 표시 상태 #2 | 1 | - |
| VCMS 데이터 #1 | | - |
| 충전검사 이력 (EOL) | EOL Charging... | - |
| VCMS 종료 상태(서브코드) #3 | Initial Value | - |
| VCMS 데이터 #2 | 0 | - |
| PLC 통신 상태 | FALSE | - |
| PLC 통신 종료 상태 | FALSE | - |
| 충전기 내부 절연 상태 | Invalid | - |
| 충전기 전력 공급 방식 | Default | - |
| 충전기 에러 코드 상태 | EVSE Not Re... | - |
| EVSE 에러 코드 상태 | No Error | - |
| PCM 충전 종료 상태 | FALSE | - |
| EVSE 충전 종료 상태 | FALSE | - |
| EVSE 파워 전송 상태 | FALSE | - |
| PCM 충전 파라미터 상태 | FALSE | - |
| PCM 케이블 확인 상태 | FALSE | - |
| PCM 초충 상태 | FALSE | - |
| 충전 전력 공급 단계 진입 | FALSE | - |
| 충전 전력 공급 단계 진입 | FALSE | - |
| 충전 전력 공급 요청 단계 진입 | FALSE | - |
| 용착 검출 단계 진입 | FALSE | - |
| 전력변환 방식 | Initial Value | - |
| 전력전송 모드 | Charging | - |
| EVSE/차량간 통신 방식 | Initial Value | - |
| 충방전 방식 | Initial Value | - |
| DC 급속 충전 모드 | Initial Value | - |
| 차량 충전 커넥터 타입 정보 | Initial Value | - |
| VCMS 종료 상태(타입)#1 | CMS | - |
| VCMS 종료 상태(코드)#2 | 0 | - |
| VCMS Main 시퀀스 상태 | 1 | - |
| VCMS PLC 급속 충전 시퀀스 상태 | 0 | - |
| VCMS 완속 충전 시퀀스 상태 | 0 | - |
| VCMS 무선 충전 시퀀스 상태 | 0 | - |
| VCMS GBT 급속 충전 시퀀스 상태 | 0 | - |
| VCMS 차데모 급속 충전 시퀀스 상태 | 0 | - |
| VCMS V2L 시퀀스 상태 | 0 | - |
| VCMS V2G 시퀀스 상태 | 0 | - |
| 보조 배터리 전압 | 14.32 | V |
| IG3 전압 | 14.59 | V |
| 충전을 위한 타제어기 변수 초기화 요청 | OFF | - |
| 충전 사이클(CC) | OFF | - |
| VCMS IG3 릴레이 제어 상태 | OFF | - |
| VCMS Wake Up 방법 | Connector Co... | - |
| VCMS 서비스 램프 점등 요청 | OFF | - |
| VCMS MIL 점등 요청 | OFF | - |
| VCMS 충전 종료 지령 | Not Finished | - |
| VCMS 충전 완료 지령 | Not Finished | - |
| OBC의 충전 종료 요청 | Not Finished | - |
| VCU의 충전 종료 요청 | Not Finished | - |
| MCU의 충전 종료 표시 요청 | Not Finished | - |
| WCCU의 충전 종료 요청 | Not Finished | - |
| BMS의 충전 종료 요청 | Not Finished | - |
| VCMS의 OBC PWM 동작 요청 신호 | OFF | - |
| VCMS의 WCCU PWM 동작 요청 신호 | OFF | - |
| AC 충전 상태 | Not AC Chargi... | - |
| DC 충전 상태 | Not DC Chargi... | - |
| V2G 옵션 | Initial Value | - |
| AVN V2L 설정 상태 | V2L On | - |
| V2L 실내/실외 작동 모드 | Initial Value | - |
| 실내 V2L 플러그 체결 신호 | Socket None | - |
| IG3 On/Off 상태 | On | - |
| OBC 충전 DC 전압 지령 | 774.0 | V |
| OBC 충전 DC 전류 지령 | 0.0 | A |
| OBC 충전 AC 전류 지령 | 0.0 | A |
| OBC 방전 AC 전압지령 | 0 | V |
| OBC 방전 DC 전류지령 | 50 | A |
| OBC 방전 AC 전류지령 | 0 | A |
| PCM SLAC 감쇠 수치 | 0 | dB |
| PCM 충전 프로세스 상태 | Finished | - |
| EVSE 알림 요청 | None | - |
| EVSE 전압 한계 상태 | FALSE | - |
| EVSE 출력 한계 상태 | FALSE | - |
| EVSE 전류 한계 상태 | FALSE | - |
| 접속 선택 모드(TCP/TLS) | Init Value | - |
| PCM(EVSE) 최대 전압값 | 0.0 | V |
| PCM(EVSE) 최대 전류값 | 0.0 | A |
| PCM(EVSE) 최소 전압값 | 0.0 | V |
| PCM(EVSE) 최소 전류값 | 0.0 | A |
| EVSE 출력 전압 | 0.0 | V |
| EVSE 출력 전류 | 0.0 | A |
| EVSE P2P 리플 전류 | 0.0 | A |
| EVSE 전류 허용 오차 | 0.0 | A |
| EVSE 전송 출력 | 0 | Wh |
| EVSE 최대 충전 출력 | 0 | kW |
| EVSE에서 받는 입력 전력 | 0 | kW |
| 인버터 충전 스위칭 주파수 | 153 | KHz |
| 인버터 스위칭 주파수 변경 요청 | OFF | - |
| 인버터 강제방전 요청 | OFF | - |
| PCM RTT 초과 상태 | FALSE | - |
| VCMS의 MCU 인버터 초충 요청 신호 | Off Request | - |

| 센서명 | 센서값 | 단위 |
|---|---|---|
| VCMS의 MCU 멀티 인버터 구동 요청 신호 | Off Request | - |
| MCU의 PWM On/Off 상태 | OFF | - |
| 충전기 S2 스위치 제어 상태 | OFF | - |
| 충전 커넥터 체결 상태 | Disconnected | - |
| V2L 커넥터 체결 상태 | Disconnected | - |
| 충전기 커넥터 체결 판단 회로 상태(PD) | Plug Open | - |
| 충전 도어 상태 | Closed | - |
| 충전기(EVSE) 충전 준비 상태 | NOT READY | - |
| MCU 충전 준비 상태 | NOT READY | - |
| BMS 충전 준비 상태 | NOT READY | - |
| OBC 충전 준비 상태 | NOT READY | - |
| WCCU 충전 준비 상태 | NOT READY | - |
| OBC 작동 상태 | Initial Value | - |
| CP 전압 | 0.7 | V |
| CP 듀티 | 0.0 | % |
| CP 주파수 | 0.0 | Hz |
| PD 전압 | 4.447 | V |
| 고전압 배터리 전압 | 682.5 | V |
| 고전압 배터리 SOC | 59 | % |
| VCMS 의 EVSE 지령 전압 | 0.0 | V |
| VCMS 의 EVSE 지령 전류 | 0.0 | A |
| VCMS 의 EV 최대 전압 | 0.0 | V |
| VCMS 의 EV 최대 전류 | 0.0 | A |
| BMS 지령 전압 | 774.0 | V |
| BMS 지령 전류 | 0.0 | A |
| 인버터 중성단 CAP 전압 | 0.4 | V |
| 완속충전 수행 적산 횟수 | 67 | - |
| 급속충전 수행 적산 횟수 | 38 | - |
| 완속충전 적산 시간 | 166 | hour |
| 급속충전 적산 시간 | 20 | hour |
| 완속충전기 전류 용량 | 0.00 | A |
| 급속충전기 전류 용량 | 0.00 | A |
| 충전 케이블 연결 후 완속 충전 수행 시간 | 0 | min |
| 충전 케이블 연결 후 급속 충전 수행 시간 | 0 | min |
| 실내 V2L 플러그 체결 상태 전압 | 0.007 | V |
| ICU 충신 VCMS Wake up 전압 | 0.540 | V |
| 실외 V2L 라인 센싱 전압 | 0.014 | V |
| 실외 V2L 시작 버튼 전압 | 0.014 | V |
| VCMS GBT(중국) Wake Up 전압 | 1.408 | V |
| VCMS GBT(중국) PD 전압 | 1.953 | V |
| LDC 고장 상태 | Normal | - |
| ICU CAN 고장 상태 | Normal | - |
| CGW(CDM) CAN 고장 상태 | Normal | - |
| VCU 기어단 상태 | P | - |
| 완속 충전스탠스(EVSE) 충전 전류 AVN 설정값 | Initial Value | - |
| GBT(중국향) 근접감지(PD) 회로 상태 | Plug Open | - |
| OBC의 PWM On/Off 상태 | OFF | - |
| WCCU의 PWM On/Off 상태 | OFF | - |
| 실외 V2L 시작 버튼 상태 | Initial Value | - |
| VCMS의 BMS Main Relay On 요청 | Initial Value | - |
| VCMS의 BMS Main Relay Off 요청 | Initial Value | - |
| 고전압 배터리 메인 릴레이 On/Off 상태 | ON | - |
| VCMS의 BMS 급충(QcP) 릴레이 On/Off 요청 | Off Request | - |
| [BMS] 급충(QcP) 릴레이 On/Off 상태 | OFF | - |
| VCMS의 BMS 급충(Qc) 릴레이 On/Off 요청 | Off Request | - |
| [BMS] 급충(Qc) 릴레이 On/Off 상태 | OFF | - |
| VCMS의 MCU 400V 릴레이 On/Off 요청 | Off Request | - |
| [MCU] 400V Relay 상태 | OFF | - |
| 인렛 Auto/Lock/Unlock 모드 | Auto Mode | - |
| 인렛 잠금 후 충전 시작 신호 | Charging Stop | - |
| 인렛 차량 도어 Unlock 신호 | Initial Value | - |
| 인렛 잠금 상태 | Init | - |
| 인렛 잠금 액츄에이터 센싱 상태 | Unlock | - |
| DC 인렛 온도 1 | 17 | ℃ |
| DC 인렛 온도 2 | 17 | ℃ |
| AC 인렛 온도 1 | 18 | ℃ |
| DC 인렛 온도 1 전압 | 3.20 | V |
| DC 인렛 온도 2 전압 | 3.25 | V |
| AC 인렛 온도 1 전압 | 3.20 | V |
| VCMS의 MCU 400V 릴레이 On/Off 요청 | Off Request | - |
| [MCU] 400V Relay 상태 | OFF | - |
| 인렛 Auto/Lock/Unlock 모드 | Auto Mode | - |
| 인렛 잠금 후 충전 시작 신호 | Charging Stop | - |
| 인렛 차량 도어 Unlock 신호 | Initial Value | - |
| 인렛 잠금 상태 | Init | - |
| 인렛 잠금 액츄에이터 센싱 상태 | Unlock | - |
| DC 인렛 온도 1 | 17 | ℃ |
| DC 인렛 온도 2 | 17 | ℃ |
| AC 인렛 온도 1 | 18 | ℃ |
| DC 인렛 온도 2 전압 | 3.20 | V |
| DC 인렛 온도 2 전압 | 3.25 | V |
| AC 인렛 온도 1 전압 | 3.20 | V |
| 인렛 액츄에이터 센싱 전압 | 1.60 | V |
| VCMS 급충(PLC) Relay On 시퀀스 상태 | SEQ INIT | - |
| VCMS 급충(PLC) Relay Off 시퀀스 상태 | SEQ INIT | - |
| VCMS 급충(GBT) 릴레이 On 시퀀스 상태 | SEQ INIT | - |
| VCMS 급충(GBT) 릴레이 Relay Off 시퀀스 상태 | SEQ INIT | - |
| 인렛 잠금 강제구동 상태 | Initial Vlaue | - |
| 인렛 잠금 강제구동 상태 | Initial Vlaue | - |
| 실내 V2L AC 릴레이 작동 지령 | OFF | - |
| VCMS 차데모 (일본) Qc Pilot 신호 | OFF | - |
| VCMS 차데모 (일본) CSS2 전압 | 1.426 | - |

## (b) 강제구동 : KEY ON 조건

☞ 강제구동을 지원하지 않음.

(c) 부가기능 : KEY ON 조건 시

• 인렛 구동 기능

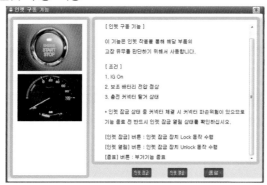

• 충전 검사

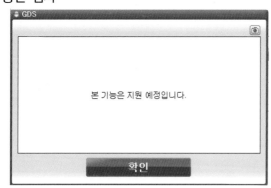

## ⑧ 차량제어 (VCU)

### (a) 센서 데이터 : KEY ON 조건 시

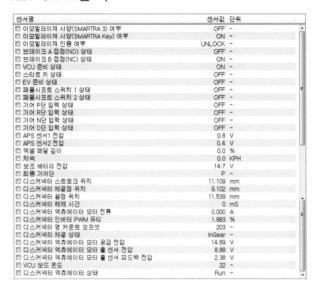

| 센서명 | 센서값 | 단위 |
|---|---|---|
| 이모빌라이저 사양(SMARTRA 3) 여부 | OFF | - |
| 이모빌라이저 사양(SMARTRA Key) 여부 | ON | - |
| 이모빌라이저 인증 여부 | UNLOCK | - |
| 브레이크 A 접점(NO) 상태 | OFF | - |
| 브레이크 B 접점(NC) 상태 | ON | - |
| VCU 준비 상태 | ON | - |
| 스타트 키 상태 | OFF | - |
| EV 준비 상태 | OFF | - |
| 패들시프트 스위치 1 상태 | OFF | - |
| 패들시프트 스위치 2 상태 | OFF | - |
| 기어 P단 입력 상태 | OFF | - |
| 기어 R단 입력 상태 | OFF | - |
| 기어 N단 입력 상태 | OFF | - |
| 기어 D단 입력 상태 | OFF | - |
| APS 센서1 전압 | 0.8 | V |
| APS 센서2 전압 | 0.4 | V |
| 엑셀 페달 깊이 | 0.0 | % |
| 차속 | 0.0 | KPH |
| 보조 배터리 전압 | 14.7 | V |
| 최종 기어단 | P | - |
| 디스커넥터 스트로크 위치 | 11.109 | mm |
| 디스커넥터 체결점 위치 | 9.102 | mm |
| 디스커넥터 끝점 위치 | 11.539 | mm |
| 디스커넥터 해제 시간 | 0 | mS |
| 디스커넥터 엑츄에이터 모터 전류 | 0.000 | A |
| 디스커넥터 인버터 PWM 듀티 | 1.883 | % |
| 디스커넥터 영 카운트 오프셋 | 203 | - |
| 디스커넥터 체결 상태 | InGear | - |
| 디스커넥터 엑츄에이터 모터 공급 전압 | 14.69 | V |
| 디스커넥터 엑츄에이터 모터 홀 센서 전압 | 8.88 | V |
| 디스커넥터 엑츄에이터 모터 홀 센서 피드백 전압 | 2.38 | V |
| VCU 보드 온도 | 22 | - |
| 디스커넥터 엑츄에이터 상태 | Run | - |

### (b) 강제구동 : KEY ON 조건 시

☞ 강제구동을 지원하지 않음.

### (c) 부가기능 : KEY ON 조건 시

⑨ **전자식 변속레버 (E-Shifter)**

(a) 센서 데이터 : KEY ON 조건 시

(b) 강제구동 : KEY ON 조건 시

    ☞ 강제구동을 지원하지 않음.

(c) 부가기능 : KEY ON 조건 시

    ☞ 사양정보만 지원함.

⑩ **전자식 변속제어 (SCU)**

(a) 센서 데이터 : KEY ON 조건 시

(b) 강제구동 : KEY ON 조건 시

　☞ 강제구동을 지원하지 않음.

(c) 부가기능 : KEY ON 조건 시

　☞ 사양정보만 지원함.

⑪ **가상엔진사운드 (VESS)**

(a) 센서 데이터 : KEY ON 조건 시

☞ 센서데이터 진단 지원하지 않음.


(b) 강제구동 : KEY ON 조건 시

(c) 부가기능 : KEY ON 조건 시

☞ 사양정보만 지원함.

⑫ **충전 도어 모듈 (CDM)**

(a) 센서 데이터 : KEY ON 조건 시

| 센서명 | 센서값 | 단위 |
|---|---|---|
| 시스템 배터리 전압 | 14.72 | V |
| IGN3 전압 | 14.00 | V |
| 모터 작동 전류 | 0.00 | A |
| CDM 포지션 | 0.0 | % |
| CDM 작동 상태 | Close (Senso... | - |
| ECU 에러 | No Error | - |
| CDM 인라인 모드 | Field Mode | - |
| 충전 표시등 상태 | Off | - |
| 센서 스위치 상태 | Off | - |
| 모터 상태 | Not Moving | - |
| CDM 이전 작업 실패 레코드 1 | Low Battery | - |
| CDM 이전 작업 실패 레코드 2 | No Failure | - |
| CDM 이전 작업 실패 레코드 3 | No Failure | - |

(b) 강제구동 : KEY ON 조건 시

☞ 강제구동을 지원하지 않음.

(c) 부가기능 : KEY ON 조건 시

☞ 사양정보만 지원함.

## ⑬ 전력선 통신 모듈 (PCM)

(a) 센서 데이터 : KEY ON 조건 시

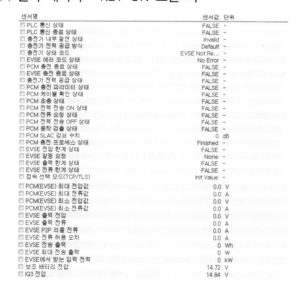

| 센서명 | 센서값 | 단위 |
|---|---|---|
| PLC 통신 상태 | FALSE | - |
| PLC 통신 종료 상태 | FALSE | - |
| 충전기 내부 절연 상태 | Invalid | - |
| 충전기 전력 공급 방식 | Default | - |
| 충전기 상태 코드 | EVSE Not Re... | - |
| EVSE 에러 코드 상태 | No Error | - |
| PCM 충전 종료 상태 | FALSE | - |
| EVSE 충전 종료 상태 | FALSE | - |
| 충전기 전력 공급 상태 | FALSE | - |
| PCM 충전 파라미터 상태 | FALSE | - |
| PCM 케이블 확인 상태 | FALSE | - |
| PCM 초충 상태 | FALSE | - |
| PCM 전력 전송 ON 상태 | FALSE | - |
| PCM 전류 요청 상태 | FALSE | - |
| PCM 전력 전송 OFF 상태 | FALSE | - |
| PCM 용착 검출 상태 | FALSE | - |
| PCM SLAC 감쇠 수치 | 0 | dB |
| PCM 충전 프로세스 상태 | Finished | - |
| EVSE 전압 한계 상태 | FALSE | - |
| EVSE 알람 요청 | None | - |
| EVSE 출력 한계 상태 | FALSE | - |
| EVSE 전류 한계 상태 | FALSE | - |
| 접속 선택 모드(TCP/TLS) | Init Value | - |
| PCM(EVSE) 최대 전압값 | 0.0 | V |
| PCM(EVSE) 최대 전류값 | 0.0 | A |
| PCM(EVSE) 최소 전압값 | 0.0 | V |
| PCM(EVSE) 최소 전류값 | 0.0 | A |
| EVSE 출력 전압 | 0.0 | V |
| EVSE 출력 전류 | 0.0 | A |
| EVSE P2P 리플 전류 | 0.0 | A |
| EVSE 전류 허용 오차 | 0.0 | A |
| EVSE 전송 출력 | 0 | Wh |
| EVSE 최대 전송 출력 | 0 | W |
| EVSE에서 받는 입력 전력 | 0 | kW |
| 보조 배터리 전압 | 14.72 | V |
| IG3 전압 | 14.84 | V |

(b) 강제구동 : KEY ON 조건 시

☞ 강제구동을 지원하지 않음.

(c) 부가기능 : KEY ON 조건 시

☞ 사양정보만 지원함.

## ⑭ 에어컨(AIRCON)

### (a) 센서 데이터 : KEY ON 조건 시

| 센서명 | 센서값 | 단위 |
|---|---|---|
| ☐ 실내 온도센서 - Front | 17 | ℃ |
| ☐ 외기 온도 센서 | 14 | ℃ |
| ☐ 증발기 센서 | 15 | ℃ |
| ☐ 운전석 일사량 센서 | 0.02 | V |
| ☐ 운전석 온도조절 액추에이터 위치센서 | 94 | % |
| ☐ 운전석 토출구 위치 센서 | 7 | % |
| ☐ 조수석 일사량 센서 | 0.02 | V |
| ☐ 조수석 온도조절 액추에이터 위치센서 | 94 | % |
| ☐ 내외기 액추에이터 위치센서 | 5 | % |
| ☐ 윗좌석 온도조절 액추에이터 위치센서 | 70 | % |
| ☐ 자동 습기 제거 센서 | 34 | % |
| ☐ 자동 습기 제거 토출구 위치 센서 | 33 | % |
| ☐ 덕트센서-운전석 VENT | 19.5 | ℃ |
| ☐ 덕트센서-운전석 FLOOR | 17.0 | ℃ |
| ☐ 스피드 센서 | 0 | km/h |
| ☐ 컴프레서 작동상태 | OFF | - |
| ☐ 덕트 센서-조수석 VENT | 17.500 | ℃ |
| ☐ 덕트 센서-조수석 FLOOR | 18.0 | ℃ |

| 센서명 | 센서값 | 단위 |
|---|---|---|
| ☐ 윗좌석 좌측 B-PILLAR 조절 모터 | 6.275 | % |
| ☐ 윗좌석 우측 B-PILLAR 조절 모터 | 5.490 | % |
| ☐ 후석 온도 조절 액추에이터 위치센서 | 93.3 | % |
| ☐ 조수석 On/Off 포텐셔미터 | 6.3 | % |
| ☐ 덕트 센서 - 디포그 | 17.5 | ℃ |
| ☐ 2웨이 밸브 #1 작동상태 | ON | - |
| ☐ REF 밸브 작동 상태 (EXV-HP) | OFF | - |
| ☐ 3웨이 밸브 #1 작동상태 | ON | - |
| ☐ 냉각수 밸브 #1 작동상태 | ON | - |
| ☐ 운전자 HV PTC 작동 상태 | OFF | - |
| ☐ P 센서 / 냉매 압력 센서(절대압력) 고압 | 4 | kgf/cm2 |
| ☐ SOL 밸브 동작 상태 (EVAP) | OFF(Open) | - |
| ☐ 배터리 냉각 EXV(전자식 팽창 밸브) 작동 상태 | ON | - |
| ☐ 저압 냉매 온도 | 16 | ℃ |
| ☐ 저압 센서 (절대 압력) | 3.6 | kgf/cm2 |
| ☐ 조수석 HV PTC 동작 상태 | OFF | - |

### (b) 강제구동 : KEY ON 조건 시

### (c) 부가기능 : KEY ON 조건 시

☞ 사양정보만 지원함.

---

**1** 현대자동차 코나 EV(OS) 작동 개요

## (1) 작동 개요

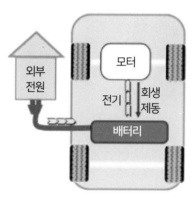

| 주행 모드 | 출발/가속 | 감속 | 완속 충전(AC충전) | 급속 충전(DC충전) |
|---|---|---|---|---|
| | 모터 | 회생 제동 | 완속 충전<br>기본형(9시간 35분)<br>도심형(6시간 20분) | 급속 충전<br>50kW(1시간 15분)<br>100kW(55분) |
| 작 동 원 리 | 배터리에 저장된 전기 에너지를 이용하여 구동 모터에서 구동력을 발생 | 감속시에 발생하는 운동 에너지를 버리지 않고 구동모터를 발전기로 사용하여 배터리를 재충전 | 220V의 전압을 이용하여 배터리 충전(0~100% 충전까지 완속 충전)<br>기본형(9시간 35분)<br>도심형(6시간20분)<br>소요 | 외부에 별도로 설치된 급속 충전기를 이용하여 충전(0~80% 충전까지 급속 충전)<br>50kW(1시간 15분)<br>100kW(55분)<br>소요 |

---

43) 현대자동차, https://gsw.hyundai.com/ 코나 OS EV 150kw 2021년식

## (2) 부품 구성

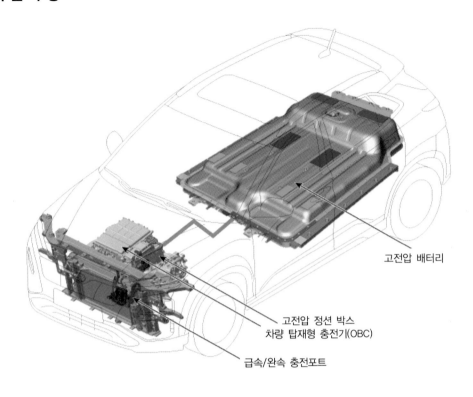

고전압 배터리

고전압 정션 박스
차량 탑재형 충전기(OBC)

급속/완속 충전포트

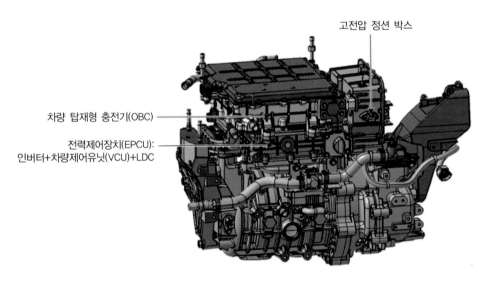

고전압 정션 박스

차량 탑재형 충전기(OBC)

전력제어장치(EPCU):
인버터+차량제어유닛(VCU)+LDC

## (3) 구성품 작동

### ① 차량 주행시

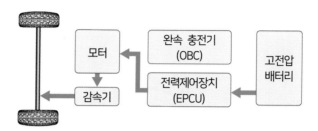

### ② 회생 제동시

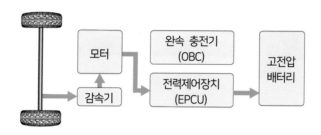

## (4) 부품 제원

### ① 모터시스템

| 항목 | 쏘울 PS EV | 현대 코나 OS EV 일반형 150kw<br>기아 쏘울 SK3 EV 일반형 150kw |
|---|---|---|
| 형식 | 영구자석형 동기모터 | 매입형 영구자석 동기모터(IPMSM) |
| 최대출력 | 81.4 KW | 150 KW |
| 정격출력 | 42.7 KW | |
| 최대토크 | 285 Nm | 395 Nm |
| 최대회전속도 | 9,800 rpm | 11200 rpm |
| 정격회전속도 | 2,730~8,000 rpm | |
| 작동온도 조건 | −40 ~105℃ | −40 ~105℃ |
| 냉각방식 | 수냉식 | 수냉식 |

### ② 고전압배터리

| 항목 | 쏘울 PS EV | 현대 코나 OS EV 일반형 150kw<br>기아 쏘울 SK3 EV 일반형 150kw |
|---|---|---|
| 셀 구성 | 96셀 | 98셀 |
| 정격전압 | 360 V (각 2셀이 병렬 연결) | 352.8 V (240~412.8) |
| 공칭용량 | 75 Ah | 180 Ah |
| 에너지 | 27 KWh | 64 KWh |
| 중량 | 203 kg | 445 kg |
| 냉각시스템 | 공랭식(쿨링모터 강제 냉각) | 수냉식 |
| SOC | 5 ~ 95 % | 5 ~ 95 % |
| 셀 전압 | 2.5 ~ 4.3 V | 2.5 ~ 4.2 V |
| 팩전압 | 240 ~413 V | 240 ~412.8 V |
| 셍간 전압편차 | 40 mV 이하 | 40 mV 이하 |
| 절연저항 | 300 ~1000 kΩ | 300 ~1000 kΩ |
| 절연저항 [실측] | 2 MΩ 이상 | 2 MΩ 이상 |

## (1) 고전압 차단 절차

① 차량을 리프트에 올린다.

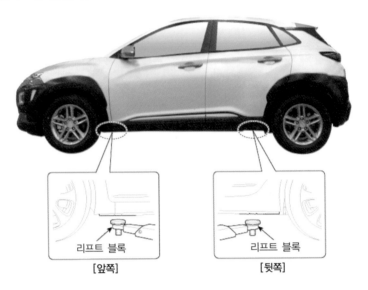

리프트 블록

[앞쪽]

리프트 블록

[뒷쪽]

② 점화스위치 OFF, 스마트 키는 차량 밖으로 이격, 12V 보조배터리(-) 탈거

③ 리어 시트 쿠션 어셈블리를 탈거하고 안전플러그 서비스커버(A) 탈거

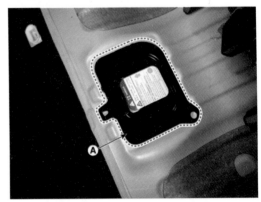

④ 안전 플러그(A) 탈거

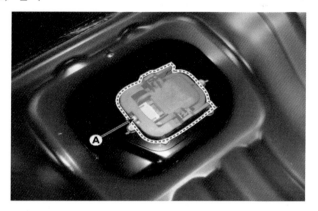

아래와 같은 절차로 안전 플러그를 탈거한다.

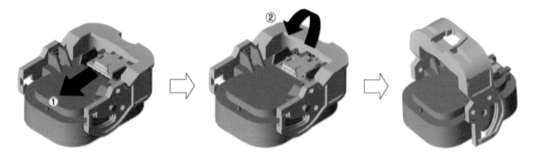

※ 또는 서비스 인터록 커넥터(A)를 분리한다. 비상시 절단할 수 있다.
　3분 이상 대기할 것

서비스 인터록 커넥터

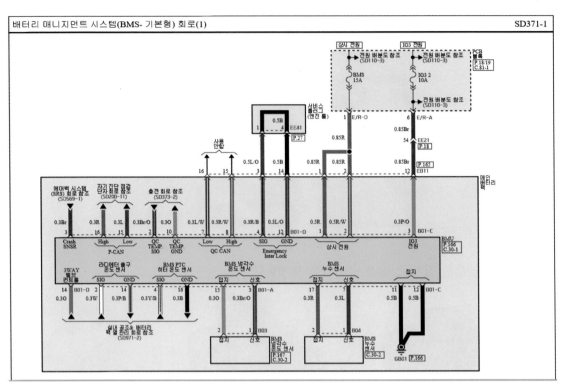

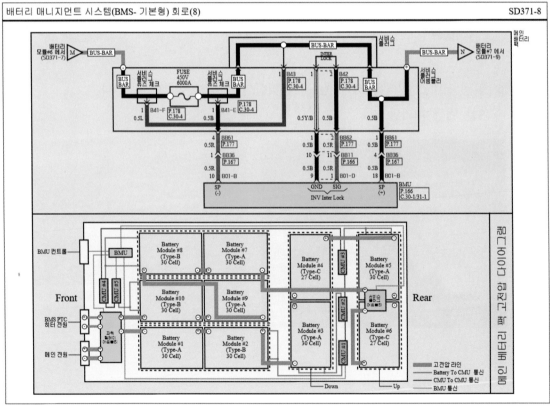

⑤ 안전플러그 탈거 후 인버터 내에 있는 커패시터의 방전을 위하여 반드시 5분 이상 대기한다.

⑥ 프런트 언더 커버와 리어 하부 커버 탈거한다.

 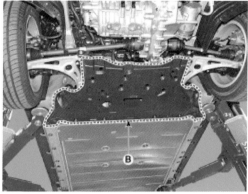

⑦ 고전압 케이블(A)을 탈거

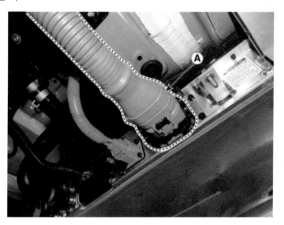

아래와 같은 절차로 고전압케이블을 분리한다.

⑧ 인버터 내에 캐패시터 방전 확인을 위하여, 고전압 단자 간 전압을 측정한다.

30V 이하 : 고전압 회로 정상차단

30V 초과 : 고전압 회로 이상 (DTC 고장진단 점검 필요)

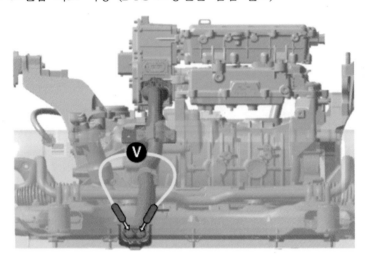

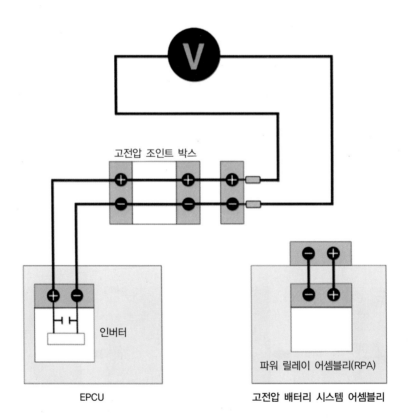

## (2) 고전압 배터리 팩 어셈블리 탈거작업

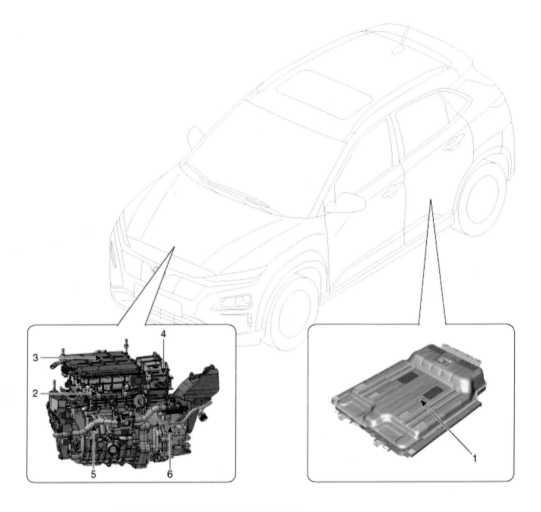

1. 고전압 배터리 시스템 어셈블리(BSA)
2. 전자식 파워 컨트롤 유닛(EPCU = 인버터 + VCU + LDC 일체형)
3. 차량 탑재형 충전기(OBC)
4. 고전압 조인트 박스
5. 모터 어셈블리
6. 감속기

① 차량을 리프트에 올린다.
② 점화스위치 OFF, 스마트 키는 차량 밖으로 이격, 12V 보조배터리(-) 탈거
③ 리어 시트 쿠션 어셈블리를 탈거하고 안전플러그 서비스 커버 탈거
④ 안전 플러그 탈거

⑤ 안전플러그 탈거 후 인버터 내에 있는 커패시터의 방전을 위하여 반드시 5분 이상 대기한다.

⑥ 프런트 언더 커버와 리어 하부 커버 탈거한다.

⑦ 압력캡의 스토퍼를 아래로 누른 후 압력캡을 시계방향으로 돌려 연다.

 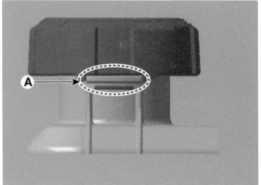

⑧ 드레인플러그를 풀고 냉각수를 배출한다.

⑨ 고전압 케이블(A)을 탈거

 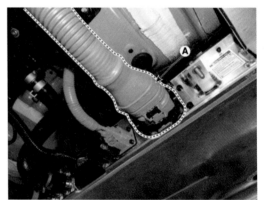

아래와 같은 절차로 고전압케이블을 분리한다.

⑩ 히터 커넥터(A)를 분리한다.

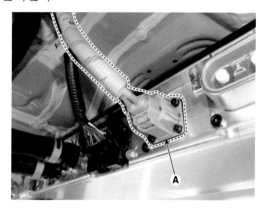

아래와 같은 절차로 히터 커넥터를 분리한다.

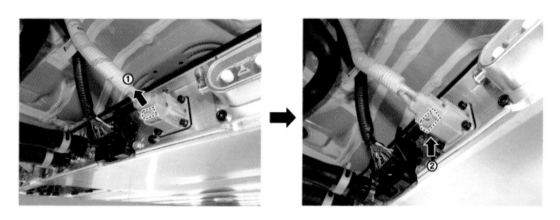

⑪ BMS 연결커넥터(A)를 분리한다.

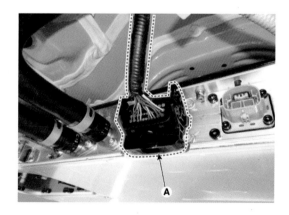

아래와 같은 절차로 히터 커넥터를 분리한다.

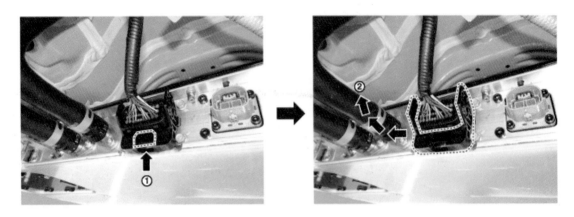

⑫ 냉각수 인렛 호스(A)와 냉각수 아웃렛 호
스(B)를 분리한다.

⑬ 배터리 시스템 어셈블리 작업시 배터리
시스템 어셈블리 내의 잔여 냉각수를 특
수공구를 이용하여 제거한다. 미준수시
배터리 시스템에 중대한 결함을 야기할
수 있다.

※ 냉각수 인렛 호스 연결부에 에어를 천천히 주입하여(0.21MPa(2.1Bar)이하)
냉각수 아웃렛 호스 연결부로 냉각수를 배출한다.
냉각수 용량 : 일반형 6.1리터, 도심형 3.8리터

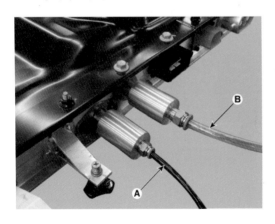

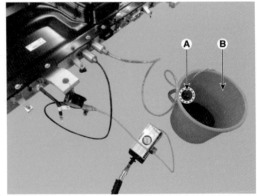

⑭ 냉각수 인렛 호스 연결부 옆쪽에 접지 케이블(B)를 분리 후 배터리 시스템 어셈블리 중 앙부 고정볼트(A)를 푼다.

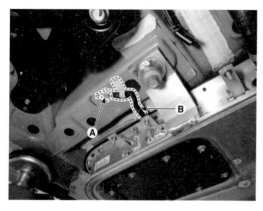

⑮ 배터리 시스템 어셈블리에 플로워 잭(A) 을 받친다.
이때 하부 보호 및 언더커버 고정용 볼 트 보호를 위해 플로워 잭 위에 고무 또 는 나무를 받친다.

⑯ 배터리 시스템 어셈블리의 센터 및 사이 드 고정볼트를 푼다. 재사용 금지

• **센터 장착볼트** : 9.5~10.0kgf.m    • **사이드 장착볼트** : 17.5~18.5kgf.m

⑰ 배터리 시스템 어셈블리를 차량으로부터 탈거한다.

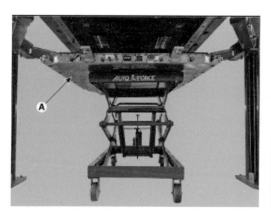
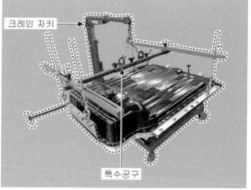

## (3) 고전압 배터리 팩 어셈블리 분해작업

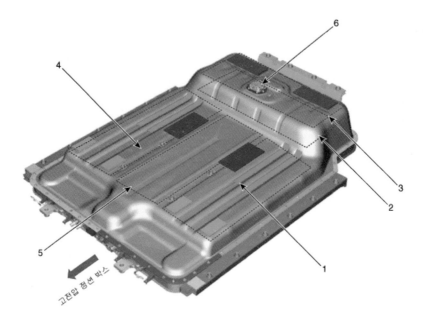

1. 배터리 모듈 어셈블리 #1 (20cell) - 서브배터리 어셈블리 #1, #2
2. 배터리 모듈 어셈블리 #2 (19cell) - 서브배터리 어셈블리 #3, #4
3. 배터리 모듈 어셈블리 #3 (19cell) - 서브배터리 어셈블리 #5, #6
4. 배터리 모듈 어셈블리 #4 (20cell) - 서브배터리 어셈블리 #7, #8
5. 배터리 모듈 어셈블리 #5 (20cell) - 서브배터리 어셈블리 #9, #10
6. 안전 플러그 : 서브배터리 어셈블리 #6(-) ~ #7(+) 사이 연결 구조

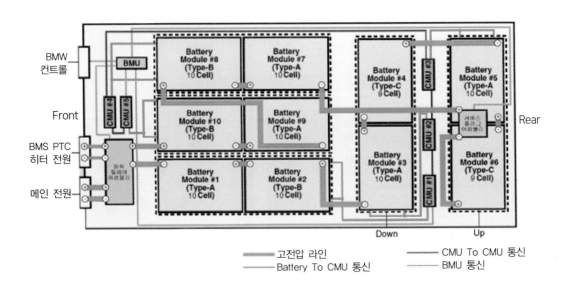

## • 고전압 배터리 어셈블리 시스템 (일반형)

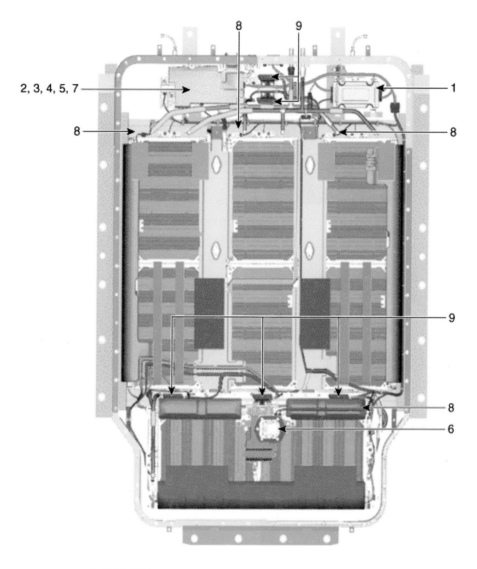

1. BMS ECU
2. 메인릴레이 (PRA내)
3. 프리차져 릴레이 (PRA내)
4. 프리차져 레지스터 (PRA내)
5. 배터리 전류센서 (PRA내)
6. 안전플러그
7. 메인퓨즈 (PRA내)
8. 고전압 배터리 온도센서
9. 셀 모니터링 유닛(CMU)

| BMS ECU (BMU) | PRA |
|---|---|
| 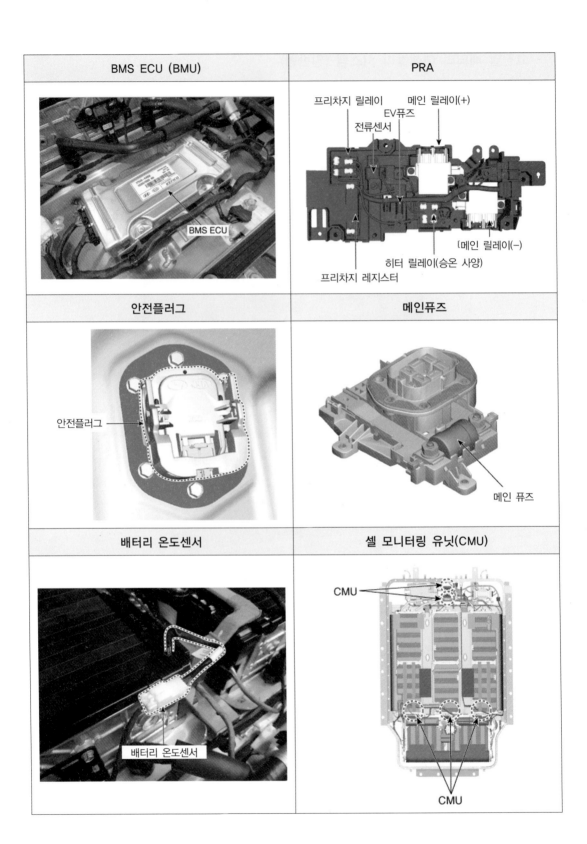 | |

| 안전플러그 | 메인퓨즈 |
|---|---|

| 배터리 온도센서 | 셀 모니터링 유닛(CMU) |
|---|---|

① 안전 플러그 케이블 어셈블리 브라켓 고정 볼트(A)를 탈거한다.

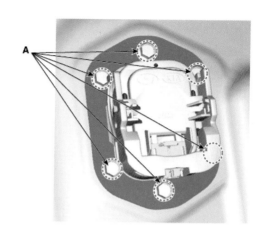

② 고정볼트를 풀고 수밀 레인포스먼스 브라켓(A), 고전압 배터리 상부 케이스(A)를 탈거 한다.

  • 상부케이스 장착볼트 : 1.0~1.2kgf.m

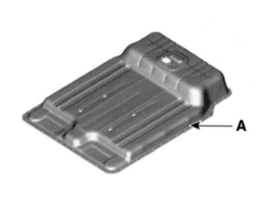

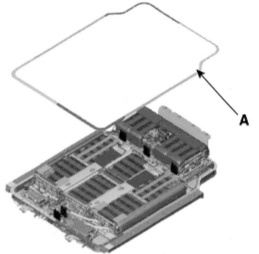

③ 배터리 패드(A)를 탈거한다.

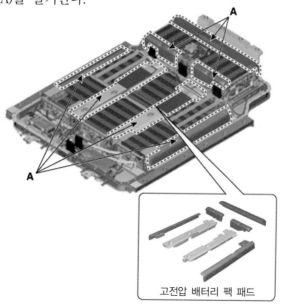

고전압 배터리 팩 패드

④ 배터리 냉각호스를 탈거한다.

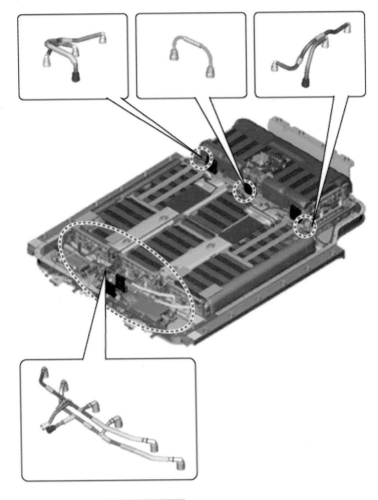

⑤ PRA 고전압 보호 커버(A)를 분리한다.

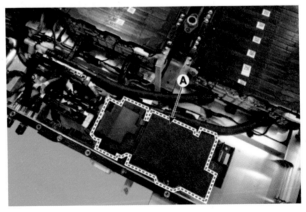

⑥ 컨트롤 커넥터(A), 히터+커넥터(B), 히터-커넥터(C)를 분리한다.

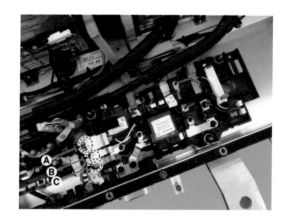

⑦ 부스바(A) 탈거하고 PRA를 탈거한다.

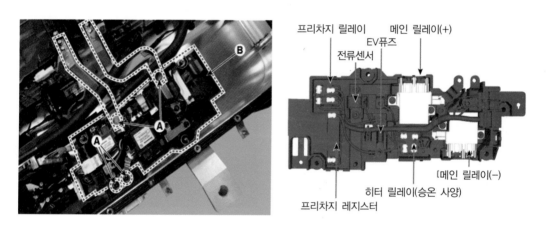

**IG START**

| ① 프리차지 릴레이 ON | ② 메인 릴레이(−) ON | ③ 캐패시터 충전 | ④ 메인 릴레이(+) ON | ⑤ 프리차지 릴레이 OFF |

**IG OFF**

| ① 메인 릴레이(+)(−) OFF |

⑧ 셀 모니터링 유닛 커넥터(A), 장착볼트(B), 셀 모니터링 유닛(C)를 분리 및 탈거한다.

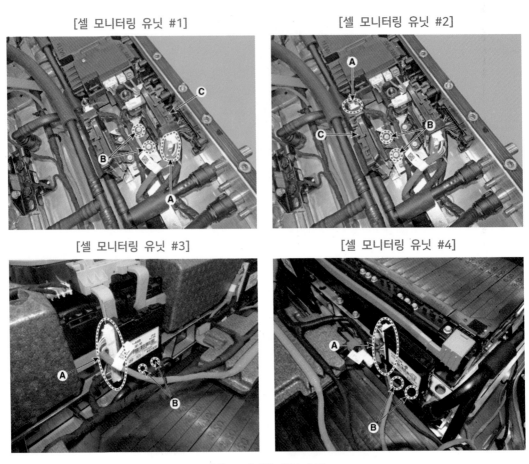

[셀 모니터링 유닛 #1]

[셀 모니터링 유닛 #2]

[셀 모니터링 유닛 #3]

[셀 모니터링 유닛 #4]

[셀 모니터링 유닛 #5]

※ 배터리 모듈 어셈블리 탈거 순서 : #1 → #5 → #4 → #3 → #2

⑨ 고전압 배터리 (-) 부스바(A) 탈거

⑩ 배터리 모듈 어셈블리 #1 온도센서 커넥터,  B 부스바. 좌측-우측 커넥터 탈거

⑪ 배터리 모듈 어셈블리 #1 장착 볼트를 풀고, 모듈을 탈거한다.

모듈 탈거 시 특수공구와 크레인 쟈키를 이용하여 배터리 모듈 어셈블리를 이송한다.

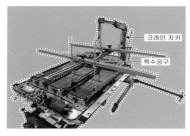  

⑫ C 부스바 탈거

⑬ (+) 부스바(A) 탈거

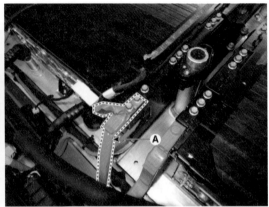

⑭ 배터리 모듈 어셈블리 #5 온도센서
  커넥터, 좌측-우측 커넥터 탈거

⑮ 배터리 모듈 어셈블리 #5 장착 볼트
  를 풀고, 모듈을 탈거한다.

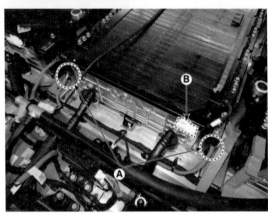

배터리 모듈 어셈블리 #4

⑯ 배터리 모듈 어셈블리 #4 온도센서 커넥터, 좌측-우측 커넥터 탈거

⑰ 안전플러그 (+) 부스바(A) 탈거

⑱ 배터리 모듈 어셈블리 #4 장착 볼트를 풀고, 모듈을 탈거한다.

⑲ 안전플러그 (+,-) 부스바(A) 탈거

⑳ 안전플러그 어셈블리(B) 탈거

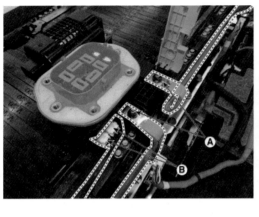 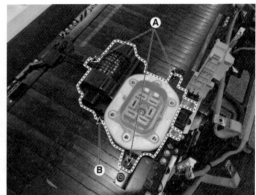

㉑ 배터리 모듈 어셈블리 #3 온도센서 커넥터, 우측 커넥터 탈거

㉒ 배터리 모듈 어셈블리 #3 좌측 커넥터, B 부스바 탈거

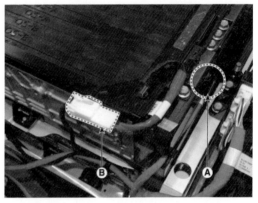

 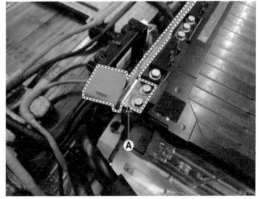

㉓ 배터리 모듈 어셈블리 #3 장착 볼트를 풀고, 모듈을 탈거한다.

㉔ 배터리 모듈 어셈블리 #2 고정 브라켓(A) 탈거

㉕ 배터리 모듈 어셈블리 #2 장착 볼트를 풀고, 모듈을 탈거한다.

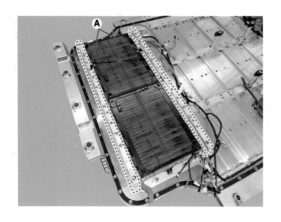 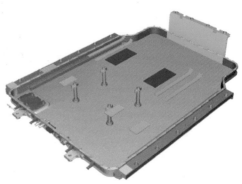

㉖ 고전압 배터리 전압 & 온도센서 와이어링 하네스(A)를 탈거한다.

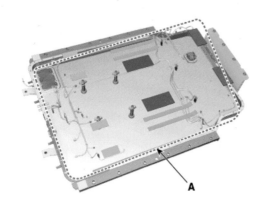 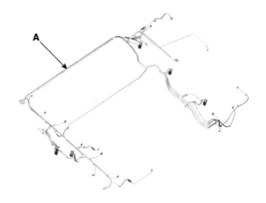

특수공구와 크레인 자키 사용

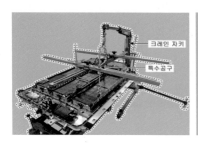  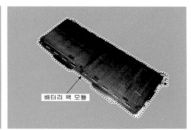

378

㉗ 언더 커버 브라켓(A) 및 접지 마운팅 브라켓(B) 탈거

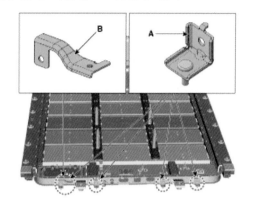

㉘ 센터 플레이트(A) 및 상부 가스켓(B), O-링(C) 탈거

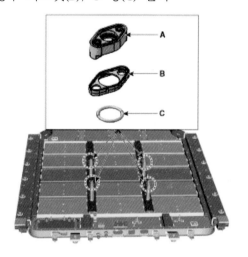

㉙ 냉각수 니쁠과 가스켓 함께 탈거

 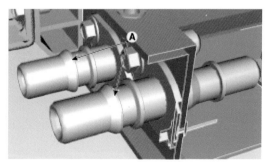

㉚ 디플렉터 어셈블리(A) 탈거

㉛ 드레인 볼트(A) ALC 드레인 가스켓(B) 탈거

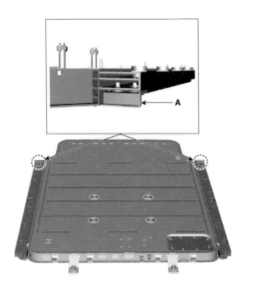

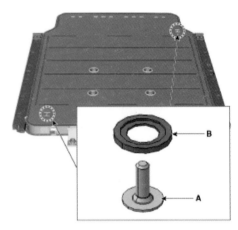

## (4) 고전압 배터리 모듈 분해 작업

고전압 배터리 모듈 분해 지그를 이용하여
고전압 배터리 모듈을 분해한다.

① 배터리 모듈(A)을 모듈 분해 지그에 장착

배터리 팩 모듈

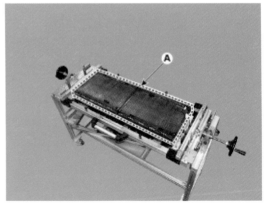

② 냉각수 캡(A)를 장착하고, 버스바 케이블(A) 탈거

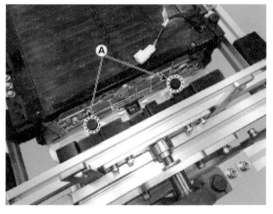 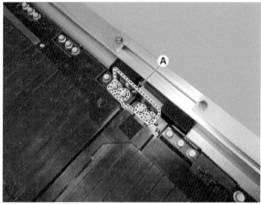

③ 버스바 안전 커버(A) 장착 (4EA)

 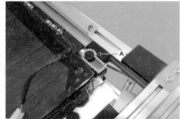 

④ 측면 와이어 커버(A)와 서브 와이어(A) 탈거

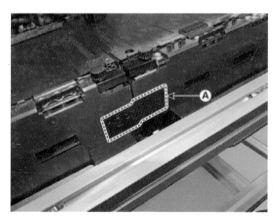 

⑤ 지그의 양쪽 핸들(A)을 시계방향으로 돌려 배터리 모듈을 압축한다.

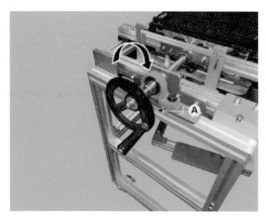

⑥ 모듈 홀더(A) 장착 (4EA) 및 모듈 분해 지그 고정 볼트(A) 탈거

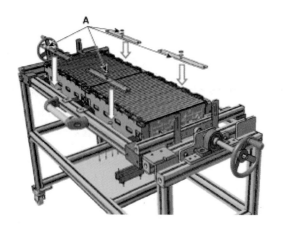

⑦ 배터리 모듈 (A)를 회전

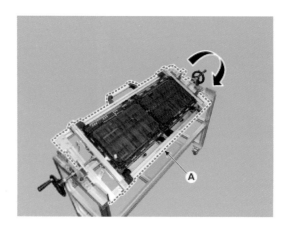

⑧ 모듈 분해 지그 고정볼트(A) 장착

⑨ 냉각 플레이트 볼트(A) 탈거, 냉각 패드 리무버(A) 장착 후, 지그(B) 장착

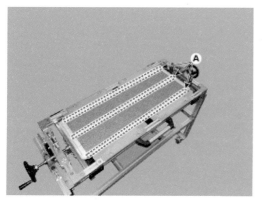

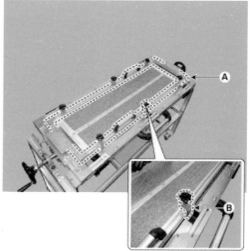

⑩ 볼트(A) 조여 양쪽 리프트(B)를 번갈
   아 가며 상승시켜 냉각플레이트 패드
   를 탈거.
   냉각 플레이트는 신품 교체

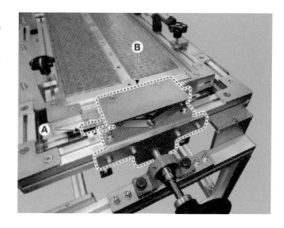

⑪ 배터리 모듈(A)을 회전

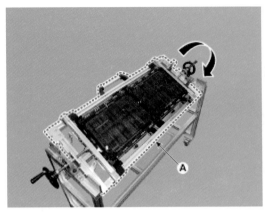

⑫ 배터리 모듈(A) 분리

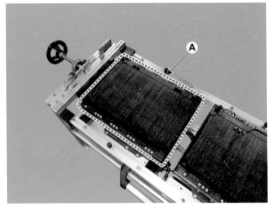

⑬ 배터리 모듈 이송행어(A)를 사용하여 이동

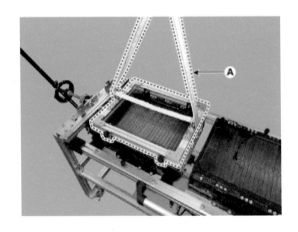

## (5) 고전압 배터리 모듈 어셈블리 밸런싱 작업

① 진단기를 이용하여 셀 최대전압과 최소전압을 체크한다.

② 목표 충전전압을 계산한다.

$$목표충전전압 = \frac{최대전압 + 최소전압}{2} \times 신품\ 모듈의\ 셀개수$$

③ 불량 모듈을 제외한 정상모듈의 셀에서 최소/최대 셀 전압 계산 필요

**ℹ️ 참고**

| 모듈번호 | 배터리 모듈 #1 | | 배터리 모듈 #2 | 배터리 모듈 #3 | 배터리 모듈 #4 | 배터리 모듈 #5 |
|---|---|---|---|---|---|---|
| 셀 번호 | 1~19 | 20 | 21~39 | 40~58 | 59~78 | 79~98 |
| 셀 전압 | 3.92V | 3.6V | 3.9~3.92V | 3.92V | 3.92V | 3.9~3.92V |
| 구분 | 정상 | 불량 | 정상 | 정상 | 정상 | 정상 |

1) 전압 불량인 20번 셀이 포함된 1번 모듈은 신품으로 교체 필요하므로 계산에서 제외
2) 1번 모듈을 제외한 2~5번 모듈의 최소/최대 셀 전압을 서비스 데이터에서 확인
3) 2번에서 확인한 최소/최대 셀 전압으로 목표 충전 전압 계산
   • 목표 충전 전압 = (최대 셀 전압 + 최소 셀 전압) / 2 * 신품 모듈의 셀 개수
   • 78.2V = (3.92V + 3.9V) / 2*20셀
4) 3번에서 구한 목표 충전 전압으로 신품 모듈 충전 또는 방전 후 장착

※ 신품 모듈의 셀 개수는 다음과 같다.

| | 모듈 No | | 셀 개수 |
|---|---|---|---|
| 고전압배터리 시스템<br>어셈블리(일반형) | 모듈1 | 20셀 | 총 98셀<br>(98×3.75=367.5V) |
| | 모듈2 | 19셀 | |
| | 모듈3 | 19셀 | |
| | 모듈4 | 20셀 | |
| | 모듈5 | 20셀 | |
| 고전압배터리 시스템<br>어셈블리(도심형) | 모듈1 | 30셀 | 총 90셀<br>(90×3.75=337.5V) |
| | 모듈2 | 30셀 | |
| | 모듈3 | 30셀 | |

## (6) 고전압 분배 시스템

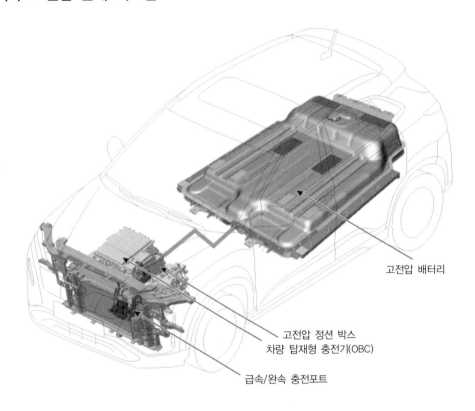

고전압 배터리

고전압 정션 박스
차량 탑재형 충전기(OBC)

급속/완속 충전포트

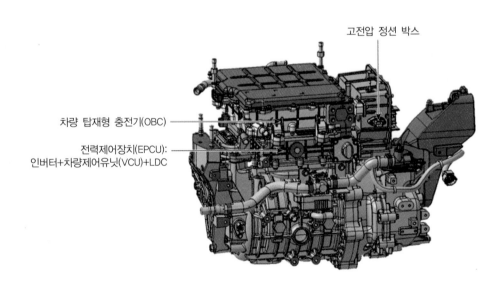

고전압 정션 박스

차량 탑재형 충전기(OBC)

전력제어장치(EPCU):
인버터+차량제어유닛(VCU)+LDC

[ 고전압 전력 충전/출력 시스템 흐름도 ]

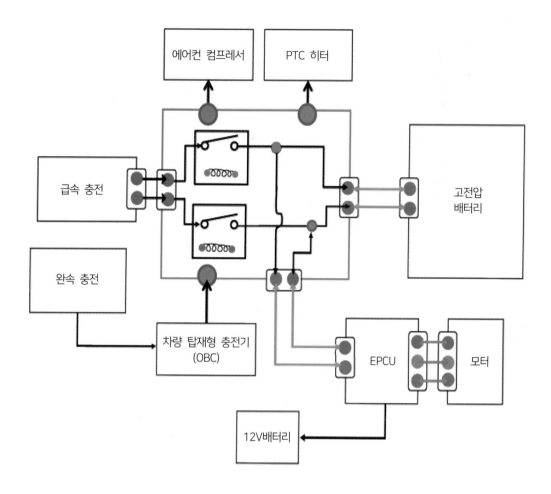

## (7) 완속충전기(OBC : On Board Charger) 탈거작업

※ OBC : 주차중 AC 110~220V 전
원으로 고전압배터리를 충전시킬
수 있는 차량탑재형 충전기

① 고전압 차단 절차를 실시
② PE 룸 커버 및 12V 보조배터리
및 트레이를 탈거

③ 드레인 플러그를 풀고 냉각수를 배출한다.

완속충전기(OBC)

④ OBC와 HJB(고전압 정션 박스)에 연결되어 있는 다음의 커넥터(A,B,C,D)를 분리

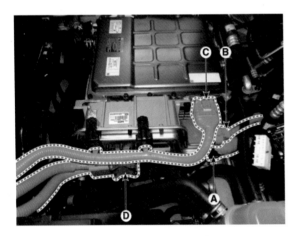

A : 고전압 배터리 어셈블리의 고전압 케이블
B : PTC히터 펌프 커넥터
C : 차량탑재형 충전기(OBC) 고전압 입력 커넥터
D : 급속충전 케이블 커넥터

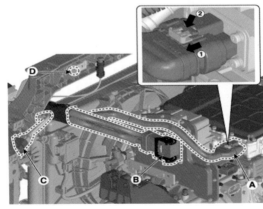

A : 차량탑재형 충전기(OBC) 고전압 입력 커넥터
B : 급속충전 케이블 커넥터

⑤ 고전압 정션 박스 커넥터(A) 분리        ⑥ 컴프레서 커넥터(A)를 분리

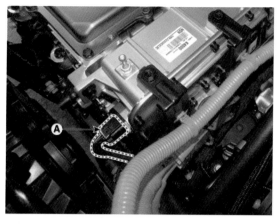
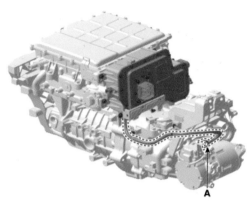

⑦ OBC 사이드 커버(A), EPCU사이드 커버(B) 분리

⑧ OBC 고정볼트(A), EPCU 고정볼트(B) 탈거

　　→ 볼트가 내부로 유입되지
　　　　않도록 주의

⑨ 고전압 정션박스 탈거

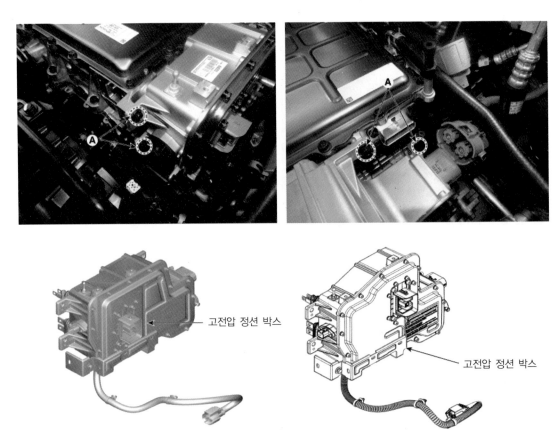

고전압 정션 박스

고전압 정션 박스

⑩ OBC 냉각호스(A) 탈거　　⑪ 제어보드 신호커넥터(A) 분리

⑫ OBC에서 냉각파이프 고정 브라켓 탈거 및 고정볼트를 풀고 OBC 탈거

## (8) 충전포트 탈거작업

① 고전압 차단 절차를 실시
② 프런트 범퍼와 전조등 탈거
③ 센터 포지션 램프 어셈블리(A) 탈거

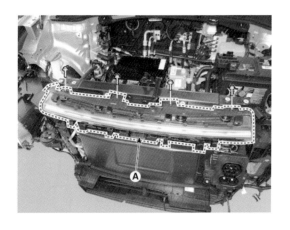

④ 다음의 커넥터를 제거한다.

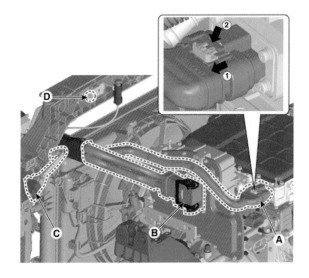

A : OBC 고전압 입력 커넥터
B : 급속 충전 케이블 커넥터
C : 급속/완속 충전 포트 충전커넥터
D : 와이어링 고정 클립

⑤ 충전포트 탈거

충전커넥터 강제 해제 와이어링

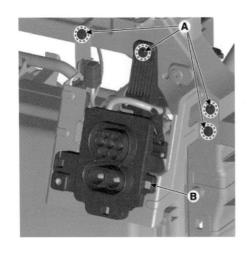

## (9) 전력제어장치(EPCU) 탈거작업

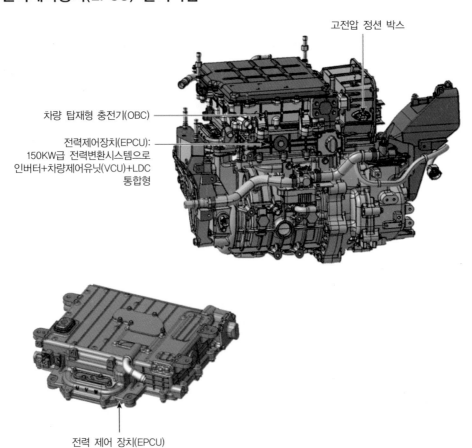

고전압 정션 박스

차량 탑재형 충전기(OBC)

전력제어장치(EPCU):
150KW급 전력변환시스템으로
인버터+차량제어유닛(VCU)+LDC
통합형

전력 제어 장치(EPCU)

① 고전압 차단 절차를 실시

② PE 룸 커버 및 12V 보조배터리 및 트레이를 탈거

③ 드레인 플러그를 풀고 냉각수를 배출한다.

④ OBC 탈거

⑤ 다음을 분리 또는 탈거

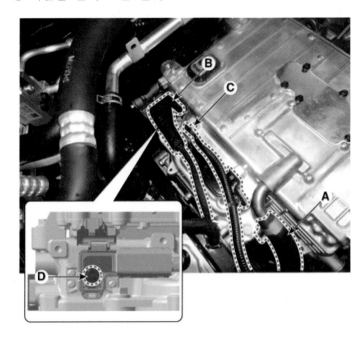

A : EPCU 냉각호스

B : EPCU "+" 케이블

C : LDC "-" 케이블

⑥ 다음을 분리 또는 탈거

A : EPCU 커넥터

B : 전자식 워터 펌프
   (EWP) 고정볼트

⑦ 고정볼트(4개)를 푼 후, 3상 커버 어셈블리(A) 탈거

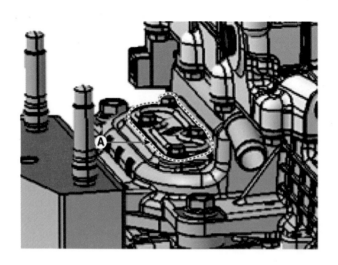

⑧ 고정볼트(A, B)를 푼 후 EPCU를 탈거

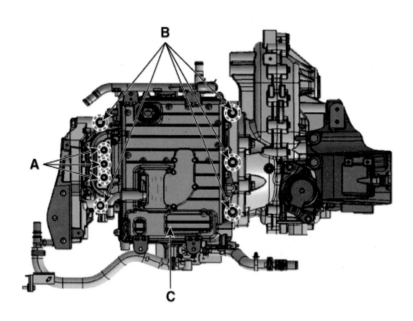

# (10) 냉각수 주입 및 공기빼기 작업

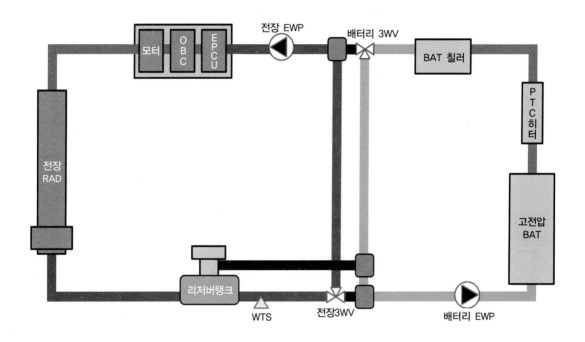

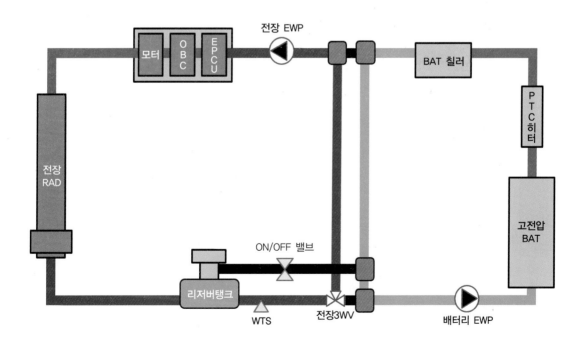

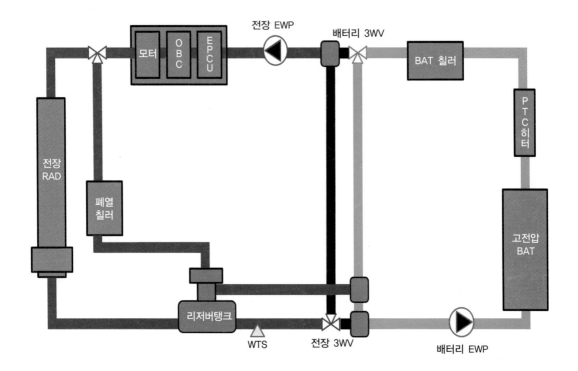

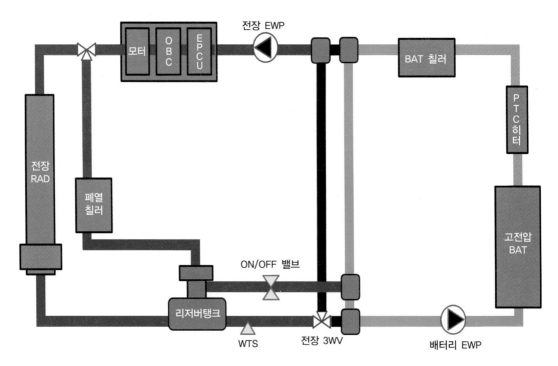

## 전자식 워터 펌프 제원

| 항목 | 전장 EWP | 고전압 배터리 EWP |
|---|---|---|
| 형식 | 원심펌프 | 원심펌프 |
| 작동조건 | MCU지령 RPM제어 | BMS지령 RPM제어 |
| 작동회전속도 | 1000~3320 rpm | 1000~3320 rpm |
| 작동전압 | 9 ~16 V | 9 ~16 V |
| 정격전류 | 2.5A 이하 | 2.5A 이하 |
| 작동온도조건 | −40 ~ 105℃ | −35 ~ 130℃ |
| 저장온도조건 | −40 ~ 120℃ | −40 ~ 130℃ |
| 냉각수온도 | 75℃이하 | 75℃이하 |
| 용량 | 최소 12리터/min(0.62bar) | |
| 위치 | 모터 전면부 좌측 부착<br><br>E46 전동식 워터 펌프 (ER)(4-BLK)<br>E51 구동 모터 (센서) (8-BLK) | EPCU 후면부 우측 부착<br><br>E44 EPCU (시스템) (64-BLK)<br>E45 전동식 워터 펌프 (BMS)(4-BLK) |

## 냉각수 제원

| 구분 | 150KW(일반형) | 99KW(도심형) |
|---|---|---|
| 히트펌프 미적용 사양 | 약 12.5 ~13.0 리터 | 약 10.3 ~10.7 리터 |
| 히트펌프 적용 사양 | 약 13.0 ~13.4 리터 | 약 10.7 ~11.2 리터 |

① 압력캡의 스토퍼를 아래로 누른 후 압력캡을 시계방향으로 돌려 연다.

 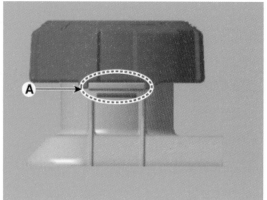

② 공기빼기 ON/OFF 밸브를 반시계방향
으로 끝까지 돌려 밸브를 열어준다.
→ 공기빼기 ON/OFF 밸브를 무리한 힘
으로 돌리지 않는다.
→ 공기빼기 ON/OFF 밸브를 CLOSE상
태에서 반시계방향으로 약 4바퀴 돌
려 완전 개방한다.

③ 전기자동차용 냉각수(저전도 냉각수)를 리저버 탱크에 채운다.

| | 적용여부에 따른 냉각수 용량 | |
|---|---|---|
| 히트 펌프 | ○ | − |
| 일반형 150KW | 약 13.0~13.4L | 약 12.5~13.0L |
| 도심형 99KW | 약 10.7~11.2L | 약 10.3~10.7L |

④ GDS 진단기의 부가기능 〉 모터제어 〉 전자식 워터 펌프 구동
→ 1회 강제구동은 약 3분 정도 작동되므로, 공기빼기가 완료될 때까지 수 회 반복작업
⑤ EWP가 작동하고 냉각수가 순환되면 리저버 탱크에 냉각수를 보충한다.
⑥ EWP 작동중 리저버 탱크에서 더 이상 공기방울이 발생하지 않으면 냉각시스템의 공기

빼기는 완료된 것이다.

⑦ 공기빼기 ON/OFF 밸브를 시계 방향으로 끝까지 돌려 밸브를 닫아준다.

→ 공기빼기 ON/OFF 밸브를 무리한 힘으로 돌리지 않는다.

→ 공기빼기 ON/OFF 밸브를 OPEN 상태에서 시계방향으로 약 4바퀴 돌려 완전히 닫는다.

→ 공기빼기 ON/OFF 밸브를 닫은 후 호스의 CLOSE 마킹과 밸브의 흰색 페인트 마킹(A)이 일치하는지 확인한다.

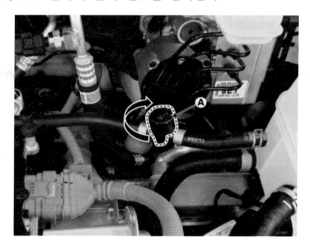

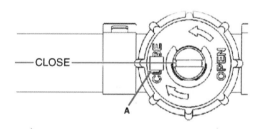

⑧ 공기빼기가 완료되면 EWP 작동을 멈추고 리저버 탱크의 MAX선까지 냉각수를 채운 후 압력캡을 잠근다.

| | 일반냉각수(부동액) | 저전도 냉각수 |
|---|---|---|
| 압력캡 | | |
| 냉각수 색상 | | |

주의 저전도 냉각수는 물과 희석하여 사용하지 않는다.
녹방지제를 첨가하지 않는다.
타 상표와 혼합사용하지 않는다.

## (11) 냉난방 공조장치

### 1) 공조장치 제원

| | | | | |
|---|---|---|---|---|
| 에어컨 장치 | 컴프레서 | 형식 | HES33(전동 스크롤식) | |
| | | 제어 | CAN통신 | |
| | | 윤활유 타입 및 용량 | REF POE-1 180±10cc | |
| | | 모터 타입 | BLDC | |
| | | 정격전압 | 352.8V | |
| | | 작동전압범위 | 210~430V | |
| | 팽창밸브 | 형식 | 블록타입 | |
| | 냉매 | 형식 | R-1234YF | |
| | | 냉매량 | A/C사양 | 550±25 g |
| | | | 이너 컨덴서 사양 | 600±25 g |
| | | | 히트 펌프 사양 | 1000±25 g |
| 블로어 유닛 | 내외기 선택 | 작동방식 | 액추에이터 | |
| | 블로어 | 형식 | 시로코 팬 | |
| | | 풍량조절 | 오토+8단(오토) | |
| | | 풍량 조절방식 | PWM타입 | |
| | 에어필터 | 형식 | 콤비필터 | |
| 히터 및 이배퍼레이터 유닛 | PTC히터 | 형식 | 공기가열식 | |
| | | 작동전압 | DC 220~440V | |
| | 이배퍼레이터 | 온도 작동방식 | 액추에이터 | |
| | | 온도 조절방식 | 이배퍼레이터 온도센서 | |
| | | 블로어 단수 | 에어컨 출력 OFF온도 | 에어컨 출력 ON온도 |
| | | 1~4단 | 1.5±0.5℃ | 3.0±0.5℃ |
| | | 5~6단 | 1.0±0.5℃ | 2.5±0.5℃ |
| | | 7~8단 | 0.8±0.5℃ | 2.3±0.5℃ |
| | 제조사 | 한온시스템 | | |

1. R-1234yf 냉매는 휘발성이 강하기 때문에 한 방울 이라도 피부에 닿으면 동상에 걸릴 수 있다. 냉매를 다룰 때는 반드시 장갑을 착용해야 한다.

2. 눈을 보호하기 위하여 보호안경을 꼭 착용 해야 한다. 만일 냉매가 눈에 튀었을 때는 깨끗한 물로 즉시 닦아 낸다.

3. R-1234yf 용기는 고압이므로 절대로 뜨거운 곳에 놓지 않아야 한다. 그리고 저장 장소는 52℃ 이하가 되는지 점검한다.

4. 냉매의 누설 점검을 위해 가스 누설 점검이기를 준비한다. R-1234yf 냉매와 감지기에서 나오는 불꽃이 접하면 유독 가스가 발생되므로 주의해야 한다.

5. 냉매는 반드시 R-1234yf를 사용해야 한다. 만일 다른 냉매를 사용하면 구성부품에 손상이 일어날 수 있다.

6. 습기는 에어컨에 악영향을 미치므로 비 오는 날에는 작업을 삼가 해야 한다.

7. 차량의 차체에 긁힘 등의 손상을 입지 않도록 꼭 보호 커버를 덮고 작업 해야 한다.

8. R-1234yf 냉매와 R-12 냉매는 서로 배합되지 않으므로, 극소의 양 일지라도 절대 혼합해서는 안된다. 만일 이 냉매들이 혼합된 경우, 압력상실이 일어날 가능성이 있다.

9. 냉매를 회수 및 충전할 때는 R-1234yf 회수/재생/충전기를 이용한다. 이 때, 절대로 냉매를 대기로 방출하지 않는다.

10. 반드시 전동식 컴프레서 전용의 냉매 회수/충전기를 이용하여 지정된 냉매(R-1234yf)와 냉동유(POE)를 주입한다. 일반 차량의 냉동유(PAG)가 혼입될 경우 컴프레서 손상 및 안전사고가 발생할 수 있다.

11. 수분이 함유된 냉동유가 기어 등 시스템에 혼입되었을 때는 컴프레서의 수명단축 및 에어컨 성능저하의 원인이 되므로 냉동유에 수분이 들어가지 않도록 주의한다.

■ 히트펌프 적용사양 : 냉방시

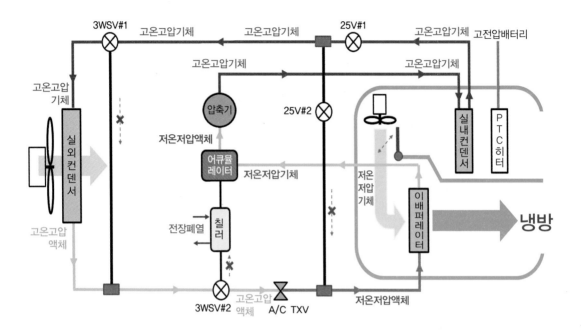

■ 히트펌프 적용사양 : 난방시

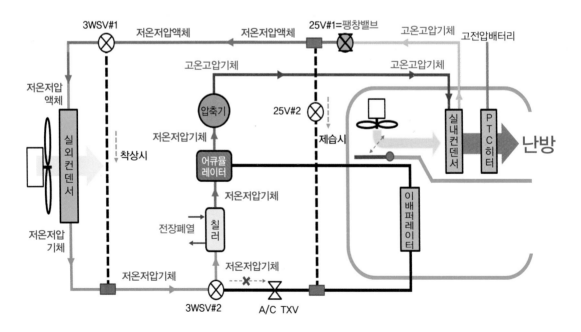

## ■ 히트펌프 미적용 사양

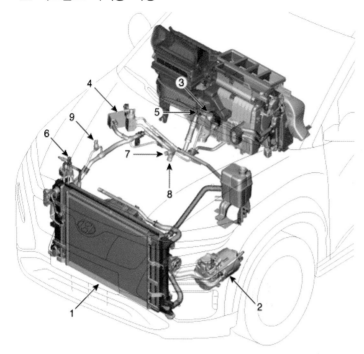

1. 콘덴서
2. 전동식 컴프레서
3. 팽창 밸브
4. 칠러 [고전압 배터리 쪽]
5. 서비스 포트 (저압)
6. 서비스 포트 (고압)
7. APT 센서 #2
8. 온도 센서
9. APT 센서 #1

## ■ 이너 컨덴서 사양

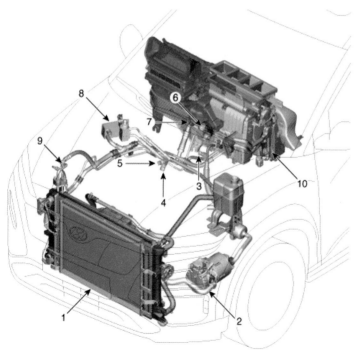

1. 컨덴서
2. 전동식 컴프레서
3. APT 센서 #1
4. 냉매 온도 센서 #3
5. APT 센서 #2
6. 팽창밸브
7. 서비스 포트 (저압)
8. 칠러 [고전압 배터리 쪽]
9. 서비스 포트 (고압)
10. 실내 컨덴서

■ 히트펌프 적용 사양

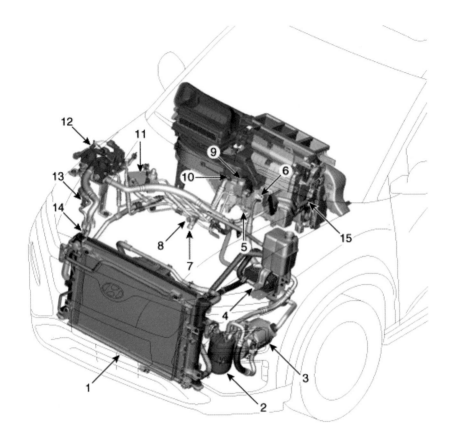

1. 콘덴서
3. 전동식 컴프레서
5. APT 센서 #1
7. 냉매 온도 센서 #3
9. 팽창밸브
11. 칠러 (배터리 전용)
13. 서비스 포트 (고압)
15. 실내 컨덴서

2. 어큐뮬레이터
4. 칠러 (히트펌프 전용)
6. 냉매 온도 센서 #1
8. APT 센서 #2
10. 서비스 포트 (저압)
12. 냉매밸브 어셈블리
14. 냉매 온도 센서 #2

## ■ 전동식 에어컨 컴프레서

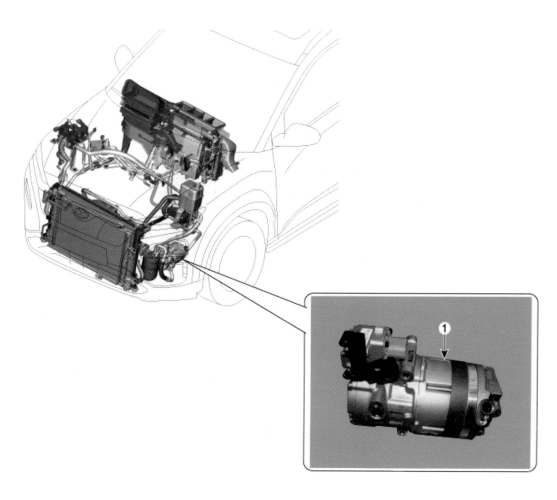

| 커넥터 | 핀번호 | 기능 |
|---|---|---|
| | 1 | 12V 전원 접지 |
| | 2 | Climate CAN 통신 Low |
| | 3 | 외장형 인터락 (−) |
| | 4 | 12V 전원 |
| | 5 | Climate CAN 통신 High |
| | 6 | 외장형 인터락 (+) |
| | 1 | HV 고전압 전원 |
| | 2 | HV 고전압 접지 |
| | 3 | 외장형 인터락 (−) |
| | 4 | 외장형 인터락 (+) |

## 2) 전동식 에어컨 컴프레서 분해 점검

① 저압파이프를 탈거하고, 전동식 컴프레서 바디 내부 이상 여부 확인

    ⓐ 컴프레서 내부 구리선 및 흰색 실이 오염되었는지 확인

    ⓑ 인버터 고전압 핀 저항 측정 : 100Ω이상 (100Ω이하 시 불량)

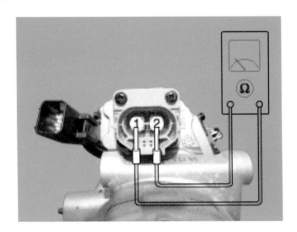

    ⓒ 인버터 저전압 핀 저항측정

       • 2번-5번 단자 : 약 120Ω (인버터 쇼트 시 약 0Ω)

       • 1번-2번, 1번-5번 : 13~14kΩ(일반 사양), 200~600kΩ (고성능 DSP 사양)

       • 3번-6번 : 고전압 커넥터 연결 후 1.0Ω이하 (불량시 수 MΩ)

ⓓ 절연저항 : 최소100㏁ (500Vdc, 무냉매)

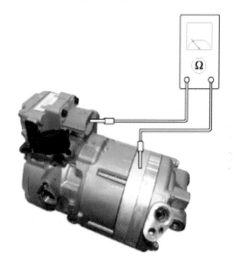

② 장착 볼트를 풀고 인버터 커버(A)를 탈거한다. 인버터 커버 체결 볼트 재사용 금지

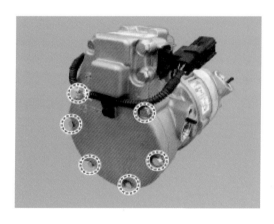
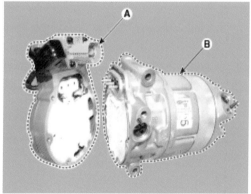

③ 인버터 가스켓(A)을 탈거한다.
　가스켓 재사용 금지

④ 3상 전원핀 저항값 점검
　**규정값** : U-V상, V-W상, U-W상
　　　: 0.4~0.5Ω

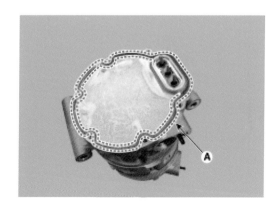

⑤ 신품의 인버터 / 바디 키트를 교체하기 전에 그리스 재도포 영역(A)에 서멀 그리스를 바른다.

- 도포량 : 3~4g (컴프레서 방열판 부)

3상 전원핀
이물질 유의

그리스
재도포 영역

**주의사항**

- 인버터 / 바디키트 교환 시, 정전기 발생 방지 및 클린룸(항온 항습 준수 : 22℃ ~ 23℃, 50%)을 유지한다.
- 일반 그리스는 사용 불가이며 반드시 제공되는 서멀 그리스를 사용해야 한다.
- 인버터 혹은 바디키트 교환 시 기존에 도포되어 있는 서멀 그리스를 닦아내고 제공되는 서멀 그리스를 도포하는 것을 권장한다.
- 3상 전원핀에 이물질 유입을 주의한다.

## 3) 전동식 에어컨 컴프레서 분해 점검

① 고전압 정션 박스 탈거
② 하단 브라켓 탈거

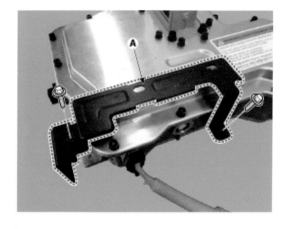

③ 어퍼커버 탈거

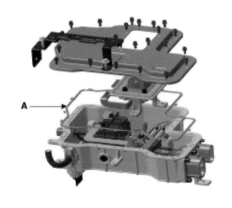

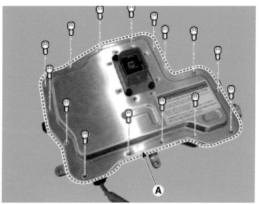

④ 고전압 커넥터 미드 커버 탈거

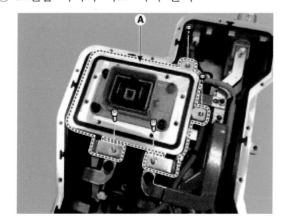

⑤ 고전압 컴프레서 퓨즈 탈거

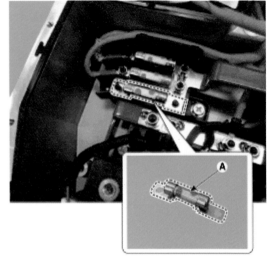

## 4) 히트 펌프 작동상태

1. 콘덴서
2. 어큐뮬레이터
3. 전동식 컴프레서
4. 칠러 (히트펌프 전용)
5. APT 센서 #1
6. 냉매 온도 센서 #1
7. 냉매 온도 센서 #3
8. APT 센서 #2
9. 팽창밸브
10. 서비스 포트 (저압)
11. 칠러 (배터리 전용)
12. 냉매밸브 어셈블리
13. 서비스 포트 (고압)
14. 냉매 온도 센서 #2
15. 실내 컨덴서

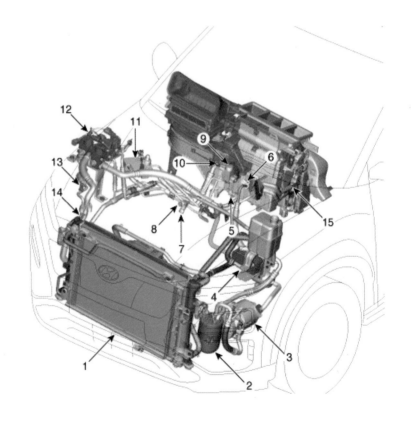

■ 히트펌프 적용사양 : 냉방시

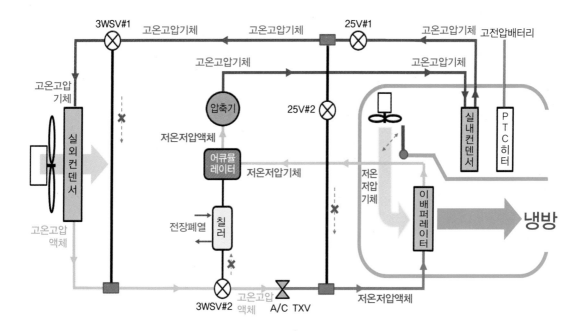

■ 히트펌프 적용사양 : 난방시

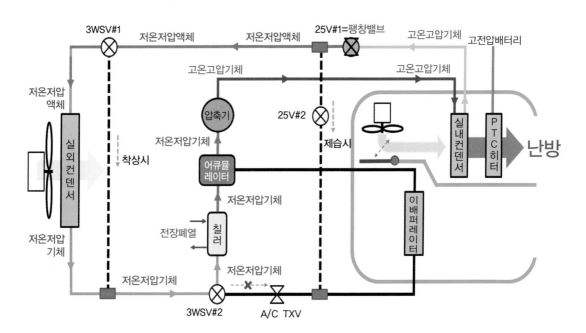

## 5) 냉매 방향 전환 밸브 작동상태

전기적 신호에 의하여 밸브 출구 방향을 변경하여 냉매의 흐름 방향을 전환한다. 냉매 흐름 방향 전환으로 에어컨 모드 및 히트펌프 모드를 구동할 수 있다.

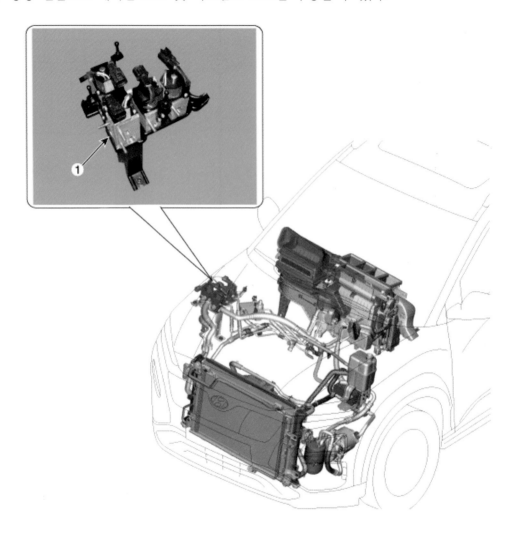

| 명칭 | mode별 솔레노이드 밸브 전원 상태 | | | | |
|---|---|---|---|---|---|
| | A/Con | 최대 난방 | 최대 난방 + 실내제습 | 난방 | 난방 + 실내제습 |
| 2상 솔레노이드 밸브#1 | off | on | on | on | on |
| 2상 솔레노이드 밸브#2 | off | off | on | off | on |
| 3상 솔레노이드 밸브#1 | off | off | off | on | on |
| 3상 솔레노이드 밸브#2 | off | on | on | on | on |

| 구성부품 | 난방시 작동상태 | 냉방시 작동상태 |
|---|---|---|
| 전동 컴프레서 | 전동 모터로 구동 되어지며 저온 저압 가스 냉매를 고온 고압가스로 만들어 실내 컨덴서로 보내진다. | 전동 모터로 구동 되어지며 저온 저압 가스 냉매를 고온 고압가스로 만들어 실내 컨덴서로 보내진다. |
| 실내 컨덴서 | 고온 고압가스 냉매를 응축 시켜 고온 고압의 액상 냉매로 만든다. | 고온 고압가스 냉매가 지나가는 경로이다. |
| 실외 컨덴서 | 액체 상태의 냉매를 증발시켜 저온저압의 가스 냉매로 만든다. | 고온 고압가스 냉매를 응축 시켜 고온 고압의 액상 냉매로 만든다. |
| 팽창밸브 | - | 냉매를 급속 팽창 시켜 저온 저압 기체가 되게 한다. |
| 이배퍼레이터 | - | 안개 상태의 냉매가 기체로 변하는 동안 블로어 팬의 작동으로 이배퍼레이터 핀을 통과하는 공기중의 열을 빼앗는다. (주위는 차가워진다.) |
| 어큐뮬레이터 | 컴프레서로 기체 냉매만 유입될 수 있게 냉매의 기체/ 액체를 분리한다. | 컴프레서로 기체 냉매만 유입될 수 있게 냉매의 기체/ 액체를 분리한다. |
| 2상 솔레노이드 밸브#1 | 냉매를 급속 팽창시켜 저온 저압 액상 냉매가 되게 한다. | 에어컨 작동시 팽창시키지 않고 순환하게 만든다. |
| 2상 솔레노이드 밸브#2 | 난방 시 제습모드를 사용할 경우 냉매를 이배퍼레이터로 보낸다. | 이배퍼레이터로 냉매 유입을 막는다. |
| 3상 솔레노이드 밸브#1 | 실외 컨덴서에 착상이 감지되면 냉매를 칠러로 바이패스 시킨다. | 실외 컨덴서로 냉매를 순환하게 만든다. |
| 3상 솔레노이드 밸브#2 | 히트 펌프 작동 시 냉매의 방향을 칠러쪽으로 바꿔준다. | 에어컨 작동시 냉매의 방향을 팽창밸브 쪽으로 흐르게 만든다. |
| 칠러 | 저온 저압 가스 냉매를 모터의 폐열을 이용하여 2차 열 교환을 한다. | - |

① 냉매 회수작업 후 냉매 방향 전환 밸브 커버 탈거, 잠금핀을 눌러 각종 냉매 방향 전환 밸브 커넥터(A)를 분리한다.

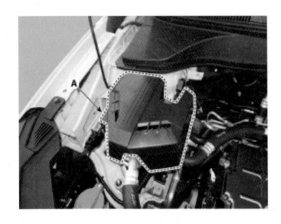

② 장착 너트를 풀고 각종 냉매 라인을 탈거한다.

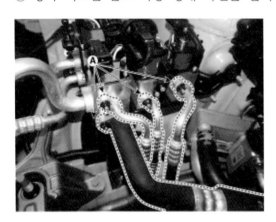

③ 장착 볼트와 너트를 풀고 냉매 방향 전환 밸브(A)를 탈거한다.

## 7) 어큐뮬레이터

컴프레서 측으로 기체 냉매만 유입될 수 있도록 냉매의 기체/액체 분리한다.

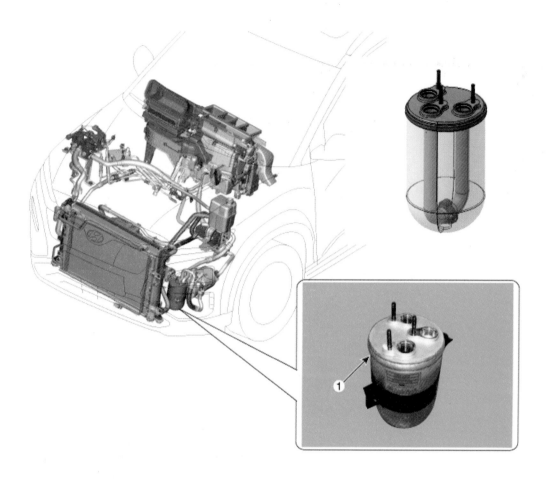

## 8) 칠러

저온 저압 가스 냉매를 모터의 폐열을 이용하여 2차 열 교환을 한다.

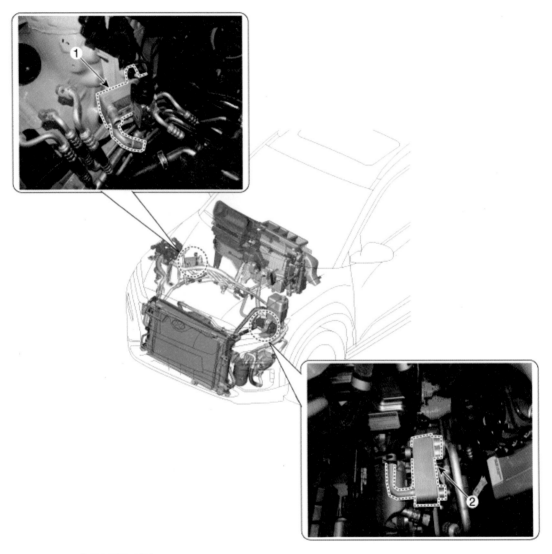

1. 배터리 전용 칠러
2. 히트 펌프 전용 칠러

## 9) PTC히터

히터 내부의 다수의  PTC서미스터에 고전압 배터리 전원을 인가하여 서미스터의 발열을 이용해 난방의 열원으로 사용한다.

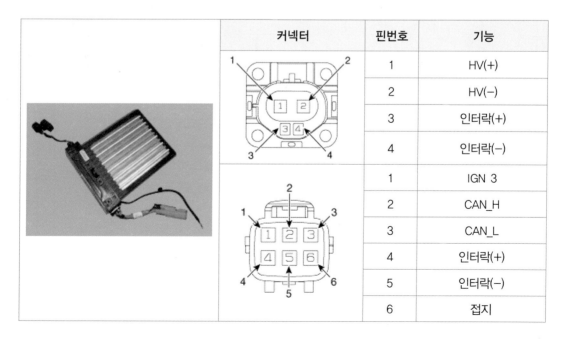

| 커넥터 | | 핀번호 | 기능 |
|---|---|---|---|
| | | 1 | HV(+) |
| | | 2 | HV(−) |
| | | 3 | 인터락(+) |
| | | 4 | 인터락(−) |
| | | 1 | IGN 3 |
| | | 2 | CAN_H |
| | | 3 | CAN_L |
| | | 4 | 인터락(+) |
| | | 5 | 인터락(−) |
| | | 6 | 접지 |

## (12) 현대 코나 OS EV 2021년식 전기 회로도

### 1) 배터리 매니지먼트 시스템 전기회로도

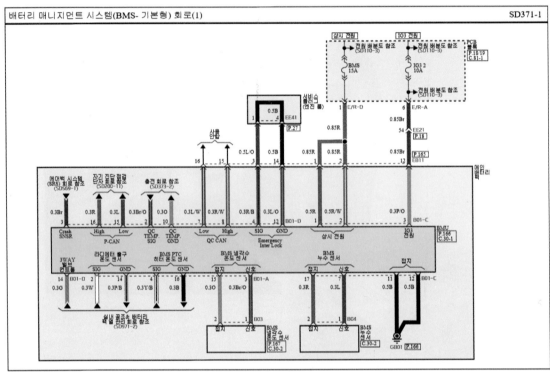

배터리 매니지먼트 시스템(BMS- 기본형) 회로(1)    SD371-1

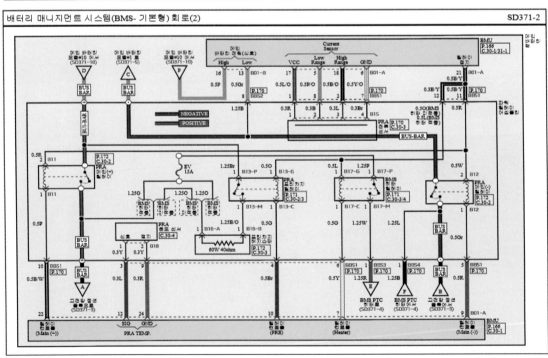

배터리 매니지먼트 시스템(BMS- 기본형) 회로(2)    SD371-2

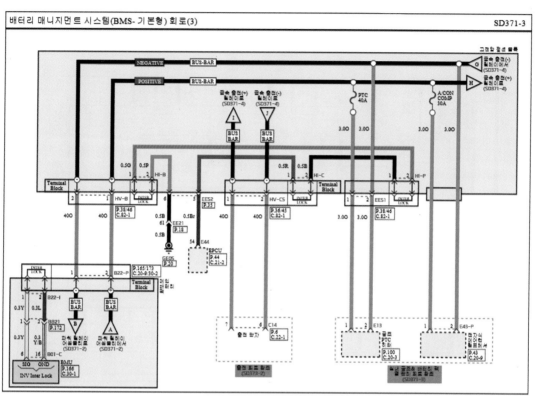

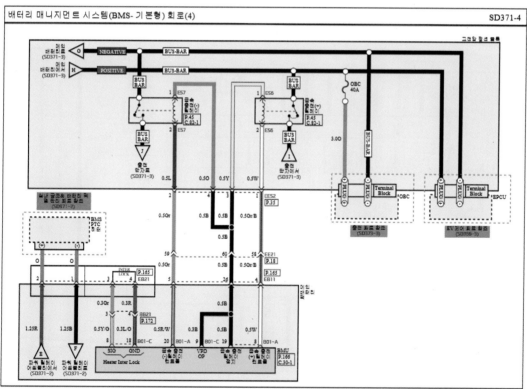

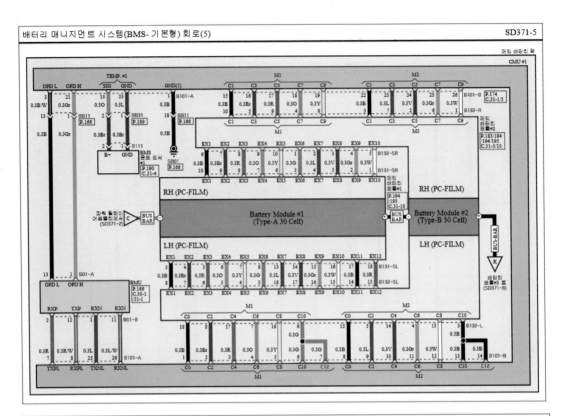

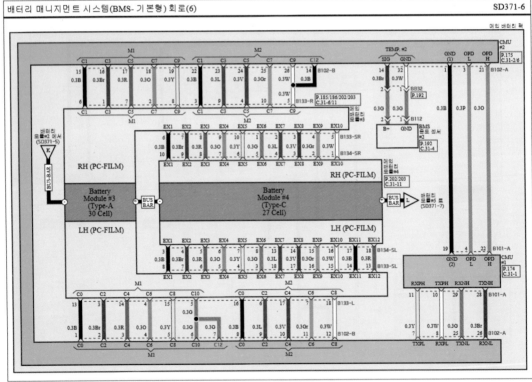

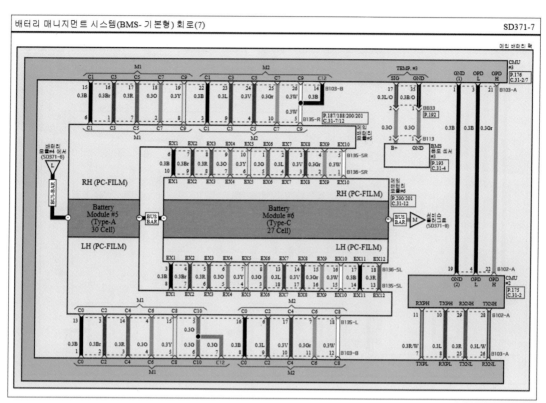

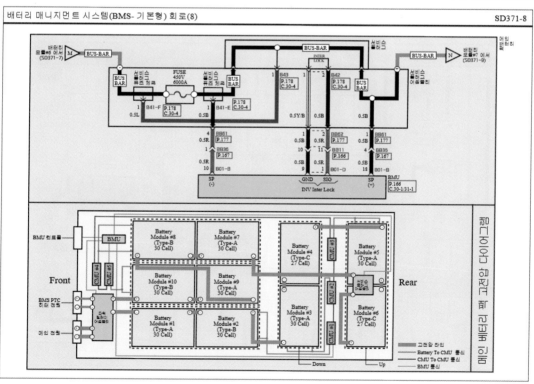

6. EV 차량 분해 실무 정비작업(현대 코나OS EV)   **421**

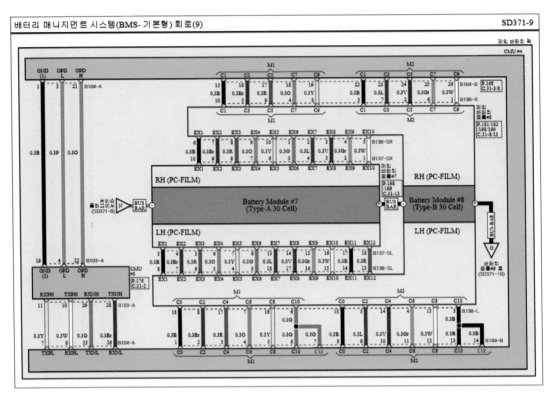

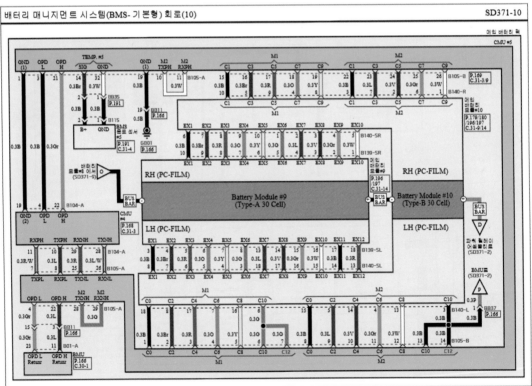

## 2) EPCU 제어 전기 회로도

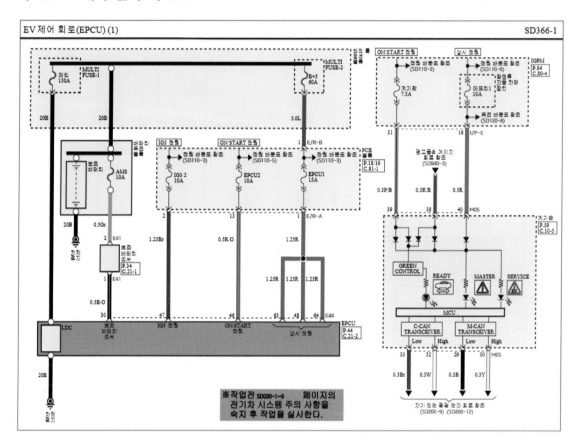

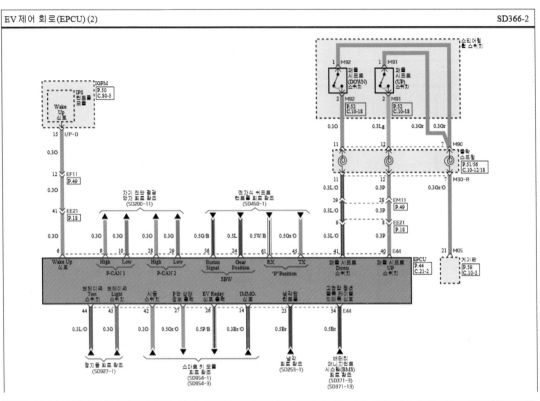

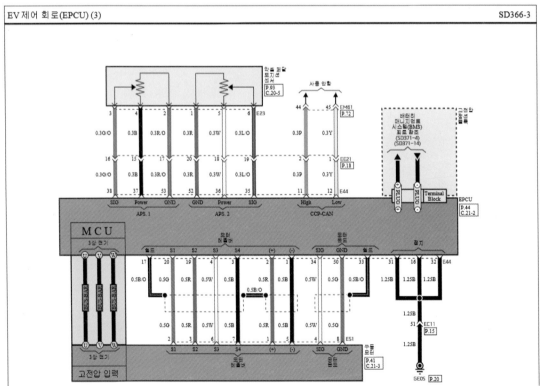

## 3) 실내 공조 및 배터리 팩 열관리 전기 회로도

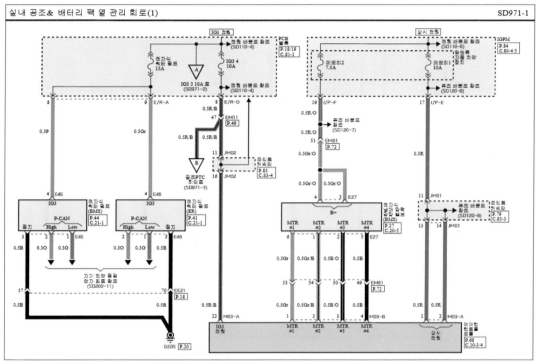

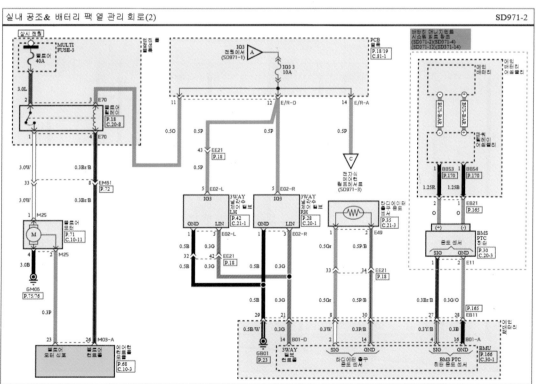

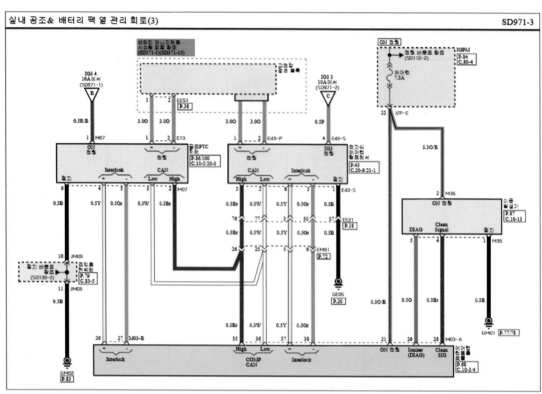

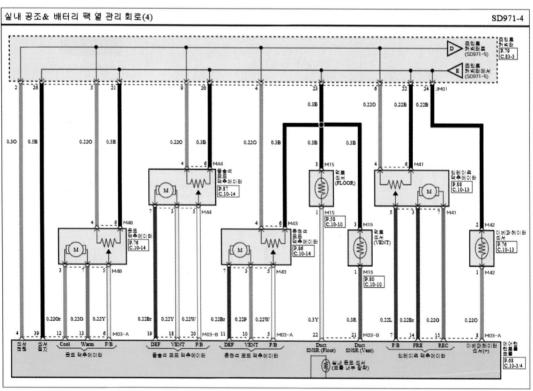

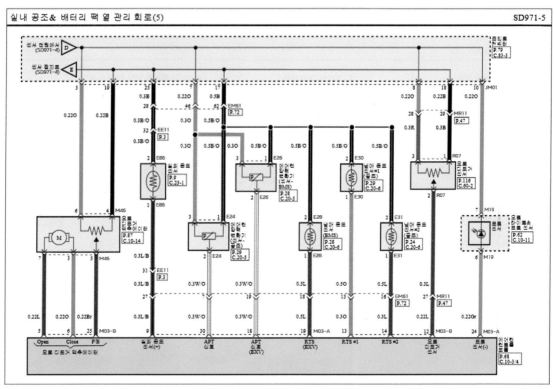

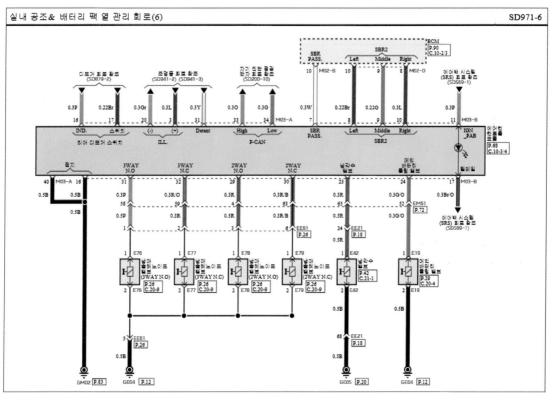

# (13) 현대 코나 OS EV 2021년식 구성부품 위치도

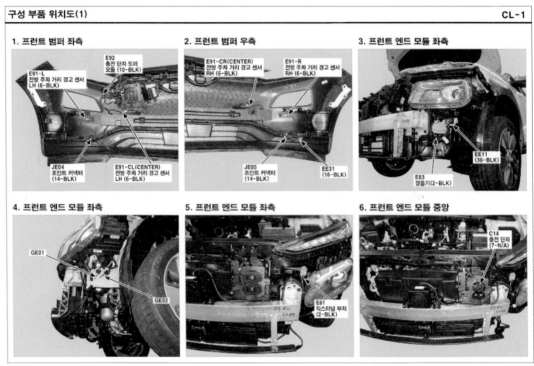

## 구성 부품 위치도(1)　　　　　　　　　　　　　　　　　　　　　　　　CL-1

**1. 프런트 범퍼 좌측**
- E92 충전 단자 도어 모듈 (10-BLK)
- E91-L 전방 주차 거리 경고 센서 LH (6-BLK)
- JE04 조인트 커넥터 (14-BLK)
- E91-CL(CENTER) 전방 주차 거리 경고 센서 LH (6-BLK)

**2. 프런트 범퍼 우측**
- E91-CR(CENTER) 전방 주차 거리 경고 센서 RH (6-BLK)
- E91-R 전방 주차 거리 경고 센서 RH (6-BLK)
- JE05 조인트 커넥터 (14-BLK)
- EE31 (16-BLK)

**3. 프런트 엔드 모듈 좌측**
- EE11 (36-BLK)
- E83 경음기(2-BLK)

**4. 프런트 엔드 모듈 좌측**
- GE01
- GE02

**5. 프런트 엔드 모듈 좌측**
- E81 윅스터널 부저 (2-BLK)

**6. 프런트 엔드 모듈 중앙**
- C14 충전 단자 (7-N/A)

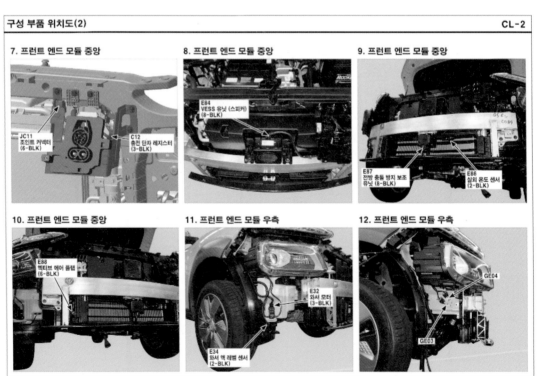

## 구성 부품 위치도(2)　　　　　　　　　　　　　　　　　　　　　　　　CL-2

**7. 프런트 엔드 모듈 중앙**
- JC11 조인트 커넥터 (6-BLK)
- C12 충전 단자 레지스터 (3-BLK)

**8. 프런트 엔드 모듈 중앙**
- E84 VESS 유닛 (스피커) (8-BLK)

**9. 프런트 엔드 모듈 중앙**
- E87 전방 충돌 방지 보조 유닛(8-BLK)
- E86 실외 온도 센서 (2-BLK)

**10. 프런트 엔드 모듈 중앙**
- E88 액티브 에어 플랩 (6-BLK)

**11. 프런트 엔드 모듈 우측**
- E32 와셔 모터 (3-BLK)
- E34 와셔 맥 레벨 센서 (2-BLK)

**12. 프런트 엔드 모듈 우측**
- GE04
- GE03

## 구성 부품 위치도(3)

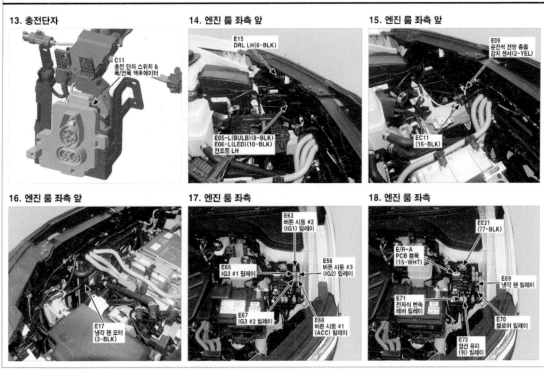

### 13. 충전단자

C11
충전 단자 스위치 &
록/언록 액추에이터

### 14. 엔진 룸 좌측 앞

E15
DRL LH(6-BLK)

E05-L(BULB)(8-BLK)
E06-L(LED)(10-BLK)
전조등 LH

### 15. 엔진 룸 좌측 앞

E09
운전석 전방 충돌
감지 센서(2-YEL)

EC11
(16-BLK)

### 16. 엔진 룸 좌측 앞

E17
냉각 팬 모터
(3-BLK)

### 17. 엔진 룸 좌측

E63
버튼 시동 #2
(IG1) 릴레이

E65
IG3 #1 릴레이

E66
버튼 시동 #3
(IG2) 릴레이

E67
IG3 #2 릴레이

E68
버튼 시동 #1
(ACC) 릴레이

### 18. 엔진 룸 좌측

EE21
(77-BLK)

E/R-A
PCB 블록
(15-WHT)

E69
냉각 팬 릴레이

E71
전자식 변속
레버 릴레이

E70
블로어 릴레이

E72
열선 유리
(뒤) 릴레이

## 구성 부품 위치도(4)

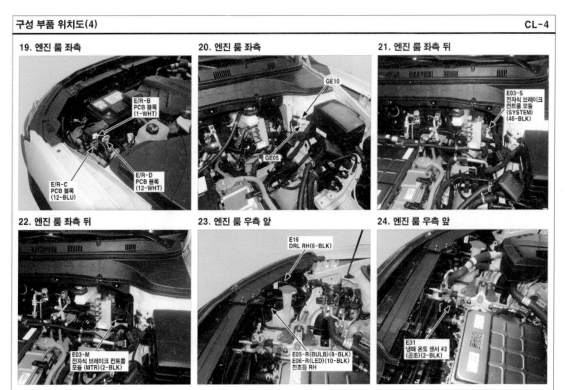

### 19. 엔진 룸 좌측

E/R-B
PCB 블록
(1-WHT)

E/R-C
PCB 블록
(12-BLU)

E/R-D
PCB 블록
(12-WHT)

### 20. 엔진 룸 좌측

GE10

GE05

### 21. 엔진 룸 좌측 뒤

E03-S
전자식 브레이크
컨트롤 모듈
(SYSTEM)
(46-BLK)

### 22. 엔진 룸 좌측 뒤

E03-M
전자식 브레이크 컨트롤
모듈 (MTR)(2-BLK)

### 23. 엔진 룸 우측 앞

E16
DRL RH(6-BLK)

E05-R(BULB)(8-BLK)
E06-R(LED)(10-BLK)
전조등 RH

### 24. 엔진 룸 우측 앞

E31
냉매 온도 센서 #2
(공조)(2-BLK)

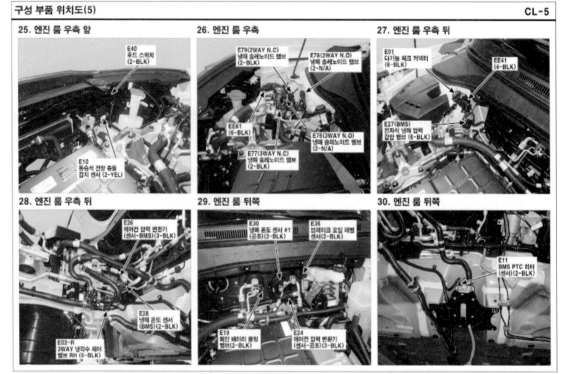

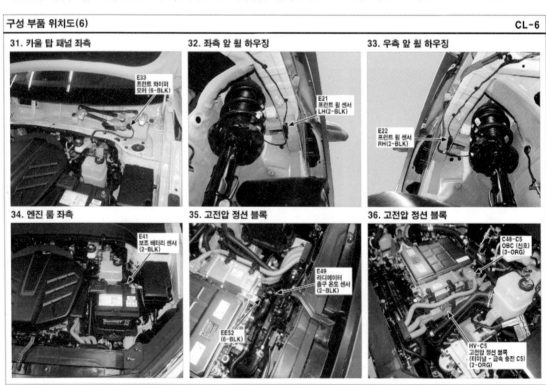

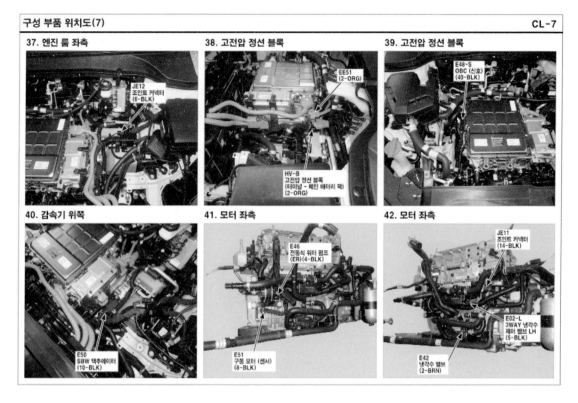

**37. 엔진 룸 좌측**

JE12
조인트 커넥터
(6-BLK)

**38. 고전압 정선 블록**

EE51
(2-ORG)

HV-B
고전압 정선 블록
(터미널 - 메인 배터리 팩)
(2-ORG)

**39. 고전압 정선 블록**

E48-S
OBC (신호)
(40-BLK)

**40. 감속기 위쪽**

E50
SBW 액추에이터
(10-BLK)

**41. 모터 좌측**

E46
전동식 워터 펌프
(ER)(4-BLK)

E51
구동 모터 (센서)
(8-BLK)

**42. 모터 좌측**

JE11
조인트 커넥터
(14-BLK)

E02-L
3WAY 냉각수
제어 밸브 LH
(5-BLK)

E42
냉각수 밸브
(2-BRN)

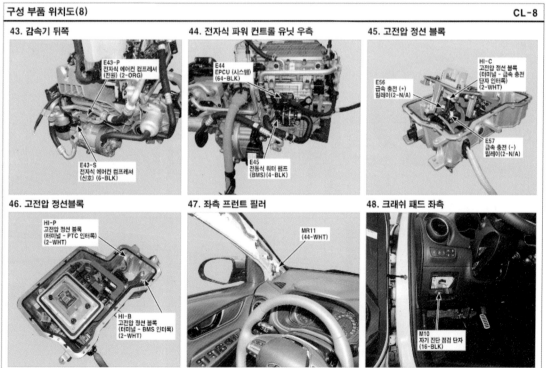

**43. 감속기 뒤쪽**

E43-P
전자식 에어컨 컴프레서
(전원)(2-ORG)

E43-S
전자식 에어컨 컴프레서
(신호)(6-BLK)

**44. 전자식 파워 컨트롤 유닛 우측**

E44
EPCU (시스템)
(64-BLK)

E45
전동식 워터 펌프
(BMS)(4-BLK)

**45. 고전압 정선 블록**

HI-C
고전압 정선 블록
(터미널 - 급속 충전
단자 인터록)
(2-WHT)

E56
급속 충전 (+)
릴레이(2-N/A)

E57
급속 충전 (-)
릴레이(2-N/A)

**46. 고전압 정선블록**

HI-P
고전압 정선 블록
(터미널 - PTC 인터록)
(2-WHT)

HI-B
고전압 정선 블록
(터미널 - BMS 인터록)
(2-WHT)

**47. 좌측 프런트 필러**

MR11
(44-WHT)

**48. 크래쉬 패드 좌측**

M10
자기 진단 점검 단자
(16-BLK)

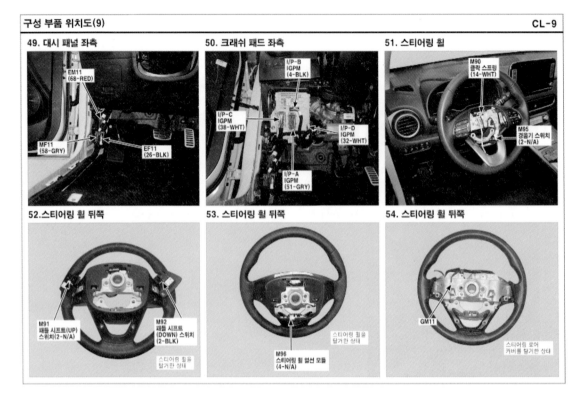

49. 대시 패널 좌측

EM11
(68-RED)

MF11
(58-GRY)

EF11
(26-BLK)

50. 크래쉬 패드 좌측

I/P-B
IGPM
(4-BLK)

I/P-C
IGPM
(38-WHT)

I/P-D
IGPM
(32-WHT)

I/P-A
IGPM
(51-GRY)

51. 스티어링 휠

M90
클락 스프링
(14-WHT)

M95
경음기 스위치
(2-N/A)

52.스티어링 휠 뒤쪽

M91
패들 시프트(UP)
스위치(2-N/A)

M92
패들 시프트
(DOWN) 스위치
(2-BLK)

스티어링 휠을
탈거한 상태

53. 스티어링 휠 뒤쪽

M96
스티어링 휠 열선 모듈
(4-N/A)

스티어링 휠을
탈거한 상태

54. 스티어링 휠 뒤쪽

GM11

스티어링 로어
커버를 탈거한 상태

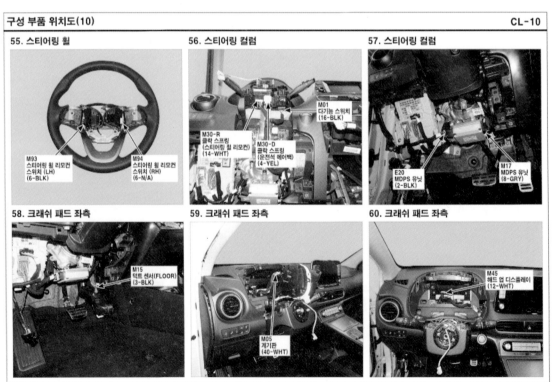

55. 스티어링 휠

M93
스티어링 휠 리모컨
스위치 (LH)
(6-BLK)

M94
스티어링 휠 리모컨
스위치 (RH)
(6-N/A)

56. 스티어링 컬럼

M01
다기능 스위치
(16-BLK)

M30-R
클락 스프링
(스티어링 휠 리모컨)
(14-WHT)

M30-D
클락 스프링
(운전석 에어백)
(4-YEL)

57. 스티어링 컬럼

E20
MDPS 유닛
(2-BLK)

M17
MDPS 유닛
(8-GRY)

58. 크래쉬 패드 좌측

M15
덕트 센서(FLOOR)
(3-BLK)

59. 크래쉬 패드 좌측

M05
계기판
(40-WHT)

60. 크래쉬 패드 좌측

M45
헤드 업 디스플레이
(12-WHT)

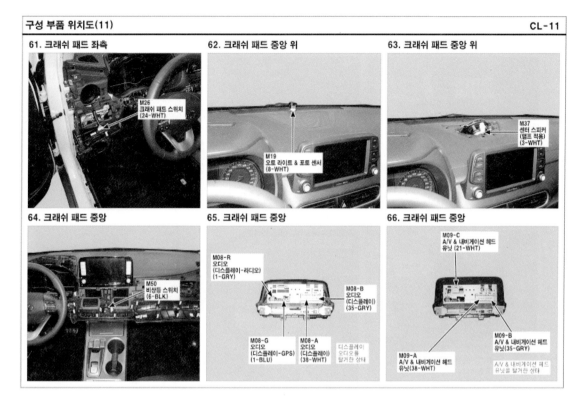

**61. 크래쉬 패드 좌측**

M26
크래쉬 패드 스위치
(24-WHT)

**62. 크래쉬 패드 중앙 위**

M19
오토 라이트 & 포토 센서
(8-WHT)

**63. 크래쉬 패드 중앙 위**

M37
센터 스피커
(앰프 적용)
(3-WHT)

**64. 크래쉬 패드 중앙**

M50
비상등 스위치
(6-BLK)

**65. 크래쉬 패드 중앙**

M08-R
오디오
(디스플레이-라디오)
(1-GRY)

M08-B
오디오
(디스플레이)
(35-GRY)

M08-G
오디오
(디스플레이-GPS)
(1-BLU)

M08-A
오디오
(디스플레이)
(38-WHT)

디스플레이
오디오를
탈거한 상태

**66. 크래쉬 패드 중앙**

M09-C
A/V & 내비게이션 헤드
유닛 (21-WHT)

M09-B
A/V & 내비게이션 헤드
유닛(35-GRY)

M09-A
A/V & 내비게이션 헤드
유닛(38-WHT)

A/V & 내비게이션 헤드
유닛을 탈거한 상태

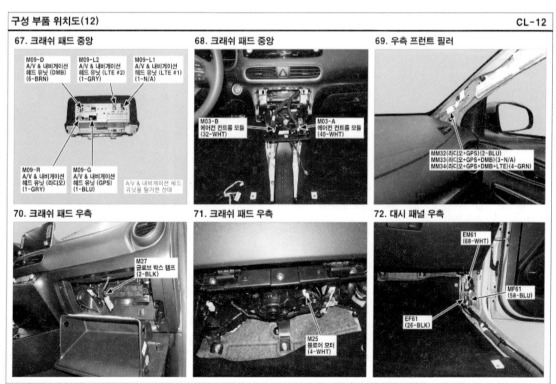

**67. 크래쉬 패드 중앙**

M09-D
A/V & 내비게이션
헤드 유닛 (DMB)
(6-BRN)

M09-L2
A/V & 내비게이션
헤드 유닛 (LTE #2)
(1-GRY)

M09-L1
A/V & 내비게이션
헤드 유닛 (LTE #1)
(1-N/A)

M09-R
A/V & 내비게이션
헤드 유닛 (라디오)
(1-GRY)

M09-G
A/V & 내비게이션
헤드 유닛 (GPS)
(1-BLU)

A/V & 내비게이션 헤드
유닛을 탈거한 상태

**68. 크래쉬 패드 중앙**

M03-B
에어컨 컨트롤 모듈
(32-WHT)

M03-A
에어컨 컨트롤 모듈
(40-WHT)

**69. 우측 프런트 필러**

MM32(라디오+GPS)(2-BLU)
MM33(라디오+GPS+DMB)(3-N/A)
MM34(라디오+GPS+DMB+LTE)(4-GRN)

**70. 크래쉬 패드 우측**

M27
글로브 박스 램프
(2-BLK)

**71. 크래쉬 패드 우측**

M25
블로어 모터
(4-WHT)

**72. 대시 패널 우측**

EM61
(68-WHT)

MF61
(58-BLU)

EF61
(26-BLK)

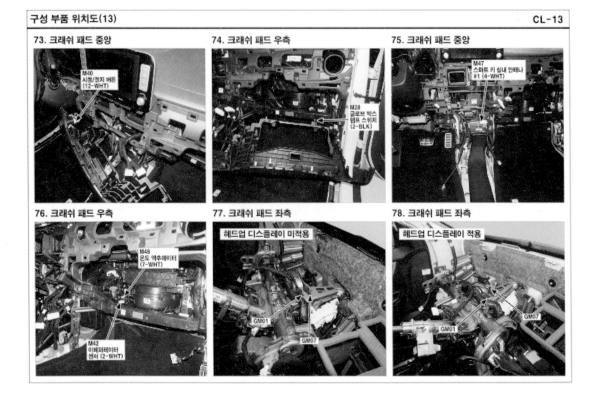

73. 크래쉬 패드 중앙

M40
시동/정지 버튼
(12-WHT)

74. 크래쉬 패드 우측

M28
글로브 박스
램프 스위치
(2-BLK)

75. 크래쉬 패드 중앙

M47
스마트 키 실내 안테나
#1 (4-WHT)

76. 크래쉬 패드 우측

M48
온도 액추에이터
(7-WHT)

M42
이베퍼레이터
센서 (2-WHT)

77. 크래쉬 패드 좌측

헤드업 디스플레이 미적용

GM01

GM07

78. 크래쉬 패드 좌측

헤드업 디스플레이 적용

GM07

GM01

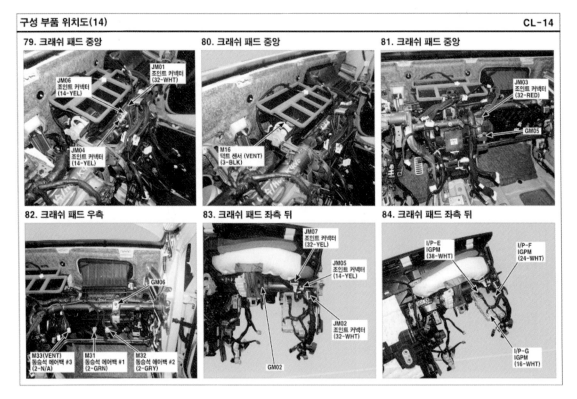

79. 크래쉬 패드 중앙

JM06
조인트 커넥터
(14-YEL)

JM01
조인트 커넥터
(32-WHT)

JM04
조인트 커넥터
(14-YEL)

80. 크래쉬 패드 중앙

M16
덕트 센서 (VENT)
(3-BLK)

81. 크래쉬 패드 중앙

JM03
조인트 커넥터
(32-RED)

GM05

82. 크래쉬 패드 우측

GM06

M33(VENT)
동승석 에어백 #3
(2-N/A)

M31
동승석 에어백 #1
(2-GRN)

M32
동승석 에어백 #2
(2-GRY)

83. 크래쉬 패드 좌측 뒤

JM07
조인트 커넥터
(32-YEL)

JM05
조인트 커넥터
(14-YEL)

JM02
조인트 커넥터
(32-WHT)

GM02

84. 크래쉬 패드 좌측 뒤

I/P-E
IGPM
(38-WHT)

I/P-F
IGPM
(24-WHT)

I/P-G
IGPM
(16-WHT)

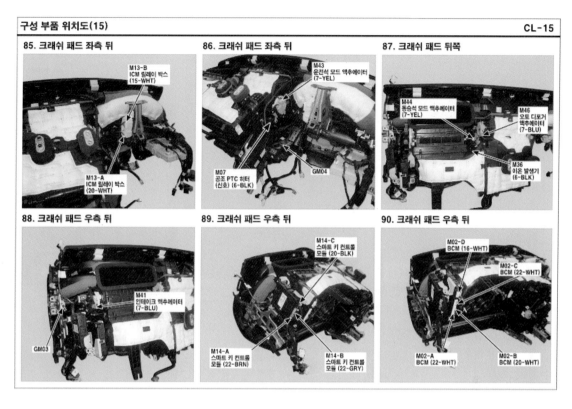

### 85. 크래쉬 패드 좌측 뒤
M13-B
ICM 릴레이 박스
(15-WHT)

M13-A
ICM 릴레이 박스
(20-WHT)

### 86. 크래쉬 패드 좌측 뒤
M43
운전석 모드 액추에이터
(7-YEL)

M07
공조 PTC 히터
(신호) (6-BLK)

GM04

### 87. 크래쉬 패드 뒤쪽
M44
동승석 모드 액추에이터
(7-YEL)

M46
오토 디포거
액추에이터
(7-BLU)

M36
이온 발생기
(6-BLK)

### 88. 크래쉬 패드 우측 뒤
M41
인테이크 액추에이터
(7-BLU)

GM03

### 89. 크래쉬 패드 우측 뒤
M14-C
스마트 키 컨트롤
모듈 (20-BLK)

M14-A
스마트 키 컨트롤
모듈 (22-BRN)

M14-B
스마트 키 컨트롤
모듈 (22-GRY)

### 90. 크래쉬 패드 우측 뒤
M02-D
BCM (16-WHT)

M02-C
BCM (22-WHT)

M02-A
BCM (22-WHT)

M02-B
BCM (20-WHT)

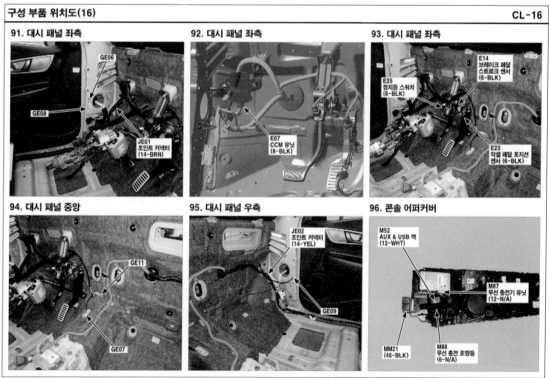

### 91. 대시 패널 좌측
GE06

GE08

JE01
조인트 커넥터
(14-BRN)

### 92. 대시 패널 좌측
E07
CCM 유닛
(8-BLK)

### 93. 대시 패널 좌측
E14
브레이크 페달
스트로크 센서
(6-BLK)

E25
정지등 스위치
(6-BLK)

E23
악셀 페달 포지션
센서 (6-BLK)

### 94. 대시 패널 중앙
GE11

GE07

### 95. 대시 패널 우측
JE02
조인트 커넥터
(14-YEL)

GE09

### 96. 콘솔 어퍼커버
M52
AUX & USB 잭
(12-WHT)

M87
무선 충전기 유닛
(12-N/A)

MM21
(46-BLK)

M88
무선 충전 조명등
(6-N/A)

### 97. 콘솔 어퍼 커버

M86
프런트 콘솔 스위치
(28-N/A)

M89
EPB 스위치
(6-N/A)

M85
쉬프트 선택 스위치
(SBW) (10-N/A)

### 98. 플로어 콘솔 앞쪽

MM11
(12-WHT)

### 99. 플로어 콘솔

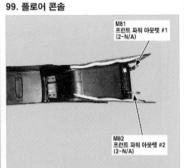

M81
프런트 파워 아웃렛 #1
(2-N/A)

M82
프런트 파워 아웃렛 #2
(2-N/A)

### 100. 크래쉬 패드 중앙

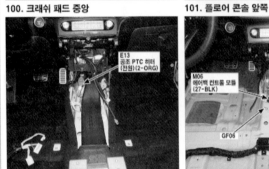

E13
공조 PTC 히터
(전원) (2-ORG)

### 101. 플로어 콘솔 앞쪽

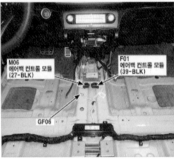

M06
에어백 컨트롤 모듈
(27-BLK)

F01
에어백 컨트롤 모듈
(39-BLK)

GF06

### 102. 플로어 콘솔 뒤쪽

JF03
조인트 커넥터
(14-YEL)

F13
스마트 키 실내
안테나 #2
(4-WHT)

### 103. 운전석 시트 아래

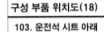
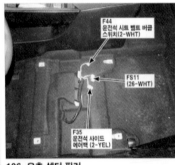

F44
운전석 시트 벨트 버클
스위치(2-WHT)

FS11
(26-WHT)

F35
운전석 사이드
에어백 (2-YEL)

### 104. 동승석 시트 아래

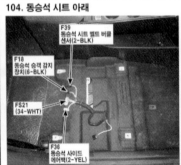

F39
동승석 시트 벨트 버클
센서(2-BLK)

F18
동승석 승객 감지
장치(6-BLK)

FS21
(34-WHT)

F36
동승석 사이드
에어백(2-YEL)

### 105. 좌측 센터 필러

FD31
(22-BLK)

F33
운전석 사이드
충돌 감지 센서
(2-YEL)

GF01

F37
운전석 시트 벨트
프리텐셔너
(2-GRN)

F42
운전석 시트 벨트
앵커 프리텐셔너
(2-N/A)

### 106. 우측 센터 필러

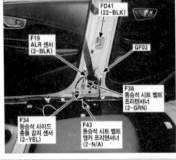

FD41
(22-BLK)

F19
ALR 센서
(2-BLK)

GF02

F38
동승석 시트 벨트
프리텐셔너 (2-GRN)

F34
동승석 사이드
충돌 감지 센서
(2-YEL)

F43
동승석 시트 벨트
앵커 프리텐셔너
(2-N/A)

### 107. 리어 시트 쿠션 아래

F47
리어 시트 벨트
버클 스위치 RH
& CENTER
(4-WHT)

리어 시트쿠션을
닫거한 상태

F46
리어 시트 벨트
버클 스위치 LH
(2-BRN)

### 108. 러기지 사이드 트림 좌측

F29
러기지 램프
(3-WHT)

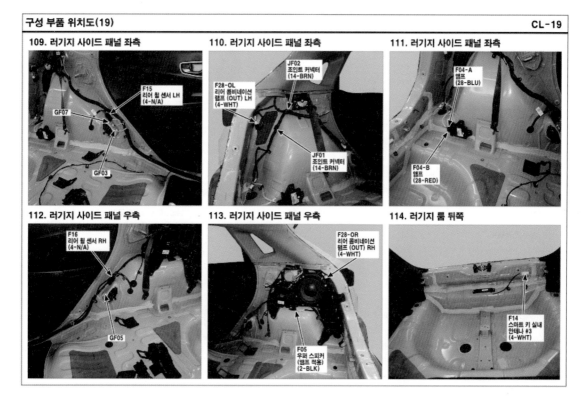

**109. 러기지 사이드 패널 좌측**
- F15 리어 휠 센서 LH (4-N/A)
- GF07
- GF03

**110. 러기지 사이드 패널 좌측**
- JF02 조인트 커넥터 (14-BRN)
- F28-OL 리어 콤비네이션 램프 (OUT) LH (4-WHT)
- JF01 조인트 커넥터 (14-BRN)

**111. 러기지 사이드 패널 좌측**
- F04-A 앰프 (28-BLU)
- F04-B 앰프 (28-RED)

**112. 러기지 사이드 패널 우측**
- F16 리어 휠 센서 RH (4-N/A)
- GF05

**113. 러기지 사이드 패널 우측**
- F28-OR 리어 콤비네이션 램프 (OUT) RH (4-WHT)
- F05 우퍼 스피커 (앰프 적용) (2-BLK)

**114. 러기지 룸 뒤쪽**
- F14 스마트 키 실내 안테나 #3 (4-WHT)

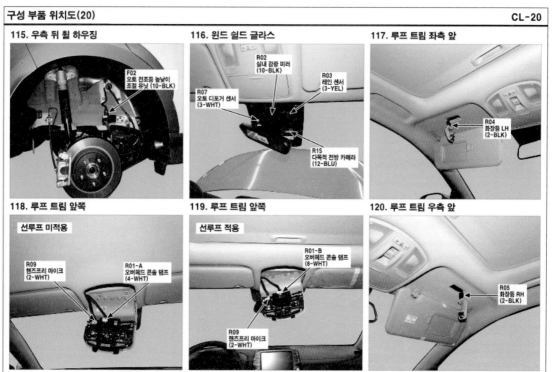

**115. 우측 뒤 휠 하우징**
- F02 오토 전조등 높낮이 조절 유닛 (10-BLK)

**116. 윈드 쉴드 글라스**
- R02 실내 감광 미러 (10-BLK)
- R03 레인 센서 (3-YEL)
- R07 오토 디포거 센서 (3-WHT)
- R15 다목적 전방 카메라 (12-BLU)

**117. 루프 트림 좌측 앞**
- R04 화장등 LH (2-BLK)

**118. 루프 트림 앞쪽**

선루프 미적용
- R09 핸즈프리 마이크 (2-WHT)
- R01-A 오버헤드 콘솔 램프 (4-WHT)

**119. 루프 트림 앞쪽**

선루프 적용
- R01-B 오버헤드 콘솔 램프 (8-WHT)
- R09 핸즈프리 마이크 (2-WHT)

**120. 루프 트림 우측 앞**
- R05 화장등 RH (2-BLK)

6. EV 차량 분해 실무 정비작업(현대 코나OS EV)　**437**

### 121. 루프 패널 앞쪽

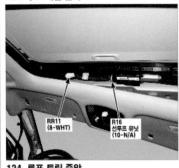

RR11
(8-WHT)

R16
선루프 유닛
(10-N/A)

### 122. 루프 트림 앞쪽

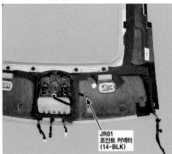

JR01
조인트 커넥터
(14-BLK)

### 123. 루프 트림 중앙

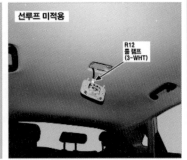

선루프 미적용

R12
룸 램프
(3-WHT)

### 124. 루프 트림 중앙

선루프 적용

R12
룸 램프
(3-WHT)

### 125. 루프 패널 좌측

루프 트림을
달거한 상태

F31
운전석 커튼 에어백
(2-GRN)

### 126. 루프 패널 우측

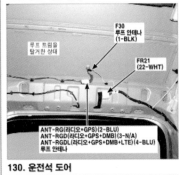

루프 트림을
달거한 상태

F32
동승석 커튼 에어백
(2-GRN)

### 127. 루프 패널 뒤쪽

F30
루프 안테나
(1-BLK)

루프 트림을
달거한 상태

FR21
(22-WHT)

ANT-RG(라디오+GPS)(2-BLU)
ANT-RGD(라디오+GPS+DMB)(3-N/A)
ANT-RGDL(라디오+GPS+DMB+LTE)(4-BLU)
루프 안테나

### 128. 운전석 도어

FD11
(54-BLK)

### 129. 운전석 도어

D08
운전석 파워
아웃사이드 미러
(12-WHT)

### 130. 운전석 도어

D04
파워 아웃사이드 미러 스위치
(16-WHT)

D16
운전석 도어 트위터
스피커 (앰프 적용)
(2-GRN)

D03
파워 윈도우 메인 스위치
(오토 업/다운 & 세이프티 적용)
(18-WHT)

D13
운전석 도어 스피커
(앰프 미적용)
(2-BLK)

### 131. 운전석 도어

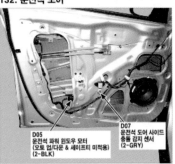

D14
운전석 도어 트위터
스피커 (앰프 미적용)
(2-BLK)

D02
파워 윈도우 메인 스위치
(오토 업/다운 & 세이프티 미적용)
(18-WHT)

D11
운전석 도어 스피커
(앰프 미적용)
(2-WHT)

### 132. 운전석 도어

D05
운전석 파워 윈도우 모터
(오토 업/다운 & 세이프티 미적용)
(2-BLK)

D07
운전석 도어 사이드
충돌 감지 센서
(2-GRY)

438

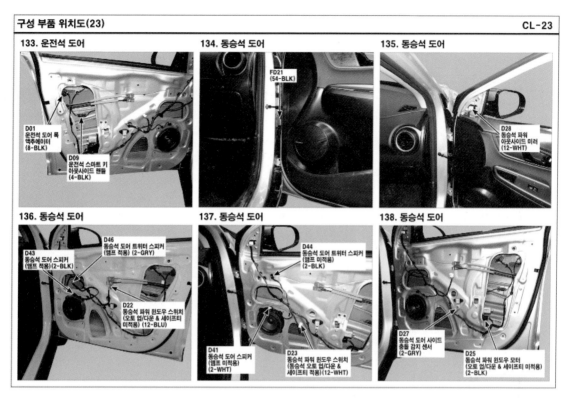

**133. 운전석 도어**

D01
운전석 도어 록
액추에이터
(8-BLK)

D09
운전석 스마트 키
아웃사이드 핸들
(4-BLK)

**134. 동승석 도어**

FD21
(54-BLK)

**135. 동승석 도어**

D28
동승석 파워
아웃사이드 미러
(12-WHT)

**136. 동승석 도어**

D43
동승석 도어 스피커
(앰프 적용) (2-BLK)

D46
동승석 도어 트위터 스피커
(앰프 적용) (2-GRY)

D22
동승석 파워 윈도우 스위치
(오토 업/다운 & 세이프티
미적용) (12-BLU)

**137. 동승석 도어**

D44
동승석 도어 트위터 스피커
(앰프 미적용)
(2-BLK)

D41
동승석 도어 스피커
(앰프 미적용)
(2-WHT)

D23
동승석 파워 윈도우 스위치
(동승석 오토 업/다운 &
세이프티 적용)(12-WHT)

**138. 동승석 도어**

D27
동승석 도어 사이드
충돌 감지 센서
(2-GRY)

D25
동승석 파워 윈도우 모터
(오토 업/다운 & 세이프티 미적용)
(2-BLK)

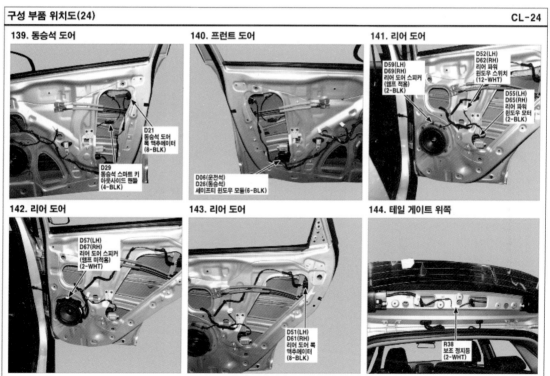

**139. 동승석 도어**

D21
동승석 도어
록 액추에이터
(8-BLK)

D29
동승석 스마트 키
아웃사이드 핸들
(4-BLK)

**140. 프런트 도어**

D06(운전석)
D26(동승석)
세이프티 윈도우 모듈(6-BLK)

**141. 리어 도어**

D59(LH)
D69(RH)
리어 도어 스피커
(앰프 적용)
(2-BLK)

D52(LH)
D62(RH)
리어 파워
윈도우 스위치
(12-WHT)

D55(LH)
D65(RH)
리어 파워
윈도우 모터
(2-BLK)

**142. 리어 도어**

D57(LH)
D67(RH)
리어 도어 스피커
(앰프 미적용)
(2-WHT)

**143. 리어 도어**

D51(LH)
D61(RH)
리어 도어 록
액추에이터
(8-BLK)

**144. 테일 게이트 위쪽**

R38
보조 정지등
(2-WHT)

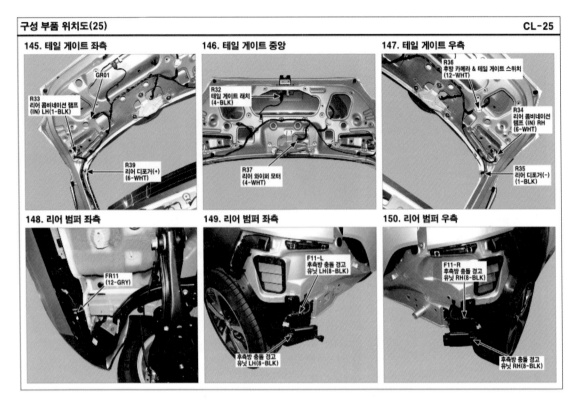

### 145. 테일 게이트 좌측

GR01

R33
리어 콤비네이션 램프
(IN) LH(1-BLK)

R39
리어 디포거(+)
(6-WHT)

### 146. 테일 게이트 중앙

R32
테일 게이트 래치
(4-BLK)

R37
리어 와이퍼 모터
(4-WHT)

### 147. 테일 게이트 우측

R36
후방 카메라 & 테일 게이트 스위치
(12-WHT)

R34
리어 콤비네이션
램프 (IN) RH
(6-WHT)

R35
리어 디포거(-)
(1-BLK)

### 148. 리어 범퍼 좌측

FR11
(12-GRY)

### 149. 리어 범퍼 좌측

F11-L
후측방 충돌 경고
유닛 LH(8-BLK)

후측방 충돌 경고
유닛 LH(8-BLK)

### 150. 리어 범퍼 우측

F11-R
후측방 충돌 경고
유닛 RH(8-BLK)

후측방 충돌 경고
유닛 RH(8-BLK)

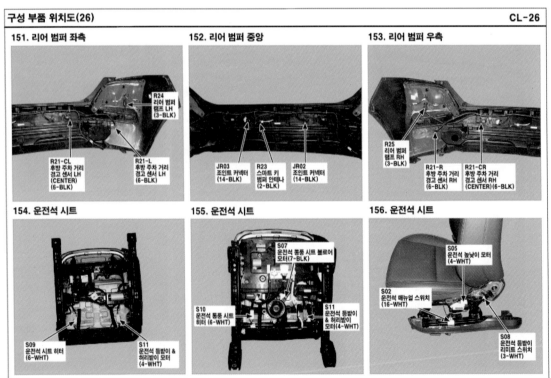

### 151. 리어 범퍼 좌측

R24
리어 범퍼
램프 LH
(3-BLK)

R21-CL
후방 주차 거리
경고 센서 LH
(CENTER)
(6-BLK)

R21-L
후방 주차 거리
경고 센서 LH
(6-BLK)

### 152. 리어 범퍼 중앙

JR03
조인트 커넥터
(14-BLK)

R23
스마트 키
범퍼 안테나
(2-BLK)

JR02
조인트 커넥터
(14-BLK)

### 153. 리어 범퍼 우측

R25
리어 범퍼
램프 RH
(3-BLK)

R21-R
후방 주차 거리
경고 센서 RH
(6-BLK)

R21-CR
후방 주차 거리
경고 센서 RH
(CENTER)(6-BLK)

### 154. 운전석 시트

S09
운전석 시트 히터
(6-WHT)

S11
운전석 등받이 &
허리받이 모터
(4-WHT)

### 155. 운전석 시트

S07
운전석 통풍 시트 블로어
모터(7-BLK)

S10
운전석 통풍 시트
히터 (6-WHT)

S11
운전석 등받이
& 허리받이
모터(4-WHT)

### 156. 운전석 시트

S05
운전석 높낮이 모터
(4-WHT)

S02
운전석 매뉴얼 스위치
(16-WHT)

S08
운전석 등받이
리미트 스위치
(3-WHT)

### 157. 운전석 시트

S04
운전석 틸트 모터
(4-BRN)

### 158. 운전석 시트

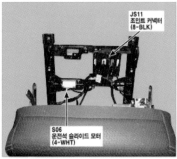

JS11
조인트 커넥터
(8-BLK)

S06
운전석 슬라이드 모터
(4-WHT)

### 159. 동승석 시트

S27
동승석 통풍 시트
블로어 모터
(7-BLK)

S31
동승석 등받이
모터(4-WHT)

S30
동승석 통풍
시트 히터
(6-WHT)

### 160. 동승석 시트

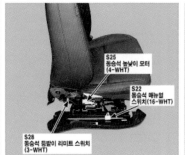

S25
동승석 높낮이 모터
(4-WHT)

S22
동승석 매뉴얼
스위치(16-WHT)

S28
동승석 등받이 리미트 스위치
(3-WHT)

### 161. 동승석 시트

S24
동승석 틸트 모터
(4-BRN)

### 162. 동승석 시트

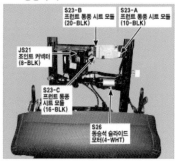

S23-B
프런트 통풍 시트 모듈
(20-BLK)

S23-A
프런트 통풍 시트 모듈
(10-BLK)

JS21
조인트 커넥터
(8-BLK)

S23-C
프런트 통풍
시트 모듈
(16-BLK)

S26
동승석 슬라이드
모터(4-WHT)

### 163. 동승석 시트

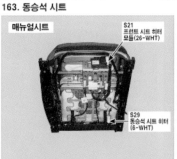

매뉴얼시트

S21
프런트 시트 히터
모듈(26-WHT)

S29
동승석 시트 히터
(6-WHT)

### 164. 리어 시트 쿠션 아래

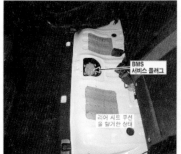

BMS
서비스 플러그

리어 시트 쿠션
을 탈거한 상태

### 165. 프런트 서스펜션 뒤쪽

EB21
(2-ORG)

B22-P
BMS 메인 배터리
팩 (터미널)
(2-ORG)

EB11
(33-BLK)

고전압 배터리 팩

### 166. 고전압 배터리 팩

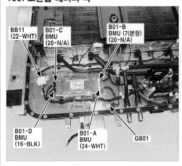

BB11
(22-WHT)

B01-C
BMU
(20-N/A)

B01-B
BMU (기본형)
(20-N/A)

B01-D
BMU
(16-BLK)

B01-A
BMU
(24-WHT)

GB01

### 167. 고전압 배터리 팩

B03
BMS 냉각수
온도 센서
(2-BLK)

BB36
(4-WHT)

### 168. 고전압 배터리 팩

B104-B
CMU #4 (기본형)
(28-N/A)

B104-A
CMU #4 (기본형)
(36-WHT)

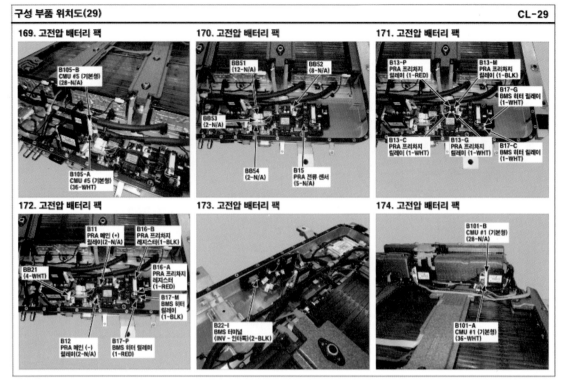

169. 고전압 배터리 팩

B105-B
CMU #5 (기본형)
(28-N/A)

B105-A
CMU #5 (기본형)
(36-WHT)

170. 고전압 배터리 팩

BBS1
(12-N/A)

BBS2
(8-N/A)

BBS3
(2-N/A)

BBS4
(2-N/A)

B15
PRA 전류 센서
(5-N/A)

171. 고전압 배터리 팩

B13-P
PRA 프리차지
릴레이 (1-RED)

B13-M
PRA 프리차지
릴레이 (1-BLK)

B17-G
BMS 히터 릴레이
(1-WHT)

B13-C
PRA 프리차지
릴레이 (1-WHT)

B13-G
PRA 프리차지
릴레이 (1-WHT)

B17-C
BMS 히터 릴레이
(1-WHT)

172. 고전압 배터리 팩

B11
PRA 메인 (+)
릴레이(2-N/A)

B16-B
PRA 프리차지
레지스터(1-BLK)

BB21
(4-WHT)

B16-A
PRA 프리차지
레지스터
(1-RED)

B17-M
BMS 히터
릴레이
(1-BLK)

B12
PRA 메인 (-)
릴레이(2-N/A)

B17-P
BMS 히터 릴레이
(1-RED)

173. 고전압 배터리 팩

B22-I
BMS 터미널
(INV - 인터록)(2-BLK)

174. 고전압 배터리 팩

B101-B
CMU #1 (기본형)
(28-N/A)

B101-A
CMU #1 (기본형)
(36-WHT)

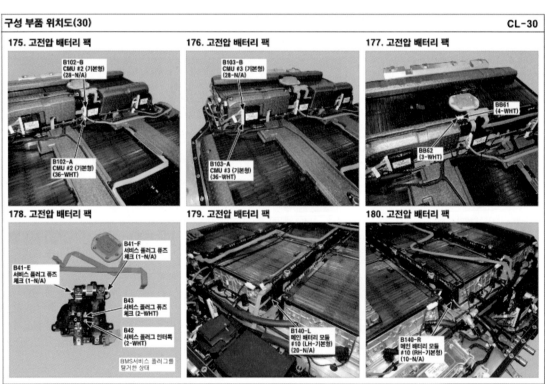

175. 고전압 배터리 팩

B102-B
CMU #2 (기본형)
(28-N/A)

B102-A
CMU #2 (기본형)
(36-WHT)

176. 고전압 배터리 팩

B103-B
CMU #3 (기본형)
(28-N/A)

B103-A
CMU #3 (기본형)
(36-WHT)

177. 고전압 배터리 팩

BB61
(4-WHT)

BB62
(3-WHT)

178. 고전압 배터리 팩

B41-F
서비스 플러그 퓨즈
체크 (1-N/A)

B41-E
서비스 플러그 퓨즈
체크 (1-N/A)

B43
서비스 플러그 퓨즈
체크 (2-WHT)

B42
서비스 플러그 인터록
(2-WHT)

BMS서비스 플러그를
탈거한 상태

179. 고전압 배터리 팩

B140-L
메인 배터리 모듈
#10 (LH-기본형)
(20-N/A)

180. 고전압 배터리 팩

B140-R
메인 배터리 모듈
#10 (RH-기본형)
(10-N/A)

442

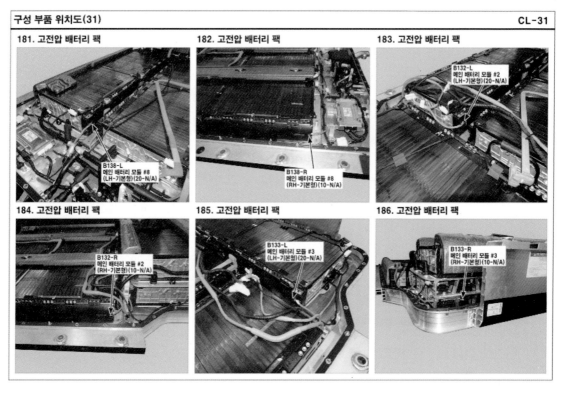

181. 고전압 배터리 팩

B138-L
메인 배터리 모듈 #8
(LH-기본형)(20-N/A)

182. 고전압 배터리 팩

B138-R
메인 배터리 모듈 #8
(RH-기본형)(10-N/A)

183. 고전압 배터리 팩

B132-L
메인 배터리 모듈 #2
(LH-기본형)(20-N/A)

184. 고전압 배터리 팩

B132-R
메인 배터리 모듈 #2
(RH-기본형)(10-N/A)

185. 고전압 배터리 팩

B133-L
메인 배터리 모듈 #3
(LH-기본형)(20-N/A)

186. 고전압 배터리 팩

B133-R
메인 배터리 모듈 #3
(RH-기본형)(10-N/A)

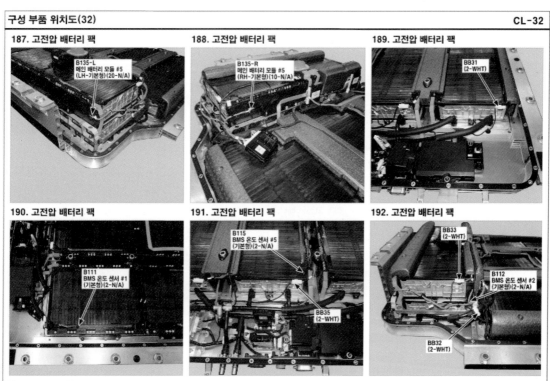

187. 고전압 배터리 팩

B135-L
메인 배터리 모듈 #5
(LH-기본형)(20-N/A)

188. 고전압 배터리 팩

B135-R
메인 배터리 모듈 #5
(RH-기본형)(10-N/A)

189. 고전압 배터리 팩

BB31
(2-WHT)

190. 고전압 배터리 팩

B111
BMS 온도 센서 #1
(기본형)(2-N/A)

191. 고전압 배터리 팩

B115
BMS 온도 센서 #5
(기본형)(2-N/A)

BB35
(2-WHT)

192. 고전압 배터리 팩

BB33
(2-WHT)

B112
BMS 온도 센서 #2
(기본형)(2-N/A)

BB32
(2-WHT)

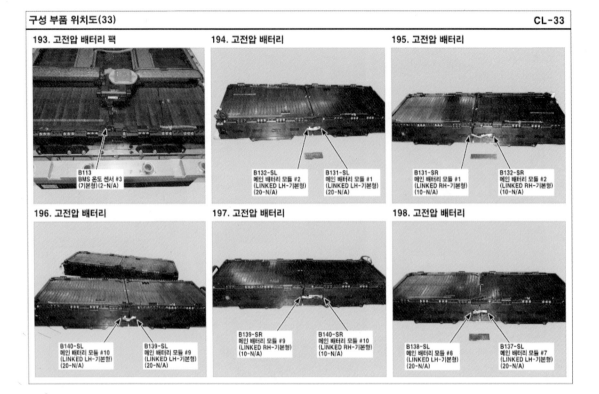

**193. 고전압 배터리 팩**

B113
BMS 온도 센서 #3
(기본형)(2-N/A)

**194. 고전압 배터리**

B132-SL
메인 배터리 모듈 #2
(LINKED LH-기본형)
(20-N/A)

B131-SL
메인 배터리 모듈 #1
(LINKED LH-기본형)
(20-N/A)

**195. 고전압 배터리**

B131-SR
메인 배터리 모듈 #1
(LINKED RH-기본형)
(10-N/A)

B132-SR
메인 배터리 모듈 #2
(LINKED RH-기본형)
(10-N/A)

**196. 고전압 배터리**

B140-SL
메인 배터리 모듈 #10
(LINKED LH-기본형)
(20-N/A)

B139-SL
메인 배터리 모듈 #9
(LINKED LH-기본형)
(20-N/A)

**197. 고전압 배터리**

B139-SR
메인 배터리 모듈 #9
(LINKED RH-기본형)
(10-N/A)

B140-SR
메인 배터리 모듈 #10
(LINKED RH-기본형)
(10-N/A)

**198. 고전압 배터리**

B138-SL
메인 배터리 모듈 #6
(LINKED LH-기본형)
(20-N/A)

B137-SL
메인 배터리 모듈 #7
(LINKED LH-기본형)
(20-N/A)

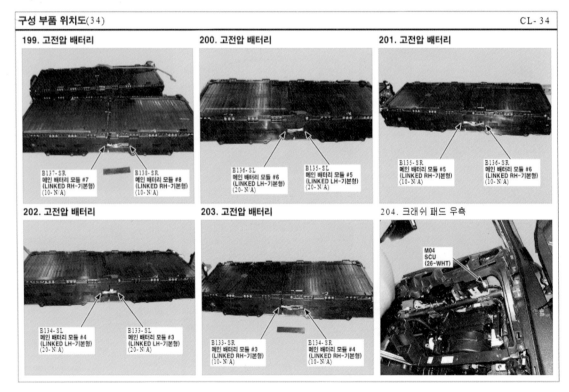

**199. 고전압 배터리**

B137-SR
메인 배터리 모듈 #7
(LINKED RH-기본형)
(10-N/A)

B138-SR
메인 배터리 모듈 #8
(LINKED RH-기본형)
(10-N/A)

**200. 고전압 배터리**

B136-SL
메인 배터리 모듈 #6
(LINKED LH-기본형)
(20-N/A)

B135-SL
메인 배터리 모듈 #5
(LINKED LH-기본형)
(20-N/A)

**201. 고전압 배터리**

B135-SR
메인 배터리 모듈 #5
(LINKED RH-기본형)
(10-N/A)

B136-SR
메인 배터리 모듈 #6
(LINKED RH-기본형)
(10-N/A)

**202. 고전압 배터리**

B134-SL
메인 배터리 모듈 #4
(LINKED LH-기본형)
(20-N/A)

B133-SL
메인 배터리 모듈 #3
(LINKED LH-기본형)
(20-N/A)

**203. 고전압 배터리**

B133-SR
메인 배터리 모듈 #3
(LINKED RH-기본형)
(10-N/A)

B134-SR
메인 배터리 모듈 #4
(LINKED RH-기본형)
(10-N/A)

**204. 크래쉬 패드 우측**

M04
SCU
(26-WHT)

## (14) 현대 코나 OS EV 식별번호

차대번호

모터번호
(150kW, 99kW)

| | 모터 번호 | | | | | | | |
|---|---|---|---|---|---|---|---|
| EM | 09 | G | B | 5 | 001 | B | J |
| 1 | 2 | 3 | 4 | 5 | 6 | 7 | 8 |

1. 모터 기종
  • EM

2. 모터 형식
  • 16 : 150kW

3. 제작년도
  • K : 2019 L : 2020, M : 2021, N : 2020 …

4. 제작월
  • 1 ~ 9 : 1 ~ 9월
  • A ~ C : 10 ~ 12월

5. 제작일
  • 1 ~ 9 : 1 ~ 9일
  • A ~ Y : 10 ~ 31일(I, O, Q 제외)

6. 생산일련번호
  • 001 ~ 999

7. 차종
  • B : OS EV

8. 생산 공장
  • J : 충주 공장

| KMH | K | 6 | 5 | 1 | H | F | K | U | 000001 |
|-----|---|---|---|---|---|---|---|---|--------|
| 1 | 2 | 3 | 4 | 5 | 6 | 7 | 8 | 9 | 10 |

1. 국제지정제작사(World Manufacturer Identifier : WMI)
   - KMH : 승용, 다목적용
   - KMF : 화물(밴)
   - KMJ : 승합, 준다목적용
   - KMC : 특장 – 승합, 화물

2. 차종(Vehicle Line)
   - K : OSEV

3. 세부 차종 및 등급(Model & Series)
   - 6 : Low 급(L)
   - 7 : Middle–Low 급(GL)
   - 8 : Middle 급(GLS, JSL, TAX)
   - 9 : Middle–High 급(HGS)
   - 0 : High급(TOP)

4. 차체/캡 형상(Body/Cabin Type)

   KMC
   - 1 : 박스
   - 3 : 세미–본넷
   - 9 : 더블 캡
   - 2 : 본넷
   - 5 : 일반 캡

   KMH
   - 1 : 리무진
   - 3 : 세단–3도어
   - 5 : 세단–5도어
   - 7 : 컨버터블
   - 9 : 화물(밴)
   - 2 : 세단–2도어
   - 4 : 세단–4도어
   - 6 : 쿠페
   - 8 : 왜곤
   - 0 : 픽업

   KMF(화물/밴)
   - X : 일반캡/세미–본넷
   - Y : 더블캡/본넷
   - Z : 슈퍼캡/박스

   KMJ
   - 1 : 박스
   - 2 : 본넷
   - 3 : 세미 – 본넷

5. 안전장치(Restraint system) 또는 브레이크(Brake system)

   KMH
   - 0 : 운전석/동승석–미적용
   - 1 : 운전석/동승석–액티브(Active) 시트벨트
   - 2 : 운전석/동승석–패시브(Passive) 시트벨트

   KMC, KMF, KMJ
   - 7 : 유압식 브레이크
   - 8 : 공기식 브레이크
   - 9 : 혼합식 브레이크

6. 동력장치(Moter type)
   - G : Battery[LiPB 356V, 180Ah]
        + Motor[3–phase AC 150kW]
   - H : Battery[LiPB 327V, 120Ah]
        + Motor[3–phase AC 150kW]

7. 운전석 방향 및 변속기(Driver's side + Transmission)
   - A : LHD & MT
   - B : LHD & AT
   - C : LHD & MT+Transfer
   - D : LHD & AT+Transfer
   - E : LHD & CVT
   - F : LHD & 감속기
   - G : LHD & DCT
   - H : LHD & DCT+Transfer

8. 모델 연도(Model Year)
   - K : 2019 L : 2020, M : 2021, N : 2020⋯

9. 생산공장(Plant of Manufacture)
   - A : 아산(한국)
   - C : 전주(한국)
   - U : 울산(한국)

10. 생산일련번호(Serial Number)
   - 000001~999999

# 07 xEV제조사별 고전압 안전작업 참고자료

## 1 xEV 고전압 안전작업 유의사항

① xEV 고전압 안전정비 기준 정비시설 구축 및 비상시 소화 시설, 장비 구축
② 고전압 정비 작업구역 통제 안내물 설치 및 작업자 외 출입통제 실시
③ 안전 응급 처지 설비 및 장비 구비
④ 자동차 제조사의 정비지침서의 정비기준에 따른 작업. 임의 작업 금지
⑤ 자동차제조사에 정하는 고전압 안전 정비 허가자, 자격자, 인증자 만이 작업
⑥ 2인 이상 작업 참여(1인 작업 금지)
⑦ 고전압 안전 개인 보호장비 반드시 착용
⑧ 고전압 절연공구 사용

## 2 xEV 고전압 차단작업 일반 절차

자동차제조사 및 모델에 따라 고전압 차단작업은 다르므로 자동차제조사의 정비지침서에 정해진 대로 작업을 실시해야 한다.

다음 사항은 일반적으로 적용되는 사항을 설명한 것으로, 작업 단계 진행시 마다 충분한 시간(수준, 제조사마다 다름)을 기다린 후 작업을 진행한다.

### [1단계] 시스템 자기진단 작업

자동차에 진단장비를 연결하여 차량의 전반적인 시스템 계통에 문제가 있는지를 먼저 진단한다.

⇨ 고전압 배터리 제어시스템의 배터리 메인릴레이의 융착상태 확인 필수

## [2단계] KEY OFF 작업

시동스위치 OFF후 스마트키를 차량 밖으로 이격시킨다.

## [3단계] 12V 보조전원 차단작업

12V 보조배터리의 전원을 차단하여 차량의 모든 제어기들이 작동하지 못하도록 한다.

⇨ 12V 보조 배터리 (-)터미널 제거

차종에 따라선 12V 보조배터리(+)케이블의 전원을 차단하는 경우도 있음

## [4단계] 고전압 차단작업

방법1) BMS에 연결되어있는 서비스인터록 커넥터, 케이블, 스위치 등을 차단

방법2) 고전압배터리에 직접 장착된 고전압안전플러그를 차단

방법3) 자동차제조서와 차종에 따라 한 가지 방법만 설치되 있는 경우가 있고, 두 가지가 모두 있는 경우는 방법1), 방법2) 모두 사용

## [5단계] 고전압 확인작업

인버터와 고전압배터리가 연결되어있는 고전압 케이블을 분리한다.

⇨ 인버터쪽 단자의 전압 측정 (30V이하)

⇨ 일반적으로 HEV는 인버터쪽에 연결된 고전압케이블 연결 커넥터를 분리

⇨ 일반적으로 EV는 고전압배터리쪽에 연결된 고전압케이블 연결 커넥터를 분리

## 3 xEV 저전압 및 고전압 관련 부품 위치[44]

※ 상기자료는 2022.11월 양산차 기준으로 작성됨, 자동차제조사 정비매뉴얼 필수 확인 필요합니다.

| 자동차 제조사 | 모델 |
|---|---|
| 현대자동차 | 아이오닉6 CE EV (2023~) |
| | 아이오닉5 NE  EV (2022~2023) |
| | G80 RG3 EV (2021~) |
| | GV60 EV (2022~) |
| | 아이오닉 AE EV (2017~2020) |
| | 코나 OS  EV (2019~2021) |
| | 포터2 HR EV (2020~2022) |
| | 블루온 EAEV (2011) |
| | 넥쏘 FE FCEV (2018~) |
| | 투싼 iX35 FCEV (2022~2023) |
| | 그랜져 GN7 HEV (2023~) |
| | 싼타페 TM HEV (2022~2023) |
| | IG그랜져 PH HEV (2018~2023) |
| | 코나 OS  HEV (2020) |
| | 코나 OS  HEV (2021~2023) |
| | 쏘나타 DN8 HEV (2020~2023) |
| | 투싼 NX4 HEV (2021~2023) |
| | 아반떼 CN7 HEV (2021~2023) |
| | 아이오닉 AE HEV (2016~2017.9.14) |
| | 아이오닉 AE HEV (2017.9.14.~2021) |
| | LF쏘나타 HEV (2015~2019) |
| | 그랜져 HG HEV (2014~2017) |
| | YF쏘나타 HEV (2011~2015) |
| | 아반떼 HD HEV, LPI (2010~2014) |
| | 베르나 MC HEV (2007) |
| | LF쏘나타 PHEV (2016~2019) |
| | 아이오닉 AE PHEV (2017~2021) |
| | 전기버스 일렉시티 FM12(180KW) (2022) |
| | 전기버스 일렉시티 EM12(256KW*2) (2018~2021) |
| | 전기버스 일렉시티-굴절버스 액슬일체형 모터(120KW*2) (2019~2020) |
| | 전기버스 일렉시티-이층버스 액슬일체형 모터(120KW*2) (2021) |
| | 카운티 일렉트릭 (135KW, 150KW) (2020~2022) |
| | 블루시티 C6GB-HEV(CNG-HEV) (2013~2020) |
| | 유니버스 수소전기버스 FM33C (2022) |
| 기아자동차 | EV6 CV (2022~2023) |
| | 니로 플러스 DE EV PBV 150KW (2023) |
| | 니로 DE EV 100/150KW (2019~2022) |
| | 니로 SG2 EV 150KW (2023) |
| | 레이 TAM EV (2012~2017) |
| | 봉고3  PU EV (2020~2022) |
| | 쏘울 PS EV (2015~2018) |

44) 자료참조 : https://gsw.hyundai.com, https://gsw.kia.com, http://www.rsmservice.com,
http://www.smotorservice.co.kr, https://www.car.go.kr,
소방청 전기자동차 사고대응 매뉴얼(차량별 대응 가이드, 2022.9.21.)

| 자동차 제조사 | 모델 |
|---|---|
| 기아자동차 | 쏘울 SK3 EV (2020~2021) |
| | K5 DL3  HEV (2020~2023) |
| | K5 JF  HEV (2016~2020) |
| | K5 TF  HEV (2012~2016) |
| | K7 VG  HEV (2014~2016) |
| | K7 YG  HEV (2017~2021) |
| | K8 GL3  HEV (2022~2023) |
| | 니로 DE HEV (2018~2022) |
| | 니로 DE HEV (2017) |
| | 니로 SG2 HEV (2022) |
| | 스포티지 NQ5 HEV (2022~2023) |
| | 쏘렌토 MQ4 HEV (2020~2023) |
| | 포르테 TD HEV, LPI (2010~2013) |
| | 프라이드 JB HEV (2006~2007) |
| | 니로 DE PHEV (2018~2022) |
| | K5 JF  PHEV (2017~2018) |
| 쌍용자동차 | 코란도 E-MOTION EV (2022~2023) |
| 르노코리아 | 트위지 EV (2017~2023) |
| | SM3 ZE EV (2013~2020) |
| | ZOE EV (2020~2022) |
| | XM3 E-TECH HEV (2022~) |
| 쉐보레 | VOLT EV 2세대 |
| | BOLT EV BOLT EUV |
| | 스파크 EV |
| | 말리부 HEV (2017~2019) |
| | 알페온 HEV 마일드하이브리드 (2011~2016) |
| 토요타 | HEV 전차종 |
| | 렉서스 HEV LS600h GS450h(20120|후) RX450h NX300h |
| 닛산 | LEAF (2012, 2019) |
| 재규어 | I-PACE(X590) (2018이후) 모든 시장(중국 및 일본 제외) |
| 볼보 | XC40 Recharge pure electric 5dr SUV (2020이후) |
| 푸조 | e2008 해치백 (2019이후), eDS3 해치백 (2019이후) |
| | e208 해치백 (2019이후) |
| 아우디 | e-tron sportback suv (2020) |
| | A3 HATCHBACK e-tron (2014~2020) |
| BMW | i3 EV (2020) |
| | i8 PHEV (2020) |
| 포르쉐 | Cayenne S HEV(92A) SUV (2011부터) |
| | Cayenne S e-HEV(92A) SUV (2015부터) |
| | Panamera S HEV(970) coupe (2011부터) |
| | Panamera S HEV(970) coupe PHEV (2014부터) |
| | 918 spyder cabriolet PHEV (2014부터) |
| | Panamera (971) S/T turbo S E-HEV 리무진 PHEV (2016부터) |
| | Panamera (974) sport turismo E-HEV 리무진 (2017부터) |
| | Cayenne (9AY) E-HEV SUV PHEV (2018부터) |
| | Taycan (Y1A) EV (2020 MJ부터) |
| 메르세데스 -벤츠 | EQA 350 H243 오프로더 2021이후 |
| | EQB 350 X243 오프로더 2021이후 |
| | EQC 400 N293 오프로더 2019이후 |
| | EQE 350 4MATIC V295 리무진 2022이후 |
| | EQS 53 V297 리무진 2021이후 |
| | EQS 500 X296 오프로드 2022이후 |
| 에디슨모터스 | 전기버스 SMART 110 |

## [표 1] 현대자동차 xEV 고전압 안전 작업

※ 고전압 안전 정비 자격자만 수행할 것!

| 제조사, 모델 | | 위 치 | 사 진 |
|---|---|---|---|
| 현대자동차 아이오닉6 CE EV (2023~) | 12V 보조 배터리 | 전방모터룸 12V 보조배터리(−) 탈거 | |
| | 서비스 인터록 커넥터 | 전방모터룸 퓨즈박스내 서비스 인터록 커넥터 | |
| | 고전압 안전플러그 | 없음 | |
| 현대자동차 아이오닉5 NE EV (2022 ~2023) | 12V 보조 배터리 | 전방 모터룸 12V 보조배터리(−) 탈거 | |
| | 서비스 인터록 커넥터 | 전방모터룸 퓨즈박스 내 서비스 인터록 커넥터 | |
| | 고전압 안전플러그 | 없음 | |

| 제조사, 모델 | 위 치 | 사 진 |
|---|---|---|
| 현대자동차<br>G80 RG3<br>EV<br>(2021~) | 12V 보조 배터리<br><br>트렁크 러기지 보드 아래 | |
| | 서비스 인터록<br>커넥터<br><br>모터룸 퓨즈박스 내<br>서비스 인터록 커넥터 | <br>B : 고전압 차단 스위치 |
| | 고전압 안전플러그　없음 | |
| 현대자동차<br>GV60 EV<br>(2022~) | 12V 보조 배터리<br><br>전방 모터룸<br>12V 보조배터리(−) 탈거 | |
| | 서비스 인터록<br>커넥터<br><br>전방모터룸 퓨즈박스 내<br>서비스 인터록 커넥터 | <br>B : 고전압 차단 스위치 |
| | 고전압 안전플러그　없음 | |

| 제조사, 모델 | 위 치 | 사 진 |
|---|---|---|
| 현대자동차<br>아이오닉<br>AE EV<br>(2017~2020) | 12V 보조 배터리<br><br>전방 모터룸<br>12V보조배터리(−) 탈거 | |
| | 서비스 인터록<br>커넥터<br><br>없음 | |
| | 고전압<br>안전플러그<br><br>트렁크 러기지 보드<br>중앙 아래 | |
| 현대자동차<br>코나 OS EV<br>(2019~2021) | 12V 보조 배터리<br><br>전방 모터룸<br>12V보조배터리(−) 탈거 | |
| | 서비스 인터록<br>커넥터<br><br>전방 모터룸 조수석쪽<br>서비스 인터록 커넥터 | |
| | 고전압<br>안전플러그<br><br>리어시트 밑 하단 | |

| 제조사, 모델 | | 위 치 | 사 진 |
|---|---|---|---|
| 현대자동차<br>포터2 HR EV<br>(2020<br>~2022) | 12V 보조 배터리 | 적재함 우측 후방 하단,<br>후측 우륜 타이어 후방 | |
| | 서비스 인터록<br>커넥터 | 전면 후드 내부 서비스<br>인터록 커넥터 | <br>。고전압 안전플러그 없음 |
| | 고전압<br>안전플러그 | 없음 | |
| 현대자동차<br>블루온 EAEV<br>(2011) | 12V 보조 배터리 | 전방 모터룸<br>12V보조배터리- 탈거 | |
| | 서비스 인터록<br>커넥터 | 없음 | |
| | 고전압<br>안전플러그 | 뒷좌석 시트 우측 하단 | |

| 제조사, 모델 | | 위 치 | 사 진 |
|---|---|---|---|
| 현대자동차<br>넥쏘 FE<br>FCEV<br>(2018~) | 12V 보조 배터리 | 12V 보조배터리는 리튬 이온배터리로 트렁크 고전압배터리 전방에 위치 트렁크 러기지 보드 아래 죄측에 12V 배터리(−)커넥터 탈거 또는 절단 | |
| | 서비스 인터록 커넥터 | 연료 전지 스택룸 조수석 쪽에 서비스인터록 커넥터 위치 | |
| | 고전압 안전플러그 | 트렁크 러기지 보드 아래 죄측에 12V 배터리(−)커넥터와 고전압안전플러그 위치 | |
| 현대자동차<br>투싼 iX35<br>FCEV<br>(2022<br>~2023) | 12V 보조 배터리 | 트렁크 러기지 보드 아래 죄측 | |
| | 서비스 인터록 커넥터 | 없음 | |
| | 고전압 안전플러그 | 트렁크 러기지 보드 아래 우측 | |

| 제조사, 모델 | | 위 치 | 사 진 |
|---|---|---|---|
| 현대자동차 그랜져 GN7 HEV (2023~) | 12V 보조 배터리 | 고전압배터리에 통합 (리튬이온배터리) 엔진룸 조수석 서스펜션 마운팅 부근 12V보조배터리(+)케이블(A) | |
| | 서비스 인터록 커넥터 | 엔진룸 조수석 서스펜션 마운팅 부근 서비스 인터록 커넥터(B) | |
| | 고전압 안전플러그 | 없음 | |
| 현대자동차 싼타페 TM HEV (2022 ~2023) | 12V 보조 배터리 | 트렁크 러기지 보드 아래 | |
| | 서비스 인터록 커넥터 | 엔진룸 운전석, 헤드라이트와 퓨즈박스 사이 | |
| | 고전압 안전플러그 | 없음 | |

| 제조사, 모델 | 위 치 | 사 진 |
|---|---|---|
| 현대자동차<br>IG그랜져<br>PH HEV<br>(2018~2023) | 12V 보조 배터리 | 트렁크내 우측 사이드 러기지 |
| | 서비스 인터록 커넥터 | 없음 |
| | 고전압 안전플러그 | 트렁크 러기지 보드 아래 |
| 현대자동차<br>코나 OS<br>HEV<br>(2020) | 12V 보조 배터리 | 고전압배터리에 통합<br>(리튬이온배터리)<br>엔진룸 운전석측<br>HPCU 뒷면  12V보조배터리+케이블 탈거 |
| | 서비스 인터록 커넥터 | 없음 |
| | 고전압 안전플러그 | 리어시트 우측 하단 |

| 제조사, 모델 | | 위 치 | 사 진 |
|---|---|---|---|
| 현대자동차<br>코나 OS<br>HEV<br>(2021~2023) | 12V 보조 배터리 | 고전압배터리에 통합<br>(리튬이온배터리)<br>엔진룸 운전석측<br>12V보조배터리<br>+케이블 탈거 | |
| | 서비스 인터록<br>커넥터 | 엔진룸 조수석 냉각수<br>보조탱크 옆 | |
| | 고전압<br>안전플러그 | 리어시트 우측 하단 | |
| 현대자동차<br>쏘나타 DN8<br>HEV<br>(2020<br>~2023) | 12V 보조 배터리 | 고전압배터리에 통합<br>(리튬이온배터리)<br>엔진룸 조수석측<br>에어클리너 덕트 뒷면<br>12V보조배터리+케이블<br>탈거 | |
| | 서비스<br>인터록 커넥터 | 엔진룸 조수석측<br>에어클리너 뒷면에 위치 | |
| | 고전압<br>안전플러그 | 없음 | |

| 제조사, 모델 | | 위 치 | 사 진 |
|---|---|---|---|
| 현대자동차<br>투싼 NX4<br>HEV<br>(2021~2023) | 12V 보조 배터리 | 고전압배터리에 통합<br>(리튬이온배터리)<br>엔진룸 조수석측<br>12V보조배터리<br>+케이블 탈거 | |
| | 서비스 인터록<br>커넥터 | 엔진룸 운전석측<br>전조등과 퓨즈박스 사이 | |
| | 고전압<br>안전플러그 | 없음 | |
| 현대자동차<br>아반떼 CN7<br>HEV<br>(2021~2023) | 12V 보조 배터리 | 고전압배터리에 통합<br>(리튬이온배터리)<br>엔진룸 중앙부 히터호스<br>와 브레이크 리저버탱크<br>사이 위치 | |
| | 서비스 인터록<br>커넥터 | 엔진룸 우측 냉각수 보조<br>탱크 아래 위치 | |
| | 고전압<br>안전플러그 | 없음 | |

| 제조사, 모델 | 위 치 | 사 진 |
|---|---|---|
| 현대자동차 아이오닉 AE HEV (2016~2017. 9.14) | **12V 보조 배터리** — 트렁크내 우측 사이드 러기지 | |
| | **서비스 인터록 커넥터** — 없음 | |
| | **아이오닉 AE HEV (~2017.9.14.)** — 리어시트 우측 하단 | |
| 현대자동차 아이오닉 AE HEV (2017.9.14.~ 2021) | **12V 보조 배터리** — 고전압배터리에 통합 (리튬이온배터리) 좌측 뒤좌석 리어 사이드 트림내   12V보조배터리 (−)케이블 탈거 | |
| | **서비스 인터록 커넥터** — 없음 | |
| | **아이오닉 AE HEV (~2017.9.14.)** — 리어시트 우측 하단 | |

| 제조사, 모델 | 위 치 | 사 진 |
|---|---|---|
| 현대자동차<br>LF쏘나타<br>HEV<br>(2015~2019) | 12V 보조 배터리 | 트렁크내 우측 사이드 러기지 |
| | | |
| | 서비스 인터록 커넥터 | 없음 |
| | 고전압 안전플러그 | 트렁크 러기지 보드 좌측 아래 |
| | | |
| 현대자동차<br>그랜져 HG<br>HEV<br>(2014~2017) | 12V 보조 배터리 | 트렁크내 우측 사이드 러기지 |
| | | |
| | 서비스 인터록 커넥터 | 없음 |
| | 고전압 안전플러그 | 트렁크 배터리 커버링 트림 |
| | | |

| 제조사, 모델 | 위 치 | 사 진 |
|---|---|---|
| 현대자동차<br>YF쏘나타<br>HEV<br>(2011~2015) | 12V 보조 배터리 | 트렁크내 우측 사이드 러기지 |
| | | |
| | 서비스 인터록 커넥터 | 없음 |
| | 고전압 안전플러그 | 트렁크 배터리 커버링 트림 |
| | | |
| 현대자동차<br>아반떼 HD<br>HEV, LPI<br>(2010~2014) | 12V 보조 배터리 | 엔진룸 12V보조배터리–탈거 |
| | | |
| | 서비스 인터록 커넥터 | 없음 |
| | 고전압 안전스위치 OFF | 리어시트 백 탈거 후 안전스위치 커버 내부 |
| | | |

| 제조사, 모델 | 위 치 | 사 진 |
|---|---|---|
| 현대자동차<br>베르나 MC<br>HEV<br>(2007) | 12V 보조 배터리 | 엔진룸 12V보조배터리-<br>탈거 |
| | 서비스 인터록<br>커넥터 | 없음 | |
| | 고전압<br>안전플러그 | 트렁크 배터리 커버 트림<br>제거후 우측 위치 |
| 현대자동차<br>LF쏘나타<br>PHEV<br>(2016~2019) | 12V 보조 배터리 | 트렁크내 우측 사이드<br>러기지 |
| | 서비스 인터록<br>커넥터 | 없음 | |
| | 고전압<br>안전플러그 | 트렁크 러기지 보드<br>좌측 아래 |

| 제조사, 모델 | | 위 치 | 사 진 |
|---|---|---|---|
| 현대자동차<br>아이오닉<br>AE PHEV<br>(2017~2021) | 12V 보조 배터리 | 트렁크내 우측 사이드<br>러기지 | |
| | 서비스 인터록<br>커넥터 | 없음 | |
| | 고전압<br>안전플러그 | 트렁크 러기지 보드<br>좌측 아래 | |
| 현대자동차<br>전기버스<br>일렉시티<br>FM12<br>(180KW)<br>(2022) | 24V 보조 배터리 | 차량 우측 사이드<br>플랩 내부 | |
| | 서비스 인터록<br>커넥터 | 루프 사이드 커버 내부 | |
| | 고전압<br>차단 스위치 | PE룸 고전압 차단<br>스위치 차단<br>-고전압 안전플러그<br>　없음 | |

| 제조사, 모델 | 위 치 | 사 진 |
|---|---|---|
| 현대자동차<br>전기버스<br>일렉시티<br>EM12<br>(256KW*2)<br>(2018~2021)<br><br>전기버스<br>일렉시티<br>−굴절버스<br>액슬일체형<br>모터<br>(120KW*2)<br>(2019~2020)<br><br>전기버스<br>일렉시티<br>−이층버스<br>액슬일체형<br>모터<br>(120KW*2)<br>(2021) | 24V 보조 배터리 | 차량 우측 사이드<br>플랩 내부 |
| | 서비스 인터록<br>커넥터 | 우측 어퍼 플랩내부 |
| | 고전압<br>차단 스위치 | PE룸 실내정비창 |
| 현대자동차<br>카운티<br>일렉트릭<br>(135KW,<br>150KW)<br>(2020<br>~2022) | 24V 보조 배터리 | 인스텐션커버(대) 내부 |
| | 서비스 인터록<br>커넥터 | 인스텐 커버(소) 내부 |
| | 고전압 차단 스<br>위치 | 고전압 차단 스위치,고전<br>압 안전플러그 없음 |

| 제조사, 모델 | | 위 치 | 사 진 |
|---|---|---|---|
| 현대자동차<br>블루시티<br>C6GB-HEV<br>(CNG-HEV)<br>(2013~2020) | 24V 보조 배터리 | 차량 우측 사이드<br>플랩 내부 | |
| | 고전압<br>안전플러그 | 루프 상단 중앙에<br>점검창 탈거 | |
| | 고전압<br>차단 스위치 | 고전압 차단 스위치,<br>고전압 안전플러그 없음 | |
| 현대자동차<br>유니버스<br>수소전기버스<br>FM33C<br>(2022) | 24V 보조 배터리 | 보조배터리 플랩 내부<br> | |
| | 고전압 차단<br>스위치 | 리어플랩의 PE룸 고전압<br>차단 스위치 차단<br>-고전압 안전플러그<br>없음 | |
| | 서비스 인터록<br>커넥터 | 우측 고전압플랩 내부<br> | |

## [표 2] 기아자동차 xEV 고전압 안전 작업

※ 고전압 안전 정비 자격자만 수행할 것!

| 제조사, 모델 | | 위 치 | 사 진 |
|---|---|---|---|
| 기아자동차<br>EV6 CV<br>(2022<br>~2023) | 12V 보조 배터리 | 전방 모터룸<br>12V보조배터리– 탈거 | |
| | 서비스 인터록<br>커넥터 | 전방모터룸 퓨즈박스내<br>서비스 인터록 커넥터 | |
| | 고전압<br>안전플러그 | 없음 | |
| 기아자동차<br>니로 플러스<br>DE EV PBV<br>150KW<br>(2023) | 12V 보조 배터리 | 전방 모터룸<br>12V보조배터리– 탈거 | |
| | 서비스 인터록<br>커넥터 | 엔진룸 운전석측<br>배터리 앞면에 위치 | |
| | 고전압<br>안전플러그 | 뒷좌석 시트 중앙 하단 | |

| 제조사, 모델 | 위 치 | | 사 진 |
|---|---|---|---|
| 기아자동차<br>니로 DE EV<br>100/150KW<br>(2019~2022) | 12V 보조 배터리 | 전방 모터룸<br>12V보조배터리- 탈거 | |
| | 서비스 인터록<br>커넥터 | 없음 | |
| | 고전압<br>안전플러그 | 뒷좌석 시트 중앙 하단 | |
| 기아자동차<br>니로 SG2 EV<br>150KW<br>(2023) | 12V 보조 배터리 | 전방 모터룸<br>12V보조배터리- 탈거 | |
| | 서비스<br>인터록 커넥터 | 모터룸 퓨즈박스 내<br>서비스 인터록 커넥터 | |
| | 고전압<br>안전플러그 | 없음 | |

| 제조사, 모델 | | 위 치 | 사 진 |
|---|---|---|---|
| 기아자동차<br>쏘울 PS EV<br>(2015~2018) | 12V 보조 배터리 | 전방 모터룸<br>12V보조배터리- 탈거 | |
| | 서비스<br>인터록 커넥터 | 없음 | |
| | 고전압<br>안전플러그 | 리어 플로어 카펫 중앙 | |
| 기아자동차<br>쏘울 SK3 EV<br>(2020~2021) | 12V 보조 배터리 | 전방 모터룸<br>12V보조배터리- 탈거 | |
| | 서비스<br>인터록 커넥터 | 없음 | |
| | 고전압<br>안전플러그 | 뒷좌석 시트 중앙 하단 | |

| 제조사, 모델 | 위 치 | 사 진 |
|---|---|---|
| 기아자동차<br>K5 DL3 HEV<br>(2020<br>~2023) | 12V 보조 배터리 | 고전압배터리에 통합<br>(리튬이온배터리)<br>엔진룸 조수석측<br>에어클리너 덕트 뒷면<br>12V보조배터리+케이블<br>탈거 | |
| | 서비스<br>인터록 커넥터 | 엔진룸 조수석측<br>에어클리너 뒷면에 위치 | |
| | 고전압<br>안전플러그 | 없음 | |
| 기아자동차<br>K5 JF HEV<br>(2016~2020) | 12V 보조 배터리 | 트렁크내 우측 사이드<br>러기지 | |
| | 서비스<br>인터록 커넥터 | 없음 | |
| | 고전압<br>안전플러그 | 트렁크 러기지 보드<br>좌측 아래 | |

470

| 제조사, 모델 | 위 치 | 사 진 |
|---|---|---|
| 기아자동차<br>K5 TF HEV<br>(2012~2016) | 12V 보조 배터리 / 트렁크내 우측 사이드 러기지 | |
| | 서비스<br>인터록 커넥터 / 없음 | |
| | 고전압<br>안전플러그 / 트렁크 배터리 커버링 트림 | |
| 기아자동차<br>K7 VG HEV<br>(2014~2016) | 12V 보조 배터리 / 트렁크내 우측 사이드 러기지 | |
| | 서비스<br>인터록 커넥터 / 없음 | |
| | 고전압<br>안전플러그 / 트렁크 배터리 커버링 트림 | |

| 제조사, 모델 | 위 치 | 사 진 |
|---|---|---|
| 기아자동차<br>K7 YG HEV<br>(2017~2021) | 12V 보조 배터리 | 트렁크내 우측 사이드 러기지 |
| | | |
| | 서비스<br>인터록 커넥터 | 없음 |
| | 고전압<br>안전플러그 | 트렁크 러기지 보드 좌측 아래 |
| | | |
| 기아자동차<br>K8 GL3<br>HEV<br>(2022<br>~2023) | 12V 보조 배터리 | 고전압배터리에 통합<br>(리튬이온배터리)<br>엔진룸 조수석측<br>에어클리너 덕트 뒷면<br>12V보조배터리+케이블<br>탈거 |
| | | |
| | 서비스<br>인터록 커넥터 | 엔진룸 조수석측<br>에어클리너 뒷면에 위치 |
| | | |
| | 고전압<br>안전플러그 | 없음 |

| 제조사, 모델 | | 위 치 | 사 진 |
|---|---|---|---|
| 기아자동차<br>니로 DE HEV<br>(2018~2022) | 12V 보조 배터리 | 고전압배터리에 통합<br>(리튬이온배터리)<br>트렁크룸 좌측 러기지 사<br>이드 커버 내부의 12V보<br>조배터리-케이블 탈거 | |
| | 서비스<br>인터록 커넥터 | 없음 | |
| | 고전압<br>안전플러그 | 리어시트 우측 하단 | |
| 기아자동차<br>니로 DE HEV<br>(2017) | 12V 보조 배터리 | 트렁크내 우측 사이드<br>러기지 | |
| | 서비스<br>인터록 커넥터 | 없음 | |
| | 고전압<br>안전플러그 | 트렁크 러기지 보드<br>좌측 아래 | |

| 제조사, 모델 | | 위 치 | 사 진 |
|---|---|---|---|
| 기아자동차<br>니로 SG2<br>HEV<br>(2022) | 12V 보조 배터리 | 고전압배터리에 통합<br>(리튬이온배터리)<br>엔진룸 조수석측<br>에어클리너 덕트 뒷면<br>12V보조배터리<br>+케이블 탈거 | |
| | 서비스<br>인터록 커넥터 | 엔진룸 퓨즈박스내<br>서비스 인터록 커넥터 | |
| | 고전압<br>안전플러그 | 없음 | |
| 기아자동차<br>스포티지<br>NQ5<br>HEV<br>(2022<br>～2023) | 12V 보조 배터리 | 고전압배터리에 통합<br>(리튬이온배터리)<br>엔진룸 조수석측<br>쇼크업쇼버 마운팅부에<br>12V보조배터리<br>+케이블 탈거 | |
| | 서비스<br>인터록 커넥터 | 엔진룸 운전석측<br>퓨즈박스 앞면에 위치 | |
| | 고전압<br>안전플러그 | 없음 | |

| 제조사, 모델 | 위 치 | 사 진 |
|---|---|---|
| 기아자동차 쏘렌토 MQ4 HEV (2020 ~2023) | **12V 보조 배터리**<br><br>트렁크 러기지 보드 아래 | |
| | **서비스 인터록 커넥터**<br><br>엔진룸 운전석측 퓨즈박스 앞면에 위치 | |
| | **고전압 안전플러그**<br><br>없음 | |
| 기아자동차 포르테 TD HEV, LPI (2010~2013) | **12V 보조 배터리**<br><br>엔진룸 12V보조배터리– 탈거 | |
| | **서비스 인터록 커넥터**<br><br>없음 | |
| | **고전압 안전스위치 OFF**<br><br>리어시트 백 탈거 후 안전스위치 커버 내부 | |

| 제조사, 모델 | 위 치 | 사 진 |
|---|---|---|
| 기아자동차<br>프라이드 JB<br>HEV<br>(2006<br>~2007) | **12V 보조 배터리**<br><br>엔진룸<br>12V보조배터리- 탈거 | |
| | **서비스<br>인터록 커넥터**<br><br>없음 | |
| | **고전압<br>안전플러그**<br><br>트렁크 배터리 커버 트림<br>제거 후 우측 위치 | |
| 기아자동차<br>니로 DE<br>PHEV<br>(2018~2022) | **12V 보조 배터리**<br><br>트렁크내 우측 사이드<br>러기지 | |
| | **서비스<br>인터록 커넥터**<br><br>없음 | |
| | **고전압<br>안전플러그**<br><br>트렁크 러기지 보드<br>좌측 아래 | |

| 제조사, 모델 | 위 치 | 사 진 |
|---|---|---|
| 기아자동차<br>K5 JF PHEV<br>(2017~2018) | 12V 보조 배터리 | 트렁크내 우측 사이드 러기지 | |
| | 서비스<br>인터록 커넥터 | 없음 | |
| | 고전압<br>안전플러그 | 트렁크 러기지 보드 좌측 아래 | |

## [표 3] 쌍용자동차 xEV 고전압 안전 작업

※ 고전압 안전 정비 자격자만 수행할 것!

| 제조사, 모델 | | 위 치 | 사 진 |
|---|---|---|---|
| 쌍용자동차<br>코란도<br>E-MOTION<br>EV<br>(2022<br>~2023) | 12V 보조 배터리 | 전방 모터룸<br>12V보조배터리- 탈거 | |
| | 서비스<br>인터록 커넥터 | 전방 모터룸 우측 | |
| | 고전압<br>안전플러그<br>(MSD) | 리어 센터 터널부 플로어<br>매트 제거후 커버 분리하<br>면 내부에 있음 | |

# [표 4] 르노코리아 xEV 고전압 안전 작업

| 제조사, 모델 | | 위 치 | 사 진 |
|---|---|---|---|
| 르노코리아 트위지 EV (2017~2023) | 12V 보조 배터리 | 앞범퍼 탈거 후 전방 모터룸 12V보조배터리 – 탈거 | |
| | 메인퓨즈박스 | 메인퓨즈박스 내부에 퓨즈 제거 빨간색 50A 파란색 60A | |
| | 고전압 안전플러그 (MSD) | 없음 | 공칭전압이 58V이기 때문에, 구동 배터리 자동 차단 시스템 미없음. 58V회로의 −극은 차체에 접지되어 12V 접지와 공유함 |
| 르노코리아 SM3 ZE EV (2013~2020) | 구동배터리 안전회로 차단기 (고전압 안전플러그) | 차량언더바디 우측후미 위치, 커버 잠금을 해제하고 안전회로차단기 탈거 | |
| | 12V 보조 배터리 | 전방 모터룸 12V보조배터리– 탈거 | |

| 제조사, 모델 | | 위 치 | 사 진 |
|---|---|---|---|
| 르노코리아<br>ZOE<br>EV<br>(2020<br>~2022) | 고전압<br>안전플러그 | 조수석 발판 플로어에 위치, 안전플러그 덮개 및 커버 제거 후 탈거 | |
| | 12V<br>보조 배터리 | 전방 모터룸 12V<br>보조배터리- 탈거 | |
| 르노코리아<br>XM3<br>E-TECH<br>HEV<br>(2022~) | 12V 보조<br>배터리-<br>록아웃작업 | 트렁크 러기지<br>보드<br>좌측 아래 | |
| | 고전압 안전<br>플러그-<br>록아웃작업 | 트렁크 러기지<br>보드 아래<br>비상스페어휠 제거<br>후 프로텍션을<br>탈거 하면 트랙션<br>배터리 안전회로<br>차단기 있음 | |

480

# [표 5] 쉐보레 xEV 고전압 안전 작업

※ 고전압 안전 정비 자격자만 수행할 것!

| 제조사, 모델 | | 위 치 | 사 진 |
|---|---|---|---|
| 쉐보레<br>VOLT EV<br>2세대 | 12V 보조 배터리 | 전방 모터룸<br>12V보조배터리- 탈거 | |
| | 긴급 배선<br>절단 태그 | 트렁크룸 좌측 수납 커버<br>내부에 "긴급 저전압 절<br>단 배선"부를 절단 | |
| | 고전압<br>안전플러그<br>(MSD) | 중앙 플로어 콘솔 내부에<br>고전압 차단 스위치 위치<br>함 | |

| 제조사, 모델 | | 위 치 | 사 진 |
|---|---|---|---|
| 쉐보레<br>BOLT EV<br>BOLT EUV | 12V 보조 배터리 | 전방 모터룸<br>12V보조배터리– 탈거 | |
| | 긴급 배선<br>절단 태그 | 엔진룸 좌측, 저전압 배<br>터리 상단에 "긴급 저전<br>압 절단 배선"부를 절단 | |
| | 고전압<br>안전플러그<br>(MSD) | 뒷좌석 탈거<br>고전압 차단 커넥터<br>(MSD) 위치 | |
| 쉐보레<br>스파크 EV | 12V 보조 배터리 | 전방 모터룸<br>12V보조배터리– 탈거 | |
| | 긴급 배선<br>절단 태그 | 전방 모터룸 우측 쇽업쇼<br>버 마운팅부 "긴급 저전<br>압 절단 배선"부를 절단 | |
| | 고전압<br>안전플러그<br>(MSD) | 뒷좌석 탈거<br>시트플로어 하단 중앙에<br>고전압 차단 커넥터<br>(MSD) 위치 | |

| 제조사, 모델 | 위 치 | 사 진 |
|---|---|---|
| 쉐보레<br>말리부 HEV<br>(2017~2019) | 12V 보조 배터리 | 엔진룸<br>12V 보조배터리– 탈거 | |
| | 긴급 배선<br>절단 태그 | 엔진룸 12V 보조배터리<br>앞쪽 "긴급 저전압 절단<br>배선"부를 절단 | |
| | 고전압<br>안전플러그<br>(MSD) | 뒷좌석 등받이 접고<br>고전압차단플러그<br>(MSD) 액세스 커버<br>탈거 | |

| 제조사, 모델 | 위 치 | 사 진 |
|---|---|---|
| 쉐보레<br>알페온 HEV<br>마일드하이브<br>리드<br>(2011~2016)<br> | **12V 보조 배터리**<br>엔진룸<br>12V 보조배터리– 탈거 | |
| | **서비스<br>인터록 커넥터**<br>없음 | |
| | **고전압<br>안전플러그<br>(MSD)**<br>트렁크 우측 HEV커버<br>탈거하면<br>고전압차단스위치 위치 | |

# [표 6] 토요타 xEV 고전압 안전 작업

※ 고전압 안전 정비 자격자만 수행할 것!

| 제조사, 모델 | | 위 치 | 사 진 |
|---|---|---|---|
| 토요타<br>HEV<br>전차종 | 12V 보조 배터리 | 트렁크룸<br>12V 보조배터리– 탈거<br>전차종–오른쪽<br>LS600h–왼쪽<br>또는<br>엔진룸 메인퓨즈박스 내에 IGCT릴레이 제거 | |
| | 서비스<br>인터록 커넥터 | 고전압 안전 플러그 내에 일체구조로 되어 있음 | |
| | 고전압<br>안전플러그 | 트렁크룸 플로어 제거 후 고전압 배터리 우측부에 고전압 차단 안전 플러그 위치함 | |

| 제조사, 모델 | | 위 치 | 사 진 |
|---|---|---|---|
| 렉서스 HEV<br>LS600h<br>GS450h(2012이후)<br>RX450h<br>NX300h | 12V 보조 배터리 | 트렁크룸 12V 보조배터리- 탈거<br>전차종-오른쪽<br>LS600h-왼쪽<br>또는<br>엔진룸 메인퓨즈박스내에 IGCT릴레이 제거 | |
| | 서비스<br>인터록 커넥터 | 고전압 안전 플러그 내에 일체구조로 되어 있음 | |
| | 고전압<br>안전플러그<br>(MSD) | 뒷좌석 탈거<br>고전압 차단 커넥터<br>(MSD) 위치 | <br>13년식 LS600h / 12년식 GS450h 이후<br><br>RX450h<br><br>NX300h |

# [표 7] 닛산 xEV 고전압 안전 작업

※ 고전압 안전 정비 자격자만 수행할 것!

| 제조사, 모델 | | 위 치 | 사 진 |
|---|---|---|---|
| 닛산<br>LEAF<br>(2012, 2019) | 12V 보조 배터리 | 엔진룸<br>12V 보조배터리– 탈거 | |
| | 서비스<br>인터록 커넥터 | 없음 | |
| | 고전압<br>안전플러그 | 센터 콘솔 뒤쪽 바닥<br>트림 커버 탈거 | |

# [표 8] 재규어 xEV 고전압 안전 작업

| 제조사, 모델 | 위 치 | 사 진 |
|---|---|---|
| 재규어<br>I-PACE<br>(X590)<br>(2018이후)<br>모든 시장<br>(중국 및 일본<br>제외) | 12V<br>시동 배터리<br><br>전방 모터룸 우측 트림패널 제거 후 12V 시동배터리- 탈거 | |
| | 12V<br>보조 배터리<br><br>전방 모터룸 좌측 트림패널 제거 후 12V 보조배터리- 탈거 | |
| | 긴급 배선<br>절단 태그<br><br>전방 모터룸에서 프론트 보관함 탈거 후 "긴급 저전압 절단 배선"부를 절단 | |
| | 고전압<br>안전플러그<br><br>리어시트,, 엑세스 패널 탈거 후 고전압 안전 키를 반시계방향으로 돌려 키를 탈거 | |

# [표 9] 볼보 xC40 Recharge xEV 고전압 안전 작업

| 제조사, 모델 | | 위 치 | 사 진 |
|---|---|---|---|
| 볼보<br>XC40<br>Recharge<br>pure electric<br>5dr SUV<br>(2020이후) | 12V 보조 배터리 | 전방 모터룸<br>12V 보조배터리– 탈거 | |
| | 서비스<br>인터록 커넥터 | 없음 | |
| | 고전압<br>안전플러그 | 우측 뒷좌석 플로어<br>매트 아래 위치 | |

## [표 10] 푸조 e2008 xEV 고전압 안전 작업

※ 고전압 안전 정비 자격자만 수행할 것!

| 제조사, 모델 | | 위 치 | 사 진 |
|---|---|---|---|
| 푸조 e2008 해치백 (2019이후) 푸조 eDS3 해치백 (2019이후) | 12V 보조 배터리 | 전방 모터룸 12V 보조배터리- 탈거 | |
| | e 서비스 플러그 | 전방 모터룸 중앙 후방 위치 | |

490

| 제조사, 모델 | 위 치 | 사 진 |
|---|---|---|
| 푸조<br>e208<br>해치백<br>(2019이후) | 12V 보조 배터리 | 전방 모터룸<br>12V 보조배터리– 탈거 | |
| | e 서비스 플러그 | 전방 모터룸<br>중앙 후방 위치 | |

# [표 11] 아우디 xEV 고전압 안전 작업

| 제조사, 모델 | 위 치 | | 사 진 |
|---|---|---|---|
| 아우디<br>e-tron<br>sportback<br>suv<br>(2020) | 12V 보조<br>배터리 | 전방 모터룸 조수석 커버 제거하면 내부에 12V배터리가 있는데 검정색 접지케이블이 서스펜션 스트러트 또는 차체벽면에 볼트로 조립되어 있는걸 확인하고 (−) 분리 | |
| | 서비스<br>인터록<br>커넥터 | 전방 모터룸<br>운전석 쪽 | |
| | 고전압<br>차단 퓨즈 | 트렁크룸<br>좌측부 | |

| 제조사, 모델 | | 위 치 | 사 진 |
|---|---|---|---|
| 아우디<br>A3<br>HATCHBACK<br>e-tron<br>(2014~2020) | 12V 보조 배터리 | 후방 트렁크룸 러기지보드 아래 좌측에 배터리 장착됨, −)분리 | |
| | 서비스<br>인터록 커넥터 | 전방 모터룸 중앙부 쪽 | |
| | 고전압<br>차단 퓨즈 | 실내 운전석 스티어링 휠 좌측에 퓨즈박스 내 위치 | |

# [표 12] BMW xEV 고전압 안전 작업

※ 고전압 안전 정비 자격자만 수행할 것!

| 제조사, 모델 | | 위 치 | 사 진 |
|---|---|---|---|
| BMW i3 EV (2020) | 12V 보조 배터리 | 전방 모터룸 조수석 헤드라이트 쪽 커버 제거하면 내부에 12V배터리가 있음, (−) 분리 | |
| | 서비스 인터록 커넥터 | 전방 모터룸 조수석 헤드라이트 쪽 커버 제거하면 내부에 있음 |  *안전상 구멍에 자물쇠 장착 |
| | 고전압 차단 절단식 케이블 | 차량 후방 충전 개폐 도어를 열고 내부 커버를 제거하고 케이블 절단 |  *2015년 모델부터 추가 |

494

| 제조사, 모델 | 위 치 | 사 진 |
|---|---|---|
| BMW i8 PHEV (2020) | 12V 보조 배터리 | 프런트 펜더 도어측 벽면에 커버 제거 후 내부에 와이어 당김(운전석과 조수석 모두) 전방 후드락 해제되고, 전면 윈도우 쪽에서 후드를 들어 올려야 함. 좌측부에 12V배터리가 있음, (−)분리 |
| | 서비스 인터록 커넥터 | 전방 모터룸 좌측 12v 배터리 옆에 있음 *프런트 모터 구동 *리어 엔진+모터 구동 |
| | 고전압 차단 절단식 케이블 | 차량 후방 트렁크내 좌측 사이드 커버를 제거하고 케이블 절단 (내부 타이어펑크 방지 있음) |

*안전상 구멍에 자물쇠 장착

*2015년 모델부터 추가

# [표 13] 포르쉐 xEV 고전압 안전 작업

| 제조사, 모델 | | 위 치 | 사 진 |
|---|---|---|---|
| 포르쉐<br>Cayenne S<br>HEV(92A)<br>SUV<br>(2011부터) | 12V 보조 배터리 | 실내 운전석 시트 플로어 카페트 커버 제거하면 12V 배터리 접지케이블 조립되있음, (−)분리<br>*운전석 시트 플로어 아래에 12V 배터리 내장 | |
| | 고전압배터리 제어 커넥터 | 후방 트렁크 러기지 플로어 아래 좌측 앞쪽 검정색 커넥터 탈거 | |
| | 고전압 서비스 플러그 | 후방 트렁크 러기지 플로어 아래 좌측편, 고전압 배터리 본체 좌측에 커넥터 있음,<br>*자격소지자만 수행가능 | |

| 제조사, 모델 | 위 치 | 사 진 |
|---|---|---|
| 포르쉐<br>Cayenne S<br>e–HEV(92A)<br>SUV<br>(2015부터) | 12V 보조 배터리 | 실내 운전석 시트 플로어 카페트 커버 제거하면 12V 배터리 접지케이블 조립되있음, (−)분리 |
| | 서비스 플러그 | 트렁크 뒤쪽 우측에 12V 서비스플러그 잠금 해제 |
| | 서비스 퓨즈 | 대시보드 좌측 퓨즈박스 커버 내부에 #40번 퓨즈를 탈거 |
| | 고전압<br>서비스 플러그 | 후방 트렁크 러기지 플로어 아래 좌측편, 고전압 배터리 본체 좌측에 커넥터 있음, |

| 제조사, 모델 | | 위 치 | 사 진 |
|---|---|---|---|
| 포르쉐 Panamera S HEV(970) coupe (2011부터) | 12V 보조 배터리 | 트렁크 뒤쪽 좌측 사이드 커버 분리후 내부에 있음, (−)분리 | |
| | 서비스 퓨즈 | 대시보드 좌측 퓨즈박스 커버 내부에 #46번 퓨즈를 탈거 | |
| | 고전압 서비스 플러그 | 후방 트렁크 러기지 플로어 아래 좌측편, 고전압 배터리 본체 좌측에 커넥터 있음 | |

| 제조사, 모델 | | 위 치 | 사 진 |
|---|---|---|---|
| 포르쉐<br>Panamera S<br>HEV(970)<br>coupe<br>PHEV<br>(2014부터) | 12V 보조 배터리 | 트렁크 뒤쪽 좌측 사이드 커버 분리 후 내부에 있음, (−)분리 | |
| | 서비스 퓨즈 | 대시보드 좌측 퓨즈박스 커버 내부에 #46번 퓨즈를 탈거 | |
| | 서비스 플러그 | 트렁크 뒤쪽 우측에 12V 서비스플러그 잠금 해제 | |
| | 고전압<br>서비스 플러그 | 후방 트렁크 러기지 플로어 아래 좌측편, 고전압 배터리 본체 좌측에 커넥터 있음,<br>*자격소지자만 수행가능 | |

| 제조사, 모델 | 위 치 | 사 진 |
|---|---|---|
| 포르쉐<br>918 spyder<br>cabriolet<br>PHEV<br>(2014부터) | **12V 보조 배터리**<br><br>언더바디 패널과 차량 터널의 12v 배터리 커버를 제거하면 내부에 있음 | |
| | **12V 서비스 퓨즈**<br><br>조수석 글로브박스 하부에 플라스틱 커버 탈거 후 퓨즈상자 커버를 열고 퓨즈 C-4번 제거 | |
| | **고전압시스템<br>서비스 플러그**<br><br>조수석 발 밑 공간 우측에 12V 서비스 플러그 잠금 해제 | |
| | **고전압시스템<br>서비스 퓨즈**<br><br>운전석 스티어링 휠 좌측 퓨즈 커버 열고 B-6번 퓨즈 제거 | |
| | **고전압<br>서비스 플러그**<br><br>*자격소지자만 수행가능 | |

| 제조사, 모델 | | 위 치 | 사 진 |
|---|---|---|---|
| 포르쉐<br>Panamera<br>(971)<br>S/T turbo<br>S E-HEV<br>리무진<br>PHEV<br>(2016부터)<br><br>포르쉐<br>Panamera<br>(974)<br>sport<br>turismo<br>E-HEV<br>리무진<br>(2017부터) | 12V 보조 배터리 | 트렁크 뒤쪽 우측 사이드 커버 분리후 내부에 있음, (−)분리 | |
| | 12V 서비스 퓨즈 | 조수석 하단 벽면 퓨즈 커버 탈거 후 퓨즈홀더 틀을 제거하고 퓨즈 4번 (플래그 A로 표시됨) 제거 | |
| | 고전압시스템 서비스 플러그 | 전방 트렁크 좌측 12V 서비스 플러그 잠금 해제 | |
| | 고전압 서비스 플러그 | *자격소지자만 수행가능 | |

| 제조사, 모델 | 위 치 | 사 진 |
|---|---|---|
| 포르쉐<br>Cayenne<br>(9AY)<br>E-HEV<br>SUV<br>PHEV<br>(2018부터) | **12V 보조 배터리**<br><br>실내 조수석 시트 플로어 카페트 커버제거하면 12V 배터리 접지케이블 조립되있음, (−)분리 | |
| | **12V 서비스 퓨즈**<br><br>트렁크 뒤쪽 좌측 퓨즈박스 커버 탈거 후 퓨즈 홀더 틀 분리하고, 퓨즈번호 10(플래그 A로 표시됨) 제거 | |
| | **고전압시스템 서비스 플러그**<br><br>전방 트렁크 좌측 12V 서비스 플러그 잠금 해제 | |
| | **고전압 서비스 플러그**<br><br>*자격소지자만 수행가능 | <br>⚠ 주의 48V (옵션)<br>시동을 끄세요. |

| 제조사, 모델 | 위 치 | 사 진 |
|---|---|---|
| 포르쉐<br>Taycan<br>(Y1A)<br>EV<br>(2020 MJ<br>부터) | 12V<br>보조 배터리 | 전방 트렁크 우측 뒤 12V 배터리 커버 제거하면 12V 배터리 있음, (−)분리 | |
| | 12V<br>서비스 퓨즈 | 트렁크 뒤쪽 우측 퓨즈박스 커버 탈거 후 퓨즈 홀더 틀 분리하고, 퓨즈번호 1(플래그 A로 표시됨) 제거 | |
| | 고전압<br>시스템<br>서비스<br>플러그 | 전방 트렁크 우측 뒤 12V 배터리 커버 제거하고 12V 서비스 플러그 잠금 해제 | |
| | 고전압<br>서비스<br>플러그 | *자격소지자만<br>수행가능 | |

# [표 14] 메르세데스-벤츠 xEV 고전압 안전 작업

※고전압 안전 정비 자격자만 수행할 것!

| 제조사, 모델 | | 위 치 | 사 진 |
|---|---|---|---|
| 메르세데스-<br>벤츠<br>EQA 350<br>H243<br>오프로더<br>2021이후 | 12V 보조 배터리 | 전방 모터룸 중앙에<br>12V배터리 위치함 | |
| | 고전압 분리<br>커넥터 | 전방 모터룸 우측에<br>초록색 커넥터 잠금 해제 | |
| | 고전압 분리<br>절단 케이블 | 운전석 콕핏 퓨즈커버 탈<br>거 후 "긴급 고전압 절단<br>케이블"을 절단 | |

| 제조사, 모델 | 위 치 | 사 진 |
|---|---|---|
| 메르세데스-벤츠<br>EQB 350<br>X243<br>오프로더<br>2021이후 | **12V 보조 배터리**<br><br>전방 모터룸 중앙에 12V 배터리 위치함 | |
| | **고전압 분리 커넥터**<br><br>실내 조수석 우측 벽면에 커버제거하면 내부에 초록색 커넥터 잠금 해제 | |
| | **고전압 분리 절단 케이블**<br><br>운전석 콕핏 퓨즈커버 탈거 후 "긴급 고전압 절단 케이블"을 절단 | |

| 제조사, 모델 | | 위 치 | 사 진 |
|---|---|---|---|
| 메르세데스-벤츠<br>EQC 400<br>N293<br>오프로더<br>2019이후 | 12V 보조 배터리 | 전방 모터룸 우측에 12V 배터리 위치함<br>-실내 동반석 발판 밑에 있는 보조배터리(콘덴셔)는 차량 전복시나 사고시 등 비상시에 파킹을 넣어주기 위함 | |
| | 고전압 분리<br>커넥터 | 전방 모터룸 우측 앞쪽 커버 분리후 초록색 커넥터 잠금 해제 | |
| | 고전압 분리<br>절단 케이블 | 운전석 콕핏 퓨즈커버 탈거 후 "긴급 고전압 절단 케이블"을 절단 | |
| 메르세데스-벤츠<br>EQE 350<br>4MATIC<br>V295<br>리무진<br>2022이후 | 12V 보조 배터리 | 전방 모터룸 우측에 12V 배터리 위치함 | |
| | 고전압 분리<br>커넥터 | 실내 조수석 우측 벽면에 커버제거하면 내부에 초록색 커넥터 잠금 해제 | |
| | 고전압 분리<br>절단 케이블 | 운전석 콕핏 퓨즈커버 탈거 후 "긴급 고전압 절단 케이블"을 절단 | |

506

| 제조사, 모델 | | 위 치 | 사 진 |
|---|---|---|---|
| 메르세데스-벤츠<br>EQS 53<br>V297<br>리무진<br>2021이후 | 12V 보조 배터리 | 전방 모터룸 좌측에 12V 배터리 위치함 | |
| | 고전압 분리 커넥터 | 실내 조수석 우측 벽면에 커버제거하면 내부에 초록색 커넥터 잠금 해제 | |
| | 고전압 분리 절단 케이블 | 운전석 콕핏 퓨즈커버 탈거 후 "긴급 고전압 절단 케이블"을 절단 | |
| 메르세데스-벤츠<br>EQS 500<br>X296<br>오프로드<br>2022이후 | 12V 보조 배터리 | 전방 모터룸 우측에 12V 배터리 위치함 | |
| | 고전압 분리 커넥터 | 실내 조수석 우측 벽면에 커버제거하면 내부에 초록색 커넥터 잠금 해제 | |
| | 고전압 분리 절단 케이블 | 운전석 콕핏 퓨즈커버 탈거 후 "긴급 고전압 절단 케이블"을 절단 | |

# [표 15] 에디슨모터스 xEV 고전압 안전 작업

※ 고전압 안전 정비 자격자만 수행할 것!

| 제조사, 모델 | | 위 치 | 사 진 |
|---|---|---|---|
| 에디슨모터스<br>전기버스<br>SMART 110 | 시동 OFF<br>메인스위치 OFF | 스티어링휠 좌측 패널 | |
| | 24V 보조 배터리<br>차단스위치 | 우측 사이드 도어 내부,<br>반시계방향으로 돌려 차단 | |
| | 고전압<br>안전플러그 | 루프 상단 배터리 커버<br>내부에 3개 있음 | |
| | 긴급으로<br>고전압 차단시 | 운전석 유리창 하단 좌측 | |

◉ 집필진

이정호　　대림대학교 미래자동차학부 교수
함성훈　　대림대학교 미래자동차학부 교수
국창호　　대림대학교 미래자동차학부 교수

xEV시리즈
# 전기자동차 이론과 실무

**초판 인쇄** ▎2024년　1월 10일
**초판 발행** ▎2024년　1월 17일

**지 은 이** ▎이정호·함성훈·국창호
**발 행 인** ▎김길현
**발 행 처** ▎(주)골든벨
**등　　록** ▎제 1987―000018 호
**I S B N** ▎979-11-5806-645-1
**가　　격** ▎25,000원

**이 책을 만든 사람들**

편 집 · 디 자 인 ▎조경미, 박은경, 권정숙　　　제 작 진 행 ▎최병석
웹 매 니 지 먼 트 ▎안재명, 서수진, 김경희　　　오 프 마 케 팅 ▎우병춘, 이대권, 이강연
공 급 관 리 ▎오민석, 정복순, 김봉식　　　회 계 관 리 ▎김경아

㉾ 04316 서울특별시 용산구 원효로 245(원효로1가 53-1) 골든벨빌딩 5~6F
● TEL : 도서 주문 및 발송 02-713-4135 / 회계 경리 02-713-4137
　　　편집 및 디자인 02-713-7452 / 해외 오퍼 및 광고 02-713-7453
● FAX : 02-718-5510　　● http : // www.gbbook.co.kr　● E-mail : 7134135@ naver.com

www.gbbook.co.kr